高等学校应用型本科系列教材

电子技术基础

（第三版）

主　编　李居尚　于秀明　战荫泽
主　审　姜文龙

西安电子科技大学出版社

内 容 简 介

本书是充分考虑现代电子技术的发展趋势而编写的。全书共8章，内容主要包括模拟电子技术和数字电子技术两大部分。

作为应用型教材，本书注重新技术和新器件的实际应用，分析讲解简洁流畅，概念清晰，通俗易懂，实用性强，可培养学生设计电子电路的创新能力。本书具体内容包括：半导体器件、基本放大电路、集成运算放大器及其应用、直流稳压电源、门电路和组合逻辑电路、触发器和时序逻辑电路、半导体存储器和可编程逻辑器件以及数/模与模/数转换器。本书在各章后均配有适量习题，以便学生理解巩固所学知识。

本书可以作为应用型普通高等学校电子、通信、电气、自动化、计算机、光电工程、机电一体化等相关专业的本科生教材，也可以作为高等职业学校相关专业的教材，亦可供工程技术人员学习使用。

图书在版编目(CIP)数据

电子技术基础/李居尚，于秀明，战荫泽主编. —3版. —西安：西安电子科技大学出版社，2023.2(2024.7重印)
ISBN 978-7-5606-6796-6

Ⅰ. ①电… Ⅱ. ①李… ②于… ③战… Ⅲ. ①电子技术—高等学校—教材 Ⅳ. ①TN

中国国家版本馆CIP数据核字(2023)第026575号

策　　划　井文峰
责任编辑　雷鸿俊
出版发行　西安电子科技大学出版社(西安市太白南路2号)
电　　话　(029)88202421　88201467　　邮　　编　710071
网　　址　www.xduph.com　　电子邮箱　xdupfxb001@163.com
经　　销　新华书店
印刷单位　咸阳华盛印务有限责任公司
版　　次　2023年2月第3版　2024年7月第2次印刷
开　　本　787毫米×1092毫米　1/16　印张　18
字　　数　423千字
定　　价　49.00元
ISBN 978-7-5606-6796-6

XDUP 7098003-2

* * * 如有印装问题可调换 * * *

西安电子科技大学出版社
高等学校应用型本科系列教材
编审专家委员会名单

主　任：鲍吉龙（宁波工程学院副院长、教授）

副主任：彭　军（重庆科技学院电气与信息工程学院院长、教授）

张国云（湖南理工学院信息与通信工程学院院长、教授）

刘黎明（南阳理工学院软件学院院长、教授）

庞兴华（南阳理工学院机械与汽车工程学院副院长、教授）

电子与通信组

组　长：彭　军（兼）　　张国云（兼）

成　员：（成员按姓氏笔画排列）

王天宝（成都信息工程学院通信学院院长、教授）

安　鹏（宁波工程学院电子与信息工程学院副院长、副教授）

朱清慧（南阳理工学院电子与电气工程学院副院长、教授）

沈汉鑫（厦门理工学院光电与通信工程学院副院长、副教授）

苏世栋（运城学院物理与电子工程系副主任、副教授）

杨光松（集美大学信息工程学院副院长、教授）

钮王杰（运城学院机电工程系副主任、副教授）

唐德东（重庆科技学院电气与信息工程学院副院长、教授）

谢　东（重庆科技学院电气与信息工程学院自动化系主任、教授）

湛腾西（湖南理工学院信息与通信工程学院教授）

楼建明（宁波工程学院电子与信息工程学院副院长、副教授）

计算机大组

组　长：刘黎明（兼）

成　员：（成员按姓氏笔画排列）

刘克成（南阳理工学院计算机学院院长、教授）

毕如田（山西农业大学资源环境学院副院长、教授）

向　毅（重庆科技学院电气与信息工程学院院长助理、教授）

李富忠（山西农业大学软件学院院长、教授）

张晓民（南阳理工学院软件学院副院长、副教授）

何明星（西华大学数学与计算机学院院长、教授）

范剑波（宁波工程学院理学院副院长、教授）

赵润林（运城学院计算机科学与技术系副主任、副教授）

黑新宏（西安理工大学计算机学院副院长、教授）

雷　亮（重庆科技学院电气与信息工程学院计算机系主任、副教授）

前　言

“电子技术基础”是一门重要的专业基础课。当今电子技术发展迅速，新器件、新技术、新应用不断涌现，为适应各院校教学改革的需要，体现与时俱进的特点，本书在编写方面尽量做到浅一点、宽一点、严谨一点、先进一点，以便于学生自学和掌握书中内容。本书在编写过程中始终遵循“精选内容、培养能力、突出应用”的原则，是在参阅大量电子技术教材的基础上，根据应用型人才培养模式的特点精心编写而成的。

本书共8章，主要内容包括模拟电子技术和数字电子技术两大部分。模拟电子技术部分主要围绕半导体器件以及放大电路展开学习，数字电子技术部分主要围绕组合逻辑电路和时序逻辑电路展开学习。本书结合非电类专业特点及授课时数编写，内容丰富，重点鲜明，侧重应用。

本书由长春电子科技学院李居尚、于秀明、战荫泽担任主编。具体编写分工为：李居尚负责全书的修改和定稿，并编写第3章、第4章和第7章；于秀明编写第1章、第2章和第8章；战荫泽编写第5章和第6章。

姜文龙教授作为本书的主审，对全书内容进行了认真细致的审阅，并提出了许多宝贵的意见。本书在编写过程中参考了大量国内外文献，在此对这些文献的作者表示感谢。此外，本书得到了长春电子科技学院各级领导及相关部门的大力支持和帮助，在此向相关单位及人员表示衷心的感谢。

由于编者水平有限，书中可能还有不足之处，敬请广大读者批评指正，以便我们不断改进。

编　者

2022年10月

目录

MULU

第1章 半导体器件

半导体器件是现代电子技术的重要基础，由于其体积小、重量轻、使用寿命长、输入功率小和功率转换效率高等优点而得到广泛的应用。

本章首先介绍了半导体的基本知识，接着讨论了半导体器件的基础——PN 结，然后介绍了二极管、稳压管、三极管和场效应管的基本构造、工作原理和特性曲线，包括主要参数的意义以及二极管基本电路及其分析方法与应用；在此基础上，对齐纳二极管、变容二极管和光电子器件的特性与应用作了简要的介绍。

1.1 半导体材料

根据导电性能的不同，自然界中的许多物质大致可被分为导体、绝缘体和半导体三大类。物理学界将导电能力强、电阻率小于10^{-4} Ω·cm 的物质称为导体，如金属材料；将导电能力弱、电阻率大于10^{10} Ω·cm 的物质称为绝缘体，如塑料、橡胶、陶瓷等材料；将导电能力介于导体和绝缘体之间、电阻率在10^{-3}～10^{9} Ω·cm 的物质称为半导体。在电子器件中，常用的半导体材料有：元素半导体，如硅(Si)、锗(Ge)等；化合物半导体，如砷化镓(GaAs)等。其中硅是最常用的一种半导体材料。由于半导体材料的导电能力会随着温度、光照的变化或掺入杂质的多少发生明显的变化，因此半导体材料被广泛应用于电子器件的制作。这是半导体不同于导体的特殊性质。要了解这些特点，就必须了解半导体的结构。

1.1.1 本征半导体

本征半导体是完全纯净的不含杂质的、结构完整的半导体晶体。硅和锗是四价元素，其原子的最外层轨道上有 4 个电子，称为价电子。原子呈中性，故硅和锗的正离子用带圆圈的+4 符号表示。硅或锗的原子结构简化模型如图 1-1 所示。

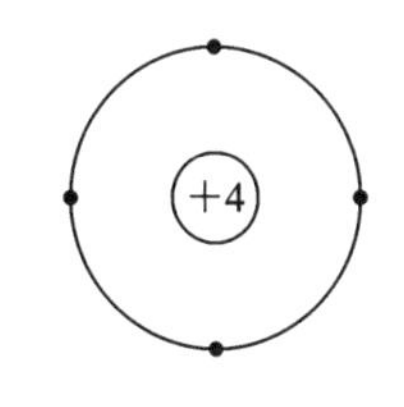

图 1-1 硅或锗的原子结构简化模型

硅或锗均具有晶体结构，其原子在空间形成规则的晶体点阵，每个原子最外层的价电子不仅受到自身原子核的束缚，同时还受到相邻原子核的吸引，因此，价电子不仅围绕自身的原子核运动，同时也会出现在相邻原子核的轨道上。当两个相邻的原子共用一对价电子时，即形成了晶体中的共价键结构，如图 1-2 所示。由于每一个原子最外层的电子被共价键所束缚，形成稳定结构，因此半导体不能传导电流。

半导体共价键中的价电子并不像绝缘体中的束缚得那么紧。硅和锗晶体在外界激发的情况下，如常温(300 K)下，少数价电子获得能量脱离共价键的束缚成为自由电子。这些自由电子很容易在晶体内运动(如图 1-3 所示)，这种现象称为本征激发。

当电子脱离共价键束缚成为自由电子后，就会在共价键中留下一个空位，称为空穴(如

图1-3所示)。空穴是半导体区别于导体的一个特点。

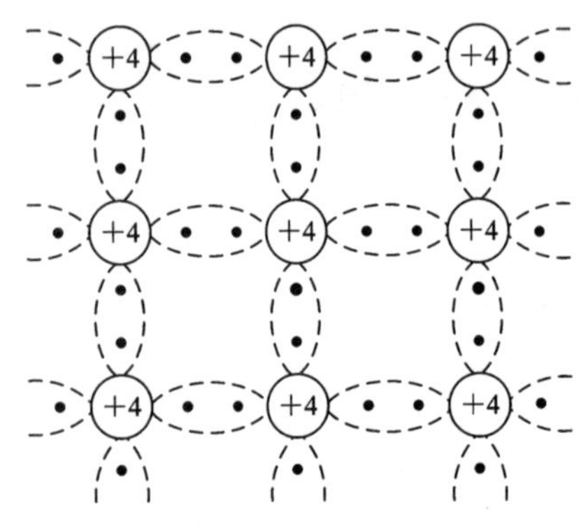
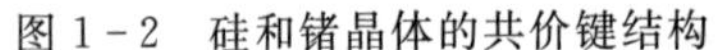

图 1-2　硅和锗晶体的共价键结构

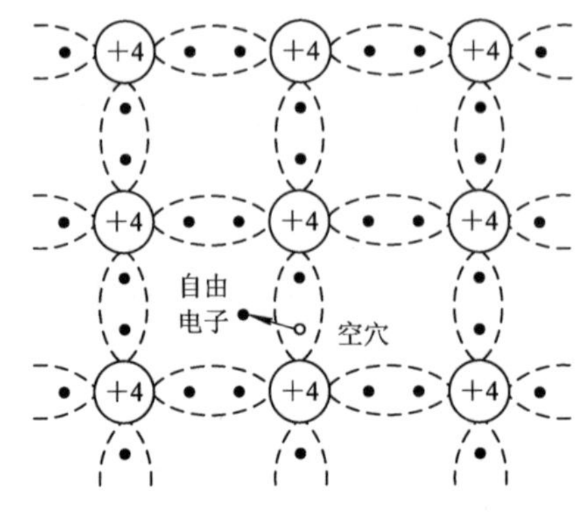

图 1-3　本征半导体中的自由电子和空穴

共价键中有了空穴,邻近共价键中的价电子很容易过来填补这个空穴,这样空穴便转移到邻近共价键中。新的空穴又会被邻近的价电子填补。带负电荷的价电子依次填补带正电荷的空穴,从而形成了所谓的空穴运动。

由此可见,本征半导体中存在着两种运载电荷的粒子(载流子):带负电荷的自由电子和带正电荷的空穴。在本征半导体中,热激发产生的自由电子和空穴是成对出现的,电子和空穴也可能因重新结合而成对消失,这被称为复合。在一定温度下自由电子和空穴维持一定的浓度。载流子的浓度越高,晶体的导电能力越强。本征半导体的导电率随温度的增加而增加。

1.1.2　杂质半导体

本征半导体与杂质半导体

本征半导体在常温下的导电能力很差,但在掺入少量杂质后,半导体的导电性能将会发生显著的变化。根据掺入杂质的不同,杂质半导体分为N(电子)型半导体和P(空穴)型半导体。

1. N(电子)型半导体

在硅或锗的晶体内掺入少量五价元素杂质,如磷、砷、锑等,因其原子最外层有5个价电子,故在构成的共价键结构中,因存在多余的价电子而产生大量自由电子,这就是N(电子)型半导体,如图1-4所示。磷原子在掺入硅晶体后产生多余的电子,称为施主原子或N型杂质。在N型半导体中,自由电子的数量远远高于空穴的数量,因此自由电子被称为多数载流子(简称多子),而空穴被称为少数载流子(简称少子)。N型半导体主要靠自由电子导电,掺入的杂质越多,自由电子的浓度越高,导电性能就越强。

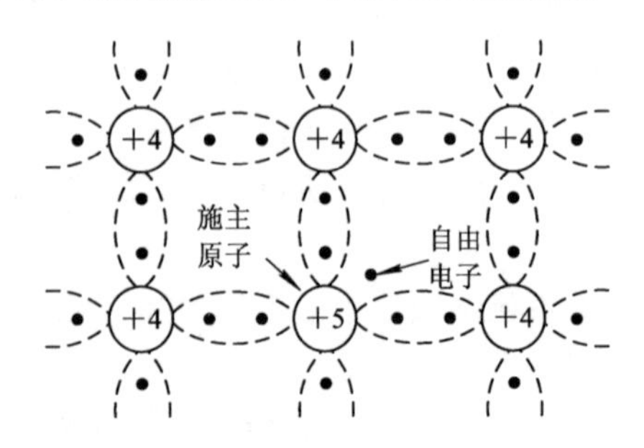

图 1-4　N(电子)型半导体

2. P(空穴)型半导体

在硅或锗中掺入硼、铝等三价元素，其原子最外层只有 3 个价电子，在与周围硅或锗原子组成共价键时，因缺少一个价电子而形成一个空位。在常温下，硅(或锗)共价键上的价电子填补了硼原子的空位，形成空穴运动，这就是 P(空穴)型半导体，如图 1－5 所示。硼原子在硅或锗晶体中接受电子，称为受主原子或 P 型杂质。其中空穴的数量远远多于自由电子的数量，所以空穴为多数载流子(多子)，而自由电子是少数载流子(少子)。P 型半导体主要靠空穴导电，掺入的杂质越多，空穴的浓度越高，导电性能就越强。

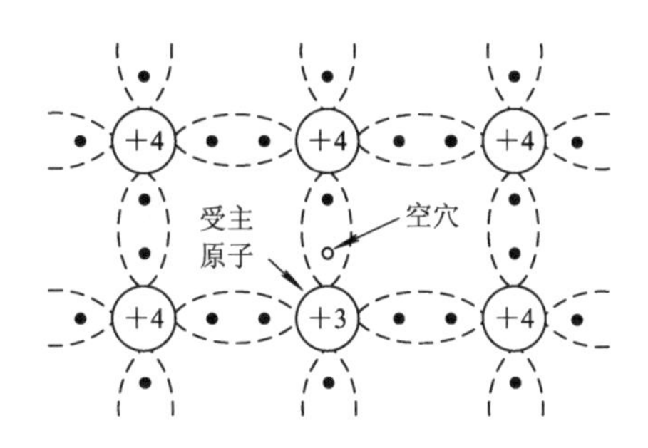

图 1－5　P(空穴)型半导体

1.2　PN 结的形成及特性

载流子在内电场的作用下的定向运动称为漂移；载流子从高浓度区域向低浓度区域的运动称为扩散。

1.2.1　PN 结的形成

PN 结的形成

在半导体两个不同区域内分别掺杂三价和五价杂质元素，形成 P 区和 N 区。在它们的交界面就会出现空穴和电子的浓度差。P 区的空穴浓度高，N 区的电子浓度高。电子和空穴都要向浓度低的一侧扩散。P 区的空穴向 N 区扩散，N 区的电子向 P 区扩散，PN 结的形成如图 1－6 所示。多数载流子扩散到对方就被复合了，使 P 区和 N 区的交界面原来的电中性被破坏。在 P 区和 N 区交界处剩下了不能移动的带负电的杂质离子和不能移动的带正电的杂质离子。这些带电离子不能任意移动，因此不参与导电。这些不能移动的带电粒子在 P 区和 N 区交界面

空间电荷区
P区
N区
内电场

图 1－6　PN 结的形成

形成了一个很薄的空间电荷区，即 PN 结。空间电荷区的多数载流子扩散到对方并复合掉，或者说在扩散过程中被消耗尽了，也把空间电荷区称为耗尽层。

在出现空间电荷区以后，由于正负离子之间的相互作用，在空间电荷区会形成一个电场，方向从 N 区指向 P 区。电场是由 PN 结内部产生的，不是外加电压形成的，称为内电场。内电场的建立会阻碍多子扩散运动，使多子扩散运动逐渐减弱。

同时，内电场使 P 区的少数载流子电子向 N 区漂移，N 区的少数载流子空穴向 P 区漂移，形成定向漂移运动。内电场越强，漂移运动越强，扩散运动反而减弱，最后形成一个动态平衡，空间电荷区的厚度、内电场的大小都不再发生变化。

综上所述，扩散运动和漂移运动是互相联系又互相对立的。扩散使空间电荷区不断加宽，内电场加强；内电场的加强使漂移运动增强，而漂移使空间电荷区变窄，内电场减弱，扩散运动又不断加强。当扩散运动和漂移运动达到动态平衡时，将形成一个稳定的空间电荷区，称为势垒区。

1.2.2 PN 结的单向导电性

PN 结的单向导电性

当稳定的 PN 结无外加电压时，多子的扩散运动和少子的漂移运动处于动态平衡状态，通过 PN 结的电流为零。只有在外加电压时，才会打破平衡，当外加不同电压时，PN 结的导电特性完全不同。

1. 外加正向电压

PN 结外加正向电压 U_S(即正向偏置)如图 1－7 所示，U_S 的正极接 P 区，负极接 N 区。此时，外电场方向与内电场方向相反，内电场被削弱，扩散增强，漂移减弱，因此空间电荷区变窄，PN 结中形成了以扩散电流为主的正向电流 I_F。由于多子的数量较多，因此 I_F 较大，因而电阻的阻值减小，PN 结处于正向导通状态。

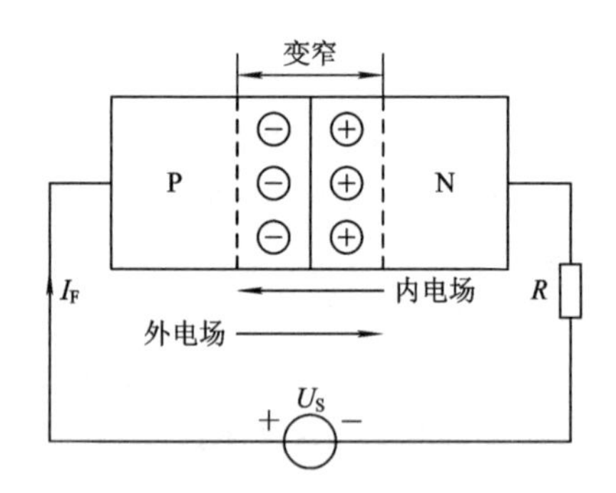

图 1－7　PN 结外加正向电压

2. 外加反向电压

PN 结外加反向电压 U_S(即反向偏置)如图 1－8 所示，U_S 的正极接 N 区，U_S 的负极接 P 区。此时，外加电场与空间电荷区的内电场方向一致，同样会导致扩散运动与漂移运动的平衡状态被打破。内电场加宽，阻碍多子的扩散运动，使少子漂移运动加强，形成由 N 区流向 P 区的反向电流 I_R，少数载流子在一定温度下的浓度很小，所以 I_R 是很微弱的，对于硅材料的 PN 结 I_R 一般仅为微安级，PN 结呈现出高电阻状态。由于少子是本征激发产生的，其浓度几乎只与温度有关，而与外加电压 U_S 无关。因此，当外加反向电压大于一定值后，反向电

流 I_R 就不会再随反向电压的增加而增大了，这时的电流 I_R 称为反向饱和电流 I_S。

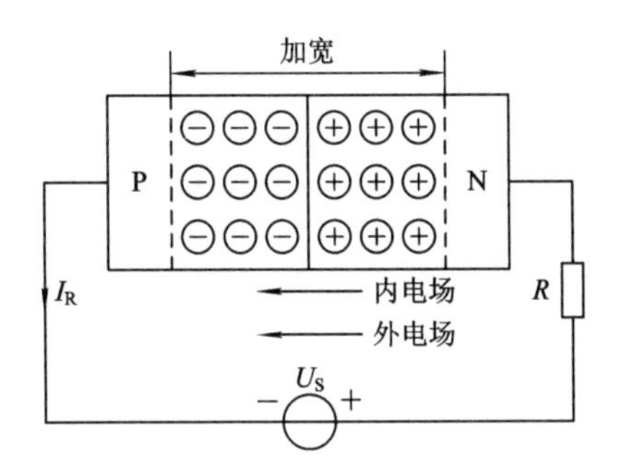

图 1-8　PN 结外加反向电压

可见，PN 结在反向偏置时基本不导电，处于反向截止状态。

由此可见，当 PN 结加正向电压时，处于导通状态，电阻值很小，有较大的正向电流 I_F 通过；当 PN 结加反向电压时，处于截止状态，反向电阻值很大，电流 I_R 很小，这就是它的单向导电性。

1.3　PN 结的反向击穿

PN 结处于反向偏置时，在一定的电压范围内，流过 PN 结的电流很小，但反向电压增大到一定数值时，反向电流急剧增加，这个现象称为 PN 结反向击穿。

发生击穿所需的反向电压 U_{BR} 为反向击穿电压。反向击穿分为电击穿和热击穿。电击穿包括齐纳击穿和雪崩击穿，对于硅材料的 PN 结，当 U_{BR} 大于 7 V 时为雪崩击穿，当 U_{BR} 小于 4 V 时为齐纳击穿。U_{BR} 在 4～7 V 时两种击穿都有。

PN 结产生击穿的原因是：当加反向电压很高时，PN 结会产生很大电场，导致共价键被破坏，阻挡层内中性原子的价电子被拉出，产生大量电子-空穴对，在电场作用下，电子移向 N 区，空穴移向 P 区，使 PN 结反向电流增加，这种击穿称为齐纳击穿。齐纳击穿需要在高掺杂的 PN 结中发生。

PN 结产生击穿的另一个原因是：当 PN 结反向电压增加时，空间电荷区的内电场也增强。在强电场作用下，少子漂移运动动能加大，通过空间电荷区时，与中性原子发生碰撞，打破了共价键的束缚，形成新的电子-空穴对，这种现象称为碰撞电离。新产生的电子-空穴对在强电场作用下，和原有的电子-空穴对一样获得足够能量，继续碰撞电离，再产生新电子-空穴对，如此反复，使载流子数目倍增，这就是倍增效应。PN 结的反向电流急剧增大，这种击穿称为雪崩击穿。雪崩击穿发生在掺杂浓度较低、外加反向电压较高的情况下。

齐纳击穿是一种场效应击穿，多用于特殊二极管中，如齐纳二极管(稳压管)。雪崩击穿是一种碰撞击穿，一般整流二极管掺杂浓度低，其击穿多是雪崩击穿。

电击穿过程是可逆的，当加在 PN 结的反向电压降低后，PN 结仍可恢复到原来的状态。但反向电压过高，反向电流过大时，PN 结的结温上升，一直升温不降而烧毁，就会使 PN 结的电击穿转化为热击穿而造成永久损坏。电击穿与热击穿往往同时存在，电击穿可被人们利用，而热击穿要尽量避免。

1.4 半导体二极管

1.4.1 二极管的结构与类型

半导体二极管也称晶体二极管，简称二极管，是非线性半导体器件。二极管按材料不同可分为硅(Si)二极管和锗(Ge)二极管；按结构不同可分为点接触型和面接触型。半导体二极管结构如图 1-9 所示。将 PN 结用外壳封装，P 区引出阳极(用符号 A 或 a 表示)，N 区引出阴极(用符号 K 或 k 表示)，这样就构成了二极管。由于 PN 结具有单向导电性，因此二极管也具有单向导电性。二极管符号如图 1-10 所示。

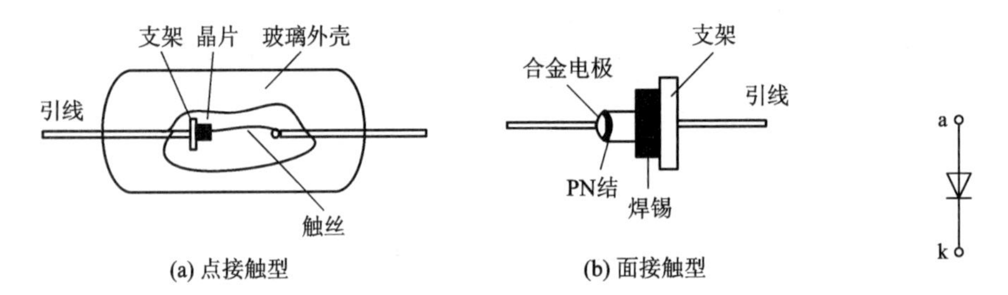

图 1-9 半导体二极管结构　　图 1-10 二极管符号

点接触型二极管的 PN 结面积很小，因此其结电容也很小，但不能承受高的反向电压和大的电流。它适用于高频电路和脉冲数字电路，也可用于小电流整流。例如，2AP1 是点接触型锗二极管，最大整流电流为 16 mA，最高工作频率是 150 MHz。

面接触型(或称为面结型)二极管的 PN 结面积大，能承受较大正向电流，但极间结电容也大。它不适宜应用在高频电路中，常用于低频整流电路。例如，2CP1 为面接触型硅二极管，最大整流电流为 400 mA，最高工作频率只有 3 kHz。

1.4.2 二极管的伏安特性

二极管两端电压与流过二极管电流的关系称为二极管的伏安特性。二极管的伏安特性直观地表现了二极管的单向导电性。图 1-11 所示为二极管的伏安特性曲线与电路符号，曲线对应的函数为

$$i_D = I_S(e^{\frac{U_D}{U_T}} - 1) \tag{1-1}$$

式中：i_D 为通过二极管的电流；I_S 为二极管反向饱和电流；U_D 为二极管的外加电压；U_T 为温度的电压当量，常温下取 $U_T = 26$ mV。

1. 正向特性

当外加电压很小时，外电场很小，不足以克服 PN 结的内电场，故这时的正向电流很小，几乎为零。此时的 PN 结呈现为大电阻。这时的电压称为死区电压(U_{th})或门槛电压。U_{th} 的大小与材料和温度有关，通常硅管的 U_{th} 约为 0.5 V，锗管的 U_{th} 约为 0.1 V。继续增加正向电压，内电场被大大削弱，电流迅速增长，电压与电流关系呈现指数关系。二极管正向导通，呈低阻状态，管压降很小。硅管的管压降约为 0.6～0.7 V，锗管的管压降约为 0.2～0.3 V。如

图 1－11 所示，当温度升高时，正向特性曲线将向上移动，这说明在u_D一定时，i_D将增加。

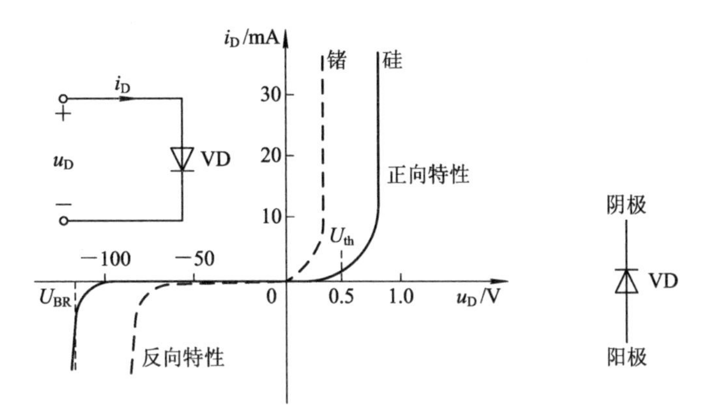

图 1－11　二极管的伏安特性曲线与电路符号

2. 反向特性

在反向电压作用下，P 型和 N 型半导体中的少数载流子通过 PN 结形成反向饱和电流。由于少子的数目很少，因此反向电流很小，如图 1－11 所示。一般硅管的反向电流比锗管小很多。当温度升高时，反向饱和电流也随之增加。

3. 反向击穿特性

当反向电压继续升高，超过反向击穿电压(U_{BR})以后，反向电流急剧增大，这种现象称为二极管的反向击穿，如图 1－11 所示。普通二极管被击穿后会过热而烧坏，发生热击穿。特殊二极管可工作在此区域，发生电击穿。

1.4.3　二极管的主要参数

为了合理选择和正确使用二极管，需要熟悉以下几个二极管的主要参数，以满足工作需要。

(1) 最大整流电流 I_F。它是指管子在长期工作时，允许通过的最大正向平均电流值。使用时，管子的平均工作电流要小于最大整流电流的一半。电流过大，管子工作时可能会因 PN 结温升高而烧毁。例如，2AP7 的最大整流电流为 12 mA。

(2) 最高反向工作电压 U_{RM}。它是指管子在使用时，允许施加的最高反向电压。超过此值，二极管就会发生反向击穿的危险。通常取反向击穿电压的一半作为 U_{RM}。

(3) 反向击穿电压 U_{BR}。它是指二极管反向击穿时的反向电压。例如，2AP1 的 U_{BR} 为 40 V 左右，U_{RM}约为 20 V。

(4) 反向电流 I_R。它是指管子在常温下未发生击穿时的反向电流值，其值愈小，管子的单向导电性愈好。I_R 受温度影响的变化较大，这一点要特别加以注意。

(5) 最高工作频率f_M。f_M 由 PN 结的结电容大小决定。若二极管的工作频率超过该值，则二极管的单向导电性能变差。

一般半导体手册中都给出不同型号管子的参数，这些参数往往是一个范围值。国产半导体二极管参数如表 1－1 所示。由于制造工艺的限制，在使用时，即使同一型号的管子参数的分散性也很大。值得注意的是，不要超过最大整流电流和最高反向工作电压，否则管子容易损坏。

表 1-1　国产半导体二极管参数

名称	最大整流电流/mA	最高反向工作电压/V	反向击穿电压(反向电流为400 μA)/V	正向电流(正向电压为1 V)/mA	反向电流(反向电压分别为10 V和100 V)/μA	最高工作频率/MHz	极间电容/pF
2AP1	16	20	≥40	≥2.5	≤250	150	≤1
2AP7	12	100	≥150	≥5	≤250	150	≤1

1.4.4　二极管使用注意事项

在使用二极管时，要注意以下事项：

(1) 半导体二极管在电路应用中要注意极性连接。

(2) 避免二极管靠近发热元件，保证散热良好。工作在高频或脉冲电路的二极管的引线要尽量短，不能用长引线或把引线弯成圈来达到散热的目的。

(3) 注意二极管的参数，不允许超过最大值。

(4) 不允许不同材料的二极管互相替换。硅管和锗管不能互相代替。

1.5　二极管的分析方法及应用

在电子电路中，最常用的半导体器件就是二极管。本节将重点介绍二极管的简化模型及二极管的单向导电性，实现并分析二极管典型电路，如整流电路、限幅电路、钳位电路、峰值采样电路等。

1.5.1　二极管的分析方法

从前面的分析可知，二极管是一种非线性器件，因此其电路的分析一般要采取非线性电路的分析方法，一般比较复杂。多采用图解法，但前提是已知二极管的 $U-I$(伏安)特性曲线。下面通过一个例子加以说明。

【例 1-1】 二极管电路如图 1-12(a)所示，设二极管的 $U-I$ 特性如图 1-12(b)所示。已知电源 U_{DD} 和电阻 R，求二极管的电压 u_D 和二极管电流 i_D。

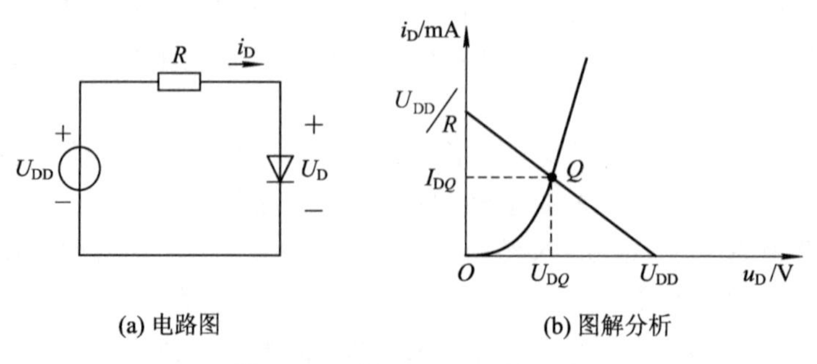

(a) 电路图　　(b) 图解分析

图 1-12　例 1-1 二极管电路

解　由电路的 KVL(基尔霍夫电压定律)方程可得

$$i_D = \frac{U_{DD} - u_D}{R} = -\frac{1}{R}u_D + \frac{1}{R}U_{DD} \tag{1-2}$$

由式(1－2)可在图 1－12(b)的坐标系中画出斜率为－1/R 的直线，称为负载线。负载线与二极管U－I 特性曲线的交点 Q 的坐标值(U_D，I_D)就是所求，其中，Q 称为电路的工作点。

从此例可以看出，用图解法求解比较直观简单。但前提是要已知二极管的 U－I 特性曲线。这在实际的应用中是不现实的。所以图解法并不适用求解实际问题，但对理解电路的工作原理和相关概念是有帮助的。

二极管的 U－I 特性关系式(1－1)与式(1－2)联立，也可求解出 U_D、I_D。这种方法要求解指数方程，称为代数法。代数法解方程的过程要复杂得多，显然也不实用。

在工程中，常常利用二极管的简化模型代替其非线性特性分析二极管电路，使分析更为简单。简化模型是工程近似分析方法。

1.5.2　二极管的简化模型

1. 理想模型

图 1－13 为理想二极管的 U－I 特性曲线。由图 1－13(a)可见，当二极管加正向电压时，二极管压降为 0 V。当二极管加反向电压时电流为 0 A，认为电阻无穷大。在实际电路中，当电源电压远远大于二极管压降时，用理想模型来近似分析是可以的。

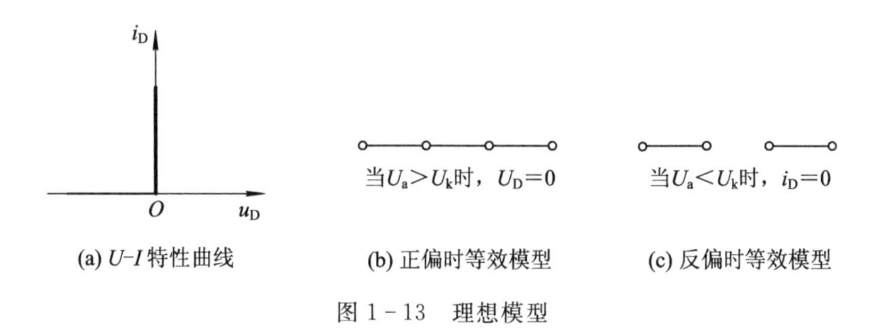

图 1－13　理想模型

2. 恒压降模型

恒压降模型如图 1－14 所示。当二极管加正偏电压时，认为管压降是恒定不变的，即不随电流的改变而变动。硅管的典型值为 0.7 V。当二极管的电流i_D 近似等于或大于 1 mA 时才是正确的。此模型更加接近于实际二极管的 U－I 特性曲线，因此应用更广。

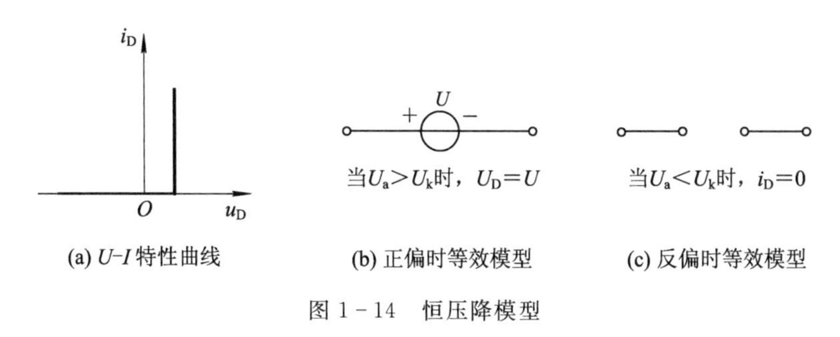

图 1－14　恒压降模型

1.5.3 二极管的应用

1. 判断二极管的工作状态

【例 1-2】 二极管的电路如图 1-15 所示，判断二极管是导通还是截止。

解 判断二极管的工作状态，即判断二极管是导通还是截止，实质上就要看二极管所加电压是正向电压还是反向电压。判断方法是：将二极管先去掉，分别在原电路中计算二极管阳极和阴极所在位置的电位。如果$u_a > u_k$，则说明二极管导通；如果$u_a < u_k$，则说明二极管截止。

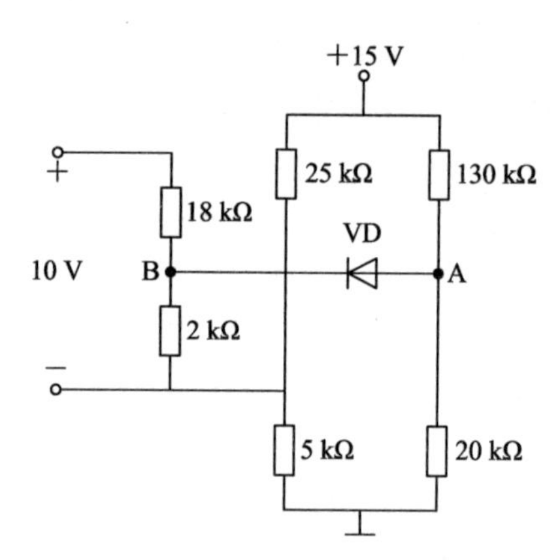

图 1-15 例 1-2 电路图

将二极管断开，以“地”为参考点，这时有

$$U_A = \frac{20}{130+20} \times 15 = 2\ \text{V}$$

$$U_B = \frac{2}{18+2} \times 10 + \frac{5}{25+5} \times 15 = 3.5\ \text{V}$$

$U_A < U_B$，显然二极管反偏截止。

2. 整流电路

利用二极管的单向导电性可以把大小和方向都变化的正弦交流电变为单向脉动的直流电。实现整流功能的电路称为整流电路。单相整流电路分为半波整流、全波整流、桥式整流等。

【例 1-3】 二极管的电路如图 1-16 所示，已知u_s为正弦波，利用二极管的理想模型，定性地画出u_o的波形。

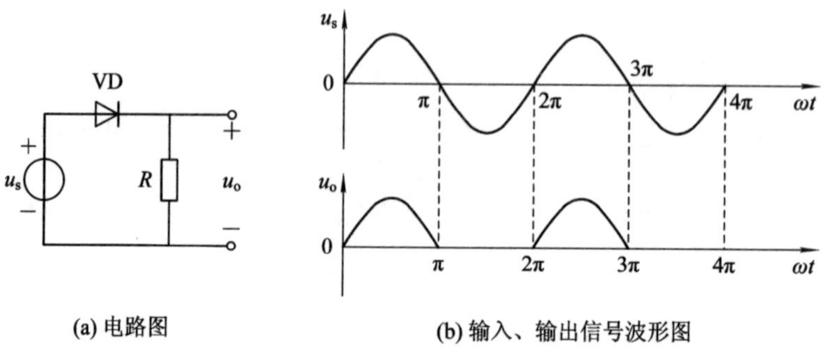

(a) 电路图

(b) 输入、输出信号波形图

图 1-16 例 1-3 图

解 忽略二极管的正向导通压降，由于u_s为正弦波，当u_s为正半周时，二极管正向导通，由理想模型可知$u_o=u_s$。

当u_s为负半周时，二极管反向截止。$u_o=0$，其输出波形如图1-16(b)所示。

此电路称为半波整流电路。

单相半波整流电路只利用了交流电的半个周期，这显然是不经济的。最常用的整流电路是单相桥式整流电路。电路中采用4只二极管，接成电桥形式，称为桥式整流电路(如图1-17所示)。

【例1-4】 二极管电路如图1-17所示，利用二极管的理想模型，定性地画出u_o的波形。

解 当u_s为正半周时，二极管VD_1、VD_3正向导通，VD_2、VD_4反向截止。流过负载的电流的实际方向与参考方向一致，$u_o=u_s$；当u_s为负半周时，二极管VD_2、VD_4正向导通，二极管VD_1、VD_3反向截止。i_o的方向不变。$u_o=-u_s$，其输出波形如图1-17(b)所示。

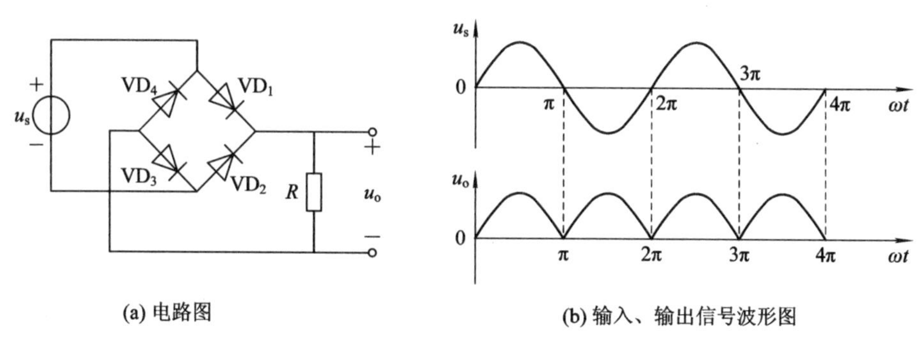

(a) 电路图 (b) 输入、输出信号波形图

图1-17 例1-4图

3. 限幅电路

在电子电路中，为了降低信号的幅度，满足电路工作的需要，或者为了保护某些器件不受大的信号电压作用而损坏，可以利用二极管限制信号的幅度。

【例1-5】 二极管电路如图1-18所示，$R=1\ k\Omega$，$U_{REF}=4\ V$，输入信号为u_i。二极管为硅管，分别用理想模型和恒压降模型求解：

(1) 当$u_i=0\ V$、$3\ V$、$6\ V$时，相应输出电压u_o的值；

(2) 当$u_i=7\sin\omega t$ (V)时，画出相应的输出电压u_o的波形。

解 (1) 理想模型：

当$u_i=0\ V$时，二极管截止，$u_o=0\ V$。

当$u_i=3\ V$时，二极管截止，$u_o=3\ V$。

当$u_i=6\ V$时，二极管导通，$u_o=U_{REF}=4\ V$。

恒压降模型：

当$u_i=0\ V$时，二极管截止，$u_o=0\ V$。

当$u_i=3\ V$时，二极管截止，$u_o=3\ V$。

当$u_i=6\ V$时，二极管导通，$u_o=U_{REF}+0.7=4.7\ V$。

(2) 理想模型时，若$u_i>U_{REF}$，则二极管导通，$u_o=U_{REF}=4\ V$，若$u_i<U_{REF}$，则二极管截止，$u_o=u_i$，如图1-18(b)所示。

恒压降模型时，若$u_i>U_{REF}$，则二极管导通，$u_o=4.7$ V，若$u_i<U_{REF}$，则二极管截止，$u_o=u_i$，如图 1-18(b)所示。

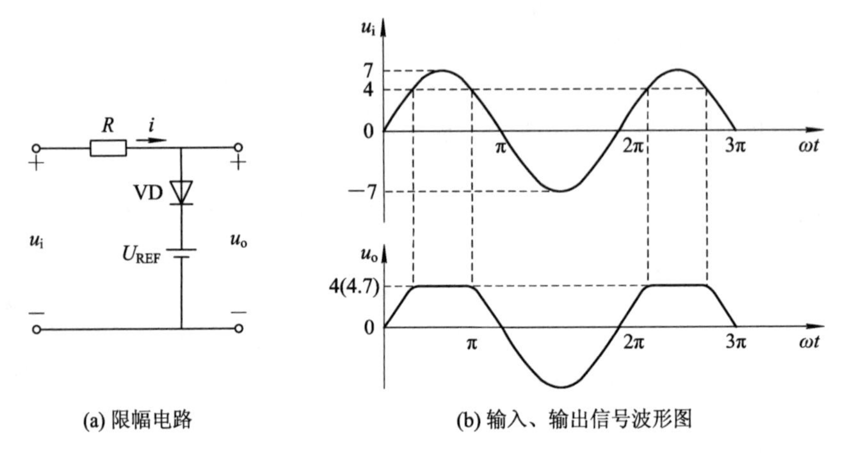

图 1-18 例 1-5 图

4. 钳位电路

当二极管正向导通时，忽略二极管的导通压降，二极管相当于导线，强制使二极管的阳极电位与阴极电位相同；当二极管加反向电压时，二极管截止，二极管相当于断路。根据二极管这一特性，可以将其应用在数字电路的开关电路中。

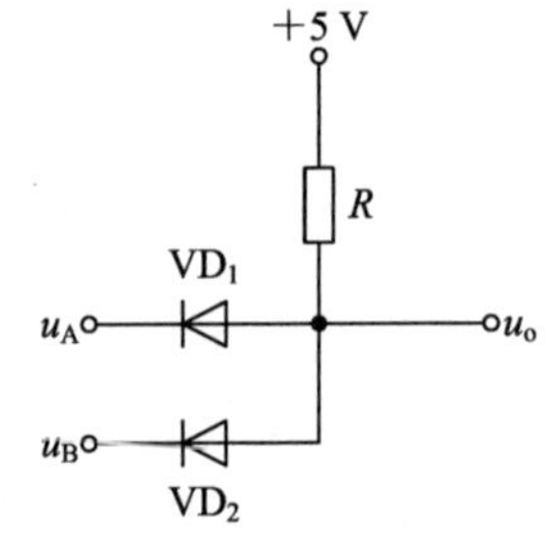

图 1-19 例 1-6 图

【例 1-6】 二极管开关电路如图 1-19 所示。当u_A、u_B 电压取值分别为 0 V、5 V 的不同组合时，利用二极管的理想模型求输出电压u_o 的值。

解 当$u_A=0$ V，$u_B=5$ V 时，因为 A 点电位低于 B 点电位，所以VD_1 管优先导通，$u_o=0$ V，VD_2 管阳极电位为 0 V，阴极电位为 5 V。VD_2 管截止。VD_1 起到钳位作用，把u_o 的电位钳位到 0 V。VD_2 起到隔断作用，把输入端 B 点和输出端隔离开。

二极管其他工作状态及输出电压列于表 1-2 中。

表 1-2 二极管工作状态及输出电压

u_A	u_B	二极管工作状态		u_o
		VD_1	VD_2	
0 V	0 V	导通	导通	0 V
0 V	5 V	导通	截止	0 V
5 V	0 V	截止	导通	0 V
5 V	5 V	截止	截止	5 V

5. 峰值采样电路

【例 1-7】 二极管电路如图 1-20(a)所示。输入电压u_i 是任意变化规律，由电容 C 上输出电压u_o，试描述输出电压u_o的波形。

解　当$u_i < u_o$时，二极管截止，电容C不放电，保持输出电压u_o不变，其波形如图 1－20(b)所示。

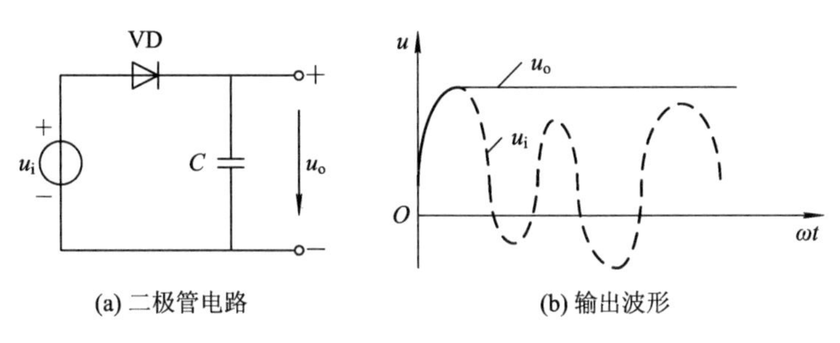

(a) 二极管电路　　(b) 输出波形

图 1－20　例 1－7 图

1.6　特殊二极管

除了前面介绍的普通二极管，还有一些特殊二极管，如稳压二极管和光电子器件(包括发光二极管、光电二极管、激光二极管等)。本节将重点介绍一些常见的特殊二极管。

1.6.1　稳压二极管

1. 稳压二极管的伏安特性

稳压二极管又称为齐纳二极管，是一种特殊的硅二极管。由于它在电路中能起到稳定电压的作用，因此简称稳压管。其符号如图 1－21(a)所示。稳压管的伏安特性如图 1－21(b)所示，与普通二极管相似，但稳压管工作在反向击穿区。反向特性曲线比较陡。图中U_Z表示反向击穿电压，即稳压管的稳定电压。它是在某一特定的测试电流I_Z下得到的电压值。当稳压管反向电压小于其稳定电压U_Z时，反向电流很小，可认为此时电流为零。当反向电压继续增加到U_Z时，稳压管进入反向击穿工作区，在此区电流急剧增加，但管子两端电压基本不变。稳压管的稳压作用在于，电流增量ΔI_Z很大，只引起很小的电压变化ΔU_Z。曲线越陡，动态

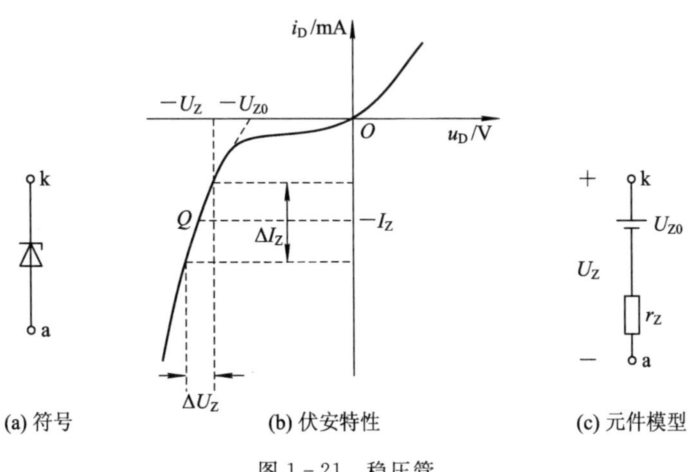

(a) 符号　　(b) 伏安特性　　(c) 元件模型

图 1－21　稳压管

电阻$r_Z=\Delta U_Z/\Delta I_Z$越小，稳压管的稳定性能越好。$-U_{Z0}$是在测试工作点$Q$点的切线与横轴的交点。图1-21(c)为稳压管等效模型。由稳压管模型可得

$$U_Z=U_{Z0}+r_Z I_Z \tag{1-3}$$

一般稳定电压U_Z的数值较大，可忽略r_Z的影响，认为U_Z的值恒定。

2. 稳压二极管的主要参数

(1) 稳定电压U_Z：稳压管在规定电流范围内的反向击穿电压。由于半导体器件参数具有分散性，因此同一型号的稳压管的U_Z也存在一定差别。

(2) 稳定电流I_Z：工作电压为U_Z时的稳定工作电流。

(3) 最小工作电流I_{Zmin}：稳压管工作在稳压状态下的最小工作电流。反向电流小于I_{Zmin}时，稳压管进入反向截止状态，稳压特性消失。

(4) 最大工作电流I_{Zmax}：稳压管工作在稳压状态下的最大工作电流。反向电流大于I_{Zmax}时，可能电流过大，稳压管热击穿被烧毁。

(5) 动态电阻r_Z：稳压管电压的变化量与相应电流变化量的比值，即$r_Z=\dfrac{\Delta U_Z}{\Delta I_Z}$。

(6) 电压温度系数C_{TU}：当稳压管的电流保持不变时，环境温度每变化1℃所引起的稳定电压变化的百分比，即$C_{TU}=\dfrac{\Delta U}{\Delta T}\times 100\%$。一般$U_Z$小于4 V的稳压管，其$C_{TU}$为负值；$U_Z$大于7 V的稳压管，其$C_{TU}$为正值；$U_Z$在6 V左右的稳压管，其温度系数很小。$C_{TU}$越小，稳压管的温度稳定性越强。

(7) 最大耗散功率P_{ZM}：稳压管正常工作时能够耗散的最大功率，即$P_{ZM}=U_Z I_{ZM}$。

表1-3列出了几种常见稳压管的主要参数。

表1-3 几种常见稳压管的主要参数

型　号	稳定电压 U_Z/V	稳定电流 I_Z/ mA	最大工作电流 I_{ZM}/ mA	最大耗散功率 P_{ZM}/W	动态电阻 r_Z/Ω	电压温度系数 $C_{TU}/\times 10^{-4}$℃
2CW52	3.2～4.5	10	55	0.25	<70	−8
2CW57	8.5～9.5	5	26	0.25	<20	8
2DW230	5.8～6.6	10	30	<0.20	<20	−0.5～0.5

【例1-8】 电路如图1-22(a)所示，已知$u_i=10\sin\omega t$(V)，双向稳压管D_Z的稳定电压$U_Z=\pm 5$ V，稳定电流$I_Z=10$ mA，最大工作电流$I_{Zmax}=20$ mA，试画出输出电压u_o的波形，并求限流电阻R的最小值。

解 当$|u_i|>|U_Z|$时，稳压管热击穿，输出电压u_o恒定；当$|u_i|<|U_Z|$时，稳压管截止，输出电压$u_o=u_i$。波形如图1-22(b)所示。

$$R_{min}=\frac{U_m-U_Z}{I_{Zmax}}=\frac{10-5}{20\times 10^{-3}}=250\ \Omega$$

一般R的最大取值为$R_{max}=\dfrac{U_m-U_Z}{I_{Zmin}}=\dfrac{10-5}{10\times 10^{-3}}=500\ \Omega$，即$R$值可在250～500 Ω之间选取。

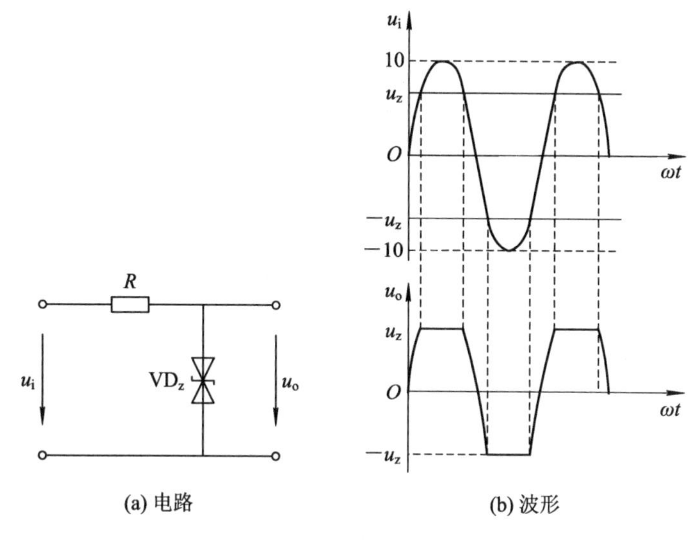

图 1-22　例 1-8 图

1.6.2　变容二极管

一般 PN 结都有结电容，结电容随外加反向电压的变化变大或变小。利用这个特性，采用专门的工艺可做成变容二极管。图 1-23(a)为变容二极管的符号。图 1-23(b)为某种变容二极管的特性曲线。不同型号的管子，电容最大值不同，一般为 5～300 pF。普通可变电容以机械调节方式改变容量，变容二极管以电调节方式改变容量。变容二极管多用于高频技术，如高频振荡和选频电路。电视机、调频收音机、对讲机等都可以使用变容二极管。

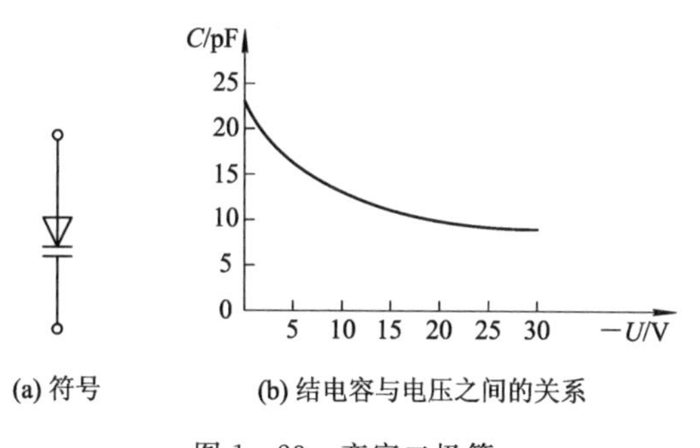

图 1-23　变容二极管

1.6.3　双向二极管

双向二极管一般是用两个二极管反向并联组成的，在电路中它与输入信号并联，主要起限压作用。在管子的两极之间无论加正向电压还是反向电压，只要电压数值超过双向二极管的起始电压，双向二极管就能导通。双向二极管主要用来触发双向晶闸管，它也称为双向触发二极管，可应用于电子镇流器电路。图 1-24 为双向二极管的符号。

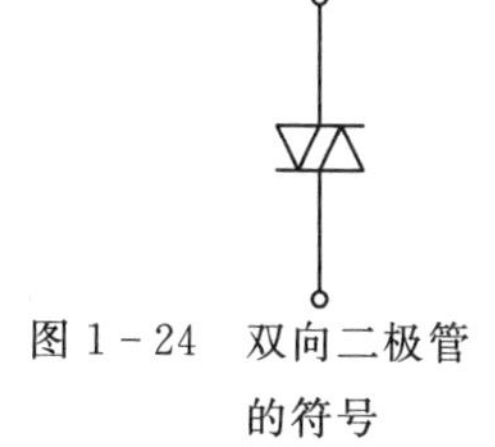

图 1-24　双向二极管的符号

1.6.4 肖特基二极管

肖特基(Schottky)二极管是一种快恢复二极管，它是一种低功耗、超高速半导体器件。其反向恢复时间极短(可以小到几纳秒)，正向导通压降仅为0.4 V左右。肖特基二极管多用作高频、低压、大电流整流二极管、续流二极管和保护二极管，也可在微波通信等电路中作为整流二极管和小信号检波二极管使用，常用在彩电的二次电源整流、高频电源整流中。肖特基二极管的符号如图1-25所示。

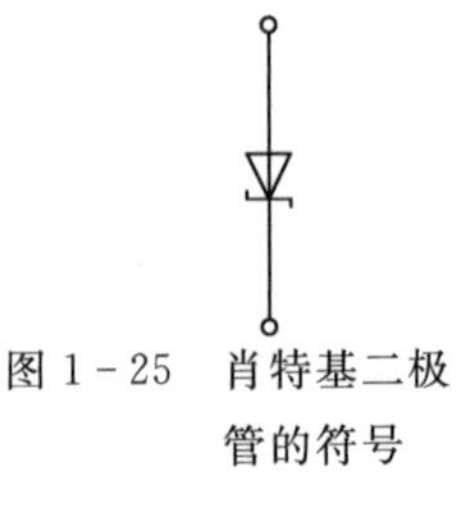

图1-25 肖特基二极管的符号

1.6.5 光电子器件

光电子器件在现代化的光电子系统中的应用越来越广泛。光电子系统具有抗干扰能力强、传输损耗小、性能稳定的优点。发光二极管和光电二极管就属于光电子器件。下面分别对两种器件进行简单介绍。

1. 发光二极管

发光二极管(LED)具有加正向电压导通的特性，产生正向电流从而发光，是一种将电能转化为光能的器件。发光二极管通常由砷化镓、磷砷化镓等半导体材料制成，它发的光频谱范围窄，波长由构成材料决定，可发出的常见光为红、黄、绿色，也可发出不可见光——红外光。图1-26为发光二极管的符号。发光二极管可单独使用，也可作为七段数码管使用。发光二极管的工作电流很小，只有几毫安到十几毫安；其工作电压也比较低，只有一点几伏到3 V左右。表1-4为发光二极管的特性参数。

表1-4 发光二极管的特性参数

颜色	波长λ/nm	材　料	正向电压U_F(10 mA)/V
红外	900	砷化镓	1.3～1.5
红	655	磷砷化镓	1.6～1.8
黄	583	磷砷化镓	2.0～2.2
绿	565	磷化镓	2.2～2.4

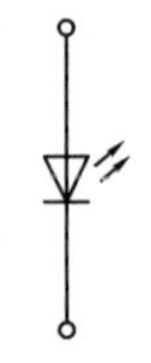

图1-26 发光二极管的符号

发光二极管的另一个重要用途是将电信号转变为光信号，通过光缆传输，然后用光电二极管接收，再转变为电信号。图1-27为远距离传输电信号驱动光电二极管的电路原理图，即光电传输系统。

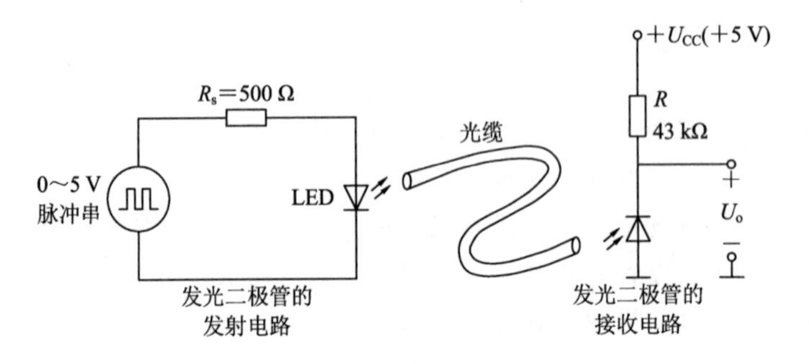

图1-27 光电传输系统

2. 光电二极管

光电二极管也称为光敏二极管，是将光能转化为电能的器件。其结构与普通二极管相似，由 PN 结构成，但它的管壳上有一个接收光信号照射的窗口。图 1－28 为光电二极管的符号。当光电二极管加反向偏置时，它的反向电流与光照度成正比。光电二极管常用于传感器的光敏器件。

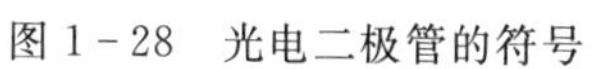

图 1－28　光电二极管的符号

1.7　双极型三极管

威廉·布拉德
福德·肖克利

双极型三极管(Bipolar Junction Transistor，BJT)也称为晶体三极管，简称三极管，因导电载流子含有自由电子和空穴而得名。它是通过一定工艺，将两个 PN 结结合在一起的器件。按使用的半导体材料划分，有硅管和锗管；按照功率划分，有大、中、小功率管；按工作频率划分，有低频功率管和高频功率管；按结构划分，有 NPN 管和 PNP 管。常见 BJT 的外形如图 1－29 所示。

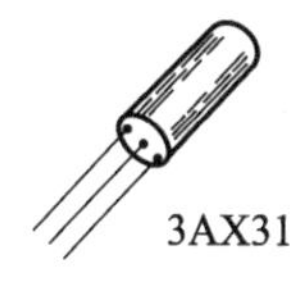

(a) PNP型低频小功率锗管

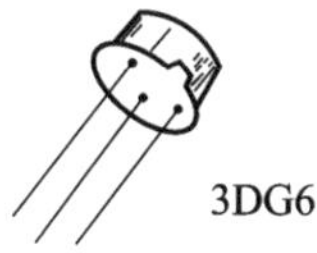

(b) NPN型高频小功率硅管

(c) PNP型低频大功率锗管

3DX204

(d) NPN型低频小功率硅管

图 1－29　常见 BJT 的外形

1.7.1　三极管的结构及符号

NPN 型晶体三极管

三极管无论是 NPN 型管还是 PNP 型管，内部都有：① 三个区，即发射区、基区和集电区；② 三个电极，即发射极(E 或 e)、基极(B 或 b)和集电极(C 或 c)；③ 两个结，即发射结和集电结。图 1－30 给出了 NPN 型和 PNP 型三极管的结构示意图和电路符号。其符号中的箭头方向表示三极管的实际电流方向。

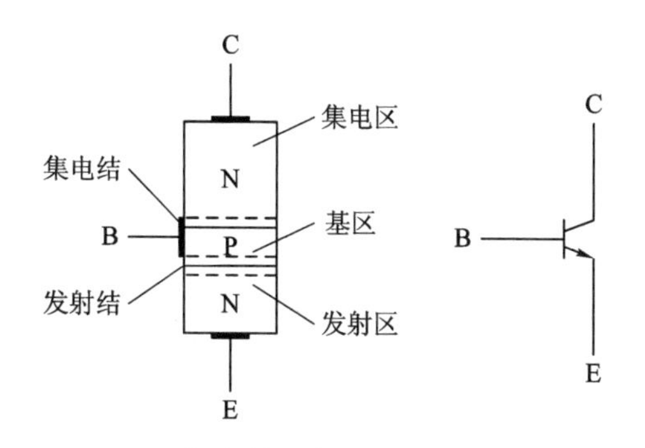

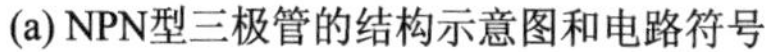

(a) NPN型三极管的结构示意图和电路符号

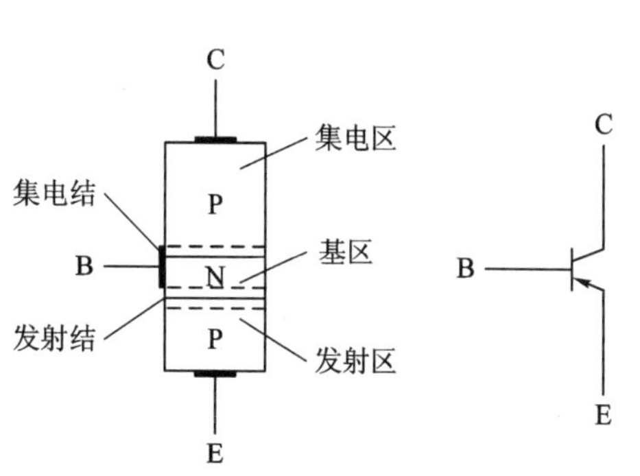

(b) PNP型三极管的结构示意图和电路符号

图 1－30　三极管的结构示意图和电路符号

由于三极管三个区的作用不同，在制作三极管时，每个区的掺杂浓度和面积也不同，每个区的结构特点亦不同。发射区掺杂浓度高；基区掺杂浓度低，面积较小，一般只有几微米至几十微米；集电区掺杂浓度比基区高，比发射区低很多，但面积最大。

1.7.2 三极管的电流分配与放大作用

晶体三极管
放大特性

NPN 型管和 PNP 型管结构对称，工作原理完全相同，本书以 NPN 为例，讨论三极管的电流分配和放大作用。

三极管的结构特点是三极管具有电流放大的内部条件(即制造时使基区很薄且杂质浓度远低于发射区等)。

三极管放大时必需的外部条件：半导体三极管在工作时一定要加上适当的直流偏置电压(即发射结正向偏置、集电结反向偏置)。

三极管内部载流子的传输过程有以下几个方面：

(1) 发射极电流的形成(发射)。发射结正向偏置时，发射区和基区的多数载流子很容易越过发射结互相进行扩散，但因发射区载流子浓度远远大于基区载流子浓度，所以通过发射结的扩散电流基本上是发射区向基区扩散的多数载流子，这也是形成发射极电流 I_E 的主要部分，如图 1－31 所示。

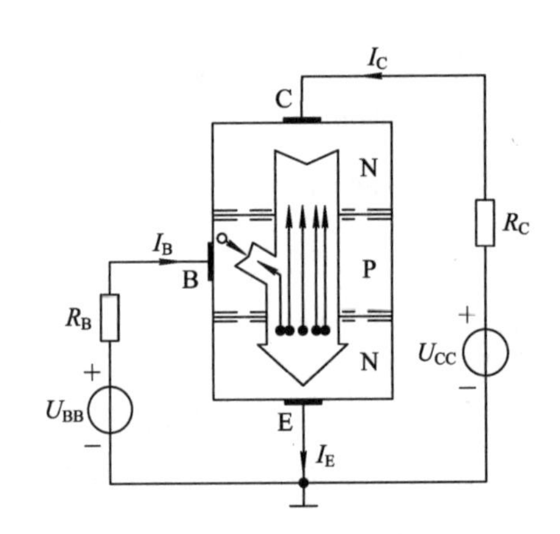

图 1－31　三极管中载流子的运动和电流之间的关系

(2) 基极电流的形成(复合和扩散)。由于基区掺杂浓度较低且做得很薄，一般只有几微米，因此从发射区注入基区的大量载流子只有极少数能与基区中的多子空穴“复合”，复合掉的载流子又会由基极电源不断地给予补充，从而形成基极电流 I_B，如图 1－31 所示。大多数电子在基区中继续扩散，到达靠近集电结一侧。

(3) 集电极电流的形成(收集)。由发射区扩散到基区的多数载流子因基区的杂质浓度较低，被复合的机会较少，又因为基区很薄且集电结反偏，使扩散到基区的载流子电子无法在基区停留，所以绝大多数载流子电子继续向集电结边缘进行扩散。集电区的掺杂浓度虽然低于发射区，但高于基区，并且集电结的结面积较发射结大很多，因此这些聚集到集电结边缘的载流子将在结电场的作用下，统统收集到集电区，形成集电极电流 I_C，如图 1－31 所示。

根据电流的连续性原理，三个电极上的电流应遵循 KCL 定律(基尔霍夫电流定律)，即

$$I_E = I_B + I_C \tag{1-4}$$

三极管的集电极电流 I_C 稍小于 I_E，但远大于 I_B，I_C 与 I_B 的比值在一定范围内保持基本不变。特别是当基极电流有微小的变化时，集电极电流将发生较大的变化。例如，当 I_B 由 40 μA增加到 50 μA 时，I_C 将由 3.2 mA 增大到 4 mA，则

$$\beta=\frac{\Delta I_C}{\Delta I_B}=\frac{(4-3.2)\times 10^{-3}}{(50-40)\times 10^{-6}}=80 \tag{1-5}$$

式(1-5)中，β 值称为三极管的电流放大倍数。不同型号、不同类型和不同用途的三极管，其 β 值的差异较大，大多数三极管的 β 值通常在几十至一百多的范围之内。

上述分析说明：很小的基极电流 I_B 就可以控制较大的集电极电流 I_C，从而实现了电流放大作用，故把双极型三极管称作电流控制器件。

需要指出的是，三极管有三个电极，在放大电路中也有共基极、共射极和共集电极三种连接方式，即分别把基极、发射极、集电极作为输入和输出端口的公共端，如图 1-34 所示。无论是哪种连接方式，要使三极管具有放大作用，都必须保证发射结正偏、集电结反偏，其内部的载流子的传输过程相同。

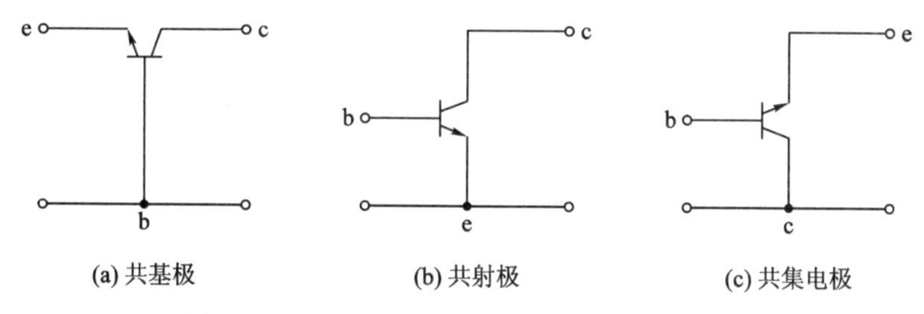

图 1-32　三极管在放大电路中的三种连接方式

1.7.3　三极管的特性曲线

三极管的特性曲线是用来表示该管子各极电压和电流之间相互关系的，它反映出三极管的性能，是分析放大电路的重要依据。最常用的特性曲线是采用共射极接法时的输入特性曲线和输出特性曲线，如图 1-33 所示。

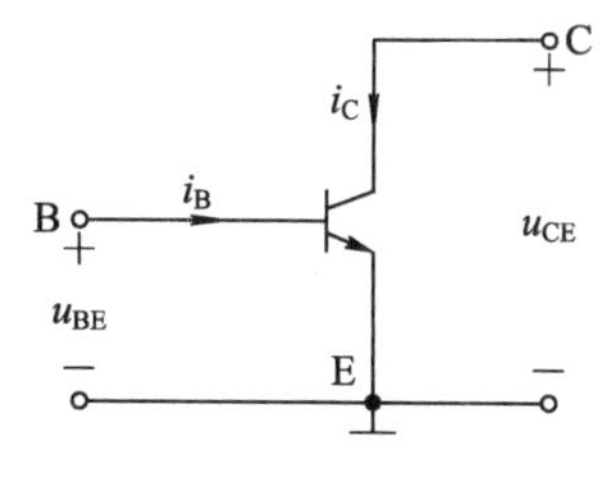

图 1-33　共射极连接

1. 共射极输入特性曲线

输入特性曲线是指当集电极与发射极之间的电压 u_{CE} 为定值时，输入回路中的三极管基极电流 i_B 与发射结端电压 u_{BE} 的关系曲线，用函数关系式表示为

$$i_B=f(u_{BE})\mid_{u_{CE}=常数} \tag{1-6}$$

三极管的输入特性曲线如图 1-34(a)所示。对于硅管而言，当 $u_{CE}\geqslant 1$ V 时，集电结已反向偏置，并且内电场足够大，基区又很薄，可以把从发射区扩散到基区的电子中的绝大部分

拉入集电区。继续增大u_{CE}并保持u_{BE}不变时，则 I_B 基本不变，即$u_{CE}>1$ V 以后的输入特性曲线基本是重合的。所以通常只画出$u_{CE}\geq 1$ V 的一条输入特性曲线。

从图 1-34(a)中可看出，三极管输入特性曲线与二极管的正向伏安特性曲线相似，也有一段死区。只有在发射结外加电压大于死区电压时，三极管才会有电流 I_B 出现。硅管的死区电压约为 0.5 V，锗管的死区电压约为 0.2 V。在正常工作情况下，NPN 型硅管的发射结电压u_{BE}典型值为 0.7 V，NPN 型锗管的发射结电压u_{BE}典型值为 0.3 V。

2. 共射极输出特性曲线

共射极输出特性是在基极电流i_B 不变时，输出的集电极电流i_C 与电压u_{CE}之间的关系。用函数关系式表示为

$$i_C = f(u_{CE}) \mid_{i_{B=常数}} \tag{1-7}$$

由式(1-7)可知，对于每一个确定的电流i_B 值，都有一条曲线与之对应，若选择一系列 i_B 的值，就会有一系列的曲线与之对应，如图 1-34(b)所示。

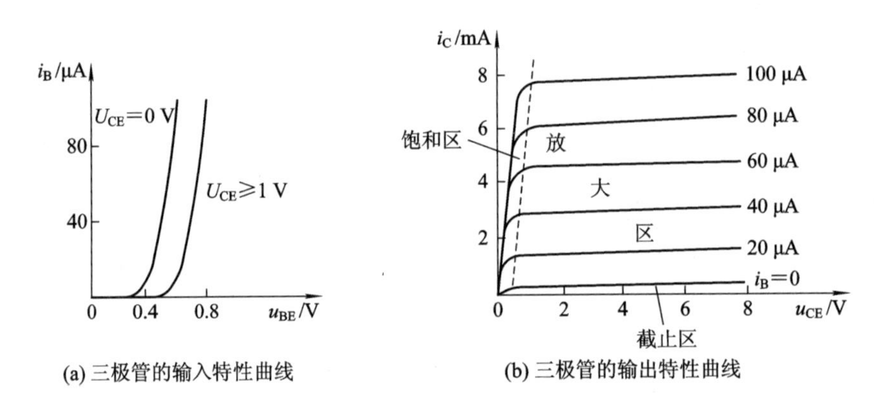

(a) 三极管的输入特性曲线　　(b) 三极管的输出特性曲线

图 1-34　三极管的输入和输出特性曲线

从图 1-34(b)中可以看出，三极管输出特性曲线通常分为截止区、放大区和饱和区三个工作区，分述如下：

(1) 放大区。此时三极管发射结正偏，集电结反偏。由图 1-34(b)可知，在放大区内，各条输出特性曲线近似为水平线，表示当i_B 一定时，i_C 的值基本上不随u_{CE}而变化。但是当基极电流有一个微小的变化量 Δi_B 时，相应的集电极将产生一个较大的变化量 Δi_C，即$\Delta i_C=\beta\Delta i_B$。

放大区体现了三极管基极电流对集电极电流的控制作用，说明三极管是一种具有电流放大能力的电流控制器件。

(2) 截止区。此时发射结反偏，集电结反偏。将$i_B=0$ 以下区域称为截止区，有$i_C\approx 0$，由于管子的集电极电流接近于零，因此称三极管处于截止状态。

实际上当$i_B=0$ 时，集电极电流i_C 并不等于零，它有一股很小的穿透电流 I_{CEO}(漏电流)。可以认为当三极管的发射结反向偏置时，发射区不再向基区注入电子，则三极管处于截止状态，没有放大作用。截止区三极管的三个电极电流均为 0，即三个电极间是开路的，C、E 等效为一个断开的开关。

(3) 饱和区。此时发射结正偏，集电结正偏。将$u_{CE}\leq u_{BE}$时的区域称为饱和区。三极管失

去了基极电流i_B对集电极电流i_C的控制作用。这时i_C由外电路决定，而与i_B无关。将此时所对应的u_{CE}值称为饱和压降，用U_{CES}表示。一般情况下，小功率管的U_{CES}小于0.4 V(硅管约为0.3 V，锗管约为0.1 V)，大功率管的U_{CES}为1～3 V。在理想条件下，$U_{CES}\approx 0$。

虽然饱和区和截止区都没有放大作用，但这两个区的特点是截然不同的。饱和区呈现集电极电流最大值，并且此时三极管各电极间的压降均很小，可以近似为零。所以可将饱和区的三极管各电极间视为短路，将C、E之间等效为一个闭合的开关。

由此可知，三极管在电路中既可以作为放大元件使用，也可以作为开关元件使用。

1.7.4 三极管的主要参数

三极管的参数是用来表征其性能和适用范围的，是电路设计和调整的依据。常用的主要参数有以下几个。

1. 电流放大系数

电流放大系数是表征三极管放大作用的重要参数，主要有以下几个。

1) 共射极直流电流放大系数$\bar{\beta}$

在共射极电路没有交流输入信号的情况下，有

$$\bar{\beta}=\frac{I_C-I_{CBO}}{I_B} \tag{1-8}$$

当$I_C\gg I_{CBO}$时，$\bar{\beta}$可近似表示为

$$\bar{\beta}\approx\frac{I_C}{I_B} \tag{1-9}$$

所以，$\bar{\beta}$也可以理解为在直流工作情况下，共射极电路的集电极电流I_C与输入直流电流I_B的比值。

2) 共射极交流电流放大系数β

β是指在共射极电路中，输出集电极电流的变化量与输入基极电流的变化量的比值，即

$$\beta=\frac{\Delta i_C}{\Delta i_B} \tag{1-10}$$

显然，β与$\bar{\beta}$的含义不同，$\bar{\beta}$反映静态(直流工作状态)时的电流放大特性，β反映动态(交流工作状态)时的电流放大特性。三极管特性曲线具有非线性，工作点不同，β和$\bar{\beta}$的数值也不相同。但在输入特性曲线近于平行等距且I_{CBO}不大的情况下，$\bar{\beta}$和β的数值较为接近。在工程上，为了方便，一般都认为$\beta=\bar{\beta}$，以后不再区分。

3) 共基极直流电流放大系数$\bar{\alpha}$

定义

$$\bar{\alpha}=\frac{I_C-I_{CBO}}{I_E} \tag{1-11}$$

当$I_C\gg I_{CBO}$时，$\bar{\alpha}$可近似表示为

$$\bar{\alpha}\approx\frac{I_C}{I_E} \tag{1-12}$$

4) 共基极交流电流放大系数α

定义

$$\alpha=\frac{\Delta i_C}{\Delta i_E} \tag{1-13}$$

同样，在输出特性曲线较平坦、各曲线间距相等的条件下，可以认为 $\alpha=\bar{\alpha}$。

2. 极限参数

三极管的极限参数是指使用三极管时不得超过的限度，以保证三极管安全工作。

1）集电极最大允许电流I_{CM}

当集电极电流超过某一定值时，三极管的性能变差，甚至会损坏管子。例如，β值会随着I_C的增加而下降。集电极最大允许电流I_{CM}就是指β下降到额定值的1/3～2/3时的I_C值。一般规定在正常工作时，流过三极管的集电极电流$i_C<I_{CM}$。

2）集电极最大允许耗散功耗P_{CM}

当三极管因受热而引起的参数变化不超过允许值时，集电极所消耗的最大功率，称为集电极最大允许耗散功率P_{CM}。在使用中加在三极管上的电压U_{CE}和通过集电极的电流I_C的乘积不能超过P_{CM}值，否则将造成三极管由于过热而损坏。三极管的功率极限损耗线如图1-35所示 。一般情况下，集电结上的电压降远大于发射结上的电压降，因此与发射结相比，集电结上耗散的功率P_C要大得多。这个功率将使集电结发热，结温上升，当结温超过最高工作温度(硅管为150℃，锗管为70℃)时，BJT 性能下降，甚至会烧坏。为此，P_C（$\approx i_C\, u_{CE}$）值将受到限制，不得超过最大允许耗散功率P_{CM}值。

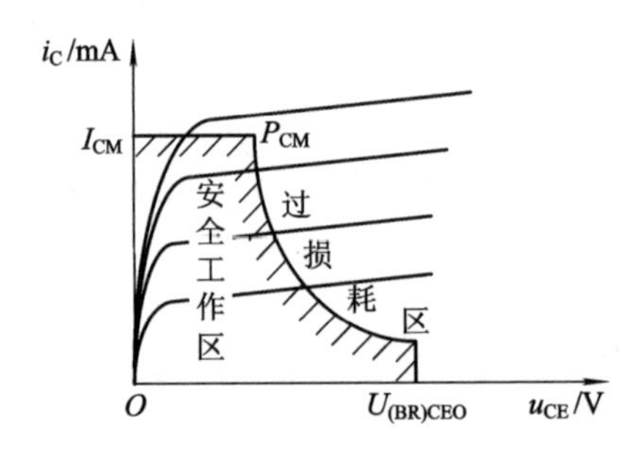

图1-35　三极管的功率极限损耗线

3）集电极-发射极反向击穿电压$U_{(BR)CEO}$

$U_{(BR)CEO}$是指当基极开路时，集电极与发射极之间的最大允许电压。当温度上升时，击穿电压$U_{(BR)CEO}$要上升，为保证三极管的安全与电路的可靠工作，一般取集电极电源电压U_{CC}为

$$U_{CC}\leqslant\left(\frac{1}{2}\sim\frac{2}{3}\right)U_{(BR)CEO} \tag{1-14}$$

3. 极间反向电流参数

1）集-基极反向饱和电流I_{CBO}

I_{CBO}是指在发射极开路时，基极和集电极之间的反向饱和电流。I_{CBO}的测量电路如图1-36所示。由于I_{CBO}是由集电结反偏时的集电区和基区的少数载流子漂移运动形成的，因此它受温度变化的影响很大。I_{CBO}的值一般很小，在常温下，小功率硅管的I_{CBO}为微安(μA)数量级；小功率锗管为几微安到几十微安。I_{CBO}的大小标志着集电结质量的好坏，I_{CBO}越小越好，一般在工作环境温度变化较大的场所里选择使用硅管。

2）集-射极反向穿透电流I_{CEO}

I_{CEO}指基极开路时，集电极和基极之间的电流，I_{CEO}的测量电路如图1-37所示。由于这个电流是由集电极穿过基极流到发射极的，因此又称为穿透电流。I_{CEO}与反向饱和电流I_{CBO}的关系为

$$I_{CEO} = (1+\beta)I_{CBO} \tag{1-15}$$

由式(1-15)可知，三极管的β值越大，则该管的I_{CEO}越大。I_{CEO}与I_{CBO}一样，属于由少子的漂移运动形成的电流，所以受温度影响较大。当温度升高时，I_{CBO}、I_{CEO}都急剧增加。在实际工作中选用三极管时，要求三极管的反向饱和电流I_{CBO}和穿透电流I_{CEO}尽可能小些，这两个反向电流越小，表明三极管的质量越好。

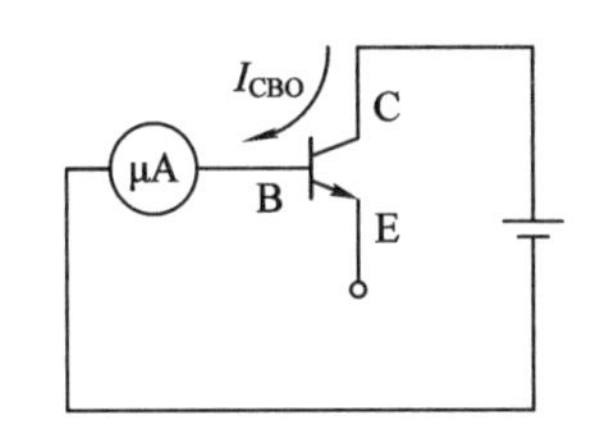

图1-36　I_{CBO}的测量电路

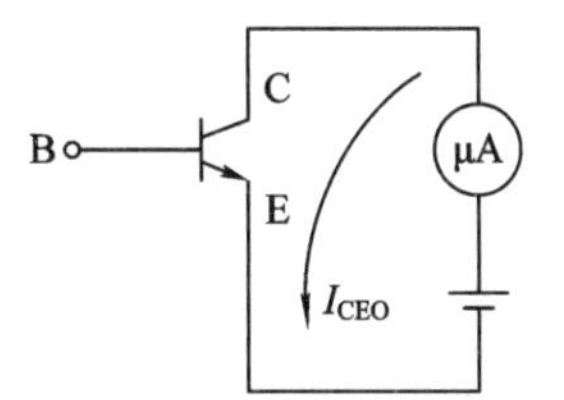

图1-37　I_{CEO}的测量电路

1.7.5　温度对三极管参数及特性的影响

1. 温度对三极管参数的影响

(1) 温度对I_{CBO}的影响。I_{CBO}对温度非常敏感，温度每升高10℃，I_{CBO}约增加一倍，I_{CEO}也会随着增加。

(2) 温度对β的影响。当温度升高时，三极管内载流子的扩散能力增强，使基区内载流子的复合作用减小，使电流放大系数β随温度上升而增大。温度每上升1℃，β的值增大0.5%～1%。共基极电流放大系数α也随温度增加而增大。

(3) 温度对反向击穿电压$U_{(BR)CBO}$、$U_{(BR)CEO}$的影响。当温度升高时，$U_{(BR)CBO}$、$U_{(BR)CEO}$都会有所提高。

2. 温度对三极管特性曲线的影响

当温度升高时，共射极连接的输入特性曲线与二极管正向导通电压随温度变化的特性曲线一致，将向左移，即温度每升高1℃，u_{BE}将减小2～2.5 mA。三极管的输出特性曲线将向上移动且各条曲线间的距离加大。

1.8　单极型三极管

单极型三极管也称为场效应晶体管(Field Effect Transistor，FET)，简称场效应管。晶体三极管有两种极性的载流子，即自由电子和空穴同时参与导电，因此称为双极结型晶体管，而FET仅有一种载流子——多数载流子(要么是自由电子，要么是空穴)参与导电，所以称为单极型晶体管。

三极管是利用基极电流来控制集电极电流的，是电流控制器件。在正常工作时，发射结正偏，当有电压信号输入时，一定会产生输入电流，导致三极管的输入电阻较小，一方面降低了管子获得输入信号的能力，另一方面在某些测量仪中又导致较大的误差，这是不希望的。而场效应管是一种电压控制器件，它用信号源电压的电场效应来控制管子的输出电流，输入电流几乎为零，因此具有输入电阻高($10^8 \sim 10^9\ \Omega$)的特点。同时场效应管受温度和辐射的影响较小，又易于集成。因此，场效应管已广泛应用于各种电子电路中，成为当今集成电路发展的重要方向。

根据结构的不同，场效应管可以分为绝缘栅型和结型两大类，下面分别加以介绍。

1.8.1 绝缘栅型场效应管

绝缘栅型场效应管简称 IGFET(Insulated Gate Field Transistor)。目前应用最为广泛的是金属-氧化物半导体(Metal-Oxide Semiconductor)绝缘栅型场效应管，简称 MOSFET。MOSFET 是利用半导体表面的电场效应工作的，也称为表面场效应器件。由于它的栅极处于绝缘状态，因此输入电阻可大为提高，最高可达$10^{15}\Omega$。

MOSFET 有 N 沟道和 P 沟道两类，其中每一类又可分为增强型和耗尽型两种，本节以 N 沟道增强型 MOSFET 为例来说明它的结构和工作原理。

1. N 沟道增强型 MOSFET 的结构与电路符号

N 沟道增强型 MOSFET 简称为增强型 NMOSFET，它的结构如图 1-38(a)所示。它以一块掺杂浓度较低、电阻率较高的 P 型硅半导体薄片作为衬底，利用扩散的方法在 P 型硅中形成两个高掺杂的N^+区。然后在 P 型硅表面生成一层很薄的二氧化硅绝缘层，并在二氧化硅的表面及N^+区的表面上分别安装三个铝电极(栅极 G、源极 S 和漏极 D)，就形成了 N 沟道 MOSFET。由于栅极与源极、漏极均无电接触，故称为绝缘栅。其电路符号如图 1-38(b)所示，箭头方向表示 P(衬底)指向 N(沟道)，符号中的断线表示$u_{GS}=0$时，导电沟道不存在。同样，利用与增强型 NMOSFET 对称的结构可以得到增强型 PMOSFET，其电路符号如图1-38(c)所示。

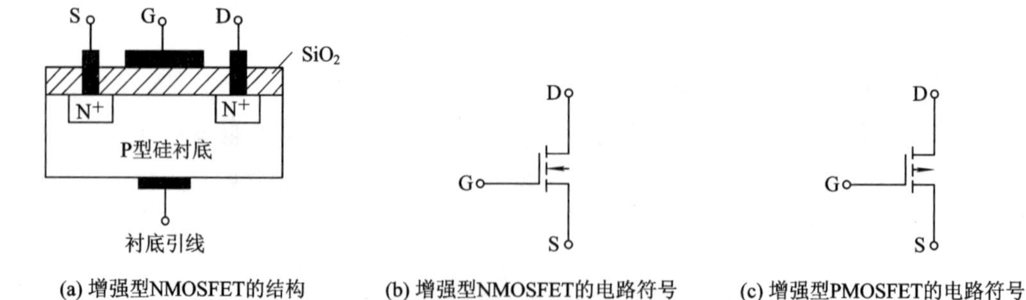

图 1-38 增强型 MOSFET 管的结构与电路符号

2. N 沟道增强型 MOSFET 的工作原理

如图 1-39(a)所示，当给 NMOSFET 加电压 U_{DD}时，栅源电压$u_{GS}=0$，NMOSFET 相当于在源区(N^+型)、衬底(P 型)和漏区(N^+型)之间形成了两个背靠背的 PN 结，所以流过管子的只是一个很小的 PN 结反向电流，漏极电流几乎为零。

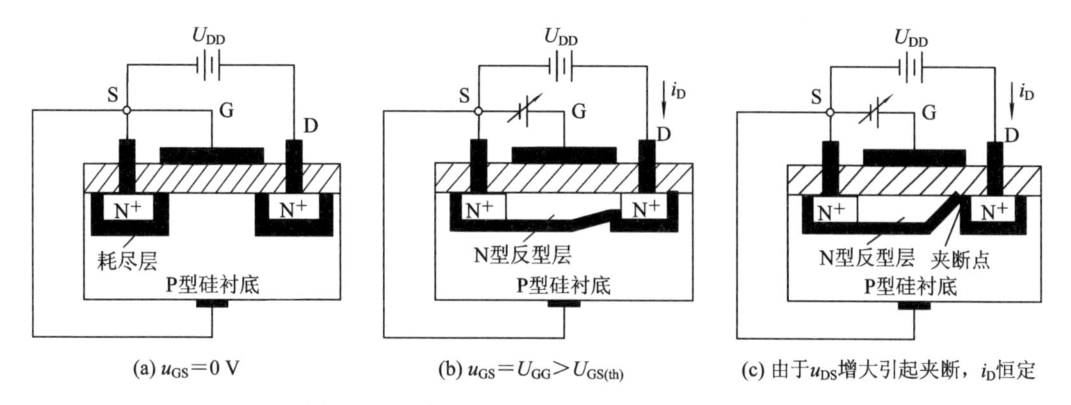

图 1-39　增强型 NMOSFET 的电压控制作用

在栅极与源极之间加上正的栅源电压u_{GS}，如图 1-39(b)所示。由于栅极电位高，因此在栅极与衬底之间产生了一个垂直于半导体表面的，由栅极指向 P 型衬底的电场。在这个电场的作用下，P 型衬底中的空穴向下移动，自由电子向衬底表面移动。结果在 P 型衬底的表面，自由电子的数目超过了空穴的数目，出现了一个 N 型的区域，称为反型层，它将两个N^+区连接在一起，形成了 N 型的导电沟道，这时，在外加的 U_{DD}(u_{DS})的作用下，就会产生漏极电流 i_D。使 NMOSFET 形成反型层时的u_{GS}称为开启电压 $U_{GS(th)}$。由于 G、D 方向比 G、S 方向的电位差小，因此靠近漏极处的导电沟道较窄。u_{GS}继续增加，反型层随之不断加宽。因此，若在上述增强型 NMOSFET 形成导电沟道的基础上，再在栅源之间加上要放大的微弱的信号源电压，则反型层的宽窄就会随着信号电压的大小而变化，i_D 也将随输入信号的电压变化而变化，从而实现用交流信号去控制漏极电流i_D 的目的。

当导电沟道形成以后，若增加u_{DS}，一开始漏极电流i_D 随u_{DS}的增加而增加。但当u_{DS}增至一定数值时，G、D 方向的电压逐渐下降到小于开启电压，使导电沟道靠近漏极处被夹断，如图 1-39(c)所示。此时，若继续增加u_{DS}，夹断点将向源极扩展，其沟道电阻也随之增加，所以漏极电流i_D 几乎不随u_{DS}而变化。

3. 特性曲线

1) 转移特性曲线

图 1-40(a)所示为某增强型 NMOSFET 的转移特性曲线。当 $u_{GS}<U_{GS(th)}$ 时，$i_D=0$；当$u_{GS}>U_{GS(th)}$时，开始产生漏极电流，并且随着 u_{GS} 的增大而增大，因此称为增强型

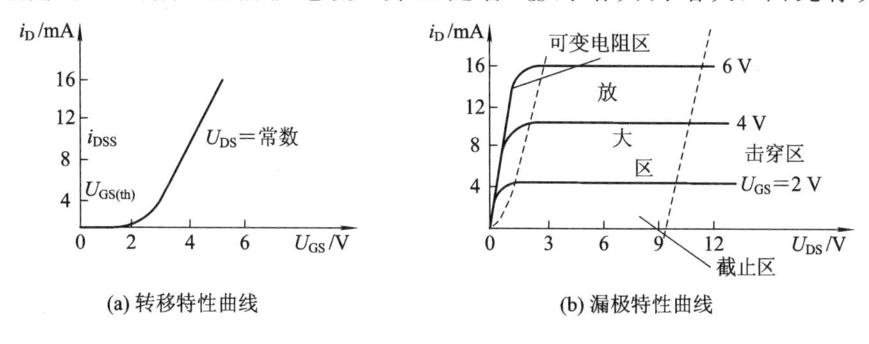

图 1-40　增强型 NMOSFET 的伏安特性曲线

NMOSFET。漏极电流i_D 的大小为

$$i_D = K\left[u_{GS} - U_{GS(th)}\right]^2 \qquad u_{GS} \geqslant U_{GS(th)} \tag{1-16}$$

式中，K 为一个常数，可以根据管子的转移特性曲线求出。

2）漏极特性曲线

N 沟道增强型 MOSFET 的典型漏极特性曲线如图 1-40(b)所示。这个管子的开启电压 $U_{GS(th)}$为 2 V，所以当 $U_{GS(th)}>2$ V 时，才开始产生电流。它的漏极特性也分为可变电阻区、放大区、截止区和击穿区。

对于增强型 PMOSFET 来说，其工作原理和增强型 NMOSFET 相似，只不过所加电压的极性、形成的反型层类型、电流i_D 的方向、$U_{GS(th)}$的极性均与增强型 NMOSFET 相反，它的工作原理读者可自行分析。

1.8.2 绝缘栅型场效应管的主要参数

1. 直流参数

(1) 开启电压 $U_{GS(th)}$。当u_{DS}为一定值时，使增强型 MOSFET 开始有电流(一般用 $i_D=10\ \mu$A)时的u_{GS}称为开启电压 $U_{GS(th)}$。

(2) 直流输入电阻 R_{GS}。R_{GS}是指在漏源之间短路的条件下，栅源之间所加电压U_{GS}与产生的栅极电流I_G 之比。由于栅极是绝缘的，因此 MOSFET 的直流输入电阻很高，一般大于10^{10} Ω，最大可达10^{16} Ω。

2. 交流参数

场效应管的交流参数主要是低频跨导g_m。g_m 定义为u_{DS}为某一固定数值的条件下，漏极电流的变化量 ΔI_D 与其对应的栅极电压的变化量 ΔU_{GS}之比，即

$$g_m = \left.\frac{\Delta I_D}{\Delta U_{GS}}\right|_{u_{DS}=\text{常数}} \tag{1-17}$$

这个参数表示 U_{GS}对i_D 的控制能力，其单位是 $\mu S\left(\frac{\mu A}{V}\right)$或 $mS\left(\frac{mA}{V}\right)$。$g_m$ 是衡量场效应管放大能力的重要参数，相当于三极管的 β 值。跨导g_m 的大小一般为 0.1～20(mS)(毫西)，其大小是随u_{DS}而变化的，表现在输出特性曲线上，对于等间隔的 ΔU_{GS}，对应的输出特性曲线族是不均匀的。

3. 极限参数

与三极管极限参数的概念类似，场效应管的极限参数主要有漏源击穿电压 $U_{(BR)DS}$、栅源击穿电压 $U_{(BR)GS}$和最大漏极耗散功率P_{DM}。

1.8.3 结型场效应管的结构和类型

结型场效应管是利用半导体内的电场效应进行工作的，又称为体内场效应管。

1. 结型场效应管的结构和类型

结型场效应管简称 JFET，N 沟道 JFET 的结构示意图如图 1-41(a)所示。在图 1-41(a)中，一块掺杂浓度较低的 N 型硅片两侧制作两个高浓度的 P 型区(用P^+ 表示)，形成两个 PN 结。两个P^+ 区连接起来，引出一个电极，称为栅极 G，在中间的 N 型半导体材料两端各引出

一个电极，分别称为源极 S 和漏极 D，它们分别相当于晶体三极管的基极 B、发射极 E 和集电极 C。不同的是，场效应管的源极 S 和漏极 D 是对称的，可以互换使用。两个 PN 结中间的 N 型区域称为导电沟道。把以上结构封装起来，并引出相应的电极引线，就是 N 沟道结型场效应管。图 1-41(b)是它的电路符号，其中的箭头表示由 P 区(栅极)指向 N 区(沟道)的方向。

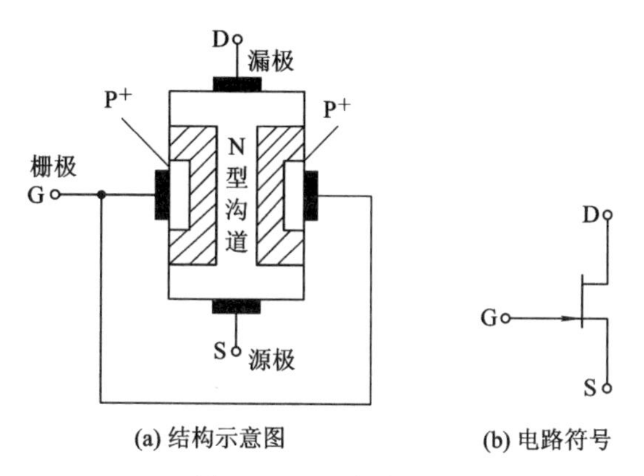

(a) 结构示意图　　(b) 电路符号

图 1-41　N 沟道 JFET

与 N 沟道 JFET 相似，还有一种 P 沟道 JFET，它的结构示意图和电路符号如图1-42所示。可以看出，N 沟道和 P 沟道结型场效应管的结构完全对称，所以工作原理相同，只是 P 沟道结型场效应管的应用不如 N 沟道的普遍。下面以 N 沟道 JFET 为例，介绍 JFET 的工作原理。

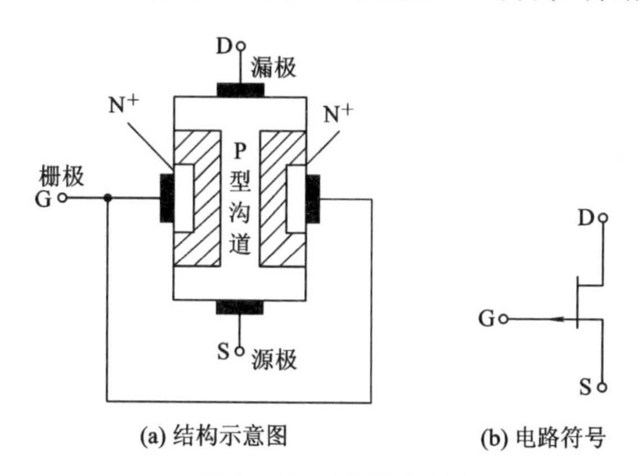

(a) 结构示意图　　(b) 电路符号

图 1-42　P 沟道 JFET

2. N 沟道 JFET 的工作原理

N 沟道 JFET 的偏置电路如图 1-43 所示。电源电压 U_{GG} 使栅源之间的 PN 结反偏，以产生栅源电压 u_{GS}，起到电压控制作用。漏极和源极之间的电源电压 U_{DD} 用来产生漏源之间的电压 u_{DS}，并由此产生沟道电流，也就是漏极电流 i_D。习惯上将 N 沟道 JFET 的漏极接电源电压正极。

从图 1-43 中可以看出，JFET 的输入 PN 结是反偏的，$i_G \approx 0$，几乎不从信号源处取电流，所以 JFET 的输入电阻很高。因为 JFET 是用栅源电压 u_{GS} 来控制漏极电流 i_D 的，下面分别考虑不同 u_{GS} 情况下管子的工作情况。

(1) $u_{GS}=0$ V。$u_{GS}=0$ V 时的电路如图 1-43(a)所示。N 型硅中的多子自由电子在 u_{DS} 的作用下由源极向漏极移动，形成由漏极流入的漏极电流 i_D，并且有 $i_D=I_{DSS}$。

可见，在漏极电压 u_{DS} 一定的情况下，漏极电流 i_D 只与沟道的掺杂浓度、截面积、长度等制造因素有关。由于在$u_{GS}=0$ V时的沟道最宽，因此此时的漏电流最大，称为漏极饱和电流I_{DSS}。

(2) $U_{GS(off)}<u_{GS}<0$。在栅源之间加上一个U_{GG}，如图1-43(b)所示。此时的两个PN结均处于反向偏置，空间电荷区变宽，使N型导电沟道变窄，漏极电流i_D变小。所以，改变栅源电压的大小就可以控制漏极电流的大小，栅源电压越负，漏极电流就越小。但需要注意的是，图1-43(b)中的耗尽层是上宽下窄的，这是因为在u_{GS}和u_{DS}的作用下，G、D方向的反偏电压要比G、S方向的反偏电压高出一个u_{DS}，所以导致沟道呈现为倒楔形。

(3) $u_{GS}\leqslant U_{GS(off)}$。当$u_{GS}$负到一定程度时，两侧的耗尽层逐渐变宽而合拢，使导电沟道消失，漏极电流减小为0，如图1-43(c)所示，将此时的u_{GS}称为夹断电压$U_{GS(off)}$。

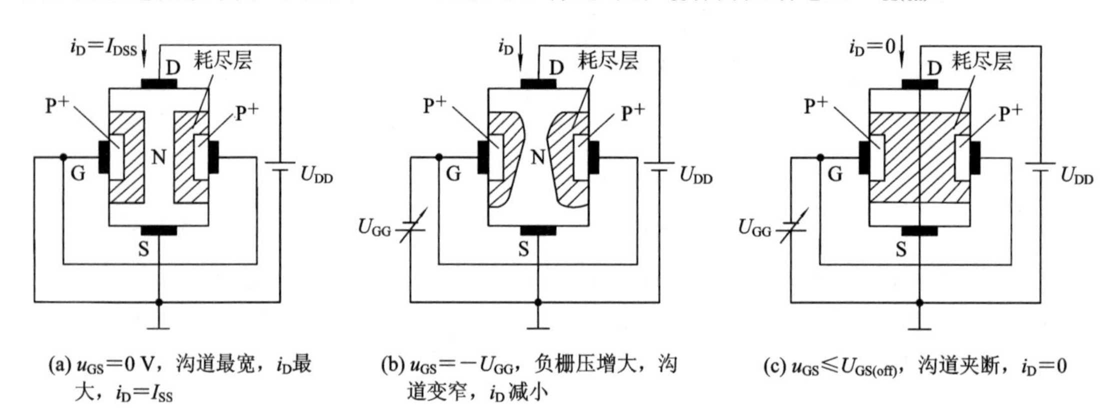

(a) $u_{GS}=0$ V，沟道最宽，i_D最大，$i_D=I_{SS}$

(b) $u_{GS}=-U_{GG}$，负栅压增大，沟道变窄，i_D减小

(c) $u_{GS}\leqslant U_{GS(off)}$，沟道夹断，$i_D=0$

图1-43 N沟道JFET的偏置电路

对于P沟道JFET，为保证PN结反偏，其正常工作时的u_{GS}应该为正值，习惯上将漏极接U_{DD}负极。此时，沟道内的载流子多子为空穴，形成的电流i_D与空穴的流动方向相同，由源极指向漏极，与N沟道JFET的漏极电流方向相反。

综上所述，可以得到以下结论：

(1) 在正常工作时，JFET的栅源之间的PN结是外加反偏电压的，而反偏PN结的电流很小，因此JFET的输入电阻很大，栅极几乎不从信号源取电流。

(2) 在U_{DD}不变(即u_{DS}不变)的情况下，栅源之间很小的电压变化可以引起漏极电流i_D相当大的变化。因此，可以通过u_{GS}的变化来控制漏极电流。也就是说，场效应管是电压控制器件。由于漏极电流主要由多子电流构成，少子不参与控制作用，因此场效应管晶体管是单极型器件。

(3) 在U_{GG}不变时，若在栅源间加一个小的交流输入信号u_i，则漏电流就会随着u_i做同样的变化，并通过R_D把漏极电流的变化转变成电压的变化输出，这就是场效应管对交流输入电压的放大过程。

3. 伏安特性曲线

(1) 转移特性曲线。因为场效应管的栅极输入电流$i_G\approx 0$，所以不必描述输入电流与输入电压的关系。转移特性曲线是指在漏极电压u_{DS}一定时，输出回路的漏极电流i_D与输入回路栅源电压u_{GS}之间的关系曲线，用函数关系式表示为

$$i_D=f(u_{GS})\big|_{u_{DS}=\text{常数}} \tag{1-18}$$

图1-44(a)所示为某N沟道JFET的转移特性曲线。当$u_{GS}=0$ V时，沟道电阻最小，漏

极电流最大，此时$i_D=I_{DSS}$。栅极电压越负，管内 PN 结反向电压越大时，耗尽层越宽，i_D 越小。当$u_{GS}<U_{GS(off)}$时，两个耗尽层完全合拢，沟道电阻趋于无穷大，$i_D\approx 0$。

当 $U_{GS(off)}\leqslant u_{GS}\leqslant 0$ 时，漏极电流i_D 与栅极电压u_{GS}的关系可用式(1-19)来表示，即

$$i_D = I_{DSS}\left[1-\frac{u_{GS}}{U_{GS(off)}}\right]^2,\ U_{GS(off)}\leqslant u_{GS}\leqslant 0 \tag{1-19}$$

(2) 输出特性曲线。输出特性曲线是指栅源电压u_{GS}一定时，漏极电流i_D 与漏极电压u_{DS}之间的关系曲线，用函数关系式表示为

$$i_D = f(u_{DS})\big|_{u_{GS}=常数} \tag{1-20}$$

图 1-44(b)所示为某 N 沟道 JFET 的输出特性曲线。与三极管相似，输出特性可以划分为四个区域：可变电阻区、放大区、截止区和击穿区。

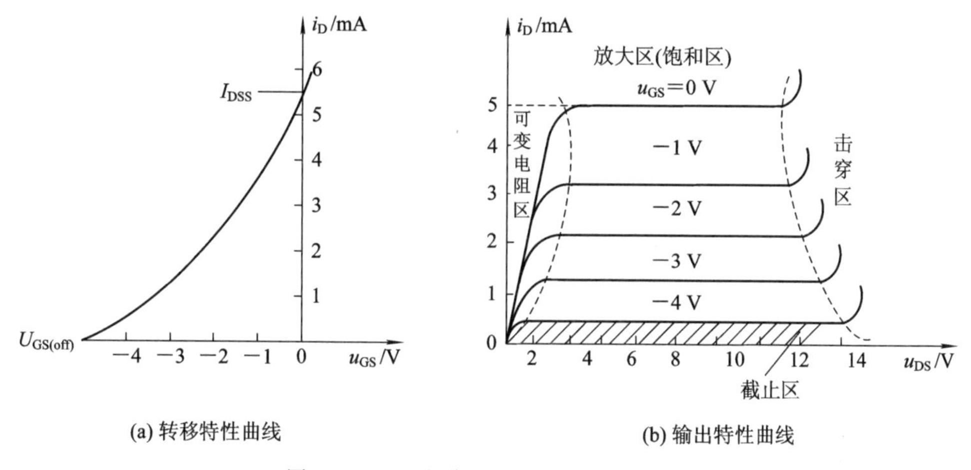

图 1-44　N 沟道 JFET 的伏安特性曲线

(1) 可变电阻区。当u_{DS}较小时，沟道宽度主要由栅源电压u_{GS}决定，当u_{GS}一定时，沟道宽度和形状几乎不变。此时，i_D 随u_{DS}的增加而线性增加，JFET 等效成一个线性电阻。若改变u_{GS}的大小，等效线性电阻的阻值也随之改变。此区内的场效应管可以看成是一个受栅极电压控制的电阻，电阻值一般为几百欧左右，因此称该区为可变电阻区，如图 1-44(b)所示。

(2) 放大区。场效应管的放大区又称为饱和区，如图 1-44(b)所示。在放大区内，i_D 的大小只和u_{GS}有关，根据不同的u_{GS}可以得到一系列曲线。在这个区域，场效应管的特性和三极管类似，体现了u_{GS}对i_D 的电压控制作用。但场效应管的输出特性曲线是不均匀的，也就是说，在不同的工作点，相同的 ΔU_{GS}不能得到相同的 ΔI_D。

(3) 截止区。当栅极电压很负时，若$u_{GS}<U_{GS(off)}$，则导电沟道被完全夹断，这时的沟道电阻几乎为无穷大，而$i_D\approx 0$。将$u_{GS}<U_{GS(off)}$的区域称为截止区，如图 1-44(b)所示。

(4) 击穿区。u_{DS}很高，可以使栅源之间的 PN 结承受过高的反压而击穿，此时的电流i_D会突然增大，造成管子的破坏性击穿，如图 1-44(b)所示。

P 沟道 JFET 的电流、电压和 N 沟道 JFET 的极性相反，请读者自行分析。

4. 主要参数

结型场效应管的参数和绝缘栅型场效应管基本相同，只是不用开启电压 $U_{GS(th)}$，而用夹断电压 $U_{GS(off)}$。$U_{GS(off)}$定义为当u_{DS}为某一固定数值，使i_D 为 0 或减小到某一个微小值(如

1 μA 或 10 μA)时，栅源极间所加的偏压u_{GS}。另外，在$u_{GS}=0$ V 的条件下，漏源极间所加电压大于$U_{GS(off)}$绝对值时的沟道电流称为漏极饱和电流I_{DSS}，表示管子用于放大时可能输出的最大电流。

1.8.4 场效应管使用注意事项

场效应管的使用注意事项如下：

(1) 绝缘栅场效应管的输入电阻很高，栅极上很容易积累较高的静电电压将绝缘层击穿。为了避免这种损坏，在保存场效应管时应将它的三个电极短接。

(2) 在电路中，栅、源极间应有固定电阻或稳压管并联，以保证有一定的直流通道。

(3) 在焊接时应使电烙铁外壳良好接地。焊接绝缘栅场效应管的顺序是：先焊源极、栅极，后焊漏极。

(4) 结型场效应管的栅压不能接反，如对 PN 接正偏，将造成栅极电流过大，使管子损坏。

(5) 在安装场效应管时，要尽量避免发热元件，对于功率型场效应管，要有良好的散热条件，必要时应加装散热器，保证其在高负荷条件下可以正常工作。

习　　题

1.1 在本征半导体中掺入几价元素可形成 N 型半导体或 P 型半导体？

1.2 半导体和金属导电的导电机理有什么不同？

1.3 硅二极管正向导通时，其管压降约为多少？

1.4 当环境温度升高时，硅稳压管的正向压降将如何变化？

1.5 二极管电路如图 1-45 所示，设$U_D=0.7$ V，写出各输出电压U_o的大小。

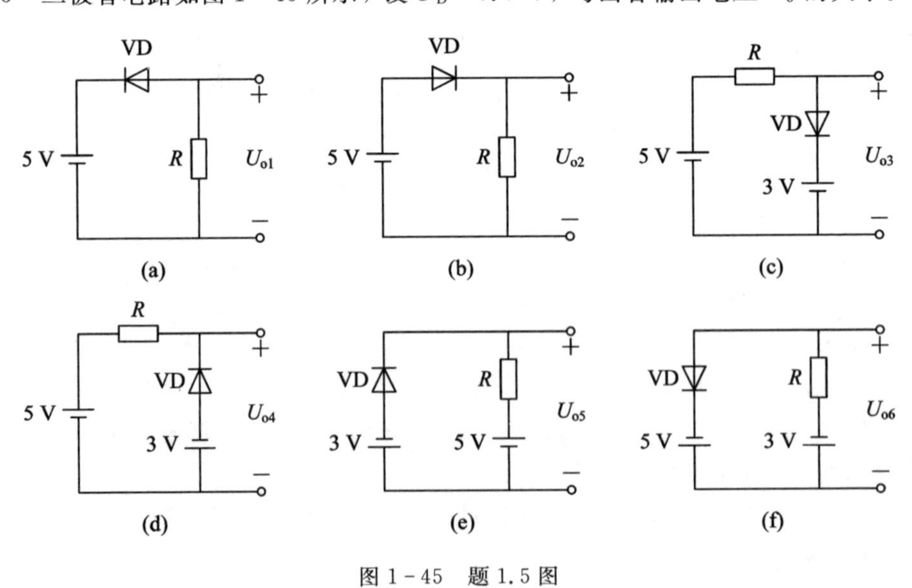

图 1-45 题 1.5 图

1.6 试判断图 1-46 所示二极管的工作状态，是导通还是截止？

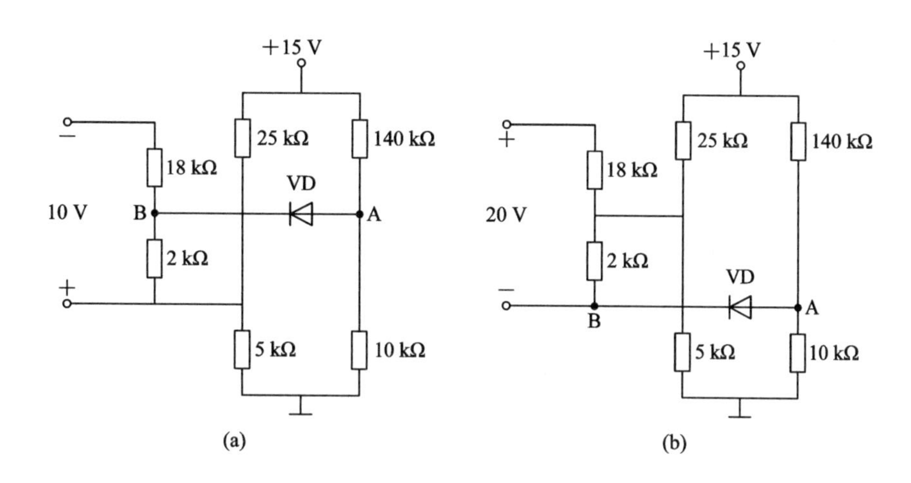

图 1 - 46　题 1.6 图

1.7　二极管电路如图 1 - 47 所示，设二极管为理想二极管，已知输入电压u_i 的波形，试分析并画出输出电压$u_o(t)$的波形。

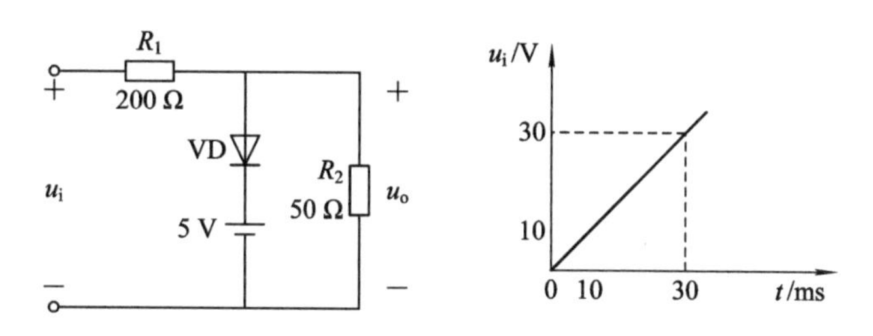

图 1 - 47　题 1.7 图

1.8　图 1 - 48 所示电路中的二极管为理想二极管，设$u_i=6\sin\omega t$ (V)，试画出输出电压的波形。

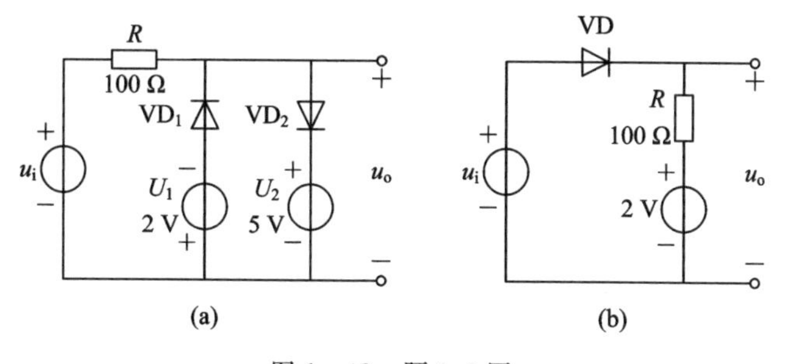

图 1 - 48　题 1.8 图

1.9　稳压二极管电路如图 1 - 49 所示，已知稳压管$I_Z=5$ mA 时的稳定电压 $U_Z=6.8$ V，$I_{Zmin}=0.2$ mA，稳压管的动态电阻$r_Z=20$ Ω，供电电源为 10 V，但电源电压有±1 V 的波动，试求：

(1) 当负载开路时，在标称电压 10 V 条件下的输出电压 U_o 是多少？

(2) 当电源电压发生±1 V 波动时，产生的输出电压变化量 ΔU_o 是多少？

(3) 当负载 $R_L=2\ k\Omega$ 时，输出电压的变化是多少？

(4) 当 $R_L=0.5\ k\Omega$ 时，输出电压是多少？

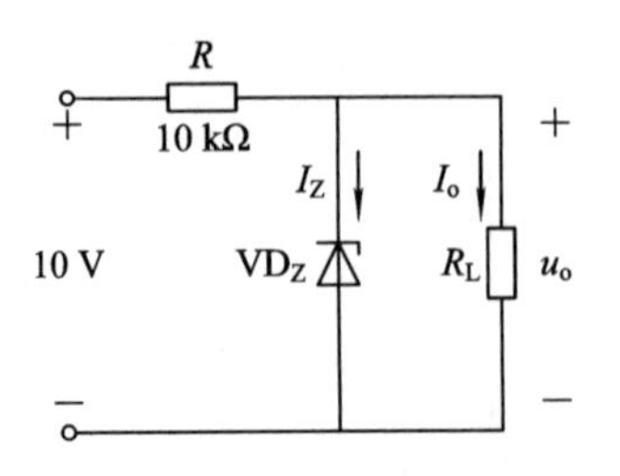

图 1-49　题 1.9 图

1.10　工作在放大区的三极管，如果 I_B 从 22 μA 增大到 32 μA，电流 I_C 从 1.5 mA 变为 2.5 mA，那么它的 β 值约为多少？

1.11　测得三极管的三个电极如图 1-50 所示，试判断三极管的工作状态。

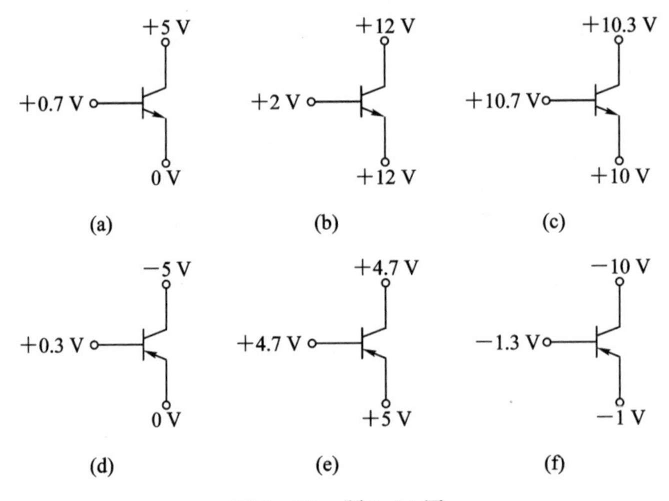

图 1-50　题 1.11 图

1.12　测得三极管的三个电极如图 1-51 所示，分别判断出 E、B、C，并判断三极管是 NPN 型还是 PNP 型，是硅管还是锗管。

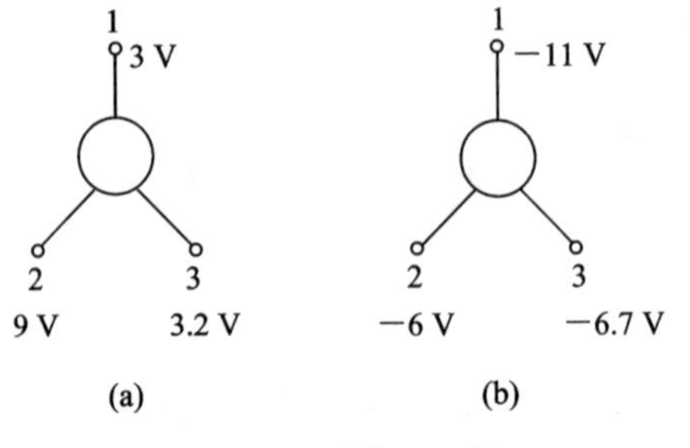

图 1-51　题 1.12 图

1.13　已知 N 沟道增强型 MOSFET 的参数 $U_T=1\ V$，$i_D=0.8\ mA$，$K_n=I_{DO}/U_T^2=0.2\ mA/V^2$，试求此时的预夹断点栅源电压 u_{GS} 和漏源间电压 u_{DS} 等于多少。

第 2 章　基本放大电路

在实际生活中，我们经常会把一些微弱的信号放大到便于测量和利用的程度，这就要用到放大电路。

基本放大电路一般是指由三极管或场效应管组成的放大电路。无论是日常使用的收音机、电视机、精密的测量仪器还是复杂的自动控制系统，其中都有各种各样的放大电路。本章介绍的基本放大电路知识是进一步学习电子技术的重要基础，必须予以高度重视。

三极管和场效应管构成的放大电路(放大器件)不仅有许多共同之处，又有许多不同之处。两种放大电路主要的共同点在于：一是它们都具有放大功能，都是放大电路的核心元件；二是 BJT 和 FET 都有三个电极，并且两种放大器件的电极之间具有明确的对应关系，即 BJT 的基极 B 对应 FET 的栅极 G，BJT 的发射极 E 对应 FET 的源极 S，BJT 的集电极 C 对应 FET 的漏极 D；三是 BJT 和 FET 都是非线性器件，两种器件所组成的放大电路，采用图解分析法和微变等效电路分析法基本上是一致的。两种放大电路的不同之处在于：一是通过前面器件的分析，BJT 是电流控制器件，而 FET 是电压控制器件；二是 BJT 的共射极输入电阻比较低，仅为千欧数量级，而 FET 的共源极输入电阻很高，MOS 场效应管高达$10^{10}\,\Omega$以上，结型场效应管一般高于$10^{7}\,\Omega$；三是 FET 的跨导g_{m}相对比较小，在组成放大电路时，在相等的负载电阻下，电压放大倍数一般比 BJT 低，所以它常作为多级放大电路的输入级。

2.1　概　　述

2.1.1　放大器的用途与分类

用来对电信号进行放大的电路称为放大电路，俗称放大器。所谓“放大”，是指在输入信号的作用下，利用有源器件的控制作用将直流电源提供的部分能量转换为与输入信号成正比的输出信号。因此，放大电路实际上是一个受输入信号控制的能量转换器。无论是在通信、广播、雷达、自动控制、电子测量等电子设备中，还是在计算机硬件系统中，放大电路是不可缺少的基本单元电路。根据信号的强弱，放大电路可分为小信号放大电路和大信号放大(又称为功率放大)电路。根据被放大信号的频率的高低，放大电路又可分为低频(又称为音频)信号放大电路、中频信号放大电路和高频信号放大电路。

2.1.2　放大器的主要性能指标

根据人们对于模拟放大电路的功能要求，工程界为模拟放大器制定了若干技术指标。通过测定某放大器的这些技术指标，可以确认它的设计和调试结果是否达到了人们的要求，同时这也是评价不同放大器性能的一种手段。

1. 放大倍数$\dot{A}$

放大倍数也称为增益，是用来描述放大器放大信号能力的参数。规定放大倍数为

$$\dot{A}=\frac{\dot{U}_o}{\dot{U}_i} \tag{2-1}$$

在工程上，放大能力常用增益 G 来表示，增益的单位为分贝(dB)，电压的增益表达式为

$$G=20\lg|A| \tag{2-2}$$

2. 输入电阻 R_i

对于输入信号源，可以把放大器作为它的负载，用 R_i 表示，称为放大电路的输入电阻，如图 2-1 所示。它等于放大器输出端接实际的负载 R_L 后，输入电压 u_i 与输入电流 i_i 之比，即

$$R_i=\frac{u_i}{i_i} \tag{2-3}$$

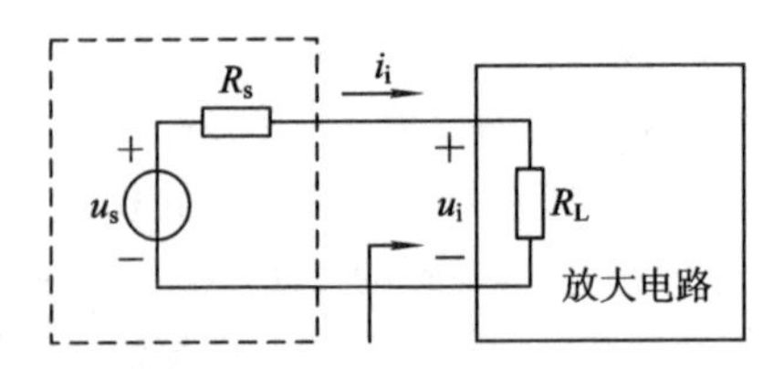

图 2-1　输入电阻等效框图

输入电阻 R_i 的大小反映了放大电路对信号源的影响程度。R_i 越大，放大电路从信号源汲取的电流(即输入电流 i_i)就越小，信号源内阻 R_s 上的压降就越小，其实际输入电压 u_i 就越接近于信号源电压 u_s。

3. 输出电阻 R_o

输出电阻定义为在输入源电压 u_s 为 0 的条件下，将负载去掉，外加电压从输出端口看进去的等效电阻，如图 2-2 所示。输出电阻是表明放大电路带负载的能力，R_o 越大表明放大电路带负载的能力越差，反之则强。

$$R_o=\left.\frac{u_t}{i_t}\right|_{\substack{R_L=\infty \\ u_s=0}} \tag{2-4}$$

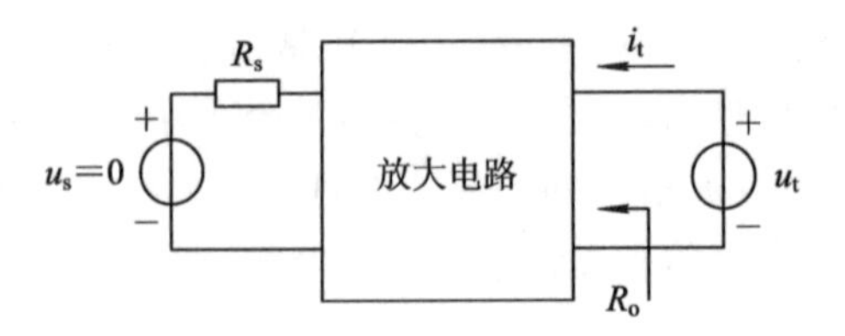

图 2-2　输出电阻的等效框图

4. 频率响应与带宽

由于放大器件本身存在极间电容，还有一些放大电路中含有电抗元件，它们的电抗值是信号频率的函数，这就使放大电路对于不同频率的输入信号有着不同的放大能力。频率响应是指放大电路(或传输网络)对于不同频率成分信号的放大(或传输)性能。

若考虑电抗元件的作用和信号角频率的改变，则放大电路的电压增益可表达为

$$\dot{A}_U(\mathrm{j}\omega)=A_U(\mathrm{j}\omega)\angle\varphi(\mathrm{j}\omega) \tag{2-5}$$

通常式(2－5)中的$A_U(\mathrm{j}\omega)$表示电压增益的模与角频率的关系，称为放大电路的幅频特性；$\varphi(\mathrm{j}\omega)$表示放大电路的输出与输入正弦信号相位差与角频率之间的关系，称为放大电路的相频特性，两者统称为放大电路的频率特性。放大器的幅频特性曲线分为三段，即低频段、中频段和高频段，如图 2－3 所示。它的测量方法与之前性能指标不同，它的输入信号幅度在保持不变的情况下，可改变信号的频率。工程上常用的方法是“倍频程”和“十倍频程”两种频率变化方式。在相关的频率点上测试放大倍数 A(或增益 G)，显然，它们是频率的函数。理论和实践证明增益在某一段频率范围内是几乎不变的，这一频段就是放大电路的中频工作区。在这一频段内的 A 或 G 称为中频放大倍数(或中频增益)。

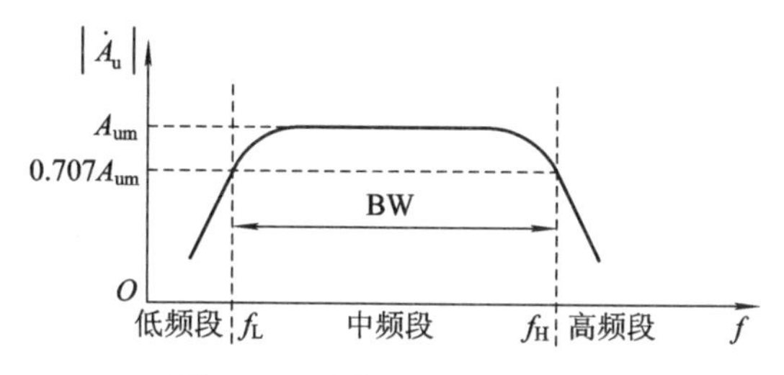

图 2－3　放大电路的幅频特性

若随着频率的降低，幅度也随之下降，则把这种因信号频率降低而产生的放大倍数变化称为放大器的低频特性。类似地，如果随着频率的提高，幅度也随之上升，则称之为放大器的高频特性。特别地，工程上定义，随着频率的降低和升高，放大倍数 A 的模降低到$\frac{|A_m|}{\sqrt{2}}$时对应的频率分别称为“下限截止频率”(记为f_L)和“上限截止频率”(记为f_H)。同时定义该放大电路的通频带(简称通带)为

$$f_{BW}=f_H-f_L \tag{2-6}$$

2.2　共射极放大电路

三极管的重要特性之一是具有电流放大(电流控制)作用，利用这一特性可以组成各种放大电路。基本放大电路共有三种组态：共发射极放大电路、共集电极放大电路和共基极放大电路。无论基本放大电路为何种组态，构成电路的主要目的是相同的：将输入的微弱小信号通过放大电路放大后，使其在输出时的幅度得到显著增强。本章将以共发射极放大电路为例，介绍放大电路的组成及工作原理。

2.2.1　共射极放大电路的组成

图 2－4 是基本共射极放大电路的工作原理。其中 BJT 是核心元件，起放大作用。R_B、R_C为三极管 BJT 的偏流电阻。电路中采用双电源 U_{BB}、U_{CC}供电。直流电源 U_{BB}通过电阻 R_B 给三极管的发射结提供正偏电压，并产生基极偏置电流I_B。直流电源 U_{CC}通过电阻 R_C，并与 U_{BB}和 R_B 配合，给集电极提供反偏电压，使三极管工作在放大状态。电阻 R_C 的另一个作用是将集电

极电流的变化转换为电压的变化，再送到放大电路的输出端。u_i 是待放大的交流小信号，加在基极与发射极之间的输入回路中，输出信号取自集电极与发射极之间，发射极是输入回路与输出回路的共同端(称为“地”，用“⊥”表示)，所以称之为阻容耦合共射极放大电路。

由于实际应用中双电源电路并不实用，图 2-4 中的正弦信号并没有公共接地，很容易引入干扰而且不稳定，通常采用单电源供电方式将双电源合并，所以实际的单电源阻容耦合共射极放大电路如图 2-5 所示。C_1、C_2 分别为输入、输出耦合电容，输入电容C_1 保证输入信号加在发射结上，不影响发射极偏置。输出电容C_2 保证信号输送到负载，不影响集电结偏置。

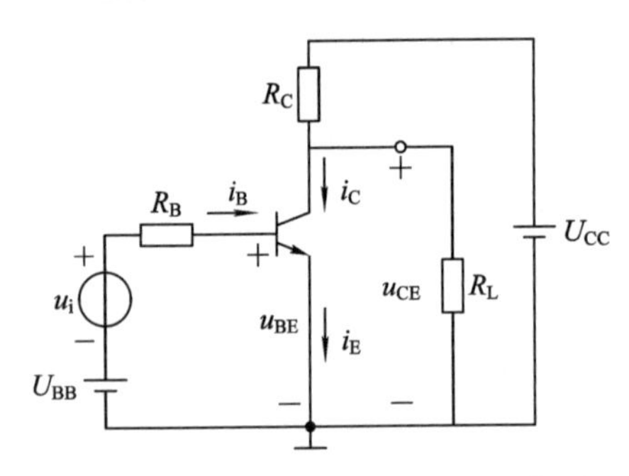

图 2-4　基本共射极放大电路的工作原理

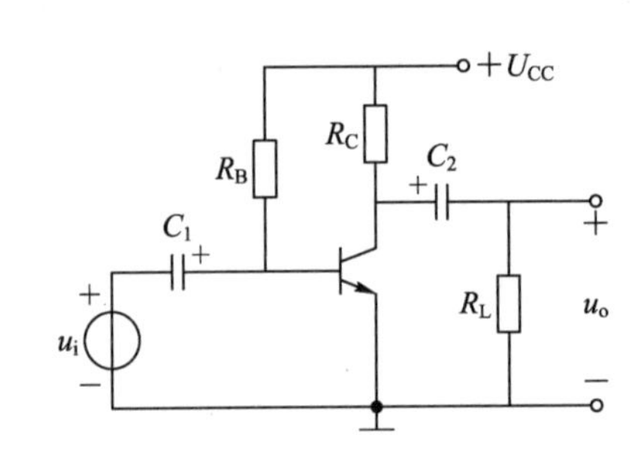

图 2-5　单电源阻容耦合共射极放大电路

2.2.2　共射极放大电路的工作原理

以图 2-5 为例，说明放大电路的工作原理。三极管 BJT 放大电路内部既含有直流成分 U_{CC}，又含有交流成分u_i，实际上它是一个交、直流并存的电路。交流信号叠加在直流量上。在分析计算及设计时，要将直流信号和交流信号分开进行，即分析直流时，将交流信号置 0；分析交流时可将直流信号置 0，总的响应是两个单独响应的叠加。

在直流电源 U_{CC}和交流信号源u_i 的共同作用下，电路中既有直流，又有交流。信号源输出电压u_i 通过电容C_1 加在三极管 BJT 的基极，从而引起基极电流i_B 的相应变化。i_B 的变化使集电极电流i_C 随之变化，i_C 的变化量在集电极电阻 R_C 上产生集电极与发射极间的电压 u_{CE}。$u_{CE}=U_{CC}-R_CI_C$，与电流i_C 变化相反，当i_C 增加时，u_{CE}降低。u_{CE}中的直流成分被电容 C_2 滤掉，交流分量经C_2 耦合传送到输出端，称为输出电压u_o。若电路中各元件的参数选取适当，u_o 的幅度将比u_i 的幅度大很多，从而得到一个放大的信号，这就是放大电路的工作原理。

2.3　放大电路的分析

2.3.1　静态分析

当输入信号 $u_i=0$ 时，放大电路中各电压、电流的工作状态称为静态，也称为直流工作状态。由于静态下电路中各电压、电流都是直流量，因此电容C_1、C_2 相当于开路，其等效的直流通路如图 2-6 所示。

放大电路的静态分析可以采用估算分析法和图解分析法。

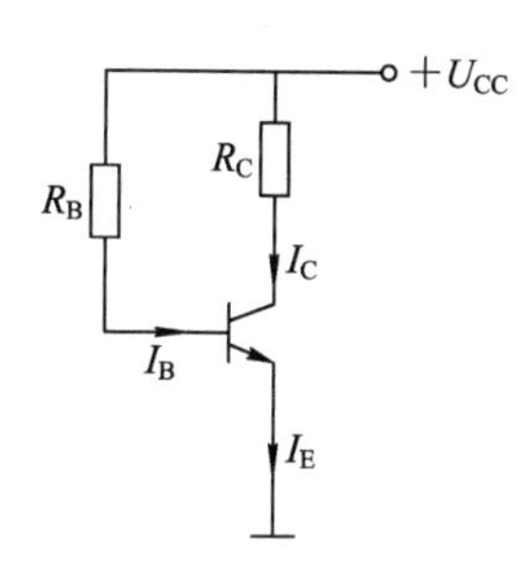

图2-6 共射极放大电路的直流通路

1. 估算分析法

静态时，三极管各电极的电流和各极间的电压分别用I_B、I_C、U_{BE}、U_{CE}表示，这些数值可用BJT特性曲线上的一个确定的点表示，该点习惯上被称为静态工作点Q，因此将上述四个电量写成I_{BQ}、I_{CQ}、U_{BEQ}、U_{CEQ}。

静态工作点在放大电路中是必不可少的。因为放大电路的作用是将微弱的信号进行不失真的放大，因此电路中的BJT必须工作在放大区域，若不设置静态工作点，当传输信号为交变的正弦量时，信号中有小于或等于死区电压的部分就不可能通过三极管进行放大，由此造成传输信号的严重失真。

由图2-6可求出固定偏置电阻共发射极放大电路的输入回路和输出回路的静态工作点，有

$$I_{BQ}=\frac{U_{CC}-U_{BEQ}}{R_B} \tag{2-7}$$

式中，U_{BEQ}常被认为是常量，硅管电压取值为0.6～0.7 V，锗管电压取值为0.2～0.3 V。

由三极管的电流分配关系可得

$$I_{CQ}=\beta I_{BQ} \tag{2-8}$$

由输出回路求得U_{CEQ}，有

$$U_{CEQ}=U_{CC}-I_{CQ}R_C \tag{2-9}$$

【例2-1】 如图2-5所示，设电路中$U_{CC}=12$ V，$R_B=220$ kΩ，$R_C=3$ kΩ，$\beta=60$，$U_{BEQ}=0.7$ V，试求该电路中的静态工作点Q。

解 画出放大电路的直流通路如图2-6所示，利用公式可得

$$I_{BQ}=\frac{U_{CC}-U_{BEQ}}{R_B}=\frac{12-0.7}{220\times10^3}\approx51.36\ \mu\text{A}$$

$$I_{CQ}=\beta I_{BQ}=60\times51.36\times10^{-6}\approx3.08\ \text{mA}$$

$$U_{CEQ}=U_{CC}-I_{CQ}R_C=12-3.08\times3\approx2.75\ \text{V}$$

2. 图解分析法

利用BJT的输入/输出特性曲线及三极管的外特性，通过作图求解静态工作点的方法称之为图解法。图解法是分析非线性电路的一种方法，它能直观地分析和了解静态值的变化对放大电路的影响。

静态时，$u_i=0$，输入回路中的静态工作点(I_{BQ}，U_{BEQ})既在BJT的输入特性曲线$i_B=f(u_{BE})|u_{CE}=$常数上，又应满足外电路的回路方程$U_{BE}=U_{CC}-R_B I_B$，可以在此方程上得出两个特

殊点(U_{BB}，0)和(0，U_{BB}/R_B)，连接这两点成直线，称为输入直流负载线，如图2－7所示。

在输出回路中，静态工作点(I_{CQ}，U_{CEQ})既在BJT的输出特性曲线$i_C=f(u_{CE})|i_B=$常数上，又满足外电路的回路方程$U_{CE}=U_{CC}-R_C I_C$，可以在此方程上得出两个特殊点(U_{CC}，0)和(0，U_{CC}/R_C)，连接这两点成直线，称为输出直流负载线，如图2－8所示。

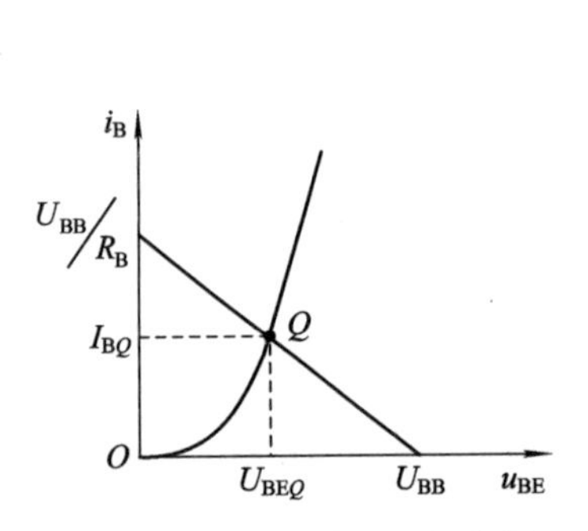

图2－7　输入回路的图解分析

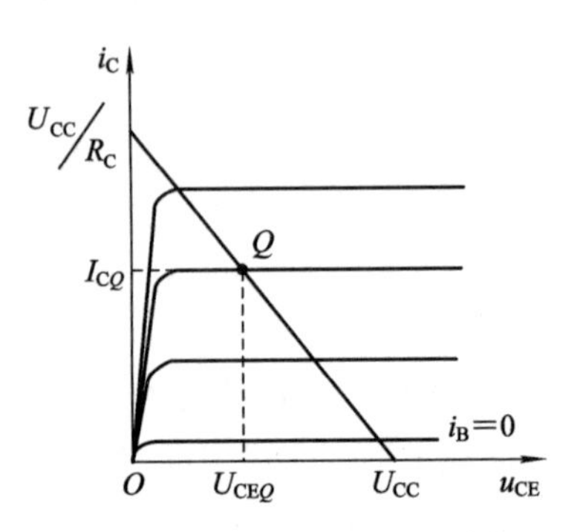

图2－8　输出回路的图解分析

2.3.2　动态分析

当$u_i\neq0$时，放大电路的工作状态也称为交流工作状态。动态时，电路中的电压和电流将在静态直流的基础上叠加交流量。可以采用交流、直流分开的分析方法，即人为地把直流量和交流量分开后分别加以分析，然后再把它们叠加起来。放大电路的动态分析有两种方法：小信号模型分析法和动态图解分析法。

放大电路的动态分析，研究对象只限于交流量，就可将图2－5所示的直流电压源U_{CC}视为交流“接地”，耦合电容都视为短路，得到如图2－9所示的交流通路。应用小信号模型法可以计算放大电路参数，包括放大电路的电压放大倍数、输入电阻和输出电阻。

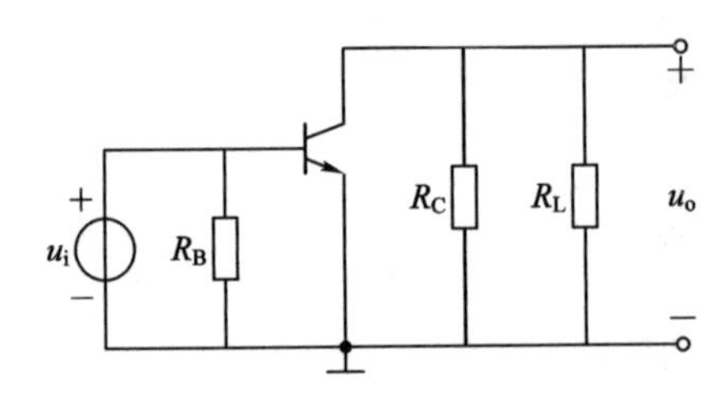

图2－9　共射极放大电路的交流通路

1. 小信号模型分析法

1) 三极管BJT的小信号(微变等效电路)模型分析

由于三极管BJT是非线性的，所以三极管放大电路实质上是一个非线性放大电路，不能直接采用线性电路原理来分析计算。当输入信号电压幅度较小时，可以把BJT用小信号(微变等效)模型来代替，这时的BJT放大电路也可以按线性电路来处理，这就是小信号模型(微变等效电路)分析法。应用此种方法的电路输入信号必须是低频小信号。

图2－10为三极管的输入、输出特性曲线的局部变化图。

由图2－10(a)可知，当输入信号变化范围很微小时，输出端电压u_{ce}交流短路，U_{CE}为一定值时，这段输入特性曲线可近似看成是一条直线，因此Δi_B与Δu_{BE}符合线性关系，即三极

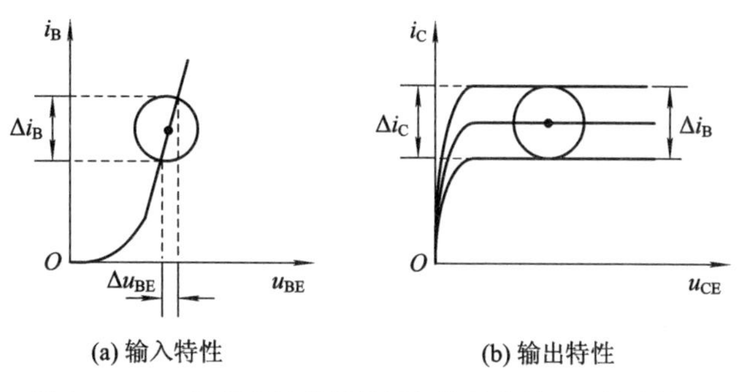

图 2-10 三极管特性曲线的局部线性化输入、输出特性

管的 B、E 之间可以用一个动态电阻r_{be}来代替。r_{be}称为三极管的输入电阻，是从三极管的输入端基极和发射极看进去的等效电阻，其单位为 Ω，有

$$r_{be} = \frac{\Delta u_{BE}}{\Delta i_B} \bigg| U_{CEQ} \tag{2-10}$$

工作点不同，r_{be}的值也不同。低频小功率三极管的输入电阻常用下列公式估算：

$$r_{be} = 200 + (1+\beta)\frac{26}{I_{EQ}} \tag{2-11}$$

三极管的输出特性曲线在线性工作区是一组近似等距离的平行直线，如图 2-10(b)所示。输出端电压u_{ce}交流短路，U_{CEQ}为一定值时，电流i_C几乎不变，具有恒流源性质。相当于在三极管的集电极 C 与发射极 E 之间有一个恒流源。但其电流源是受电流i_B控制的，因此称其为受控电流源。$\beta = \frac{\Delta i_C}{\Delta i_B}$称为正向电流传输比。

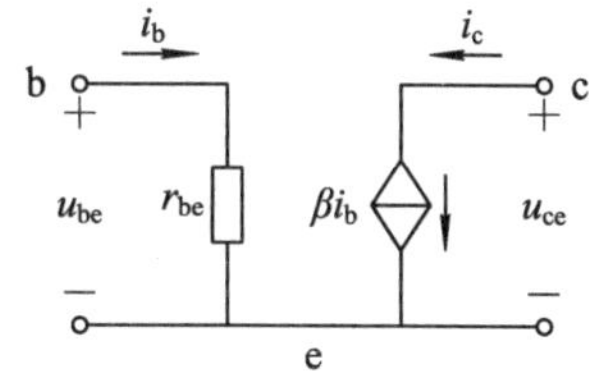

图 2-11 三极管等效小信号模型

因此，三极管 BJT 的简化小信号模型如图2-11 所示。

2）基本共射极放大电路的小信号模型分析

由 BJT 的小信号模型和放大电路的交流通路可得到放大电路的小信号(微变等效电路)模型，如图 2-12 所示。将图中的 BJT 用小信号模型替代，即可得到基本共射极放大电路小信号模型。

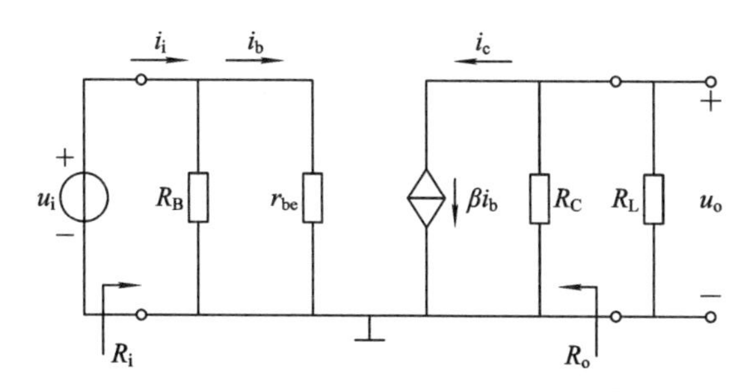

图 2-12 共射极放大电路的小信号模型

以图 2-4 所示的基本放大电路为例，可以应用小信号模型分析法分析放大电路的动态

性能指标。具体步骤如下：

(1) 画出小信号模型(BJT 用小信号模型等效，电路按照交流通路的原则连接在三极管的三个电极上)。

(2) 估算r_{be}。按照公式可得，首先必须先求得I_{EQ}。

(3) 求电压放大倍数A_u。由图 2-12 可得

$$u_i = i_b r_{be}$$

$$u_o = -\beta i_b R'_L \quad (R'_L = R_C // R_L)$$

则

$$A_u = \frac{u_o}{u_i} = \frac{-\beta i_b R'_L}{i_b r_{be}} = \frac{-\beta R'_L}{r_{be}} \tag{2-12}$$

(4) 输入电阻 R_i。在第一节中介绍过放大电路的输入电阻的概念，即

$$R_i = \frac{u_i}{i_i} = \frac{u_i}{\dfrac{u_i}{R_B} + \dfrac{u_i}{r_{be}}} = \frac{1}{\dfrac{1}{R_B} + \dfrac{1}{r_{be}}} \tag{2-13}$$

即 $R_i = R_B // r_{be}$。

(5) 输出电阻 R_o。由图 2-12 可得

$$R_o = \frac{u_t}{i_t}\bigg|_{\substack{R_L=\infty \\ u_s=0}} \tag{2-14}$$

而$i_t = \dfrac{u_t}{R_C}$，则 $R_o \approx R_C$。

对于输入、输出电阻，输入电阻 R_i 越大，输入回路所取的信号电流就越小，输出端的电压u_i 所占信号源的电压u_s 就越大。而输出电阻 R_o 越小，当负载 R_L 变化时，输出电压的变化就较小，放大电路带负载的能力就越强。

【例 2-2】 如图 2-5 所示，设电路中 $U_{CC}=12$ V，$R_B=220$ kΩ，$R_C=3$ kΩ，$\beta=60$，$U_{BEQ}=0.7$ V，$R_L=3$ kΩ。试求该电路中的动态性能指标A_u、R_i、R_o。

解 由

$$I_{BQ} = \frac{U_{CC} - U_{BEQ}}{R_B} = \frac{12 - 0.7}{220 \times 10^3} = 51.36\ \mu\text{A}$$

可得

$$I_{CQ} = \beta I_{BQ} \approx I_{EQ} = 60 \times 51.36 = 3081.6\ \mu\text{A} = 3.0816\ \text{mA}$$

$$r_{be} = 200 + (1+\beta)\frac{26}{I_{EQ}} = 200 + (1+\beta)\frac{26}{3.0816} \approx 712\ \Omega = 0.712\ \text{k}\Omega$$

画出小信号模型如图 2-12 所示，即

$$A_u = \frac{u_o}{u_i} = \frac{-\beta i_b R'_L}{i_b r_{be}} = \frac{-\beta R'_L}{r_{be}} = \frac{-60 \times (3 // 3)}{0.712} = -126.4$$

$$R_i = R_B // r_{be} = 220 // 0.712 = 0.709\ \text{k}\Omega$$

$$R_o \approx R_C = 3\ \text{k}\Omega$$

2. 动态图解分析法

动态图解分析法能够直观显示在输入信号作用下，放大电路中各电压及电流波形的幅值大小和相位关系。动态图解分析是在静态分析的基础上进行的。

设图 2-13 中的输入信号$u_s=U_m\sin\omega t$。在直流电源U_{CC}及u_s的作用下，输入回路的方程为$u_{BE}=U_{CC}+u_s-R_B I_B$，相应的输入负载线得到随$u_s$变化而平行移动的直线。由此得到$i_B$、$i_C$和$u_{CE}$的波形图。

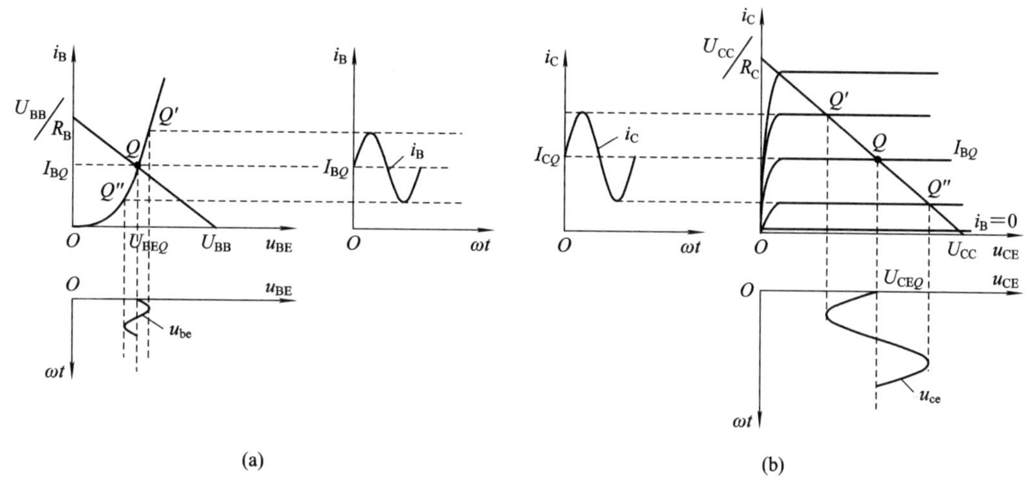

图 2-13　动态分析的图解分析

2.3.3　静态工作点对非线性失真的影响

三极管 BJT 的非线性表现在输入特性的弯曲部分和输出特性曲线间距的不均匀部分，若静态工作点 Q 位置选取不合适，输入信号的幅值比较大，将使i_B、i_C、u_{CE}的正、负半周不对称，从而产生非线性失真。

如果 Q 点选择过低，U_{BEQ}、I_{BQ}数值过小，则使 BJT 的交流输入信号u_{be}的负半周进入截止区，使i_B、i_C、u_{CE}的波形失真，因 Q 点过低引起的这种失真被称为“截止失真”。由图 2-14(b)可知，当 NPN 型的 BJT 处于截止失真时，输出电压u_{CE}的波形出现“顶部”被切割掉。在图 2-15 中，由于静态工作点 Q 过高，U_{BEQ}、I_{BQ}数值过高，则使 BJT 的交流输入信号u_{be}的正半周进入饱和区，使i_B、i_C、u_{CE}的波形失真，因 Q 点过高引起的这种失真被称为“饱和失真”。

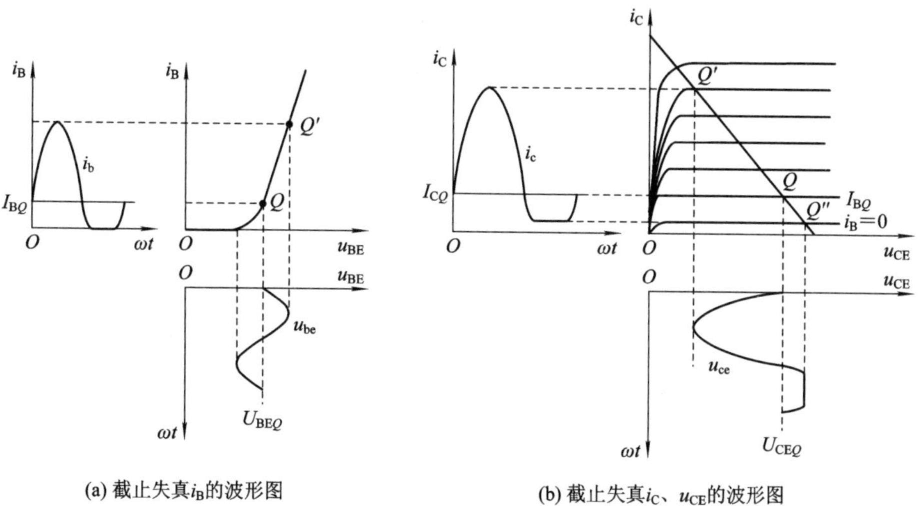

图 2-14　截止失真波形图

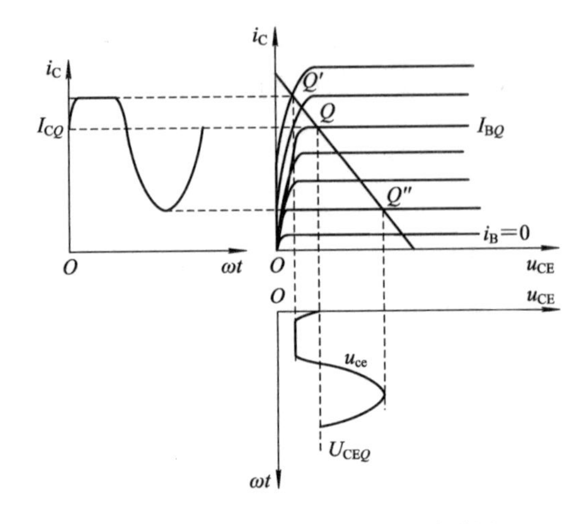

图 2-15 饱和失真 i_C、u_{CE}的波形图

若输入信号的幅度过大，即使 Q 点的大小合理，也会产生失真，这时截止失真和饱和失真会同时出现。截止失真和饱和失真都是由于 BJT 特性曲线的非线性引起的，因此又称其为非线性失真。

2.4 温度对静态工作点的影响

前面介绍的固定偏置式共射极放大电路结构简单，电压和电流放大作用都比较大，但其 Q 并不是很稳定，电路本身没有自动控制 Q 的能力。在实际应用中，电源电压的波动、元件参数的分散性及元件的老化、环境温度变化等，都会引起静态工作点的不稳定，影响放大电路的正常工作。Q 的不稳定主要是由温度的变化引起的。在 1.7.5 节讨论过这个问题，因此要想方法解决这个问题，就需要在温度改变时能自动调节 Q 的位置，使之正常放大。

2.4.1 放大电路静态工作点的稳定

为了克服温度对放大电路 Q 的影响，可以在电路的结构上加以改进，图 2-16(a)为最常用的稳定静态工作点的放大电路——基极分压式射极偏置电路。它由直流电源 U_{CC}经过两个电阻 R_{B1}和 R_{B2}分压之后连接三极管的基极和射极电阻 R_E 组成，常被称为分压式射极偏置电路。它的直流通路如图 2-16(b)所示。

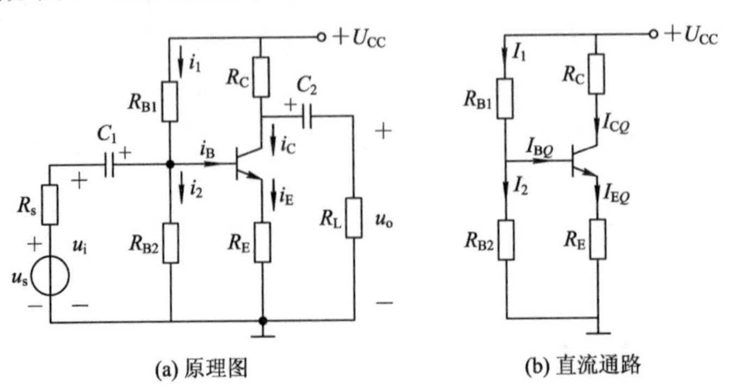

图 2-16 基极分压式射极偏置电路

下面由直流通路分析电路稳定静态工作点的原理及过程。当两个电阻 R_{B1} 和 R_{B2} 的阻值大小选择合适，能够满足 $I_1 \gg I_{BQ}$ 时，$I_1 \approx I_2$，则可认为基极的电压是一个定值，即 $U_{BQ}=\frac{R_{B2}}{R_{B1}+R_{B2}}U_{CC}$，大小与环境温度无关。在此条件下，当温度升高时，集电极的电流 I_{CQ} 将随温度的升高而增大，发射极电流 $I_{EQ}(\approx I_{CQ})$ 将相应增大，发射极上的电压 $U_{EQ}=R_E\ I_{EQ}$ 随之增加，BJT 的基极和发射极压降 $U_{BEQ}=U_{BQ}-U_{EQ}$ 将自动减小，因此基极电流 I_{BQ} 也下降，集电极电流 I_{CQ} 也减小，使 I_{CQ} 基本维持不变，从而使静态工作点基本稳定。

由此可见，稳定 Q 点的关键在于利用发射极电阻 R_E 两端的电压控制基极发射极电压 U_{BEQ}，从而控制 I_{CQ} 的变化，这种具有自动调节的作用称为负反馈，在后面的章节中会加以详解。

为了保证 U_{BEQ} 不受温度的影响，实际工作中通常选取适当的 R_{B1} 和 R_{B2} 的值即可。U_{BQ} 也不能太大，因为 U_{BQ} 大则 U_{EQ} 必然大，导致 U_{CEQ} 减小，会减小放大电路的动态范围。通常选择如下：

$$I_1=(5\sim10)I_{BQ}(\text{硅管}),\quad U_{BQ}=3\sim5\ \text{V}(\text{硅管})$$

$$I_1=(10\sim20)I_{BQ}(\text{锗管}),\quad U_{BQ}=1\sim3\ \text{V}(\text{锗管})$$

求解静态工作点 Q，有

$$U_{BQ}=\frac{R_{B2}}{R_{B1}+R_{B2}}U_{CC} \tag{2-15}$$

$$I_{CQ}\approx I_{EQ}=\frac{U_{BQ}-U_{BEQ}}{R_E}\approx\frac{U_{BQ}}{R_E} \tag{2-16}$$

$$I_{BQ}=\frac{I_{CQ}}{\beta} \tag{2-17}$$

$$U_{CEQ}=U_{CC}-(R_C+R_E)\ I_{CQ} \tag{2-18}$$

2.4.2　动态性能的分析

图 2-17 为共射极基极分压式偏置电路的小信号模型。由此可求解放大电路的动态性能指标：电压放大倍数 A_u、输入电阻 R_i 和输出电阻 R_o。

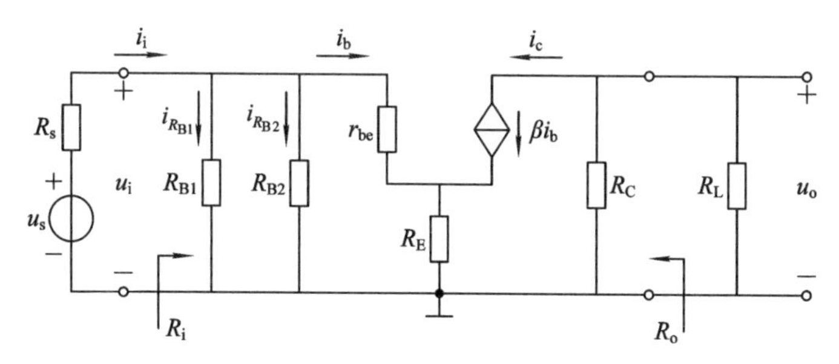

图 2-17　共射极基极分压式偏置电路的小信号模型

1）电压放大倍数 A_u

由图 2-17 可得

$$u_i=i_b\ r_{be}+(1+\beta)i_bR_E,\quad u_o=-\beta i_b\ R'_L\quad (R'_L=R_C/\!/R_L)$$

则

$$A_u=\frac{u_o}{u_i}=\frac{-\beta i_b\ R'_L}{i_b r_{be}+(1+\beta)\ i_bR_E}=\frac{-\beta R'_L}{r_{be}+(1+\beta)R_E} \tag{2-19}$$

由式(2-19)可知，输出电压与输入电压反相，接入电阻 R_E 后，大大提高了电路的稳定性，但电压的增益也下降了，电阻 R_E 越大，电压放大倍数A_u 下降越多。因此，为了既保证电路的稳定性，又不影响电压增益，可在电阻 R_E 的两端并联一个大电容C_E(称为发射极电阻的旁路电容)。此时的A_u 为

$$A_u=\frac{u_o}{u_i}=\frac{-\beta i_b R_L'}{i_b r_{be}}=\frac{-\beta R_L'}{r_{be}}$$

2) 输入电阻 R_i

$$R_i=\frac{u_i}{i_i}=\frac{u_i}{\frac{u_i}{R_{B1}}+\frac{u_i}{R_{B2}}+\frac{u_i}{r_{be}+(1+\beta)R_E}}=\frac{1}{\frac{1}{R_{B1}}+\frac{1}{R_{B2}}+\frac{1}{r_{be}+(1+\beta)R_E}}$$

即

$$R_i = R_{B1} \mathbin{/\!/} R_{B2} \mathbin{/\!/} [r_{be}+(1+\beta)R_E] \tag{2-20}$$

3) 输出电阻 R_o

$$R_o = \left.\frac{u_t}{i_t}\right|_{\substack{R_L=\infty \\ U_s=0}} \tag{2-21}$$

而

$$i_t=\frac{u_t}{R_C}$$

则

$$R_o \approx R_C \tag{2-22}$$

【例 2-3】 电路如图 2-18 所示。已知 $U_{CC}=15$ V，$R_{B1}=60$ kΩ，$R_{B2}=20$ kΩ，$R_C=3$ kΩ，$R_E=2$ kΩ，$R_L=3$ kΩ，$\beta=60$，$U_{BE}=0.7$ V。试求：(1) 电路的静态工作点 Q；(2) 该电路的电压放大倍数A_u、输入电阻 R_i 和输出电阻 R_o。

解 (1) 求解静态工作点 Q，电路的直流通路如图 2-19 所示，有

$$U_{BQ}=\frac{R_{B2}}{R_{B1}+R_{B2}}U_{CC}=\frac{20}{60+20}\times15=3.75\ \text{V}$$

$$I_{CQ}\approx I_{EQ}=\frac{U_{BQ}-U_{BEQ}}{R_E}=\frac{3.75-0.7}{2}=1.525\ \text{mA}$$

$$U_{CEQ}=U_{CC}-(R_C+R_E)I_{CQ}=15-(3+2)\times1.525=7.375\ \text{V}$$

$$r_{be}=200+(1+\beta)\frac{26}{I_{EQ}}=200+(1+60)\times\frac{26}{1.525}=1240\ \Omega$$

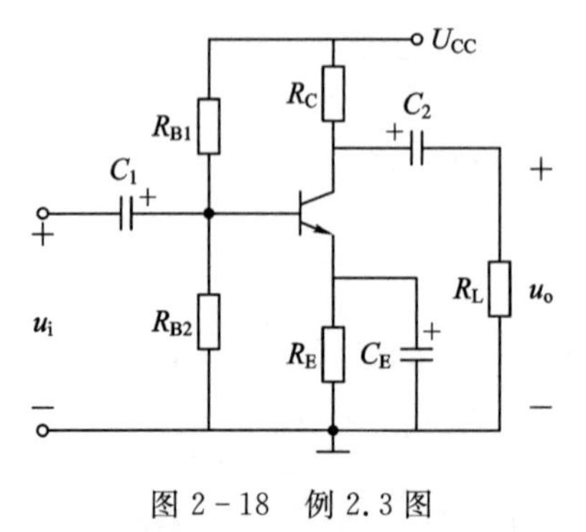

图 2-18 例 2.3 图

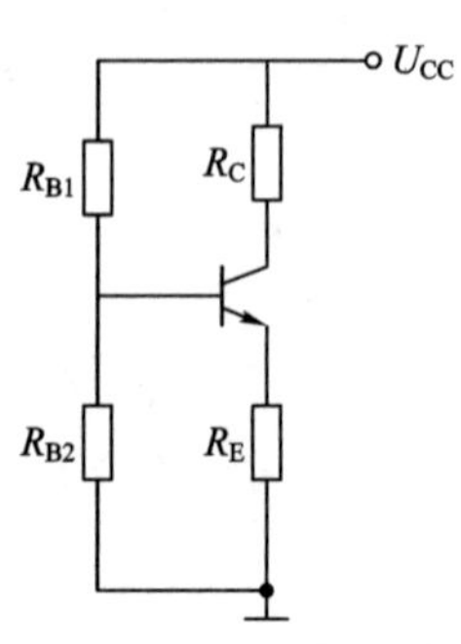

图 2-19 直流通路

(2) 由交流通路可得到该电路的小信号模型，如图 2-20 所示。

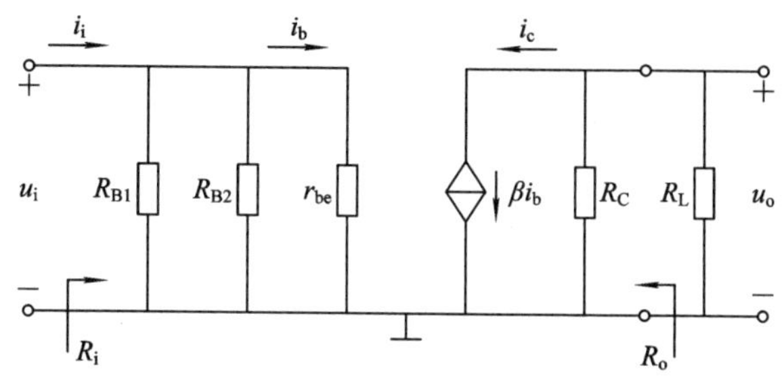

图 2-20 例 2.3 小信号模型

电压放大倍数为

$$A_u=\frac{u_o}{u_i}=\frac{-\beta i_b R'_L}{i_b r_{be}}=\frac{-\beta R'_L}{r_{be}}=\frac{-60\times(3/\!/3)}{1.24}=-72.58$$

输入电阻为

$$R_i=R_{B1}/\!/R_{B2}/\!/r_{be}=60/\!/20/\!/1.24=1.145\ \text{k}\Omega$$

输出电阻为

$$R_o\approx R_C=3\ \text{k}\Omega$$

2.5 共集电极放大电路

2.5.1 共集电极放大电路的组成

共集电极放大电路如图 2-21 所示。图 2-22(a)、图 2-22(b)分别为它的直流通路和交流通路。从交流通路可以看出，电源 U_{CC} 交流接地，输入信号 u_i 加在基极 b 和集电极 c 之间，输出信号 u_o 加在发射极 e 和集电极 c 之间，因此输入端与输出端的“公共地端”为集电极 c，称之为共集电极放大电路。同时，由于输出信号 u_o 取自发射极，因此又称其为射极输出器。

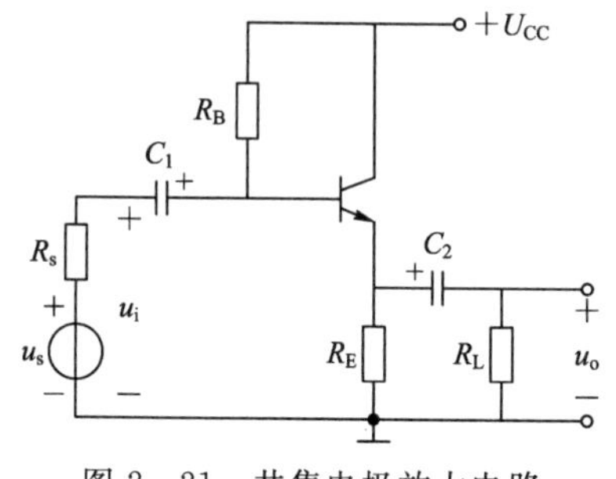

图 2-21 共集电极放大电路

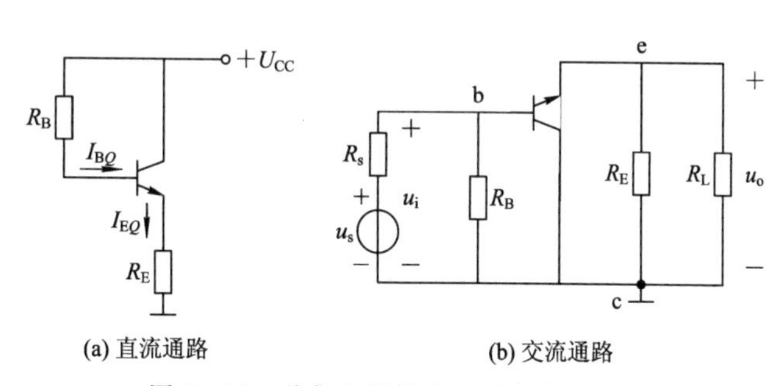

图 2-22 共集电极放大电路交直流通路

2.5.2 共集电极放大电路分析

1. 电路静态分析

直流电源 U_{CC} 经过基极偏置电阻 R_B，与 U_{BE}、发射极电阻 R_E 构成直流通路，给三极管的发射极提供正向偏置电压，由图 2-22(a)可得基极电流 I_{BQ}、集电极电流 I_{CQ}、发射极电流 I_{EQ} 及集电极和发射极电压 U_{CEQ}，有

$$I_{BQ}=\frac{U_{CC}-U_{BEQ}}{R_B+(1+\beta)R_E} \qquad (2-23)$$

$$I_{EQ}\approx I_{CQ}=\beta I_{BQ} \qquad (2-24)$$

$$U_{CEQ}=U_{CC}-I_{EQ}R_E \qquad (2-25)$$

电阻 R_E 具有稳定静态工作点 Q 的作用，当温度升高时，导致I_{CQ}增加，使 $U_E=I_{EQ}R_E$ 增加，$U_{BEQ}=U_{CC}-I_BR_B-U_E$ 下降，电流I_{BQ}降低，I_{CQ}减小。

2. 电路的主要动态性能指标分析

由图 2-22(b)所示的交流通路可画出小信号模型电路，将图中的 BJT 用小信号模型代替得到图 2-23。根据图 2-23 可得放大电路的三个性能指标。

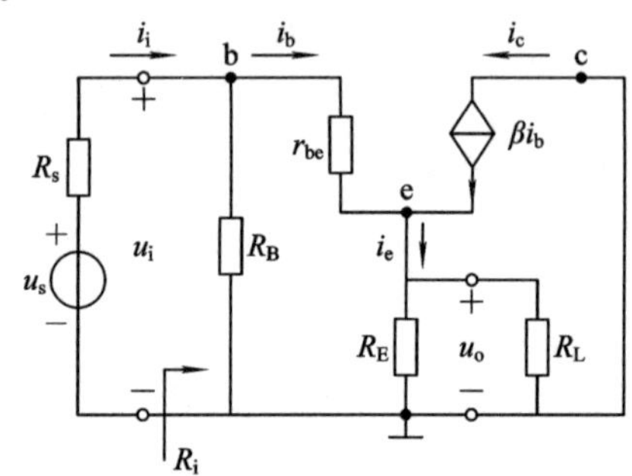

图 2-23 共集电极放大电路小信号模型图

1）电压放大倍数A_u

$$A_u=\frac{u_o}{u_i}=\frac{(1+\beta)\ i_b\ R'_L}{i_b[r_{be}+(1+\beta)\ R'_L]}=\frac{(1+\beta)\ R'_L}{r_{be}+(1+\beta)\ R'_L} \qquad (2-26)$$

式中，$R'_L=R_E/\!/R_L$，通常$r_{be}\ll(1+\beta)R'_L$。该式表明，共集电极放大电路的放大倍数$A_u\approx1$，输出电压幅值接近于输入电压的幅值(u_o 略小于u_i)且相位相同，输出电压始终跟随输入电压，因此又将共集电极放大电路称为射极跟随器。

2）输入电阻 R_i

由图 2-23 可知

$$R_i=\frac{u_i}{i_i}=\frac{u_i}{\dfrac{u_i}{R_B}+\dfrac{u_i}{r_{be}+(1+\beta)\ R'_L}}=R_B\ /\!/\ [r_{be}+(1+\beta)R'_L] \qquad (2-27)$$

可见，共集电极放大电路的输入电阻要比共射极放大电路的输入电阻大很多，通常可达几十千欧至几百千欧。

3）输出电阻 R_o

由图 2-24 可知，根据定义式可得

$$R_o=\frac{u_t}{i_t}\bigg|_{\substack{R_L=\infty\\U_s=0}}$$

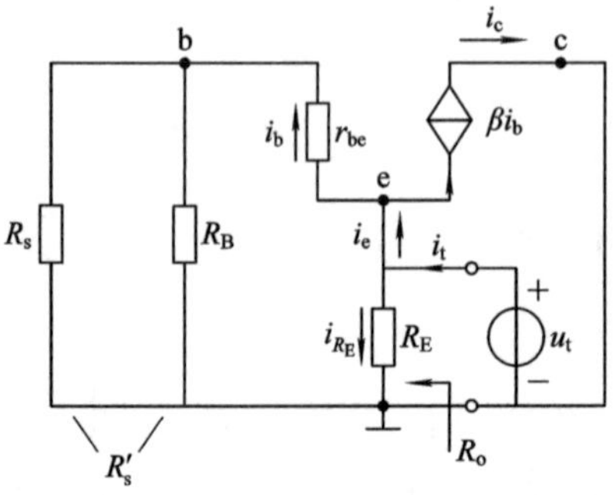

图 2-24 共集电极放大电路输出电阻电路图

断开负载 R_L 后外加电压u_t，则可得到u_t 的输出电流i_t 为

$$i_t = i_{R_E} + (1+\beta)\, i_b = \frac{u_t}{R_E} + \frac{u_t}{R'_s + r_{be}} \cdot (1+\beta) \tag{2-28}$$

式中，$R'_s = R_s /\!/ R_B$，有

$$R_o = \left.\frac{u_t}{i_t}\right|_{\substack{R_L=\infty \\ U_s=0}} = R_E /\!/ \frac{R'_s + r_{be}}{1+\beta} \tag{2-29}$$

由式(2-29)可知，共集电极放大电路的输出电阻 R_o 很小，一般只有几欧至几百欧，比共射极放大电路的输出电阻低很多。

由上述分析可知，共集电极放大电路的特点有：电压放大倍数小于 1 而接近于 1，输入电压与输出电压同相；输入电阻高，输出电阻低。正因为这些特点的存在，使共集电极放大电路得到了广泛的应用。

在多级放大电路中，可以把共集电极放大电路作为输入级，与内阻较大的信号源相匹配，用来获得较多的信号源电压。利用它的输出电阻小、带负载能力强的特点，又可以将它作为多级放大电路的输出级。利用输入电阻高和输出电阻低的特点，在多级放大电路中作为中间级，可以隔离前后级的影响，起到阻抗变换的作用。

2.6　共基极放大电路

2.6.1　共基极放大电路的组成

共基极放大电路如图 2-25(a)所示，图 2-25(b)、图 2-25(c)分别为它的直流通路和交流通路。从交流通路可以看出，电源 U_{CC}交流接地，输入信号u_i 加在发射极 e 与基极 b 之间，输出信号u_o 加在集电极 c 和基极 b 之间，因此输入端与输出端的“公共地端”为基极 b。

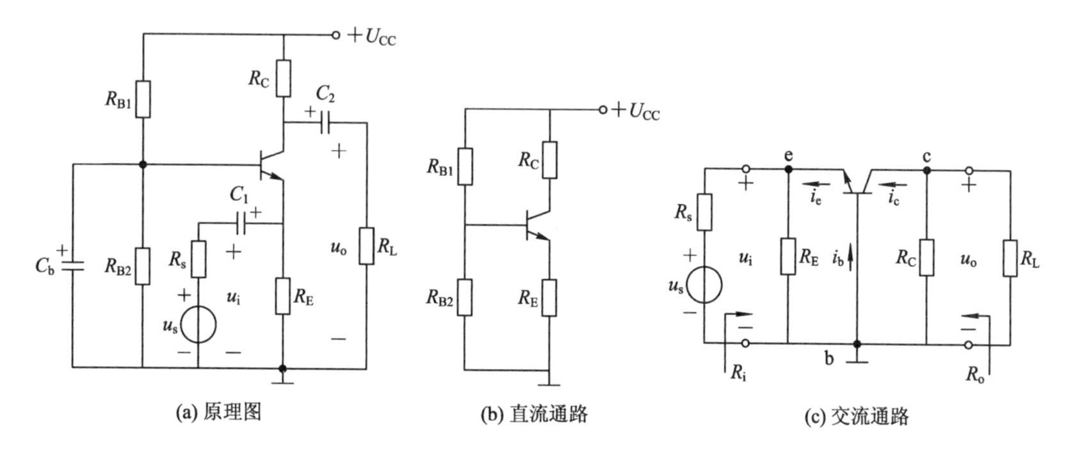

图 2-25　共基极放大电路

2.6.2　共基极放大电路分析

1. 电路静态分析

直流电源 U_{CC}经过基极偏置电阻 R_{B1} 和 R_{B2}，集电极电阻 R_C 及发射极电阻 R_E 构成直流通

路，给三极管的发射结提供正向偏置电压。由图 2-25(b)可知，共基极放大电路的直流通路与共射极放大电路的直流通路相同，求解 Q 的方法一致，即

$$U_{BQ}=\frac{R_{B2}}{R_{B1}+R_{B2}}U_{CC}$$

$$I_{CQ}\approx I_{EQ}=\frac{U_E}{R_E}=\frac{U_{BQ}-U_{BEQ}}{R_E}$$

$$U_{CEQ}=U_{CC}-I_{EQ}(R_E+R_C)$$

2. 电路的主要动态性能指标分析

由图 2-25(c)所示的交流通路可画出小信号模型，将图中的 BJT 用小信号模型代替得到图 2-26。

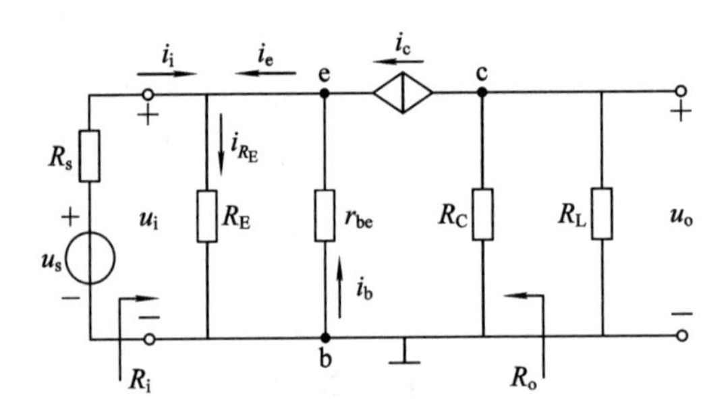

图 2-26　共基极放大电路的小信号模型

根据图 2-26 可得放大电路的三个性能指标。

1）电压放大倍数A_u

$$A_u=\frac{u_o}{u_i}=\frac{-\beta i_b R'_L}{-i_b r_{be}}=\frac{\beta R'_L}{r_{be}} \tag{2-30}$$

式中，$R'_L=R_C /\!/ R_L$。该式表明，共基极放大电路的放大倍数，输出电压与输入电压相位相同，具有放大功能。

2）输入电阻 R_i

由图 2-26 可知

$$i_i=i_{R_E}-i_e=i_{R_E}-(1+\beta)i_b$$

$$i_{R_E}=\frac{u_i}{R_E}\qquad i_b=-\frac{u_i}{r_{be}}$$

$$R_i=\frac{u_i}{i_i}=\frac{u_i}{\dfrac{u_i}{R_E}-\dfrac{-u_i(1+\beta)}{r_{be}}}=R_E /\!/ \frac{r_{be}}{1+\beta} \tag{2-31}$$

可见，共基极放大电路的输入电阻要比共射极放大电路的输入电阻小很多。

3）输出电阻 R_o

由图 2-26 可知，根据定义式可得

$$R_o=\frac{u_t}{i_t}\bigg|_{\substack{R_L=\infty\\u_s=0}}\approx R_C \tag{2-32}$$

共基极放大电路的输入电流为i_e，输出电流为i_c，所以共基极放大电路不具有电流放大作用，但仍可放大电压和功率。

共基极放大电路的输入电阻较低，会使输入信号严重衰减，不适合作为电压放大器。但它的频宽较大，通常用来作为宽频或高频放大器。

2.6.3　三极管三种基本放大电路的性能比较

不同放大电路的特点不同，应用的场合也不同。共射极放大电路输入信号加在基极上，输出信号加在集电极上；具有电压和电流的放大功能；输入电阻在三种组态中居中，输出电阻与集电极电阻有关，在低频电子技术中应用广泛，多用于多级放大电路的中间级。共集电极放大电路的输入信号加在基极上，输出信号加在发射极；具有电流放大功能，但电压不可放大；输入电阻最大，输出电阻最小，可用于多级放大电路的输入级、输出级及中间级。共基极放大电路的输入信号加在发射极上，输出信号加在集电极上；具有电压放大功能，但电流不可放大；输入电阻较低，输出电阻与集电极电阻有关，适用于高频或宽频带的场合。

表 2－1　三极管放大电路的性能比较

	共射极放大电路	共集电极放大电路	共基极放大电路
电路图			
电压增益A_u	$A_u=-\frac{\beta R_L'}{r_{be}}$ $R_L'=R_C // R_L$	$A_u=\frac{(1+\beta)R_L'}{r_{be}+(1+\beta)R_L'}$ $R_L'=R_E // R_L$	$A_u=\frac{\beta R_L'}{r_{be}}$ $R_L'=R_C // R_L$
电流增益A_i	$A_i\approx\beta$	$A_i\approx 1+\beta$	$A_i\approx\alpha$
输入电阻R_i	$R_i=R_{B1} // R_{B2} // r_{be}$	$R_i=R_B // [r_{be}+(1+\beta)R_L']$ $R_L'=R_E // R_L$	$R_i=R_E // \frac{r_{be}}{1+\beta}$
输出电阻R_o	$R_o\approx R_C$	$R_o=R_E // \frac{R_s'+r_{be}}{1+\beta}$ $R_s'=R_s // R_B$	$R_o\approx R_C$
输入电压u_i与输出电压u_o相位关系	反相	同相	同相
应用	多级放大电路的中间级	输入级、输出级、中间级	高频或宽频带电路

2.7 放大电路的频率响应

在实际放大电路中，由于放大器件(BJT、FET)本身存在极间电容，同时在输入和输出耦合电路中又存在电容元件，所以当放大电路输入不同频率的正弦交流信号时，使电路的输出电压幅值和相位有所不同的是频率的函数。

幅频特性用于描述输入信号幅度固定时输出信号的幅度随频率变化而变化的规律，即

$$|\dot{A}| = |\dot{V}_o/\dot{V}_i| = A(j\omega) \tag{2-33}$$

相频特性用于描述输出信号与输入信号之间相位差随频率变化而变化的规律，即

$$\angle\dot{A} = \angle\dot{V}_o - \angle\dot{V}_i = \varphi(j\omega) \tag{2-34}$$

放大电路的幅频特性和相频特性称为频率特性或频率响应。

图 2-27 是阻容耦合单级共射极放大电路的频率响应，图 2-27(a)是幅频特性曲线，图 2-27(b)是相频特性曲线。在分析放大电路的频率响应时，可将信号频率分为三个区域：低频区、中频区和高频区。在中频区($f_L \sim f_H$ 之间的通带内)，耦合电容和旁路电容对交流视为短路，BJT 的极间电容视为开路，此时电压增益视为常数，输出与输入信号的相位差也为常数。在低频区($f < f_L$ 频段内)，随着频率降低，耦合电容容抗的增大不能忽略，放大电路的电压增益也将随频率的降低而降低，而 BJT 的极间电容可认为对交流开路。在高频区($f > f_H$ 频段内)，随着频率升高，耦合电容容抗变小，容抗上的电压可忽略，而 BJT 的极间电容不能忽略，放大电路的电压增益也将随频率的增加而降低，相移增大。将电压放大倍数下降到$\frac{1}{\sqrt{2}}A_m$ 时，所对应的频率分别称为上限频率 f_H 和下限频率 f_L。而 $f_H - f_L = BW$，将 BW 称为频带。

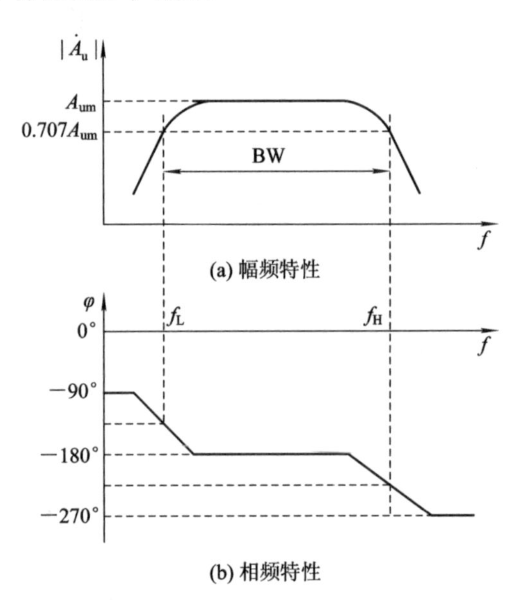

图 2-27 阻容耦合单级共射极放大电路的频率响应

三极管的 $\beta(j\omega)$ 也是频率的函数，即

$$\beta(j\omega) = \beta_0 + j\frac{f}{f_B} \tag{2-35}$$

式中：β_0 为中频电压放大倍数；f_B 为截止频率，它是当 $\beta = \frac{1}{\sqrt{2}}|\beta_0|$ 时所对应的频率。

因放大电路对不同频率成分信号的增益不同，从而使输出波形产生失真，称为幅度频率失真，简称幅频失真。放大电路对不同频率成分信号的相移不同，从而使输出波形产生失真，称为相位频率失真，简称相频失真。幅频失真和相频失真是线性失真。

1. BJT 的高频小信号模型

在前面的内容中已经讨论了 BJT 的低频小信号模型，但在高频区小信号条件下，就要考虑 BJT 的发射结电容和集电结电容的影响，得到高频小信号模型，如图 2-28 所示。图中，$r_{bb'}$ 为基区体电阻，b′是假想的基区内的一个点。$r_{bb'}$的值相差很大，可由手册给出。发射结电阻$r_{b'e}$是发射结正偏电阻r_e 折合到基极回路的等效电阻。$C_{b'e}$是发射结电容。对小功率管，$C_{b'e}$很小，只有几十至几百皮法。集电结电阻$r_{b'c}$是放大区内集电结反偏时电阻，一般值很大，为 100 kΩ～10 MΩ，集电结电容$C_{b'c}$则为 2～10 pF。受控电流源$g_m \dot{U}_{b'e}$受控于发射结上的所加电压$\dot{U}_{b'e}$控制，这里的g_m 称为互导或跨导，它表明发射结电压对受控电流的控制作用。

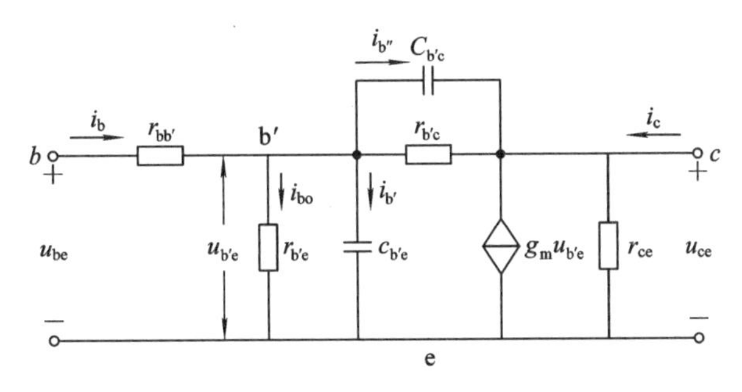

图 2-28　高频小信号模型

通过上述分析可知，$r_{b'c}$数值比较大，在高频时与$C_{b'c}$并联可视为开路，r_{ce}也可忽略，因此得到如图 2-29 所示的简化模型，由于其形状像 π，故又称其为混合 π 型高频小信号模型。

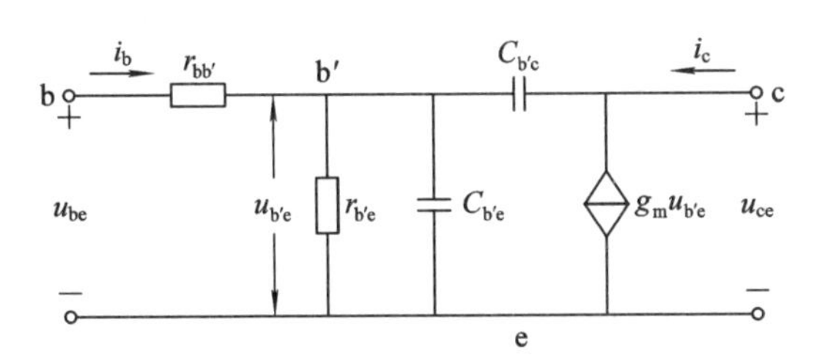

图 2-29　简化高频小信号模型

2. 结论

(1) 放大电路的耦合电容是引起低频响应的主要原因，下限截止频率主要由低频时间常数中较小的一个决定。

(2) 三极管的结电容和分布电容是引起放大电路高频响应的主要原因，上限截止频率由高频时间常数中较大的一个决定。

2.8　多级放大电路

在大多数实际的电子设备应用中，为了得到足够大的电压增益或输入电阻、输出电阻，单级放大电路往往达不到要求，为此常把放大电路按照基本放大电路的三种组态构成二级或二级以上，称为多级放大电路。

多级放大电路主要由输入级、中间级和输出级三部分构成，其组成框图如图 2-30 所示。

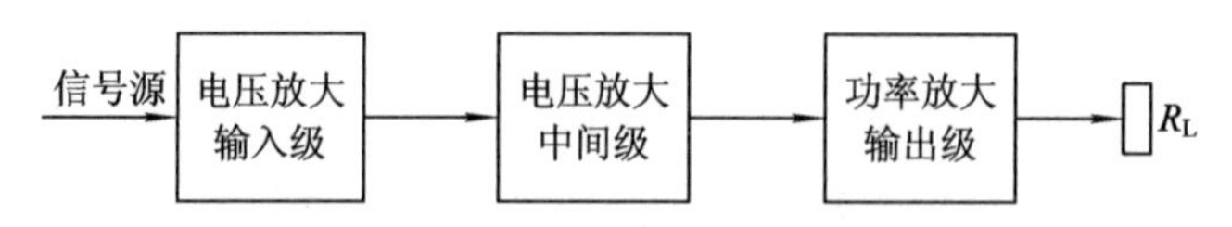

图 2-30　多级放大电路的组成框图

2.8.1　多级放大电路的耦合方式

前后级放大电路的连接方式称为耦合。常见的耦合方式有直接耦合、阻容耦合、变压器耦合和光电耦合四种。

1. 直接耦合

将前一级的输出与后一级的输入直接用导线或电阻连接的方式称为直接耦合。直接耦合放大电路不仅能放大交流信号，也能放大直流或缓慢变化的信号。直接耦合构成方式比较简单，但由于电路的前后级直流通路互相连接，因此静态工作点 Q 互相影响。温度造成的静态工作点漂移会逐级放大，温漂较大。集成电路的内部电路常用此种耦合方式。直接耦合放大器如图 2-31 所示。

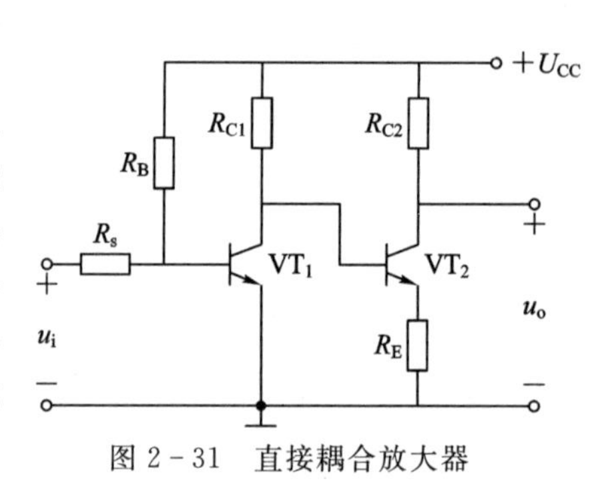

图 2-31　直接耦合放大器

2. 阻容耦合

电路的前一级输出与后一级的输入用电容连接的方式称为阻容耦合。阻容耦合放大电路只能放大交流信号，不能放大直流或缓慢变化的信号；前后级电路的静态工作点 Q 互不干扰，各自独立；具有体积小、重量轻的特点。若耦合电容的容量选择得足够大，则可以保证在一定的频率范围内，使前一级的输出信号几乎无损耗地传送到后一级的输入端，使信号得到充分利用。阻容耦合放大器如图 2-32 所示。

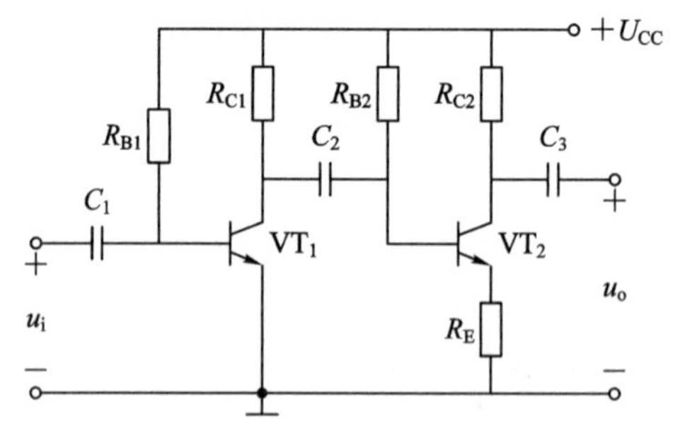

图 2-32　阻容耦合放大器

3. 变压器耦合

变压器耦合放大器如图 2-33 所示。其连接方式比较复杂：将基本放大电路的前级输出接到变压器 T_1 的第一级上，从 T_1 的第二级输出连接后一级放大电路输入端，将后一级放大电路的输出连接变压器 T_2 的第一级，从 T_2 的第二级输出连接负载 R_L。

由于变压器是通过磁路耦合的，所以变压器使前级、后级之间的直流通路互相隔离，静态工作点 Q 各自独立，互不影响，方便调试。变压器耦合的最大优点是可以实现阻抗变换作

用，因此可以利用这一特点使负载 R_L 与放大电路的输出阻抗相匹配，得到负载最大输出功率。但由于变压器体积大、重量大、价格高，因此限制了变压器耦合的应用场合。

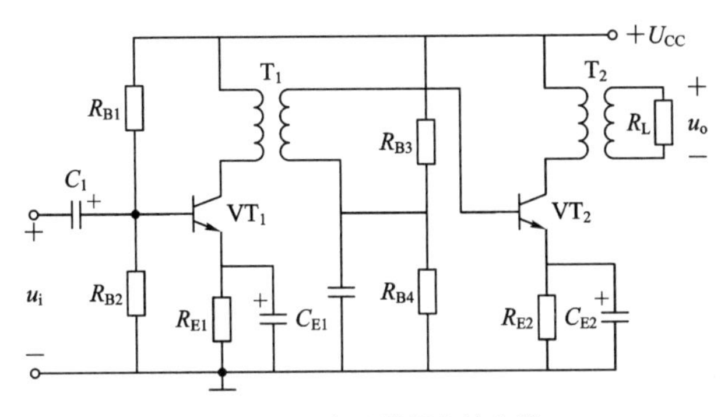

图 2 - 33　变压器耦合放大器

4. 光电耦合

将前级信号通过光电耦合器件传递到后级，这种耦合方式称为光电耦合方式。光电耦合是先用光电器件将电信号转变为光信号，再通过光敏器件将光信号变为相应的电信号来实现级间耦合。光电耦合抗干扰能力强，前级、后级的隔离性好，在固态继电器的控制电路中广泛应用。光电耦合放大器如图 2 - 34 所示。

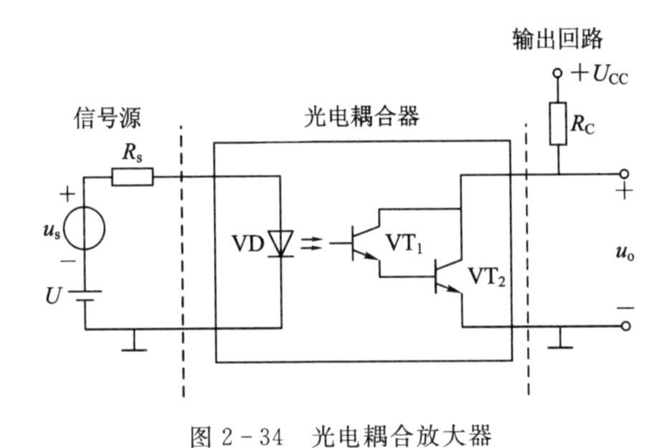

图 2 - 34　光电耦合放大器

2.8.2　多级放大电路的性能分析

1. 电压放大倍数 A_u

在多级放大电路中，前一级的输出就是后一级的输入，即 $u_{o1}=u_{i2}$，由此可得出多级放大电路的增益为

$$A_u=\frac{u_o}{u_i}=\frac{u_{o1}}{u_i}\cdot\frac{u_{o2}}{u_{o1}}\cdots\frac{u_{on}}{u_{o(n-1)}}=A_{u1}\cdot A_{u2}\cdots A_{un} \tag{2-36}$$

多级放大电路的放大倍数为每一级放大倍数的乘积。式(2 - 36)中，n 为多级放大电路的级数，在计算放大倍数时，必须考虑后级的输入电阻是前级的负载电阻。

2. 输入电阻 R_i

输入级的输入电阻就是多级放大电路的输入电阻，即

$$R_i = \frac{u_i}{i_i} = R_{i1} \tag{2-37}$$

3. 输出电阻 R_o

输出电阻就是多级放大电路的最后一级输出电阻，即

$$R_o = R_{on}$$

2.9 绝缘栅型场效应管放大电路

场效应管(FET)和双极型晶体三极管(BJT)都是组成模拟信号放大电路的常用器件。两种器件都具有放大的作用，都可作为放大电路的核心器件。FET 和 BJT 都具有三个电极，分别是 FET 的源极 S、栅极 G 和漏极 D，对应 BJT 的发射极 E、基极 B 和集电极 C。相应地，FET 放大电路也有三种组态：共源极放大电路、共栅极放大电路和共漏极放大电路。两种器件组成的放大电路，采用的分析方法类似。本节主要介绍 N 沟道绝缘栅型场效应(NMOS)管组成的共源极放大电路。

2.9.1 共源极放大电路的组成

由于 FET 相对于 BJT 具有输入电阻高、成本低、噪声低等优势，因此一般将 FET 作为低频放大器的输入级。由于场效应管是电压控制器件，要建立合适的静态工作点，就要有合适的栅源电压。

NMOS 共源极放大电路如图 2-35 所示。共源极放大电路与共射极放大电路相比较，只是在受控源类型和偏置电路方面有所不同，至于电路的结构、电路的参数和电路的分析方法均类似。

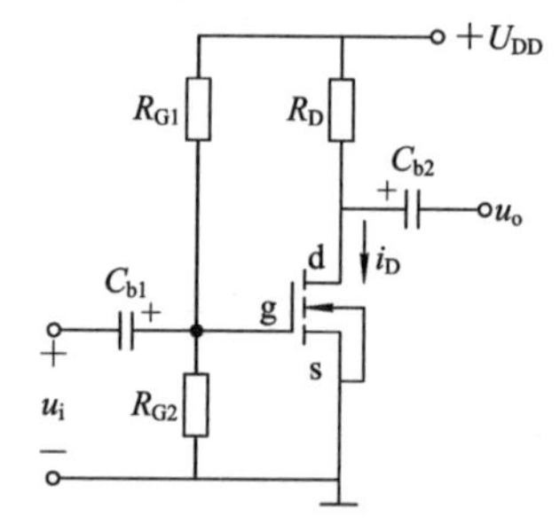

图 2-35 NMOS 共源极放大电路

2.9.2 共源极放大电路分析

1. 静态分析

图 2-36 是场效应管共源极放大电路的直流通路。图中的 R_{G1}、R_{G2} 是栅极偏置电阻，R_D 是漏极负载电阻，由图可得

$$U_G = \frac{R_{G2}}{R_{G1}+R_{G2}} U_{DD} \tag{2-38}$$

$$U_{GS} = U_G - U_s = \frac{R_{G2}}{R_{G1}+R_{G2}} U_{DD} - R_s I_D \tag{2-39}$$

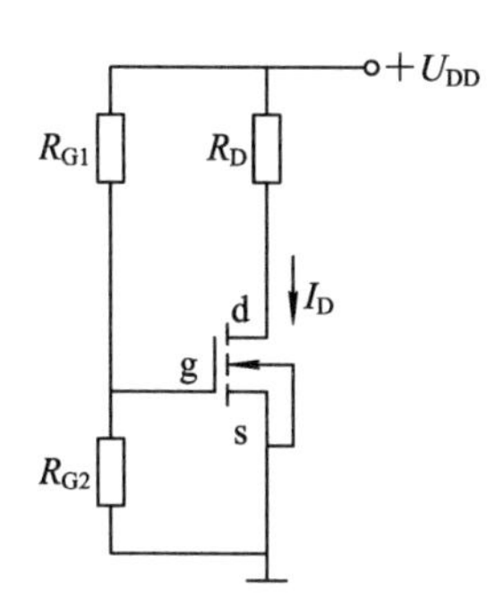

图 2-36　共源极放大电路的直流通路

对于耗尽型管，有

$$I_D = I_{DSS}\left[1-\frac{U_{GS}}{U_{GS(off)}}\right]^2 \tag{2-40}$$

对于增强型管，有

$$I_D = I_{DO}\left[\frac{U_{GS}}{U_{GS(th)}}-1\right]^2 \tag{2-41}$$

式中，I_{DO}是当 $U_{GS}=2U_{GS(th)}$ 时的漏极电流I_D。$U_{GS(th)}$ 即 U_T 为开启电压，有

$$U_{DS} = U_{DD}-(R_s+R_D)\,I_D \tag{2-42}$$

2. 动态分析

场效应管为非线性器件，属于电压控制的器件，其微变等效模型的输入和输出回路是靠栅源电压u_{gs}联系的。NMOS 共源极放大电路的低频小信号模型如图 2-37 所示。

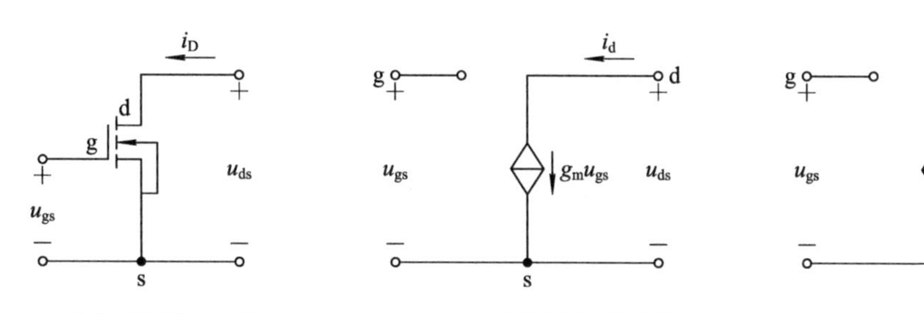

图 2-37　NMOS 共源极放大电路的低频小信号模型

图 2-38 为场效应管共源极放大电路的小信号模型。由图可知，场效应管的输入电阻为无穷大，输入端相当于开路，电压控制的电流源$g_m u_{gs}$两端并联了一个输出电阻r_{ds}。

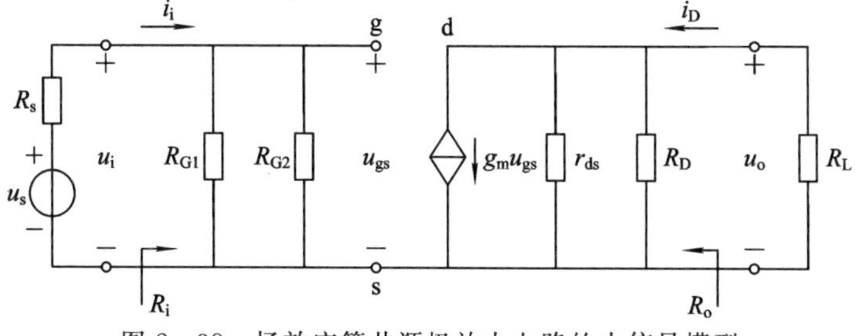

图 2-38　场效应管共源极放大电路的小信号模型

1）电压放大倍数A_u

由图2-38可知

$$u_o = -g_m u_{gs}(r_{ds} /\!/ R_D /\!/ R_L)$$

$$u_i = u_{gs}$$

$$A_u = \frac{u_o}{u_i} = \frac{-g_m u_{gs}(r_{ds} /\!/ R_D /\!/ R_L)}{u_{gs}} = -g_m(r_{ds} /\!/ R_D /\!/ R_L) \tag{2-43}$$

2）输入电阻R_i

$$R_i = \frac{u_i}{i_i} = R_{G1} /\!/ R_{G2} \tag{2-44}$$

3）输出电阻R_o

$$R_o = \frac{u_t}{i_t}\Bigg|_{\substack{R_L=\infty \\ U_s=0}} = r_{ds} /\!/ R_D \approx R_D \tag{2-45}$$

【例2-4】 电路如图2-35所示，设$R_{G1}=60\ \text{k}\Omega$，$R_{G2}=40\ \text{k}\Omega$，$R_D=15\ \text{k}\Omega$，$U_{DD}=5\ \text{V}$，$U_T=1\ \text{V}$，$K_n=0.2\ \text{mA/V}^2$。试计算电路的静态漏电流$I_{DQ}$和漏源电压$U_{DSQ}$。

解

$$U_{GSQ}=\frac{R_{G2}}{R_{G1}+R_{G2}}U_{DD}=\frac{40}{60+40}\times 5=2\ \text{V}$$

设NMOS管工作于饱和区，其漏电电流为

$$I_{DQ}=K_n\ (U_{GS}-U_T)^2=0.2\times(2-1)^2=0.2\ \text{mA}$$

漏源电压为

$$U_{DSQ}=U_{DD}-I_D R_D=5-0.2\times 15=2\ \text{V}$$

由于$U_{DSQ}>(U_{GSQ}-U_T)=2-1=1\ \text{V}$，说明NMOS管的确工作在饱和区，上面的分析是正确的。

2.10 功率放大电路

在放大电路的末级能够向负载提供足够大的功率以驱动负载工作的电路称为功率放大器，简称“功放”。从能量控制和转换的角度来看，功率放大电路和电压放大电路没有本质区别，都是能量转换电路，只是不同的放大电路所考虑的输出性能不同。电压放大电路输入的是小信号，为了得到输出信号的幅值尽量大且不失真的电压信号，主要考虑的是放大电路的放大倍数、输入电阻和输出电阻；而功率放大电路输入的是大电压信号，输出的主要任务是负载具有一定不失真(或失真较小)的足够大的功率，功率是电压与电流的乘积，因此功率放大电路不但要有足够大的输出电压，还要有足够大的输出电流。

2.10.1 功率放大电路的特点

功率放大电路在研究时与电压放大电路有一定区别，因此在探讨时要注意以下几个特点：

(1) 要求输出功率足够大。为了获得足够大的功率输出，要求功放管的电压和电流都有尽可能大的输出幅度，器件工作在接近极限值的状态。选功率管要考虑功放管的三个极限参

数I_{CM}、P_{CM}和$U_{(BR)CEO}$。

(2) 效率尽可能高。由于输出功率大，造成直流电源消耗的功率也大，这就存在一个效率问题。效率就是负载所得到的有用功率和电源供给的直流功率的比值。

(3) 非线性失真尽可能小。功率放大电路工作在大信号下，三极管的工作范围变大，不可避免地产生非线性失真。并且同一功放管的失真程度与功率有关，功率越大，失真越严重。在测量系统和电声设备上要求非线性失真尽量小，最好不发生失真。而对于工业控制系统等，则要求输出大功率，非线性失真要求不高。

(4) 功率管的散热问题。为了获得大功率，管子承受的电压较高、电流较大，导致温度高，功率管损坏的可能性比较大，所以功率管的损坏与保护问题不容忽视。

2.10.2　功率放大电路的工作状态与效率

在分析电路的工作情况时，在加入输入信号后，按输出级晶体管集电极电流的导通情况分为四类(其中三类如图 2-39 所示)：在整个信号输入信号周期内，i_C 导通角为360°，称为甲(A)类工作状态，如图 2-39(a)所示，甲类功率放大器失真小，但效率低，最高约为 50%，功率损耗大；i_C 导通角大于180°而小于360°，称为甲乙(AB)类工作状态，如图 2-40(b)所示，能够克服交越失真，被广泛应用；i_C 导通角为180°，称为乙(B)类工作状态，如图 2-40(c)所示，乙类功放效率最高可达 78%，但容易产生交越失真；i_C 导通角为小于180°，称为丙(C)类工作状态，丙类输出级需要选择性负载，如 LC 回路，本章不做讨论。

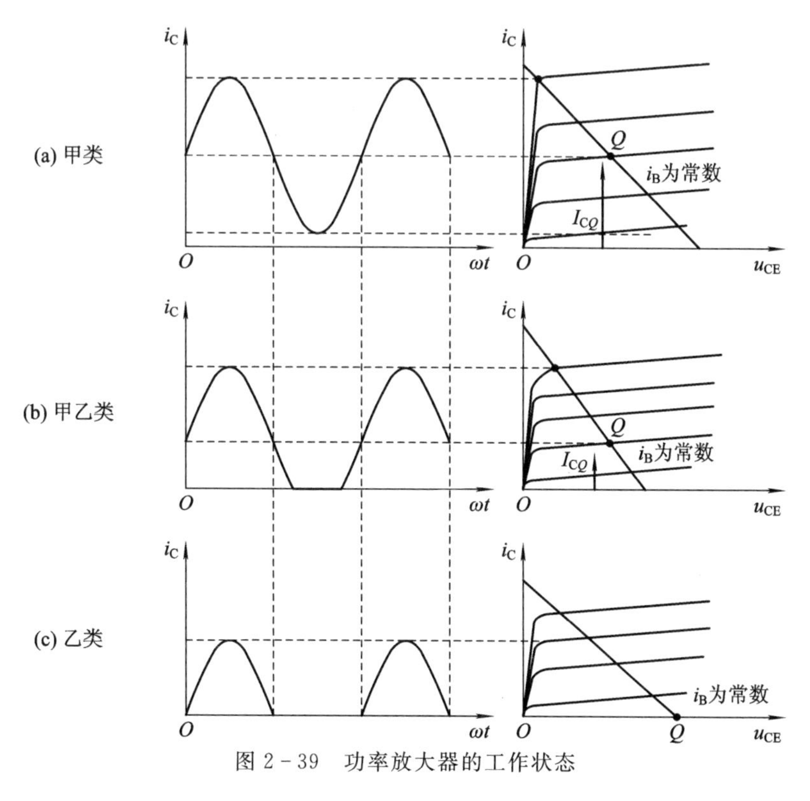

图 2-39　功率放大器的工作状态

按功率放大器与负载之间的连接耦合方式的不同，功率放大器可以分为变压器耦合功率放大器、电容耦合功率放大器、直接耦合功率放大器和桥接式功率放大器。

2.10.3 射极输出器

1. 电路结构

射极输出器的电压增益虽近似为1，但电流增益很大，可以获得较大的功率增益。由于其输出电阻低和高电流增益，常用来作为普通的甲类输出级，采用有源负载的射极跟随器的电路结构如图2-40所示。

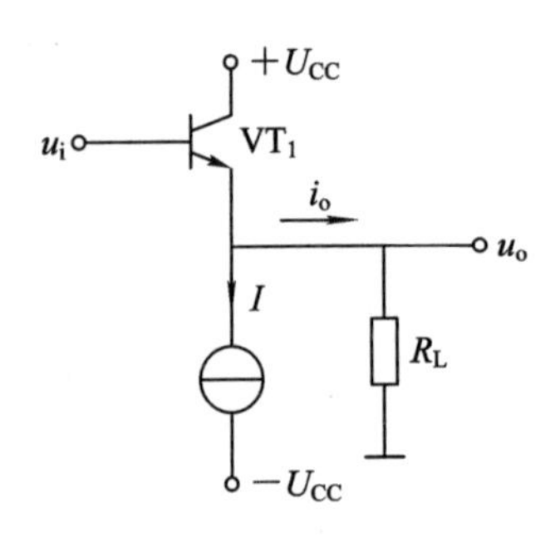

图2-40 甲类输出级功率放大电路

2. 电路的主要性能

1）输出功率P_o。

设输出功率用输出电压有效值U_o和输出电流有效值I_o的乘积来表示，即

$$P_o = U_o I_o = \frac{U_{om}}{\sqrt{2}} \cdot \frac{I_{om}}{\sqrt{2}} = \frac{1}{2}\frac{U_{om}^2}{R_L} \tag{2-46}$$

则最大输出功率为P_{omax}，即

$$P_{omax} = \frac{1}{2}\frac{U_{CC}^2}{R_L} \tag{2-47}$$

2）电源提供的功率P_D

$$P_D = 2U_{CC} I \tag{2-48}$$

3）效率η

$$\eta = \frac{P_o}{P_D} = \frac{1}{4}\frac{U_{om}^2}{U_{CC} I R_L} \tag{2-49}$$

4）管耗P_C

$$P_C = U_{CC} I \tag{2-50}$$

2.10.4 乙类双电源互补对称功率放大电路

1. 电路组成

乙类双电源互补对称功率放大电路的工作原理如图2-41所示。它实质上是由两只性能完全匹配的NPN型管和PNP型管构成的，两管的基极连在一起，两管的发射极共用一个射极负载的共集电路和正、负电源U_{CC}、$-U_{CC}$，且$U_{CC}=|-U_{CC}|$。

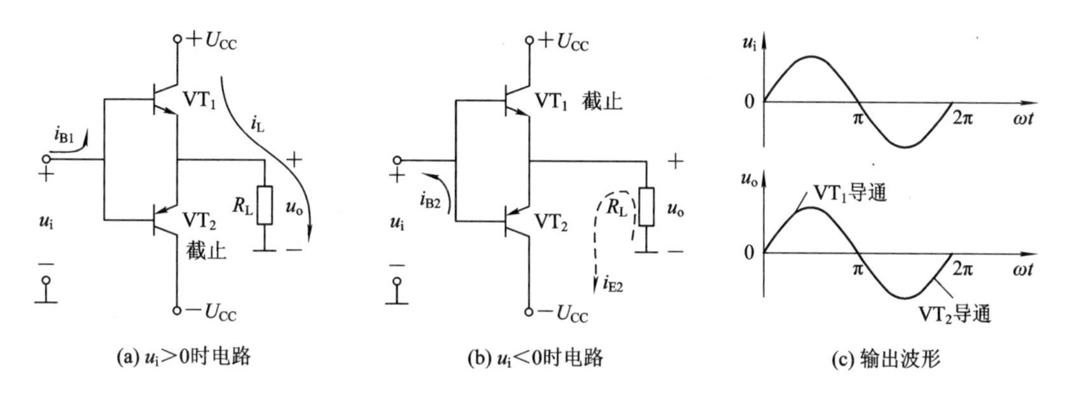

图 2-41　乙类双电源互补对称功率放大电路的工作原理

2. 工作原理

1）静态

当$u_i=0$时，为静态状态，两管的$U_B=U_E=0$，VT_1、VT_2两管没有偏置，都处于截止状态，I_{BQ}、I_{CQ}均为零，静态工作点处在截止区，两管工作在乙类工作状态，输出电压$u_o=0$，电路不消耗功率。

2）动态

加入正弦输入信号u_i，当$u_i>0$时，即输入信号正半周时，VT_1管正偏导通，VT_2管反偏截止，电流i_{c1}由电源U_{CC}产生，经VT_1管发射极流向负载R_L到“地”，电路如图 2-41(a)所示。当$u_i<0$时，即输入信号负半周时，VT_2管正偏导通，VT_1管反偏截止，电流i_{c2}由电源$-U_{CC}$产生，方向由“地”经负载R_L流向VT_2管发射极到负电源$-U_{CC}$，电路如图 2-41(b)所示。通过分析可知，两管VT_1、VT_2轮流导通半个周期，组成推挽式电路，由于两管互补对方的不足，工作性能对称，所以称为互补对称电路。

3）电路的主要性能

(1) 输出功率P_o。设输出功率用输出电压有效值U_o和输出电流有效值I_o的乘积来表示，有

$$P_o=U_o I_o=\frac{U_{om}}{\sqrt{2}}\cdot\frac{I_{om}}{\sqrt{2}}=\frac{1}{2}\frac{U_{om}^2}{R_L} \tag{2-51}$$

由于两管工作在射极输出器状态，$A_u\approx1$，当输入信号足够大时，忽略管子的饱和压降，则输出电压幅值近似为电源电压，使$U_{omax}=U_{imax}=U_{CEmax}\approx U_{CC}$，则最大输出功率为

$$P_{omax}=\frac{1}{2}\frac{U_{CC}^2}{R_L} \tag{2-52}$$

(2) 电源提供的功率P_D。由于正电源U_{CC}和负电源$-U_{CC}$只有半个周期导通供电，则在一个周期内的平均电流为

$$I_{C1}=I_{C2}=\frac{1}{2\pi}\int_0^{\pi}I_{CM}\sin\omega t\,d(\omega t)=\frac{I_{CM}}{\pi} \tag{2-53}$$

$$P_D=2I_{C1}U_{CC}=2\frac{I_{CM}}{\pi}U_{CC}=\frac{2}{\pi}\frac{U_{om}}{R_L}U_{CC} \tag{2-54}$$

(3) 效率 η 为

$$\eta = \frac{P_o}{P_D} = \frac{\pi}{4}\frac{U_{om}}{U_{CC}} \tag{2-55}$$

当获得最大不失真输出幅值时，$U_o = U_{omax} \approx U_{CC}$，则可得到乙类双电源互补对称功率放大电路的最大效率，有

$$\eta = \frac{P_o}{P_D} = \frac{\pi}{4}\frac{U_{CC}}{U_{CC}} \times 100\% = 78.5\% \tag{2-56}$$

(4) 管耗P_C 为

$$P_C = \frac{P_D - P_o}{2} \tag{2-57}$$

【例 2-5】 在图 2-41 所示的电路中，设VT_1、VT_2 管的饱和压降$|U_{CES}| = 1$ V，电源电压 $U_{CC} = 12$ V，$R_L = 4$ Ω，试求电路的最大不失真输出功率P_o、电源提供的功率P_D 和效率 η。

解 考虑到 $U_{om} = U_{CC} - |U_{CES}| = 11$ V，则最大不失真功率为

$$P_{omax} = \frac{1}{2}\frac{U_{om}^2}{R_L} = \frac{1}{2} \cdot \frac{121}{4} = 15.13 \text{ W}$$

电源提供的功率为

$$P_D = \frac{2}{\pi}\frac{U_{om}}{R_L}U_{CC} = \frac{2 \times 12 \times 11}{\pi \times 4} \approx 21.01 \text{ W}$$

效率为

$$\eta = \frac{P_o}{P_D} = \frac{15.13}{21.01} \times 100\% \approx 72\%$$

在实际应用中，功率三极管的选择主要依据以下几个原则：

(1) 每只功率三极管的最大允许管耗P_{CM}必须大于 0.2 P_{om}。若要求输出最大功率为 10 W，则应选择两只最大集电极功耗$P_{CM} \geqslant 2$ W 的三极管，当然还可以适当考虑余量。

(2) 当VT_2 管导通时，VT_1 管截止，所以当VT_2 管饱和时，U_{CE1}得到最大值 $2U_{CC}$，因此应选用耐压$|U_{(BR)CEO}| > 2U_{CC}$的管子。

(3) 所选管子的I_{CM}应大于电路中可能出现的最大集电极电流 U_{CC}/R_L。

2.10.5 甲乙类互补对称功率放大电路

前面讨论了乙类互补功率对称电路如图 2-41(a)所示，实际上这种电路没有基极偏置，当$u_i = 0$ 时，VT_1 管、VT_2 管处于截止状态，I_{BQ}、I_{CQ}均为零。只有$|u_{BE}|$大于三极管的门槛电压(NPN 管为 0.6 V)时才有电流i_B 产生。当输入信号u_i 低于门坎电压时，VT_1 管、VT_2 管都截止，负载 R_L 无电流流过，在波形的正、负交界处出现一段失真，这种失真现象称为交越失真，其波形如图 2-42 所示。

为了消除交越失真现象，通常在两个功放管的发射结上加一个较小的偏置电压，使两个管子工作在微导通状态。电路如图 2-43 所示，即让管子工作在甲乙类工作状态，两管轮流导通时，交替比较平滑，从而减小了交越失真，克服了乙类放大电路中效率与失真的矛盾。

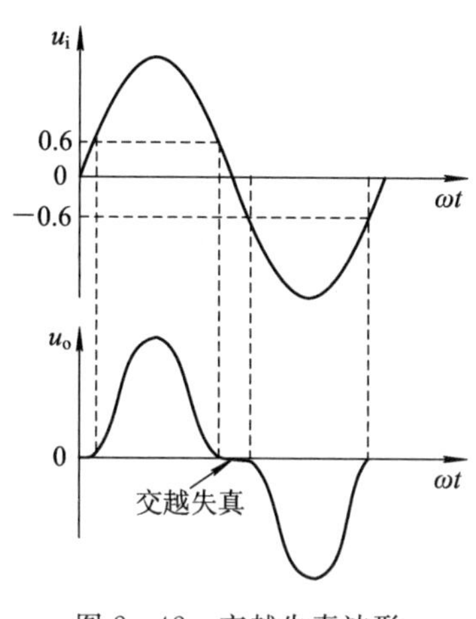

图 2 - 42　交越失真波形

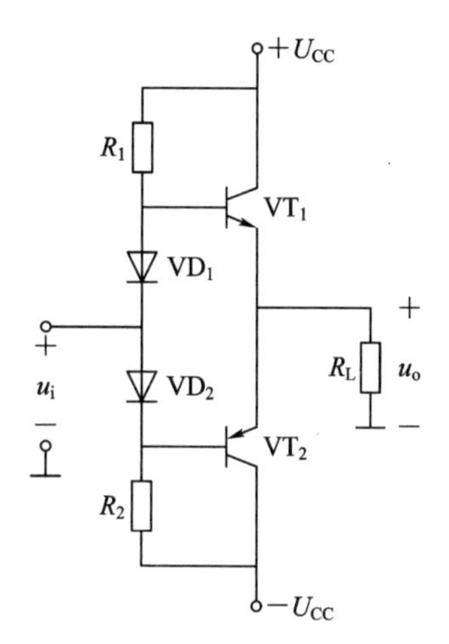

图 2 - 43　甲乙类双电源互补功率放大电路

习　　题

2.1　各电路如图 2 - 44 所示。试判断哪些电路具有放大交流信号的功能，为什么？

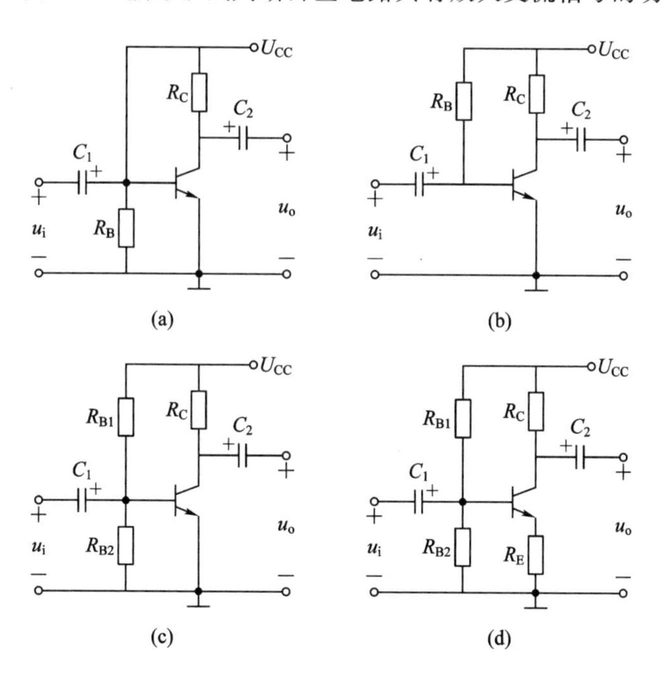

图 2 - 44　题 2.1 图

2.2　电路如图 2 - 45 所示。已知 $U_{CC}=15$ V，$U_B=3$ V，$R_B=48$ kΩ，$R_{C1}=8$ kΩ，$R_{C2}=3$ kΩ，$R_{C3}=0.1$ kΩ，$\beta=60$，$U_{BE}=0.7$ V。试计算 I_B 及开关 S 分别处于 a、b、c 三点时的 I_C 和 U_{CE}，并指出它们分别工作在哪个区。

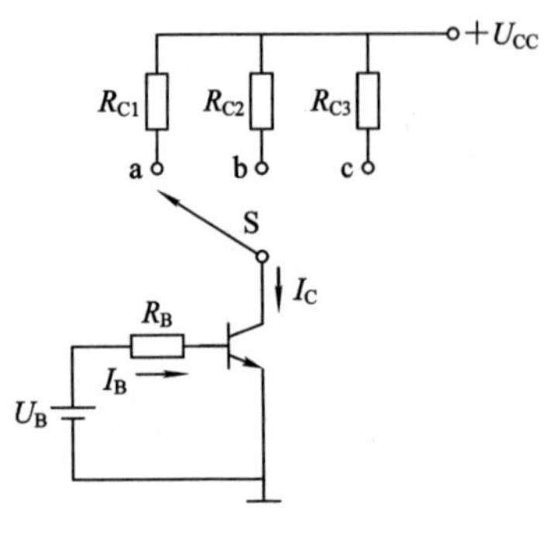

图 2-45 题 2.2 图

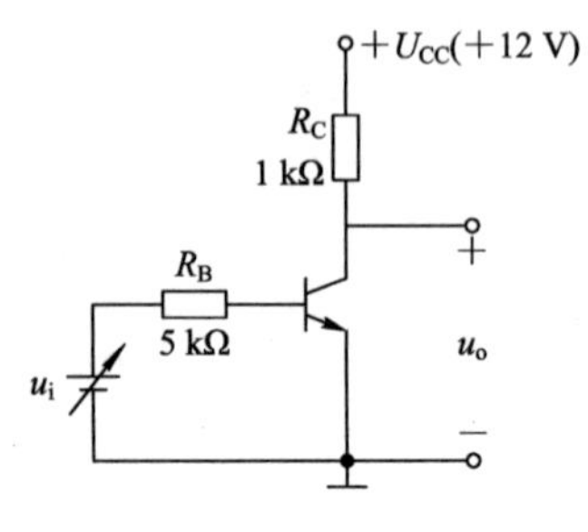

图 2-46 题 2.3 图

2.3 电路如图 2-46 所示。晶体管导通时 $U_{BE}=0.7$ V，$\beta=60$。试分析 u_i 分别为 0 V、1 V、2 V时 VT 的工作状态及输出电压的值。

2.4 电路如图 2-47 所示，β 大于多少时晶体管饱和？

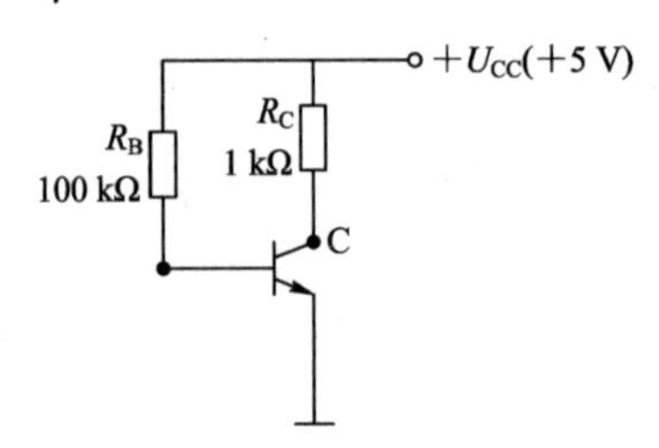

图 2-47 题 2.4 图

2.5 试画出图 2-48 所示电路的小信号等效电路，设电路中各电容容抗均可忽略。

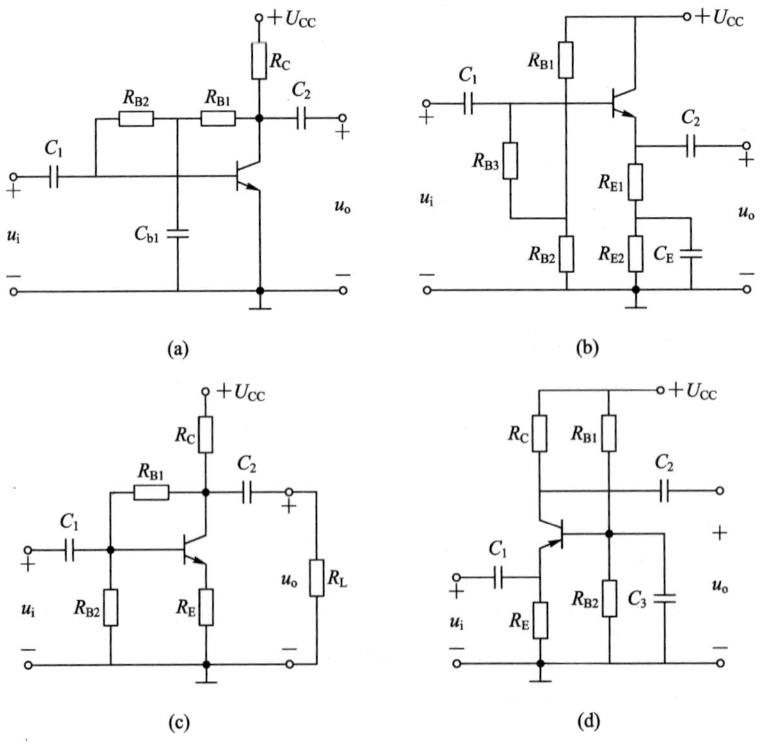

图 2-48 题 2.5 图

2.6 放大电路如图 2-49 所示。已知 $U_{CC}=12$ V，$R_{B1}=16$ kΩ，$R_{B2}=11$ kΩ，$R_C=2.7$ kΩ，$R_E=2.2$ kΩ，$R_L=2.2$ kΩ，$\beta=80$，$U_{BE}=0.7$ V。试求：(1) 该电路的静态工作点 Q；(2) 该电路的电压放大倍数A_u、输入电阻 R_i 和输出电阻 R_o；(3) 若断开C_E，求此时的电压放大倍数A_u、输入电阻 R_i 和输出电阻 R_o。

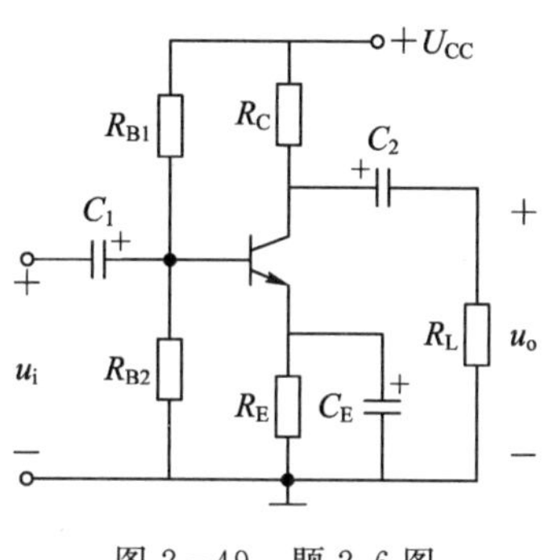

图 2-49 题 2.6 图

2.7 电流源偏置的共集电极放大电路如图 2-50 所示。信号源 U_s 的直流分量等于零，直接通过电阻 R_B 接到基极，晶体管的 $\beta=100$，厄尔立电压 $|U_A|=125$ V，$r_{bb'}=0$。试求：(1) 电路的输入电阻；(2) 在负载 $R_L=\infty$ 和 $R_L=1$ kΩ 两种情况下放大电路的电压增益 $A_{us}=u_o/u_s$；(3) 若允许集电结可以有 0.2 V 的正偏电压，那么在 $R_L=1$ kΩ 时电路最大可能的负向电压 $U_{(-)\max}$和最大正向电压 $U_{(+)\max}$各为多少？

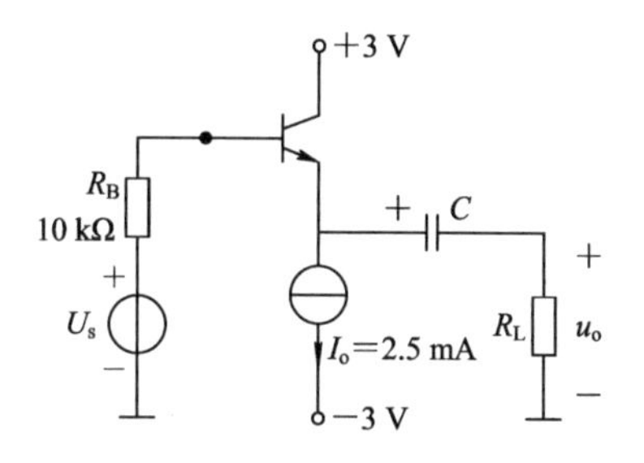

图 2-50 题 2.7 图

2.8 电路如图 2-51 所示。(1) 试分析它的静态工作点；(2) 求放大倍数、输入电阻、输出电阻。

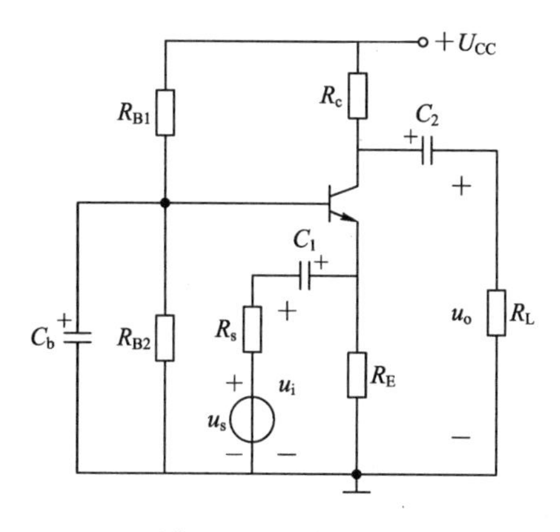

图 2-51 题 2.8 图

2.9 多级放大电路如图 2-52 所示。已知VT_1、VT_2管的$\beta_1=\beta_2=100$，$r_{be1}=r_{be2}=1.8\ k\Omega$。试求：(1) 放大电路的小信号等效电路；(2) A_u、R_u、R_o。

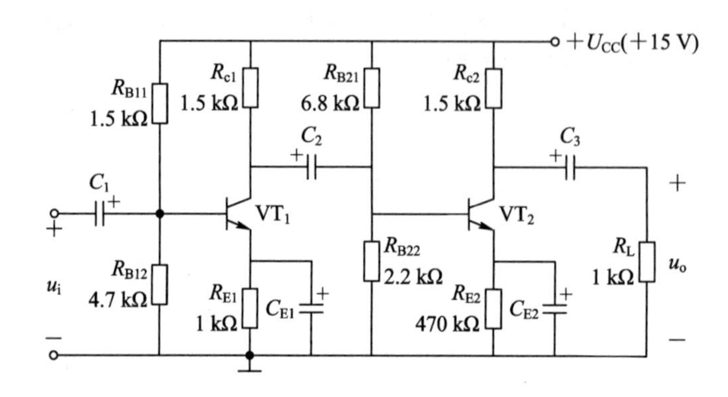

图 2-52 题 2.9 图

2.10 电路及其 VT 的输出特性如图 2-53 所示，分析u_i分别为 4 V、8 V、12 V 时场效应管分别工作在什么区域。

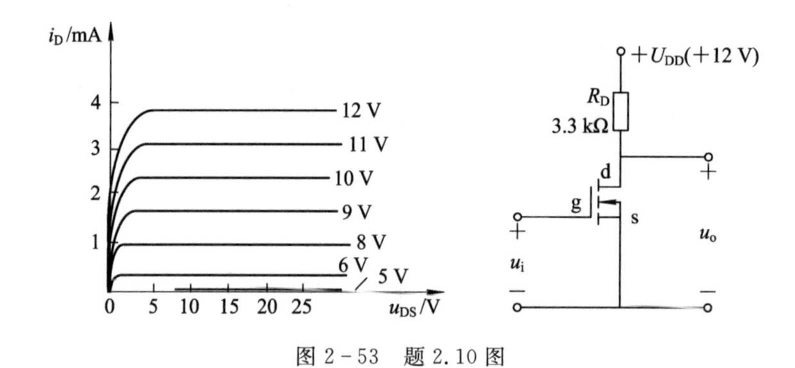

图 2-53 题 2.10 图

2.11 电路如图 2-54 所示。已知$U_{DD}=20\ V$，$R_D=5\ k\Omega$，$R_s=3\ k\Omega$，$R_L=5\ k\Omega$，$R_G=1\ M\Omega$，$R_{G1}=300\ k\Omega$，$R_{G2}=62\ k\Omega$，$g_m=5\ mA/V$。求静态工作点及电压放大倍数$\dot{A}_u$、输入电阻R_i和输出电阻R_o。

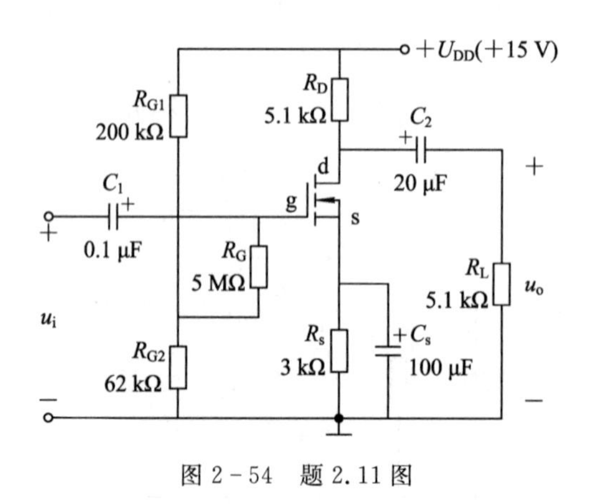

图 2-54 题 2.11 图

第 3 章　集成运算放大器及其应用

集成电路是一种集元件、电路和系统为一体的器件。集成电路按其功能分为数字集成电路和模拟集成电路两大类。集成运算放大器(即集成运放，或简称运放)是模拟集成电路中发展最早、通用性最强的器件，其内部实际是一个高放大倍数的直接耦合多级放大电路。本章首先介绍集成运放的结构特点和性能指标，然后介绍集成运放的理想模型，最后介绍集成运放的正确使用方法。

3.1　概　　述

3.1.1　集成运放的结构特点和分类

1. 结构特点

集成电路是 20 世纪 60 年代初发展起来的一种新型器件。它采用半导体集成工艺把整个电路中的各个元器件以及器件之间的连线同时制作在一块半导体芯片上，再将芯片封装并引出相应端子，做成具有特定功能的集成电子元件。与分立元件电路相比，集成电路实现了器件、连线和系统的一体化，外接线少，具有可靠性高、性能优良、重量较轻、造价低廉、使用方便等优点。

实际上，集成运放是一种高电压增益、高输入电阻和低输出电阻的直接耦合多级放大电路。它具有两个输入端、一个输出端，大多数型号的集成运放为两组电源供电。其内部电路由四部分组成，即输入级、中间级、输出级和偏置电路，如图 3－1 所示。

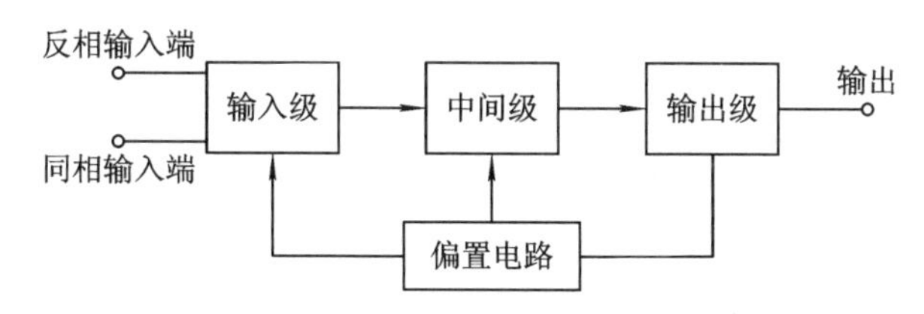

图 3－1　集成运放内部电路结构框图

(1) 输入级。输入级是提高运算放大器质量的关键部分，要求其输入电阻高。为了减小零点漂移和抑制共模干扰信号，输入级都采用具有恒流源效果的差动放大电路，故也称其为差动输入级。

(2) 中间级。中间级的主要作用是提供足够大的电压放大倍数，故也称其为电压放大级。要求中间级本身具有较高的电压增益，为了减小前级的影响，还应具有较高的输入电阻。另外，中间级还应向输出级提供较大的驱动电流，并能根据需要实现单端输入双端差动输出，或双端差动输入单端输出。

(3) 输出级。输出级的主要作用是输出足够的电流，以满足负载的需要，同时还需要有较低的输出电阻和较高的输入电阻，以起到将放大级和负载隔离的作用。输出级一般由射极输出器组成，以降低输出电阻，提高带负载能力。

(4) 偏置电路。偏置电路的作用是为各级电路提供合适的工作电流，一般由各种恒流源电路组成。此外还有一些辅助环节，如电平移动电路、过载保护电路以及高频补偿环节等。

通用型集成运算放大器 μA741 电路原理图如图 3-2 所示。集成电路级与级之间大多采用的是直接相连的耦合方式，这种方式使得放大电路前后级之间的工作点互相联系、互相影响。直接耦合多级放大电路必然会产生零点漂移的问题。所谓零点漂移，是指当放大电路没有输入信号时，由于电源波动、温度变化等因素，使放大电路的工作点发生变化，这个变化量会被直接耦合放大电路逐级加以放大并传送到输出端，使输出电压偏离原来的起始点而上下波动，导致“零入不零出”。放大器的级数越多，放大倍数越大，零点漂移的现象就越严重。

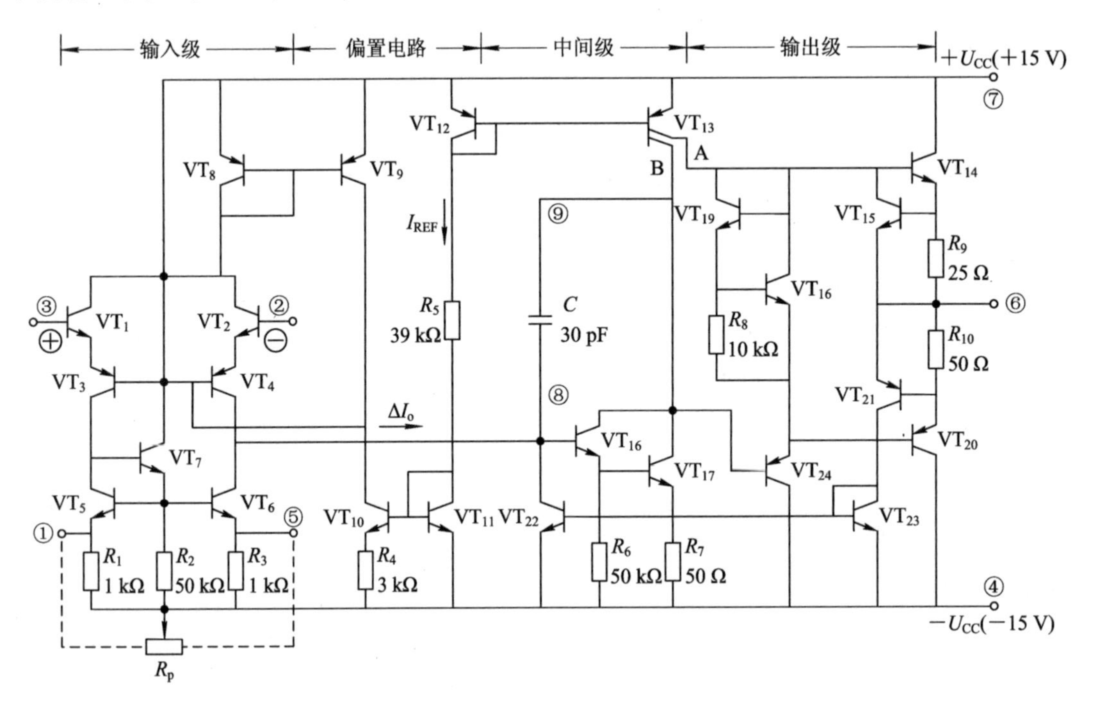

图 3-2 通用型集成运算放大器 μA741 电路原理图

集成运放是一个多端元件。由图 3-2 可见，μA741 有 7 个端点需要与外电路相连，通过 7 个端子引出。各端子的用途如下：

2 脚为反相输入端。由此端接输入信号，则输出信号与输入信号是反相的。

3 脚为同相输入端。由此端接输入信号，则输出信号与输入信号是同相的。

4 脚为负电源端。接−3～−18 V 电源。

7 脚为正电源端。接+3～+18 V 电源。

1 脚和 5 脚为外接调零电位器(通常为 10 kΩ)的两个端子。

8 脚为空脚。

在实际应用中，集成运放主要采用圆壳式和双列直插式两种封装形式，如图 3-3 所示。在应用时，只需要知道它的几个端子的用途以及放大器的主要参数，不一定需要详细了解它

的内部电路结构。

不同类型集成运放的端子排列规律是相同的，如图 3-3 所示。但各端子的功能不同，使用时可查阅产品手册。画电路图时，集成运放的电路符号如图 3-4 所示。图中，“▷”表示信号的传输方向。“∞”表示理想条件下的放大倍数，有两个输入端：“－”表示反相输入端，电压用“u_-”表示；“＋”表示同相输入端，电压用“u_+”表示。输出端的“＋”表示输出电压为正极性，输出端电压用“u_o”表示。通常只画出输入端和输出端，其余各端可不画出。

(a) 金属圆壳封装

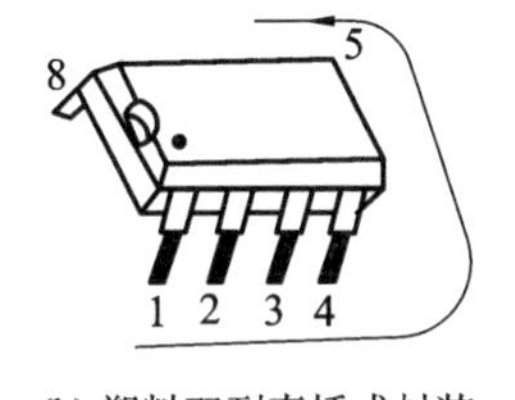

(b) 塑料双列直插式封装

图 3-3　集成运放的封装形式

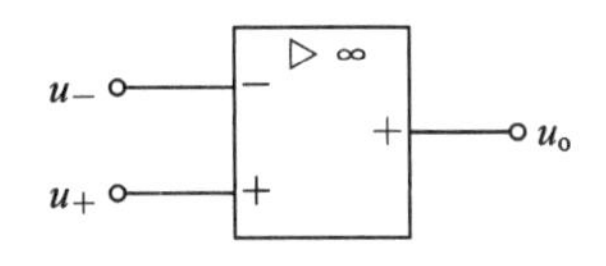

图 3-4　集成运放的电路符号

2. 集成运放的分类

集成运放种类很多，一般按照以下四种方法分类：

(1) 按其用途分类。集成运算放大器按其用途可分为通用型集成运算放大器和专用型集成运算放大器。

(2) 按其供电电源分类。集成运算放大器按其供电电源分类可分为双电源供电集成运算放大器和单电源供电集成运算放大器。单电源供电集成运算放大器采用特殊设计，在单电源下能实现零输入、零输出；交流放大时，失真较小。

(3) 按其制作工艺分类。集成运算放大器按其制作工艺可分为双极型集成运算放大器、单极型集成运算放大器和双极-单极兼容型集成运算放大器。

(4) 按运放级数分类。按单片封装中的运放级数分类，集成运放可分为单运放、双运放、三运放和四运放。

3.1.2　集成运放的主要性能指标

为了正确使用集成运算放大器，必须了解其参数。在集成运算放大器的手册上给出的参数多达几十种。集成运算放大器的特性参数是评价其性能优劣的依据。下面从极限参数和电气参数两个方面介绍常用的参数。

1. 极限参数

(1) 供电电压范围($+U_{CC}$、$-U_{EE}$或$+U_S$、$-U_S$)：加到运放上的最大和最小允许安全工作电源电压称为运放的供电电压范围。

(2) 功耗 P_D：运放在规定的温度范围工作时，可以安全耗散的功率称为功耗。

(3) 工作温度范围：能保证运放在额定的参数范围内工作的温度称为工作温度范围。

(4) 最大差模输入电压 U_{idmax}：能安全加在运放的两输入端之间的最大差模电压称为最大差模输入电压。

(5) 最大共模输入电压 U_{icmax}：能安全加在运放的两个输入端的短接点与地线之间的最大电压称为最大共模输入电压。

2. 电气参数

(1) 输入失调电压 U_{IO}：实际运放当输入电压 U_I 为零时，输出电压 U_O 并不等于零，为了使输出电压也为零，需在集成运放两输入端额外附加补偿电压，该补偿电压称为输入失调电压 U_{IO}。它反映了运放内部输入级不对称的程度。U_{IO} 越小越好，一般约为±(1～10) mV。

(2) 输入失调电流 I_{IO}：I_{IO} 反映了差放对管的输入电流参数的不对称程度，表示当集成运放输出电压为零时，流入两输入端的静态基极电流之差，即

$$I_{IO} = |I_{B+} - I_{B-}| \tag{3-1}$$

I_{IO} 越小越好，一般约为 1～100 nA。

(3) 输入偏置电流 I_{IB}：它是输入级差放对管基极偏置电流的平均值。一般来说，集成运放的两个输入端必须有一定的直流电流 I_{B+} 和 I_{B-}，通常定义输入偏置电流为

$$I_{IB} = \frac{1}{2}|I_{B+} + I_{B-}| \tag{3-2}$$

I_{IB} 一般为 10～1000 nA。CMOS 运放的 I_{IB} 为几皮安至几百皮安。信号源内阻不同时，I_{IB} 越大，对差分放大级静态工作点的影响越大。

(4) 零点漂移：零点漂移是直接耦合放大电路的一个主要问题。它是指当放大电路输入信号为零时，由于受温度变化、电源电压不稳等因素的影响，静态工作点发生变化，并被逐级放大和传输，导致电路输出端电压偏离原固定值而上下波动的现象。当零点漂移严重时，有可能使输入的微弱信号湮没在漂移之中，无法分辨，从而达不到预期的传输效果。显然，放大电路级数越多，放大倍数越大，输出端的漂移现象越严重，因此，提高放大倍数、降低零点漂移是直接耦合放大电路需要解决的主要问题。导致零点漂移的因素很多，但是实践证明，温度变化是产生零点漂移的最主要因素，因此零点漂移又称为温漂。实际上，U_{IO} 和 I_{IO} 都是随温度变化的，因此需要研究其温度系数。

输入失调电压温漂 dU_{IO}/dT：dU_{IO}/dT 是 U_{IO} 的温度系数，是衡量集成运放温漂的重要指标。dU_{IO}/dT 越小，表明运放温漂越小。一般 dU_{IO}/dT 约为±(10～20) μV/℃，低漂移运放小于2 μV/℃。

输入失调电流温漂 dI_{IO}/dT：与 dU_{IO}/dT 类似，dI_{IO}/dT 是 I_{IO} 的温度系数，高质量的运放，其 dI_{IO}/dT 约为几皮安每摄氏度。

(5) 开环差模电压放大倍数 A_{ud}：集成运放工作在线性区、接入为规定的负载、无反馈情况下的差模电压放大倍数。A_{ud} 是影响运算精度的重要因素，其值越大，集成运放的运算精度越高，性能越稳定。A_{ud} 常用分贝(dB)表示，即

$$A_{ud}(\mathrm{dB}) = 20\lg A_{ud} \tag{3-3}$$

高增益集成运放的 A_{ud} 有时可超过 10^7(140 dB)。

(6) 开环共模电压放大倍数 A_{uc}：当集成运放在开环状态下，两输入端加相同信号(称为共模)时，输出电压与该输入信号电压的比值定义为开环共模电压放大倍数。由于共模信号一般为电路中的无用信号或有害信号，应该加以抑制。因此，共模电压放大倍数越小越好。

(7) 差模输入电阻 r_{id}：集成运放开环时，差模输入信号电压的变化量与它所引起的输入电流的变化量之比，即从输入端看进去的动态电阻。r_{id} 越大越好，一般在几百千欧到几兆欧。

(8) 差模输出电阻 r_o：运放在开环情况下，输出电压与输出电流之比。r_o 越小性能越好，

一般在几百欧左右。

(9) 最大输出电压 U_{PP}：在额定电源电压(±15 V)和额定输出电流时，运放的最大不失真输出电压，其峰值可达±13 V。

(10) 共模抑制比 K_{CMR}：差模电压放大倍数和共模电压放大倍数之比，K_{CMR} 越大越好，一般在 80 dB 以上。

集成运放的性能指标比较多，具体使用时要查阅有关的产品说明书或手册。由于结构及制造工艺上的许多特点，集成运放的性能非常优异。通常在电路分析时把集成运放作为一个理想化器件来处理，这样可使集成运放的电路分析大为简化。

3.2 直接耦合放大器

集成运放是一种通用性很强的电子器件，不但可对模拟信号(其大小随时间连续变化)进行比例、加减、积分、微分等数值运算，而且在自动控制系统、测量技术、信号变换等方面运用极广。

集成运放是一种高放大倍数(通常大于 10^4)的直接耦合放大器。直接耦合放大器的级间用导线或电阻连接，而不采用耦合电容。这样不但可以放大交流信号，而且也可以放大频率很低或缓慢变化的信号。图 3-5 是一个直接耦合放大器。

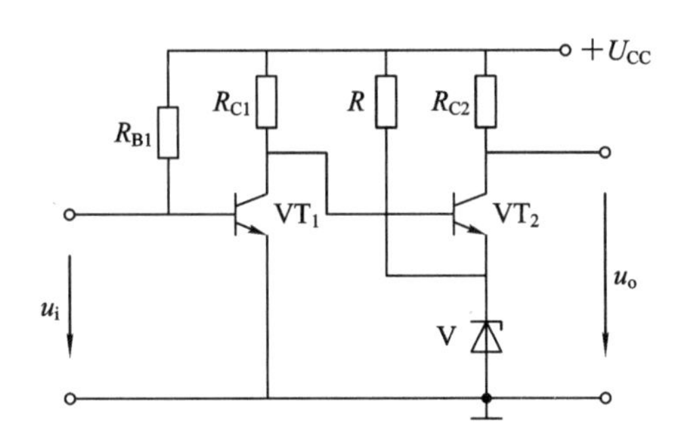

图 3-5 直接耦合放大器

与阻容耦合放大器相比较，直接耦合放大器存在着两个特殊的问题：

(1) 前后级静态工作点相互影响。在阻容耦合放大器中，由于电容的隔直作用，各级的静态工作点是相互独立的。而直接耦合放大器前级的输出端与后级的输入端直接相连，因此前后级的静态工作点就会互相影响、互相牵制，使电路设计和调试比较困难。图 3-5 中的电阻 R 和稳压管 V 是为了保证前级、后级均有合适的静态工作点而设置的。

(2) 零点漂移。一个理想的直接耦合放大器，当输入信号为零时，其输出电压应保持不变。但实际上，将直接耦合的多级放大器输入端短接后，测其输出电压时，它并不一定保持恒定，而是缓慢地、无规则地变化，会偏离原来的起始值，上下漂移，这种现象称为“零点漂移”(简称“零漂”)。

产生零漂的原因很多，如晶体管的参数(I_{CEO}、U_{BE}、β)随温度变化、电路元器件参数变化、电源电压波动等都会引起放大器静态工作点的缓慢变化，输出端的电压也会发生相应的波动。其中温度的影响最为严重，由它造成的零点漂移称为“温漂”。

在阻容耦合放大器中，虽然各级也存在着零点漂移，但因有级间耦合电容的隔离作用，使零点漂移只限于本级范围内。而在直接耦合放大器中，前级的漂移将传送到后级并被逐级放大，使放大器输出端产生很大的电压漂移，特别是在输出信号比较微弱时，零点漂移造成的虚假信号会掩盖掉有用信号，使放大器丧失作用。显然，在输出端的总漂移中，第一级的零点漂移产生的影响最大。

需要指出的是，放大器零点漂移是否严重，不能只看输出电压漂移了多少，还要看放大器的放大倍数。一般都是将输出的零漂值折算到输出端，用等效输入零漂电压来衡量漂移的大小。例如，某放大器输出零漂电压为 100 mV，电压放大倍数为 1000，则折算到输出端的等效输入零漂电压为零漂电压除以电压放大倍数，即 0.1 mV。为了不使有用信号被湮没，输入的有用信号必须比 0.1 mV 大很多。

3.3 差动放大电路

1. 差动放大电路的组成

差动放大电路也称为差分放大电路。典型的差动放大电路如图 3-6 所示。它是由两个特性相同的晶体管 VT_1 和 VT_2 组成的理想对称电路，对称位置上的电阻元件参数也相同。电路采用正、负两个电源供电，晶体管 VT_1 和 VT_2 的发射极经同一反馈电阻 R_E 接至负电源 $-U_{EE}$。由于典型的差动放大电路在结构上的对称性，因而它们的静态工作点也必然相同。整个电路有两个输入端（两管的基极）和两个输出端（两管的集电极）。静态时（$u_{i1}=u_{i2}=0$ V），两管的偏流由 $-U_{EE}$ 通过 R_E 供给，由于电路完全对称，两个晶体管集电极电位相等，所以输出电压 $u_o=0$ V。可见，当输入信号为零时，输出信号也为零。

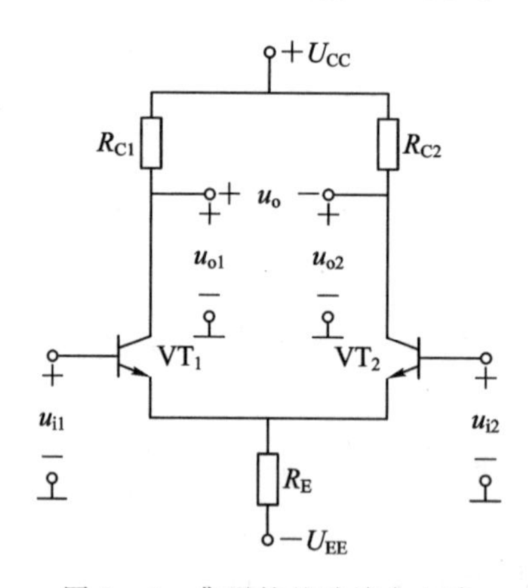

图 3-6 典型的差动放大电路

静态时，$u_{i1}=u_{i2}=0$ V，由于电路完全对称，计算一个管子的静态值即可，则

$$I_{C1}=I_{C2}=I_C\approx\frac{U_{CC}}{R_C},\ I_{B1}=I_{B2}=\frac{I_C}{\beta},\ U_{CE}\approx U_{CC}-R_C I_C$$

2. 差动放大电路的工作原理

1）差模信号

差动放大电路中两个晶体管的基极信号电压 u_{i1}、u_{i2} 的大小相等、相位相反，即 $u_{i1}=-u_{i2}$，这样的信号称为“差模信号”，用 u_{id} 表示，u_{id} 在数值上等于两输入信号的差值。这种输

入方式为“差模输入”，即

$$u_{id}=u_{i1}-u_{i2} \tag{3-4}$$

当在差动放大电路的两个输入端加载差模信号时，VT_1 和 VT_2 的集电极电位一增一减，呈现等值异相变化。由于两管电流的变化量大小相等，方向相反，故流过发射极电阻 R_E 中的电流变化量为零，即电阻 R_E 对差模信号不起作用，E 点相当于交流接地点。这时电路两边均相当于普通的单管放大器。当双端输入-双端输出时，整个差动放大电路的电压放大倍数为

$$A_D=\frac{u_o}{u_i}=\frac{u_{o1}-u_{o2}}{u_{i1}-u_{i2}}=\frac{2u_{o1}}{2u_{i1}}=A_{D1} \tag{3-5}$$

式中，A_{D1} 为单管放大器的差模电压放大倍数。这就是说，双端输入-双端输出时，差动放大器的电压放大倍数与单管放大器的电压放大倍数相同。

有些情况下，负载要求一端接地，输出电压需从一个管子的集电极与“地”之间取出，称为单端输出。由于输出电压只是一个管子的集电极电压的变化量，双端输入-单端输出时，整个放大器的电压放大倍数只有双端输出时的一半，即

$$A_D=\frac{u_{o1}}{u_i}=\frac{u_{o1}}{u_{i1}-u_{i2}}=\frac{u_{o1}}{2u_{i1}}=\frac{1}{2}A_{D1} \tag{3-6}$$

双端输入，无论双端输出还是单端输出，两输入端之间的差模输入电阻为 $r_{id}=2r_{be}$。

双端输入，双端输出，则两输出端之间的差模输出电阻为 $r_o=2R_C$。

双端输入，单端输出，则两输出端之间的差模输出电阻为 $r_o=R_C$。

以上分析说明，差动放大电路不论是双端输出还是单端输出，它对差模信号都有放大作用，即差动放大电路可以放大差模信号。

2）共模信号

当温度变化时，电源电压波动等引起的零点漂移折算到放大电路输入端的漂移电压，相当于在差模放大电路的两个输入端同时加了大小和极性完全相同的输入信号，即 $u_{i1}=u_{i2}$，将这种大小和极性完全相同的信号称为“共模信号”，用 u_{ic} 表示。这种输入方式为“共模输入”，即

$$u_{ic}=u_{i1}=u_{i2} \tag{3-7}$$

外界电磁干扰对放大电路的影响也相当于输入端加入了共模信号。在共模信号作用下，对于完全对称的差动放大电路来说，两管集电极电位的变化呈等值同向变化，若取两管集电极电位差为输出，则输出电压为零，因而差动放大器对共模信号没有放大能力，即放大倍数为零。

在共模信号作用下，由于 VT_1、VT_2 管集电极电流变化相同，集电极电位变化也相同，因此输出电压 $u_o=0$ V，说明双端输出的差动放大器对共模信号没有放大作用，双端输入-双端输出时，则整个差分放大电路的共模电压放大倍数为

$$A_C=\frac{u_o}{u_i}=0 \tag{3-8}$$

双端输入，无论双端输出还是单端输出，两输入端之间的共模输入电阻为 $r_{ic}=\frac{1}{2}[r_{be}+2(1+\beta)R_E]$；双端输入，双端输出，则两输出端之间的共模输出电阻为 $r_o=2R_C$；双端输入，单端输出，则两输出端之间的共模输出电阻为 $r_o=R_C$。

3）比较输入

差动放大电路的两个输入信号，既非共模，也非差模，它们的大小和相对极性是任意的，这种输入常作为比较放大来运用，在控制测量系统中是常见的。为了便于分析和处理，通常将比较信号分解为差模分量和共模分量。令 $u_{ic}=\frac{u_{i1}+u_{i2}}{2}$，$u_{id}=\frac{u_{i1}-u_{i2}}{2}$，则有

$$u_{i1}=u_{ic}+u_{id}\text{，}u_{i2}=u_{ic}-u_{id}$$

因此，任意信号可以分解成一对差模信号和一对共模信号的新型组合。例如，任意输入信号 $u_{i1}=-6$ mV，$u_{i2}=2$ mV，将该信号分解成差模信号和共模信号，可得 $u_{ic}=\frac{-6+2}{2}=-2$ mV，$u_{id}=\frac{-6-2}{2}=-4$ mV，则有 $u_{i1}=(-2-4)$ mV$=-6$ mV，$u_{i2}=(-2+4)$ mV$=2$ mV。

综上所述，无论差动放大器的输入是何种类型，都可以认为差动放大器是在差模信号和共模信号驱动下工作的。

3. 对零漂的抑制

在差动放大电路中，无论是温度变化还是电源电压波动都会引起两管电极电流及相应集电极电位的相同变化，其效果相当于在差动放大器的两个输入端加了共模信号。在完全对称时，理论上对共模信号没有放大作用。但实际上，完全对称的理想情况并不存在，所以单靠提高电路的对称性来抑制零点漂移效果是很有限的。另外，上述差动放大电路的每个管子的集电极电位漂移并未受到抑制，如果采用单端输出(输出电压从一个管子的集电极与“地”之间取出)，漂移根本无法抑制，这就需要用到电路中的射极电阻 R_E。在前面章节中，曾讨论过稳定静态工作点的电路，其中的射极电阻 R_E起直流负反馈作用，实际上它就是为抑制温度、电源电压等变化对静态工作点的影响而设置的。同理，差动放大电路中的 R_E对共模信号同样具有负反馈作用。例如，输入某一共模信号(或温度变化)使两管的电流 I_{C1}、I_{C2}同时增大时，R_E上的电压也增大，迫使两管的 U_{BE}减小，从而限制了 I_{C1}、I_{C2}的增大。可见，单端输出时的零点漂移也由于 R_E对共模信号有很强的负反馈作用而大为减小，因此 R_E也被称为共模抑制电阻。R_E虽然降低了每个管子的零点漂移，但对于差模信号无负反馈作用，故不影响差模放大倍数。

R_E能区别对待差模信号和共模信号，R_E值越大，抑制共模信号的效果越好。但是随着 R_E值的增大，R_E上的直流电压也相应加大。在保持一定 I_{C1}，并使 E 点电位接近地电位的条件下，势必要增大负电源电压值。例如，差动放大电路每个管的 $I_E=1$ mA，当 $R_E=10$ kΩ 时，$-U_{EE}=-20$ V；而当 $R_E=50$ kΩ 时，则需 $-U_{EE}=-100$ V。这么高的电源电压显然是不适合的。为了在较低的 $-U_{EE}$下得到和高 R_E值相同的效果，电阻 R_E可用晶体管恒流源电路代替，如图 3-7(a)所示，图 3-7(b)为其简化图。因为恒流源内阻很高，可以得到较好的抑制效果，同时利用恒流源的恒流特性还可以给晶体管提供更稳定的静态偏置电流。

在图 3-7(a)中，电路中的 VT_3 管作为恒流源，采用 R_{B1}、R_{B2}和 R_E构成分压式偏置电路，VT_3 管的基极电位由 R_{B1}、R_{B2}分压后得到，基本上不受温度变化的影响。当温度变化时，VT_3 管的发射极电位和发射极电流基本保持稳定，而两个放大管的集电极电流 i_{C1}和 i_{C2}之和近似等于 i_{C3}，所以 i_{C1}和 i_{C2}不会因温度的变化而同时增大和减小。可见，恒流源式差动放大

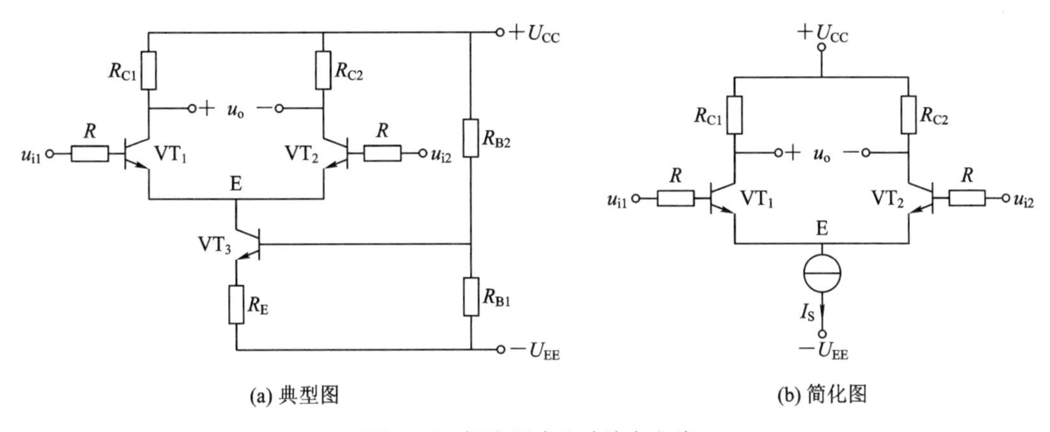

图 3 - 7　恒流源式差动放大电路

器更加有效地抑制了共模信号。由晶体管的曲线可知，VT_3 管的动态电阻 r_{ce}很高，可达数万欧姆到几兆欧姆，因此当流过它的电流有微小增量时，E 点电位就会发生较大的变化，从而产生很强的抑制共模信号及温漂的作用。由于 VT_3 管的静态电阻很小，即使 I_{C3}较大，U_{CE3}也不会很高，这就使$-U_{EE}$的数值不需要太大。

差动放大器既能有效地放大差模信号，又能强烈地抑制共模信号，用来衡量这一性能的参数是共模抑制比 K_{CMR}，其定义为

$$K_{CMR}=\left|\frac{\text{差模电压放大倍数}}{\text{共模电压放大倍数}}\right|=\left|\frac{A_D}{A_C}\right| \tag{3-9}$$

可以把它看成是输出有用信号与干扰成分的对比。其值越大，说明差动放大电路放大差模信号的能力越强，而受共模干扰的影响越小。在实际中，K_{CMR}常用分贝(dB)来表示，即

$$K_{CMR}=20\lg\left|\frac{A_D}{A_C}\right| \tag{3-10}$$

大多数集成运放的 K_{CMR}在 80 dB 以上。表 3 - 1 列出了 K_{CMR}的某些换算值。

在理想情况下，差动放大器的 A_C为零，K_{CMR}为∞。但实际上要做到电路两边完全对称是不可能的。为了解决对称问题，通常可在 VT_1、VT_2 管集电极或发射极之间接入一个调零电位器 R_P，如图 3 - 8 所示。当输入电压为零(将两输入端接地)时，调节 R_P可以改变两输出端的初始直流电位而使双端输出电压为零。

表 3 - 1　K_{CMR}对照换算表

$\lvert A_D/A_C \rvert$	K_{CMR}/dB
10^1	20
10^2	40
10^3	60
10^4	80
10^5	100

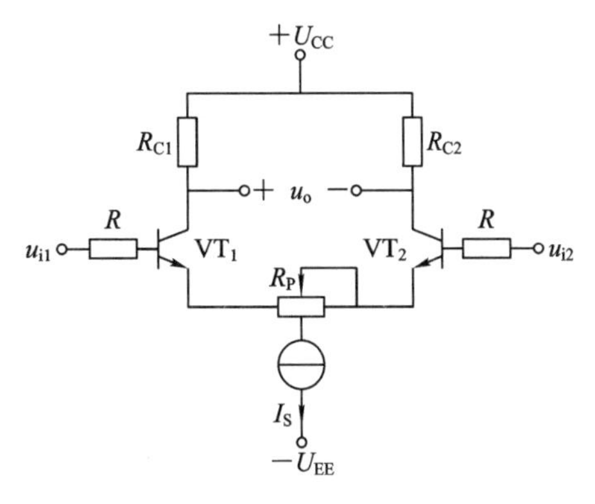

图 3 - 8　差动放大电路的调零电路

3.4 集成运放的理想模型

理想集成运放的概念与特点

3.4.1 理想集成运放的电压传输特性

集成运放的代表符号如图 3-9 所示，图 3-9(a)是国家标准规定的符号，图 3-9(b)为国内外常用符号。两种符号中的“▷”表示信号从输入端向输出端的传输方向。A_u为电压放大倍数，运放有两个输入端和一个输出端，图中用“－”号表示“反相输入端”，当信号从反向输入端输入时，输出电压 u_o与 u_-反相；图中用“＋”号表示“同相输入端”，当信号从同向输入端输入时，输出电压 u_o与 u_+同相。

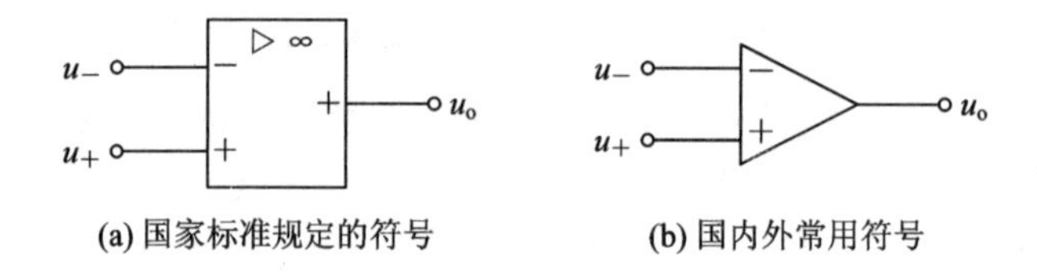

(a) 国家标准规定的符号　(b) 国内外常用符号

图 3-9　集成运放的代表符号

电压传输特性是指集成运放输出电压 u_o与其输入电压 u_{id}($u_{id}=u_+-u_-$)之间的关系曲线，如图 3-10 所示，即 $u_o=f(u_{id})$。

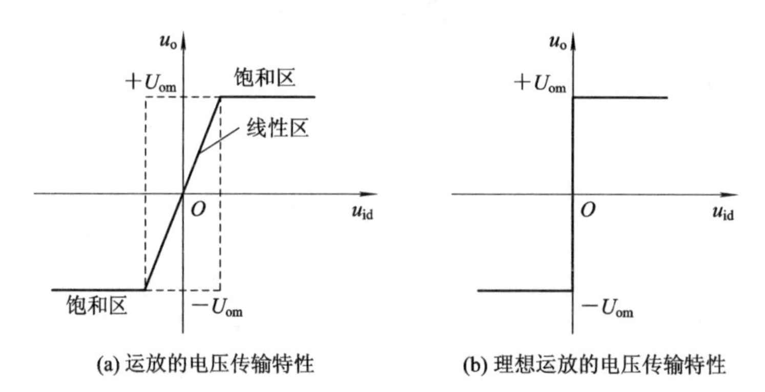

(a) 运放的电压传输特性　(b) 理想运放的电压传输特性

图 3-10　集成运放的电压传输特性

由于集成运放的开环差模电压放大倍数 A_{ud}非常高，所以它的线性区非常窄。在图 3-10(a)中，u_o 在 u_{id}很小的范围内为线性区。当 $|u_{id}|>\frac{|U_{om}|}{A_{ud}}$时，输出信号 u_o不再跟随 u_i线性变化，进入饱和工作区，输出电压 u_o不是$+U_{om}$就是$-U_{om}$，其饱和值$\pm U_{om}$接近正、负电源电压值。

3.4.2 理想集成运放的性能指标

在实际应用中，可以把集成运放看成一个理想器件，不会引起太大的误差(尤其在深度负反馈状态下)。将各项技术指标理想化并具有以下特性的集成运放称为理想集成运放。

(1) 当输入为零时，输出恒为零。

(2) 开环差模电压放大倍数 $A_{ud}=\infty$。

(3) 差模输入电阻 $r_{id}=\infty$。

(4) 差模输出电阻 $r_o=0$。

(5) 共模抑制比 $K_{CMR}=\infty$。

(6) 失调电压、失调电流及温漂为 0。

3.4.3　理想集成运放工作在线性区的特点

集成运放应用广泛，其工作区域不是线性区，就是非线性区。在分析集成运放的应用电路时，用理想集成运放代替实际集成运放所带来的误差很小，在工程计算中是允许的。

在应用电路中，理想集成运放都有两个输入端，即同相输入端“+”和反相输入端“−”，有一个输出端，在线性工作状态下，输出电压为

$$u_o = A_{ud}(u_+ - u_-) \tag{3-11}$$

当对集成运放施加负反馈，使其闭环工作时，它就会工作在传输特性曲线中的线性区，如图 3-10(a)所示。此时输出电压 u_o为有限值(受正负电源电压限制)，而集成运放的 A_{ud}很大($10^3\sim10^4$以上)，所以净输入电压 u_{id}只为几毫伏，甚至更小，在理想条件下可认为 u_{id}接近于零；同时，r_{id}为无穷大，也就是说净输入电流 i_+ 和 i_- 也接近于零。通常，理想集成运放在线性区工作时存在虚短和虚断这两个特点。

1. 虚短

当集成运放工作在线性区时，它的输出信号与输入信号应满足 $u_o=A_{ud}(u_+-u_-)$，由于 u_o是有限的，而 A_{ud}为无穷大，所以有 $u_+-u_-=0$，即

$$u_+ = u_- \tag{3-12}$$

这说明在线性工作区时，理想集成运放的两输入端电位相等，相当于同相输入端与反相输入端短路，但不是真短路，故被称为“虚短”。

2. 虚断

由于理想集成运放的差模输入电阻 r_{id}为无穷大，所以运放的输入电流为零，即

$$i_+ = i_- = 0 \tag{3-13}$$

这相当于使两端的输入端对地开路，这种现象被称为“虚断”。

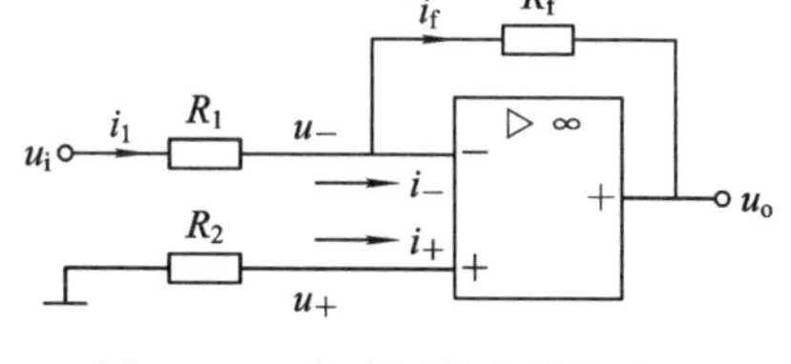

图 3-11　集成运放中的虚地

另外，在分析电路时经常会碰到虚地的概念，如图 3-11所示。因 $i_+=i_-=0$，所以 $u_+=0$；又因 $u_+=u_-$，所以 u_-点虽不接地，却如同接地一样，故称其为“虚地”。虚地是集成运放采用反方向输入方式时所特有的特征。

3.4.4　理想集成运放工作在非线性区的特点

1. 理想集成运放的输出电压 u_o的特点

当集成运放的输入信号过大、开环工作或加正反馈时，由于 $u_{id}\neq0$ 且理想集成运放的电压增益为无穷大，因此输出电压就会趋向最大电压值。考虑到集成运放输出管内部饱和压降的影响，输出电压受到限制，只能达到电源电压的 90%左右，称这样的输出电压为正、负饱和输出电压，即输出为正向饱和电压 $+U_{om}$或负向饱和电压 $-U_{om}$。其电压传输特性如图 3-10(b)所示。在非线性区内，虚短现象不存在。

2. 理想集成运放的输入电流特点

因为 $r_{id}=\infty$ ，所以 $i_+=i_-=0$，即虚短现象仍然存在。另外，集成运放工作在非线性区时 $u_+\neq u_-$，其净输入电压 u_+-u_- 的大小取决于电路的实际输入电压及外接电路的参数。

总之，在分析集成运放的应用电路时，一般将它看成理想集成运放，首先判断集成运放的工作区域，然后根据不同区域的不同特点分析电路输出与输入的关系。

3.4.5 集成运放的正确使用

1. 调零与消除自励振荡

1）集成运放的选用

选择集成运放，应从电路的主要功能指标和各类集成运放的不同特点两方面来综合考虑。在满足主要功能指标的前提下，兼顾其他指标，并尽可能采用通用型集成运放，以降低成本。

2）集成运放的调零

由于失调电压和失调电流的存在，当集成运放输入为零时，输出却不为零。为了补偿输入失调造成的不良影响，使用集成运放时大多要采用调零措施。集成运放通常都有规定的调零端子、调零电位器的阻值及连接方法，其调零电路如图 3－12 所示。在集成运放良好的情况下，只要调零电路及施加的电压没有问题，一般调好零点都不难。

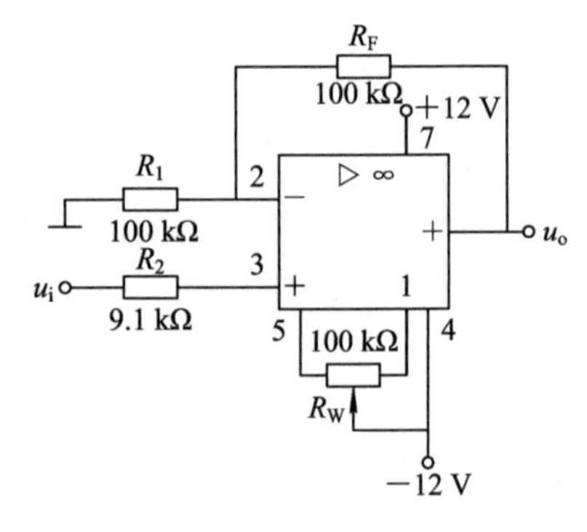

图 3－12 集成运放的调零电路

3）自励振荡的消除（消振）

集成运放内部是多级直接耦合放大电路，而集成运放电路又引入深度负反馈，在高频区将产生附加相移，可能从负反馈变成正反馈，容易产生自励振荡，使工作不稳定。目前大多数集成运放内部已经设置了消除自励的补偿网络，如 μA741、LM6324 等。但还有一些集成运放，如一些早期的中增益集成运放、宽带集成运放等，还需要外接消振的补偿网络进行消振。一般在集成运放规定的端子接 RC 补偿网络，产品说明书中一般都附有典型应用电路，使用时的参数可以参考典型电路的参数。

2. 集成运放的安全保护

集成运放会由于电压极性接反、输入电压过大、输出端过载、碰到外部高压造成电流过大等而损坏，因此必须在电路中增加保护措施。

1）电源端保护

为了防止电源极性接反，引起器件损坏，可利用二极管的单向导电性，在电源中串接二极管，以实现对集成运放电源端的保护，如图 3－13 所示。

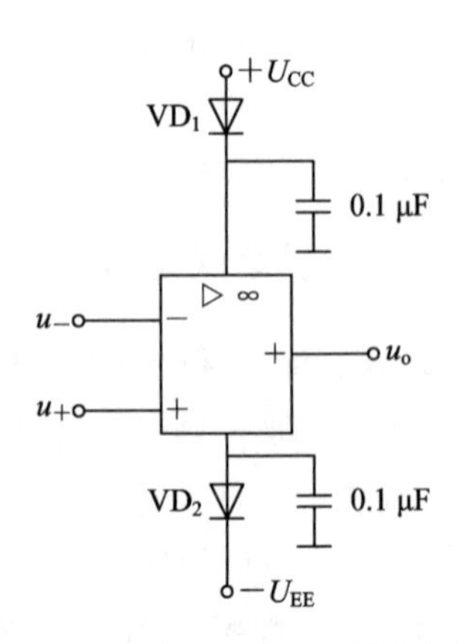

图 3－13 集成运放电源端的保护

2）输入端保护

当集成运放的差模或共模输入电压过高时，会引起运放输入级的晶体管击穿而损坏。另外，输入电压过高，可

能使输出电压增至接近电源电压，产生堵塞现象，这时集成运放不能调零，信号加不进去，但集成运放并未损坏，只要切断电源再重新通电，即可恢复正常。但当堵塞严重时，也会损坏器件。为此，在输入端可加限幅保护，图 3-14(a)所示的是反相输入电路为防止差模信号过高而设置限幅保护电路，由电路可知，输入电压的幅度被钳制在二极管的正向导通压降内；图 3-14(b)所示的是同相输入电路为防止共模信号过高而设置的限幅保护，使输入电压被限制在稳压管的稳定电压内。

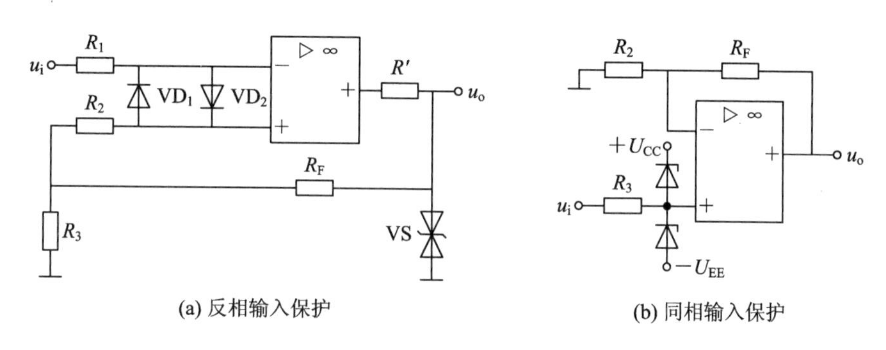

(a) 反相输入保护　　(b) 同相输入保护

图 3-14　集成运放电源端的保护

3）输出保护

为了防止集成运放的输出电压过高，可用两只稳压管反向串联在反馈电阻之后或并联在反馈电阻 R_F 两端，如图 3-15 所示。当输出电压 u_o 小于稳压管稳定电压 U_Z 时，稳压管不导通，保护电路不工作；当 u_o 大于 U_Z 时，稳压管工作，将输出端的最大电压幅度限制为 $\pm(U_Z+0.7\ V)$。

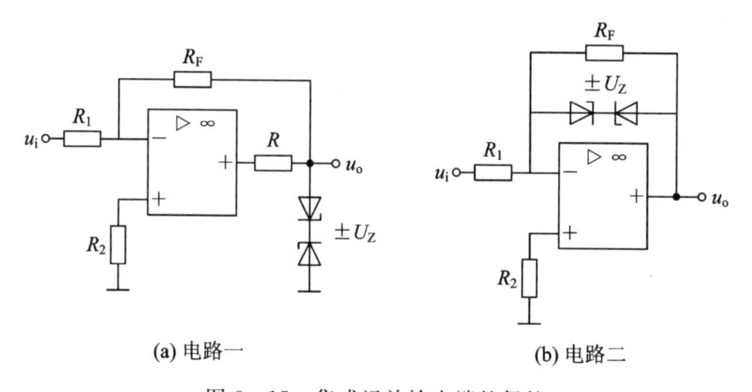

(a) 电路一　　(b) 电路二

图 3-15　集成运放输出端的保护

3.5　负反馈放大电路

3.5.1　概述

通过前面的学习可以知道，如果没有反馈，放大电路的性能就不够完善，很多情况下不能满足实际应用的要求。例如，前面介绍的静态工作点稳定电路就应用了负反馈技术。负反馈不仅能够稳定静态工作点，还能稳定放大倍数、改善放大电路的其他性能。下面从反馈的概念入手，详细介绍反馈的类型及其判别方法。

3.5.2 反馈的概念

所谓反馈，是指系统的输出量通过一定的途径又回送到输入端，对输入量产生影响的物理过程。放大电路中的反馈，就是将放大电路输出量(电压或电流)的一部分或全部通过一定的电路形式(反馈网络)回送到放大电路输入端，用来影响放大电路输入量的措施。

根据反馈的概念可以看出，反馈放大电路有两个很重要的功能模块：基本放大电路和反馈网络。基本放大电路的主要功能是放大信号；反馈网络的主要功能是建立输出到输入之间的通道，一般由线性元件构成，用以传输反馈信号。由此可以画出反馈放大电路的组成框图，如图 3-16 所示。

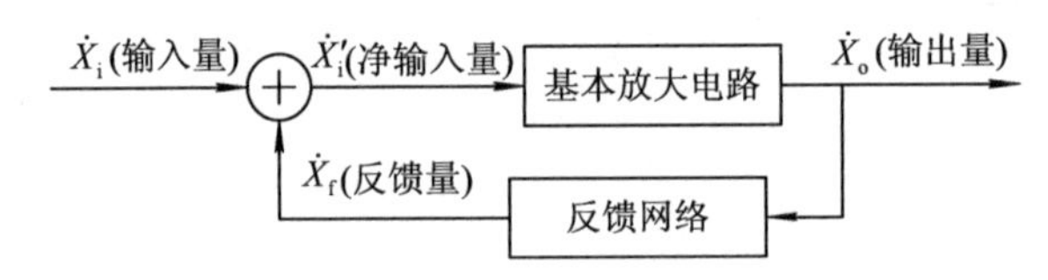

图 3-16　反馈放大电路的组成框图

判断一个放大电路有无反馈，关键是看在放大电路的输入回路与输出回路之间是否有连接的通路，即在放大电路中是否有反馈的路径存在，并且是否因此影响了放大电路的净输入量。若有反馈的路径存在，并且影响了净输入量，则表明电路引入了反馈，否则，电路中便没有反馈。

【例 3-1】 判断图 3-17 所示电路中是否存在反馈。

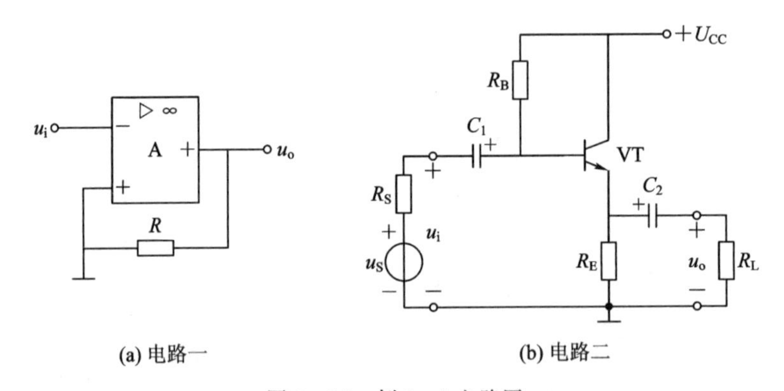

图 3-17　例 3-1 电路图

解　在图 3-17(a)所示的电路中，虽然电阻 R 跨接在集成运放的输出端与同相输入端之间，但由于同相输入端接地，所以 R 的存在不会使 u_o作用于输入回路，只不过充当了集成运放的负载，可见电路中没有引入反馈。

在图 3-17(b)所示的电路中，R_E为输入回路与输出回路所共同拥有，是反馈元件。R_E的存在使净输入信号 U_{BE}减小($U_{BE}=U_B-U_E$)，因此该电路存在负反馈。

若输入量用$\dot{X}_i$、输出量用$\dot{X}_o$、反馈量用$\dot{X}_f$ 分别表示，则净输入量 $\dot{X}_i'$ 为

$$\dot{X}_i' = \dot{X}_i - \dot{X}_f \tag{3-14}$$

把以 $\dot{X}_i'$ 为输入、$\dot{X}_o$ 为输出的电路部分称为基本放大电路，也称为开环放大电路。该基

本放大电路的放大倍数(也称为开环增益)用 $\dot{A}$ 表示，$\dot{A}$ 为

$$\dot{A}=\frac{\dot{X}_o}{\dot{X}_i'} \tag{3-15}$$

该电路的反馈系数 $\dot{F}$ 为

$$\dot{F}=\frac{\dot{X}_f}{\dot{X}_o} \tag{3-16}$$

以 $\dot{X}_i$ 为输入、$\dot{X}_o$ 为输出，即包含反馈网络的反馈放大电路称为闭环放大电路，其放大倍数(也称为闭环增益)用 $\dot{A}_f$ 表示，$\dot{A}_f$ 为

$$\dot{A}_f=\frac{\dot{X}_o}{\dot{X}_i} \tag{3-17}$$

由式(3-15)、式(3-16)得到 $\dot{X}_o=\dot{A}\dot{X}_i'$、$\dot{X}_f=\dot{F}\dot{X}_o$，代入式(3-13)，可得 $\dot{X}_i'=\dot{X}_i-\dot{X}_f=\dot{X}_i-\dot{F}\dot{X}_o=\dot{X}_i-\dot{F}\dot{A}\dot{X}_i'$，即

$$\dot{X}_i'=\frac{\dot{X}_i}{1+\dot{F}\dot{A}} \tag{3-18}$$

所以

$$\dot{A}_f=\frac{\dot{X}_o}{\dot{X}_i}=\frac{\dot{A}\dot{X}'}{(1+\dot{F}\dot{A})\dot{X}'}=\frac{\dot{A}}{1+\dot{F}\dot{A}}$$

即

$$\dot{A}_f=\frac{\dot{A}}{1+\dot{F}\dot{A}} \tag{3-19}$$

式(3-19)称为放大电路的基本关系式，其物理意义是负反馈放大电路的放大倍数 $\dot{A}_f$ 是基本放大电路放大倍数 $\dot{A}$ 的 $\frac{1}{1+\dot{F}\dot{A}}$ 倍。那么负反馈放大电路的放大倍数 $\dot{A}_f$ 下降的原因是什么？由式(3-18)可知，净输入信号 $\dot{X}_i'$ 是输入信号 $\dot{X}_i$ 的 $\frac{1}{1+\dot{F}\dot{A}}$ 倍，于是可以得出结论：负反馈放大电路的放大倍数 $\dot{A}_f$ 是基本放大电路放大倍数 $\dot{A}$ 的 $\frac{1}{1+\dot{F}\dot{A}}$ 倍。原因是放大电路引入负反馈后，净输入信号 $\dot{X}'$ 变成了输入信号 $\dot{X}_i$ 的 $\frac{1}{1+\dot{F}\dot{A}}$ 倍。其中，$1+\dot{F}\dot{A}$ 是反映反馈程度的物理量，称为反馈深度。在一个负反馈放大电路中，当 $\dot{F}\dot{A}\gg 1$ 时，称电路引入了深度负反馈。在中频区，式(3-19)可近似认为

$$\dot{A}_f=\frac{\dot{A}}{1+\dot{F}\dot{A}}\approx\frac{1}{\dot{F}} \tag{3-20}$$

式(3-20)表明，在放大电路发生深度负反馈的情况下，闭环放大倍数 $\dot{A}_f$ 只取决于反馈系数 $\dot{F}$，而与开环放大倍数 $\dot{A}$ 几乎无关。由于反馈网络一般为无源网络，受环境温度的影响

极小，因而放大倍数有很高的稳定性。

3.5.3 反馈的类型及判别

在实际设计放大电路时，可以根据不同的需要和目的引入各种不同类型的反馈。反馈有以下四种不同的分类。

1. 正反馈和负反馈

按照反馈的极性，反馈可分为正反馈和负反馈。反馈信号与输入信号同相位，两者合成的结果使原输入信号增强的反馈称为正反馈。正反馈主要用于振荡电路中。反之，反馈信号与输入信号的相位相反，合成的结果削弱了原输入信号的反馈称为负反馈。负反馈主要用来改善放大电路的性能。

判别反馈极性常用的方法是瞬时极性法。其步骤是：① 假定输入信号在某一瞬时的对地极性(一般假定为正，用符号⊕表示)，接着根据电流流向逐级判断，并用⊕、⊖标出放大电路中各相关点电位的瞬时极性，从而得到输出信号的极性，注意这种标示要符合放大电路的基本原理。② 根据输出信号的极性并结合反馈网络，判断出反馈信号的极性。③ 用反馈信号与原输入信号进行比较，若反馈信号使基本放大电路的净输入信号增强，则说明电路引入了正反馈；若反馈信号使基本放大电路的净输入信号削弱，则说明电路引入了负反馈。

【例 3-2】 判断图 3-18 所示电路引入的是正反馈还是负反馈。

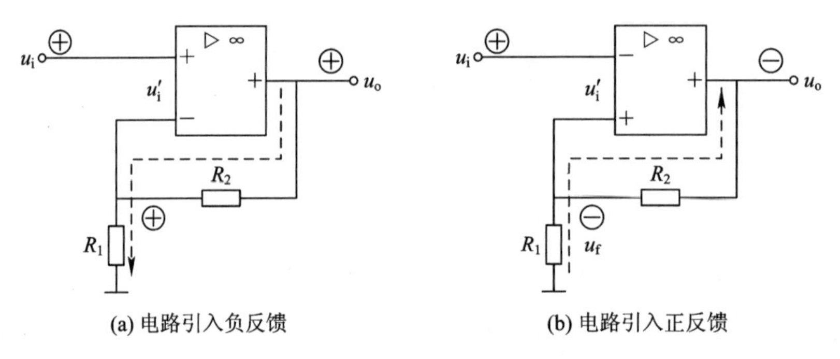

图 3-18 例 3-2 图

解 在图 3-18(a)中，要分析该电路引入的是正反馈还是负反馈，首先要假定在某一瞬间输入电压 u_i的极性对地为正，即集成运放的同相输入端电位 u_+ 对地为正，因而输出电压 u_o对地也为正。u_o在 R_2 和 R_1 回路产生电流，方向如图 3-18(a)中虚线所示。该电流在 R_1 上产生上“＋”下“－”的反馈电压 u_f，使反相输入端的电位 u_- 对地为正，因而净输入电压为 $u'_i=u_i-u_f$，数值减小，说明电路引入的是负反馈。

将图 3-18(a)中的集成运放的同相输入端和反相输入端对调，即可得到图 3-18(b)所示的电路。这时，假设输入电压 u_i的极性在某一瞬间对地为正，则输出电压 u_o对地为负。u_o在 R_2 和 R_1 回路产生电流，方向如图 3-18(b)中虚线所示。该电流在 R_1 上产生上“－”下“＋”的反馈电压 u_f，使同相输入端的电位 u_+ 对地为负，因而净输入电压为 $u'_i=u_i+u_f$，数值增大，说明电路引入的是正反馈。

2. 直流反馈和交流反馈

按照反馈信号中包含的交、直流成分，反馈可分为直流反馈和交流反馈。放大电路中的

输出量(输出电压或输出电流)通常是交流、直流信号并存的。如果反馈回来的信号是直流成分，则称为直流反馈；如果反馈回来的信号是交流成分，则称为交流反馈。当然也可以将输出信号中的直流成分和交流成分都反馈回去，同时得到交流、直流两种性质的反馈。

直流负反馈影响放大电路的直流性能，常用来稳定静态工作点，对放大电路的动态性能没有影响；交流负反馈影响放大电路的交流性能，常用来改善放大电路的动态性能。本章主要介绍各种形式的交流负反馈放大电路的结构以及负反馈对放大电路性能的影响。

根据直流反馈和交流反馈的定义，可以通过判断反馈是存在于放大电路的直流通路中还是在交流通路中来判断电路引入的是直流反馈还是交流反馈。其方法是：若反馈通路是直流通路，则为直流反馈；若反馈通路是交流通路，则为交流反馈；若反馈通路中既有交流成分又有直流成分，则为交流、直流反馈。

另外，可以根据作用在输入回路的反馈信号包含的交流、直流成分来分析、判别。如果作用在输入回路的反馈信号只包含直流成分，则为直流反馈；如果作用在输入回路的反馈信号只包含交流成分，则为交流反馈；若作用在输入回路的反馈信号既包含交流成分又包含直流成分，则为交流、直流两种性质的反馈。

【例 3-3】 判断图 3-19 所示电路的交流、直流反馈的类别。

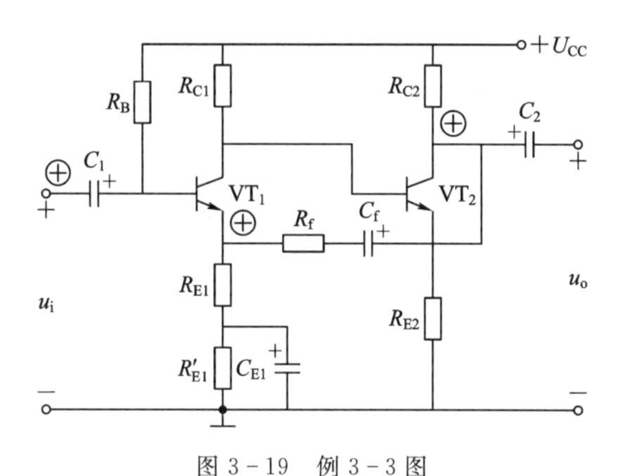

图 3-19　例 3-3 图

解　在图 3-19 所示的电路中，R_{E1}、R'_{E1} 和 R_{E2} 分别构成第一级和第二级放大电路的本级反馈，R_f 与 C_f 构成级间反馈。从包含的交流、直流成分来看，R_{E1}、R_{E2} 构成交直流两种性质的反馈，R'_{E1} 仅构成直流反馈，因为 C_{E1} 交流短路。R_f、C_f 仅构成交流反馈，因为 C_f 直流开路。

3. 串联反馈和并联反馈

按照反馈网络和基本放大电路在输入端连接方式的不同，反馈可分为串联反馈和并联反馈。在输入端，若反馈网络与基本放大电路串联连接，即反馈量与输入量以电压的形式合成，则称为串联反馈，如图 3-20(a)所示；若反馈网络与基本放大电路并联连接，即反馈量与输入量以电流的形式合成，则称为并联反馈，如图 3-20(b)所示。

串联、并联反馈的判别方法有以下两种：

(1) 根据基本放大电路的输入回路与反馈网络的连接方式判别。若反馈信号为电压量，且在输入端，反馈信号和输入信号以电压形式合成，则为串联反馈；若反馈信号为电流量，且在输入端，反馈信号和输入信号以电流的形式合成，则为并联反馈。

(2) 根据反馈信号和输入信号的接法判别。除公共地线外，在输入端，若反馈信号和输

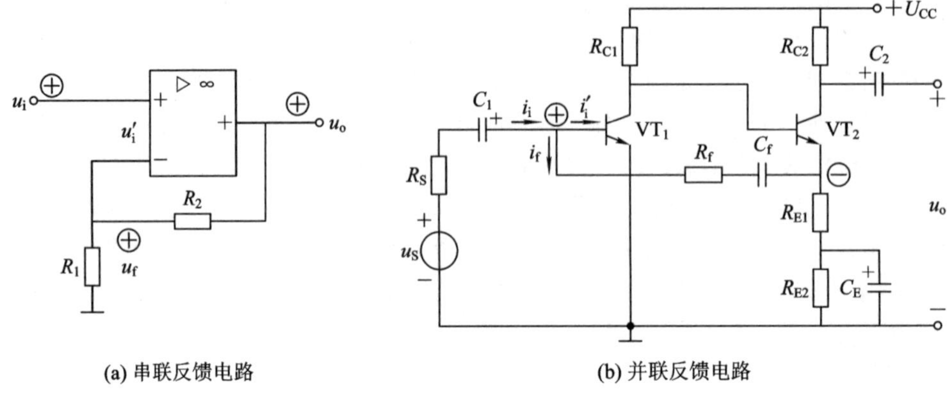

图 3－20　例 4－4 图

入信号加于同一端或同一个电极，则为并联反馈；若反馈信号和输入信号加于两个输入端或两个电极，则为串联反馈。关于输入级两个输入端或两个电极，对于三极管，两个电极是指基极、发射极两个电极；对于集成运算放大器等，两个输入端指同相输入端和反相输入端。

【例 3－4】 判断图 3－20 所示电路是串联反馈还是并联反馈。

解 在图 3－20(a)中，显然，反馈信号为电压量，并且在输入端与输入信号以电压的形式合成，故为串联反馈。另外，从图中也可以看出，在输入端，输入信号接在集成运放的同相输入端，而由 R_2 和 R_1 构成的反馈网络在 R_1 两端形成反馈电压 u_F(上“＋”下“－”)，并且接在集成运放的反相输入端，故可直接判定为串联反馈，此时，净输入信号 $u'_i=u_i-u_f$。

在图 3－20(b)中，显然，反馈信号为电流量，并且在输入端与输入信号以电流的形式合成，故为并联反馈。另外，从图中也可以看出，在输入端，由 R_f 和 C_f 构成的反馈信号与输入信号同时接于三极管的基极，故可直接判定为并联反馈，此时，净输入信号 $i'_i=i_i-i_f$。

4. 电压反馈和电流反馈

按照反馈信号从输出端的取样对象，反馈可分为电压反馈和电流反馈。在输出端，若反馈量取自输出电压，与输出电压成正比，则称其为电压反馈；若反馈量取自输出电流，与输出电流成正比，则称其为电流反馈。因此，电压、电流反馈判定的关键是要电压取样还是电流取样。

电压反馈、电流反馈的判别方法有以下两种：

(1) 短路法：将负反馈放大电路的负载电阻 R_L 短路(或者是令输出电压 u_o 为零)，若反馈信号消失，则为电压反馈；若反馈信号仍然存在，则为电流反馈。

(2) 除公共地线外，若输出线与反馈线接在同一点上，则为电压反馈；若输出线与反馈线接在不同点上，则为电流反馈(这时必然是负载与反馈电路在输出端构成回路)。

【例 3－5】 分别判断图 3－21、图 3－22 所示电路是电压反馈还是电流反馈。

解 在图 3－21(a)所示的电路中，若令输出电压为零，可以得到图 3－21(b)所示的电路，即将放大电路的负载电阻 R_L 短路后，输出电压 u_o 为零，因而在 R_f 中产生的电流(即反馈电流)也为零，即反馈信号消失，故为电压反馈。

在图 3－22(a)所示电路中，若将负载电阻 R_L 短路，可以得到图 3－22(b)所示的电路。从图中可以看出，即使 R_L 短路后，i_o 也并不为零，而且反馈电流 $i_i\approx i_f=-\dfrac{R_2}{R_f+R_2}i_o$，即 i_f 与

i_o的数量关系不变，反馈量依然存在，故电路引入的是电流反馈。

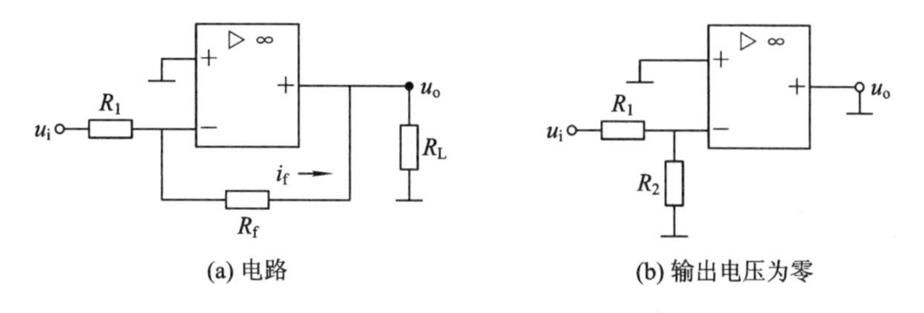

图 3-21　例 3-5 图

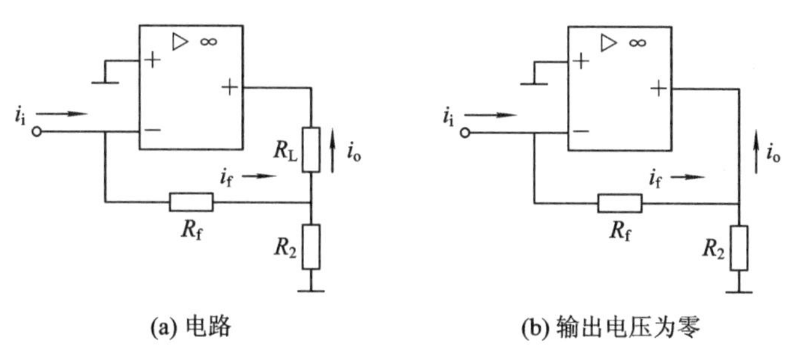

图 3-22　例 3-5 图

3.5.4　负反馈的四种组态

综合以上概念，考虑到反馈信号在输出端的取样方式以及在输入回路连接方式的不同组合，负反馈可以分为四种组态，即电压串联负反馈、电压并联负反馈、电流串联负反馈和电流并联负反馈。其组成方框图分别如图 3-23(a)～(d)所示。

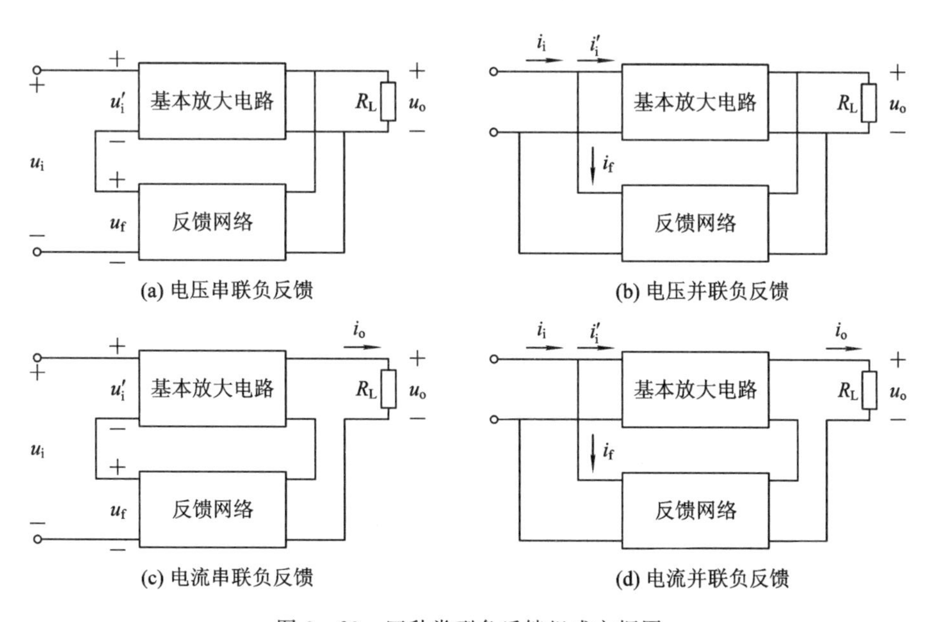

图 3-23　四种类型负反馈组成方框图

1. 电压串联负反馈

电压串联负反馈电路如图 3-24 所示。图中基本放大器是集成运放，反馈网络由电阻 R_f 和 R_1 组成。判断放大器有无反馈，就要观察是否存在电路元件或连线将放大器的输出回路和输入回路连接起来，若有，则存在反馈，反之，则不存在反馈。在图 3-24 中，电阻 R_f 和 R_1 把放大器的输出与输入回路连接了起来，因此存在反馈。至于是正反馈还是负反馈，可用“瞬时极性法”来判断。假设在放大器的输入端接入一个正弦电压信号 u_i，其瞬时极性为⊕(对地)，由于 u_i 加到运放的同相输入端，则 u_o 也为⊕，经反馈网络后，u_f 也为⊕，于是净输入信号 $u'_i=u_i-u_f$，反馈信号削弱了输入信号，所以电路中引入的是负反馈。

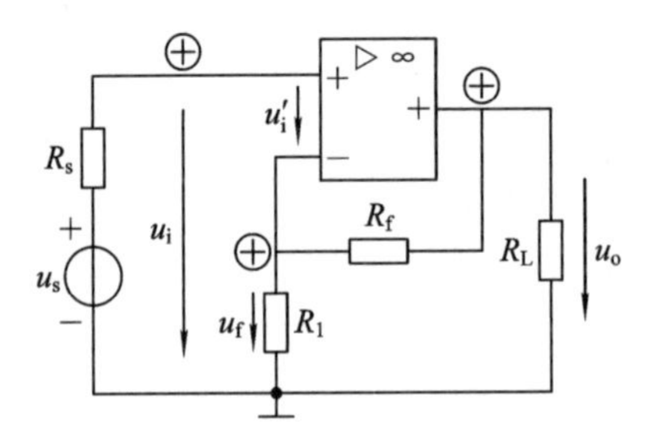

图 3-24 电压串联负反馈电路

当反馈信号较强(u_f 较大)时，即使 u_i 较大，也可使 u'_i 很小，从而使运放工作在线性区。由于运放的输入电阻很大(可以达到兆欧级)，在很小的净输入电压 u'_i(毫伏级以下)作用下，流入运放内部的电流极小。忽略电流的影响后，可以得出 $u_f=\dfrac{R_1}{R_1+R_f}u_o$，即反馈信号 u_f 与输出电压 u_o 成比例，所以电路中的反馈是电压反馈。

从电路的输入端来看，由于反馈信号是电压，在输入回路中，反馈电压 u_f 与输入电压 u_i 及净输入电压 u'_i 为串联关系，故为串联反馈。所以，图 3-24 为电压串联负反馈电路。

电压负反馈电路的主要特点是维持输出电压基本不变。例如，当 u_i 一定时，若负载电阻 R_L 减小，使输出电压 u_o 下降，则电路将有以下的自动调整过程：

$$R_L\downarrow\rightarrow u_o\downarrow\rightarrow u_f\downarrow\rightarrow u'_i\uparrow\rightarrow u_o\uparrow$$

可见，引入了电压负反馈，牵制了 u_o 的下降，使 u_o 基本维持恒定。

对于串联负反馈，信号源的内阻愈小，则反馈效果愈好。这是因为单独对反馈电压 u_f 来讲，信号源的内阻和运放的输入电阻是串联的。当 R_s 较小时，u_f 被它分去的部分也小，u'_i 的变化就大，反馈效果好。当 $R_s=0$ 时，反馈效果最好。

【例 3-6】 电路如图 3-25 所示，试判断它是何种类型的反馈电路。

解 图中 R_f 把输出回路与输入回路相连接，故该电路存在反馈。设输入信号 u_i 的瞬时极性为⊕，则运放输出端电压及 u_o、u_f 均为⊕。在输入回路中，有 $u'_i=u_i-u_f$，因为三者同相，故 u_i 与 u_f 相减后使净输入电压 u'_i 减小，故为负反馈。

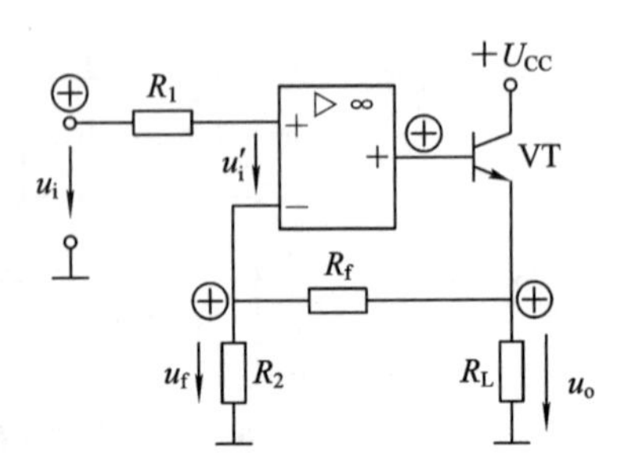

图 3-25 例 3-6 图

从电路的输出端来看，u_f 是 u_o 的一部分，假如把 R_L 短路，使 $u_o=0$ (但 $i_o\neq0$)，则 u_f 将会消失。可见，u_f 取决于输

出电压 u_o，而不是取决于输出电流 i_o，故为电压反馈。

从电路的输入端来看，u_i、u_f 与 u'_i 相串联，故为串联反馈。所以，图 3－25 为电压串联负反馈电路。

2. 电压并联负反馈

电压并联负反馈电路如图 3－26 所示，电阻 R_f 把放大器的输出与输入回路相连，故电路中有反馈。反馈的性质仍用“瞬时极性法”来判断。由图可知，输出电压通过电阻 R_f 以电流 i_f 的形式送回到反相输入端。假设 u_s 的瞬时极性为⊕，则输出信号 u_o 为⊖，i_i 及 i_f 均为正值。由于运放的净输入电流 $i'_i=i_i-i_f$，显然，反馈电路的引入对输入电流 i_i 起分流作用，使净输入电流 i'_i 减小，所以电路中引入的是负反馈。

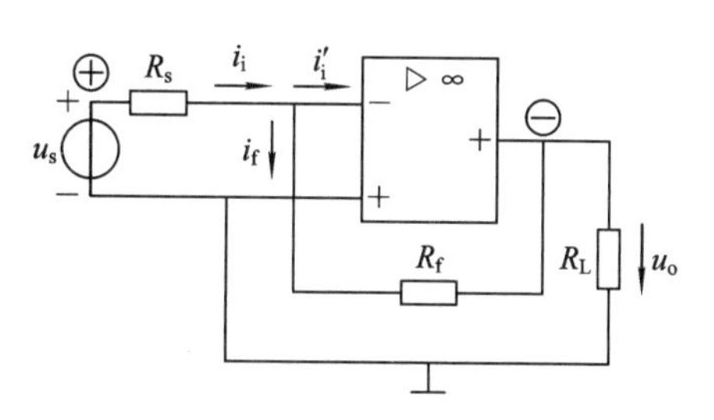

图 3－26　电压并联负反馈电路

当负反馈较强（i_f 较大）时，R_s 上的压降较大，使得运放反相输入端的电位接近于地电位（这是使 i'_i 变得很小的根本原因），此时运放工作在线性区。忽略掉运放两输入端之间的电位差后，可以得出 $i_f\approx-\dfrac{u_o}{R_f}$，故反馈信号 i_f 与输出电压 u_o 成比例，所以电路中的反馈是电压反馈。

同时，由于 i_f、i_i、i'_i 所在的三条支路为并联关系，故为并联反馈。所以，图 3－26 为电压并联负反馈电路。

由于采用了电压负反馈，因而电路的输出电压基本上是恒定的。其自动调整过程为

$$R_L\downarrow\rightarrow u_o\downarrow\rightarrow i_f\downarrow\rightarrow i'_i\uparrow\rightarrow u_o\uparrow$$

对于并联反馈，信号源的内阻 R_s 愈大，则反馈效果愈好。这是因为单独对反馈电流 i_f 来说，R_s 与运放的输入电阻 R_i 是并联的。当 R_s 较大时，i_f 被 R_s 所在支路分去的部分小、i'_i 变化部分就大，所以反馈效果好。当 $R_s=0$ 时，无论 i_f 多大，i'_i 将只由 u_s 决定，没有反馈作用。

【例 3－7】 在图 3－27 所示电路中，其反馈属何种类型？

解　图中 R_f、C（C 对交流信号而言可视为短路）及 R_1、R_2 将输出回路与输入回路相连，故该电路存在反馈。设 u_s 的瞬时极性为⊕，则 u_o 及 R_2 非接地端的电位为⊖，i_f、i_i 及 i'_i 均为正值。对于节点 A 来说，i_f 的存在使净输入电流 i'_i 减小，故为负反馈。

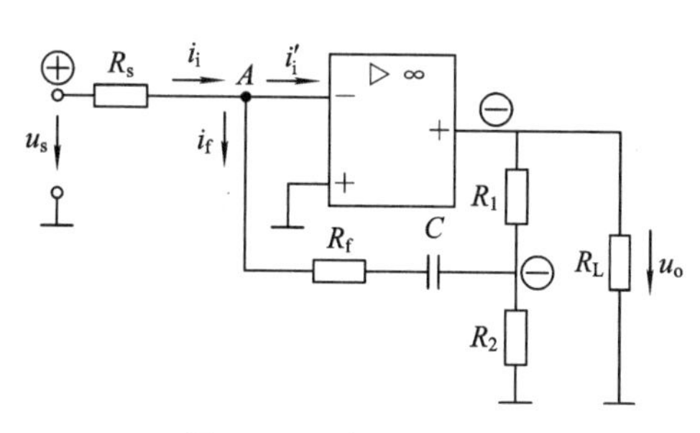

图 3－27　例 3－7 图

从电路的输出端来看，假设将 R_L 减小，则 u_o 减小、i_o 增大，此时 i_f 变小，说明反馈信号 i_f 取决于输出电压 u_o，而不取决于输出电流 i_o，故为电压反馈。

从电路的输入端看，有一个电流比较节点 A，i_f、i_i 及 i'_i 三者为并联关系，故为并联反馈。所以，图 3－27 为电压并联负反馈电路。

3. 电流串联负反馈

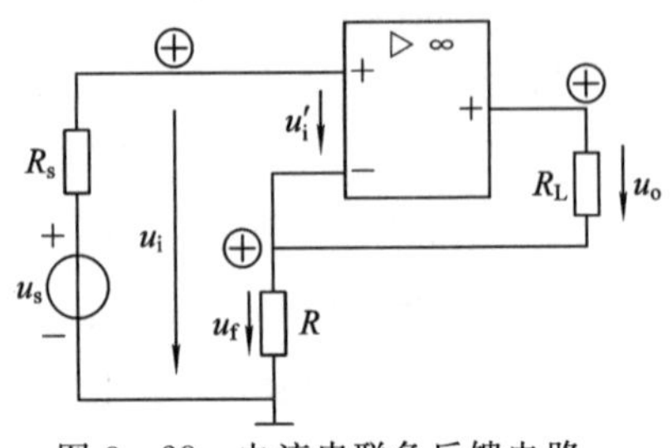

图 3-28　电流串联负反馈电路

电流串联负反馈电路如图 3-28 所示。图中 R_L 为负载电阻，其两端电压为 u_o，设 u_o的瞬时极性为⊕，由于同相输入的关系，运放的输出端极性为⊕，此时输出电流 i_o为正。忽略运放反相端的电流后，反馈电压可以写为 $u_f=i_oR$，此时 u_f也为⊕，显然，反馈电压的存在使运放的净输入电压 u'_i减小，所以电路中引入的是负反馈。

由于反馈电压与输出电流成比例，所以电路中的反馈是电流反馈。从电路的输入回路来看，反馈信号 u_f、输入信号 u_i及净输入信号 u'_i是串联关系，故为串联反馈。

电流负反馈的主要特点是维持输入电流 i_o基本不变。例如，当信号源电压 u_i一定时，若负载电阻 R_L 增大，使 i_o减小，则电路的自动调整过程为

$$R_L\uparrow\rightarrow i_o\downarrow\rightarrow u_f\downarrow\rightarrow u'_i\uparrow\rightarrow i_o\uparrow$$

可见，引入了电流负反馈，牵制了 i_o的下降，使输出电流 i_o基本维持恒定。

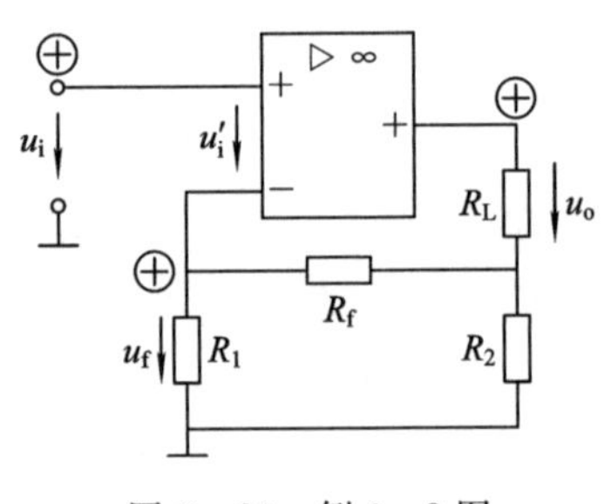

图 3-29　例 3-8 图

【例 3-8】 电路如图 3-29 所示，试判断它属于何种类型的反馈电路。

解　由于 R_f把输出回路与输入回路相连，所以电路中有反馈。设 u_i瞬时极性为⊕，则 u_o、i_o及 u_f均为⊕，因为 $u'_i=u_i-u_f$，u_f使 u'_i减小，故为负反馈。

从电路的输出端来看，u_f是输出电流 i_o在 R_1中分流形成的电压，与 i_o成比例(R_L 短路，当 $u_o=0$，$i_o\neq0$ 时，u_f仍然存在)，故为电流反馈。

从电路的输入端来看，u_i与 u_f、u'_i相串联，故为串联反馈。所以，图 3-29 是电流串联负反馈电路。

4. 电流并联负反馈

电流并联负反馈电路如图 3-30 所示。设 u_s瞬时性为⊕，则运放输出端瞬时极性为⊖，由此可知反馈电流 i_f及输出电流 i_o均为正值。此时流入运放的净输入电流 $i'_i=i_i-i_f$，可见反馈信号 i_f的存在使净输入信号 i'_i减小，所以电路中引入的是负反馈。

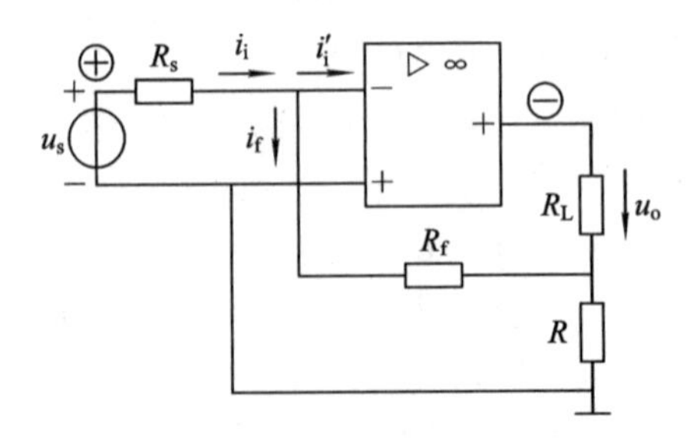

图 3-30　电流并联负反馈电路

由于 i_f是 i_o的分流(即反馈信号取样于输出电流)，所以电路中的反馈是电流反馈。

i_f、i_i、i'_i所在的三条支路为并联关系，故为并联反馈。所以，图 3-30 为电流并联负反馈

电路。

由于采用了电流负反馈，电路的输出电流基本上是恒定的。其自动调整过程为

$$R_L \uparrow \rightarrow i_o \downarrow \rightarrow i_f \downarrow \rightarrow i'_i \uparrow \rightarrow i_o \uparrow$$

【例 3－9】 电路如图 3－31 所示，试分析其反馈类型。

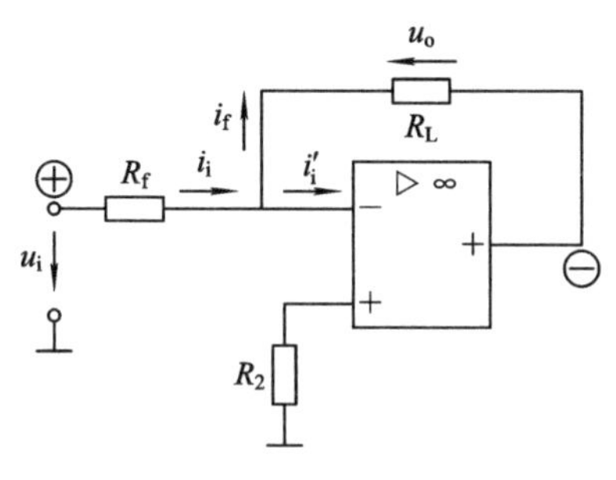

图 3－31　例 3－9 图

此题由读者自行分析。结论是：图 3－31 为电流并联负反馈电路。

3.5.5　负反馈对放大电路性能的影响

负反馈使放大电路的增益下降，但放大电路的很多性能是可以改善的，这些改善措施被广泛应用于放大电路和反馈控制系统之中。

1. 提高放大倍数的稳定性

由于负载和环境温度的变化、电源电压的波动和元器件老化等因素，放大电路的放大倍数会发生变化。引入负反馈后，可使放大器的输出信号趋于稳定，即可使放大倍数得到稳定。由负反馈放大电路 $\dot{A}_f=\dfrac{\dot{A}}{1+\dot{F}\dot{A}}$ 来看，当反馈很深时，即 $\dot{F}\dot{A}\gg1$，可以得到

$$\dot{A}_f \approx \frac{1}{\dot{F}} \tag{3-21}$$

这说明在深度负反馈下，放大器的闭环放大倍数只取决于反馈网络的参数，而与基本放大器的特性几乎无关。也就是说，尽管多种因素可能造成开环放大倍数 $\dot{A}$ 的较大变化，但只要反馈网络由性能稳定的无源线性元件(如电阻、电容等)组成，整个放大器的闭环放大倍数 $\dot{A}_f$ 就很稳定。

在讨论放大倍数的稳定性时，通常用放大倍数相对变化量的大小来表示放大倍数稳定性的好坏，即相对变化量越小，稳定性越好。设信号为中频，在负反馈的情况下，$\dot{A}_f=\dfrac{\dot{A}}{1+\dot{F}\dot{A}}$ 中的各量均为实数，即

$$A_f = \frac{A}{1+FA} \tag{3-22}$$

对该式求微分，有

$$dA_f = \frac{(1+AF)dA - AF\,dA}{(1+AF)^2} = \frac{dA}{(1+AF)^2}$$

可得

$$\frac{dA_f}{A_f}=\frac{1}{1+AF}\times\frac{dA}{A} \tag{3-23}$$

引入负反馈后，放大倍数相对变化量为其基本放大电路放大倍数的$\frac{1}{1+AF}$，也即负反馈放大电路的放大倍数A_f的稳定性比A提高了$1+AF$倍。

【例3-10】 已知一个负反馈放大器的$A=100$，$F=0.05$，由于某种原因使A产生$\pm30\%$的变化，求A_f的相对变化量。

解 根据式(3-23)，求得

$$\frac{dA_f}{A_f}=\frac{1}{1+AF}\times\frac{dA}{A}=\frac{1}{1+0.05\times100}\times(\pm30\%)=\pm5\%$$

由此可见，在A变化$\pm30\%$的情况下，A_f只变化了$\pm5\%$。

2. 扩展频带

图3-32为基本放大电路和负反馈放大电路的幅频特性$A(f)$和$A_f(f)$，即负反馈对通频带的影响。从图中可以看出，放大电路加入负反馈后，放大倍数下降，但通频带却加宽了。

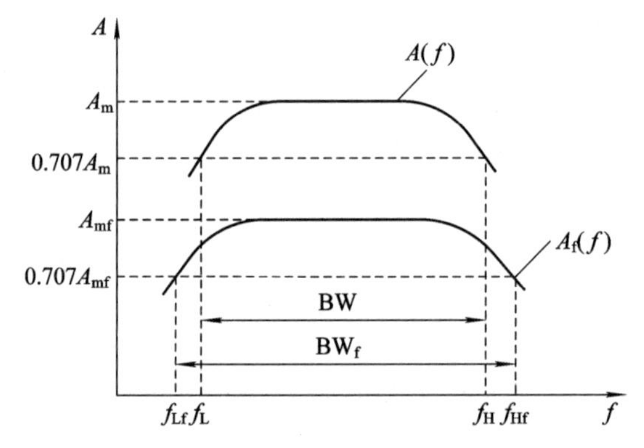

图3-32 负反馈对通频带的影响

为了研究方便，进行如下假设：

(1) 设反馈网络为纯电阻网络且在放大电路波特图的低频段和高频段各仅有一个拐点。

(2) 放大电路无反馈时上限频率为f_H，下限频率为f_L，通频带宽度为BW；有负反馈时的中频放大倍数为A_{mf}，上限频率为f_{Hf}，下限频率为f_{Lf}，通频带宽度为BW_f，则有：

基本放大电路通频带的宽度为

$$BW=f_H-f_L\approx f_H \tag{3-24}$$

负反馈放大电路通频带的宽度为

$$BW_f=f_{Hf}-f_{Lf}\approx f_{Hf} \tag{3-25}$$

且

$$BW_f=(1+A_mF)\ BW \tag{3-26}$$

可见，引入负反馈能扩展通领带，但这是以降低放大倍数为代价的。

3. 减小非线性失真

负反馈可以改善放大电路的非线性失真，但是只能改善反馈环内产生的非线性失真。因为引入负反馈，放大电路的输出幅度下降不好对比，因此必须要加大输入信号，使引入负反

馈以后的输出幅度基本达到原来有失真时的输出幅度才有意义。引入负反馈能改善非线性失真，可通过图 3-33 所示的负反馈改善输出波形的原理加以说明。

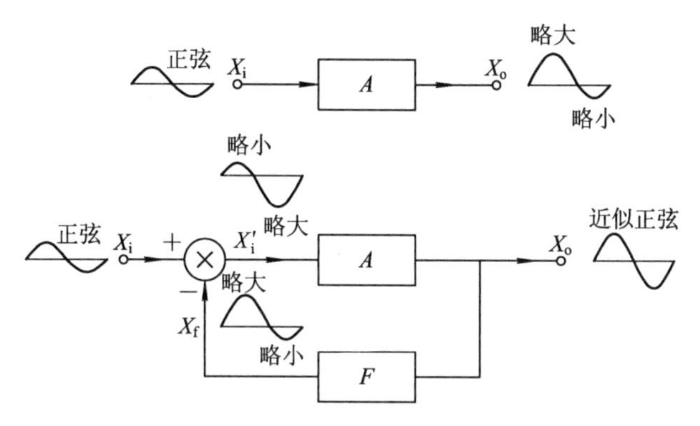

图 3-33　负反馈改善输出波形的原理

设输入信号 X_i 为正弦波，无反馈时放大电路的输出信号 X_o 为正半周幅度大、负半周幅度小的失真正弦波，如图 3-33 所示的 X_o 波形。引入负反馈后，这种失真波形被引回到输入端，即 X_f 也为正半周幅度大、负半周幅度小的失真正弦波形。由于 $X_i'=X_i-X_f$，因此 X_i' 的波形变为正半周幅度小，负半周幅度大的波形。换句话说，通过反馈使净输入信号产生预失真，而这种预失真正好补偿了放大电路因非线性产生的失真，使输出 X_o 的波形接近于正弦波形。研究可证明，引入负反馈后，非线性失真可减小为无反馈时的 $\frac{1}{1+AF}$。

必须指出的是，由于负反馈的引入，在减小非线性失真的同时降低了输出幅度，且负反馈只能减小放大电路内部引起的非线性失真。而对于信号本身固有的失真，并不能通过负反馈加以改善，且负反馈只能减小而不能消除非线性失真。

4. 抑制内部干扰和噪声

放大电路的内部干扰和噪声是指在没有输入信号作用时，输出级仍有杂乱无章的波形输出的情况。这些干扰和噪声，有的来自外部，与信号同时混入；有的由放大电路本身产生，如由晶体管、电阻中的载流子随机性不规则的热运动引起的热噪声、电源电压的波动等。

当输入微弱的信号时，则输出信号也较弱，这时放大电路中如有较大的噪声和干扰，微弱的输入信号可能湮没在噪声之中而无法区别。例如，无反馈信号与噪声的输出波形如图 3-34所示。在这种情况下，只有增大输入信号的幅度才能将有用信号从干扰和噪声中区分出来。换句话说，由于放大电路内部干扰和噪声的存在，使得放大电路输入信号幅度不能太小。

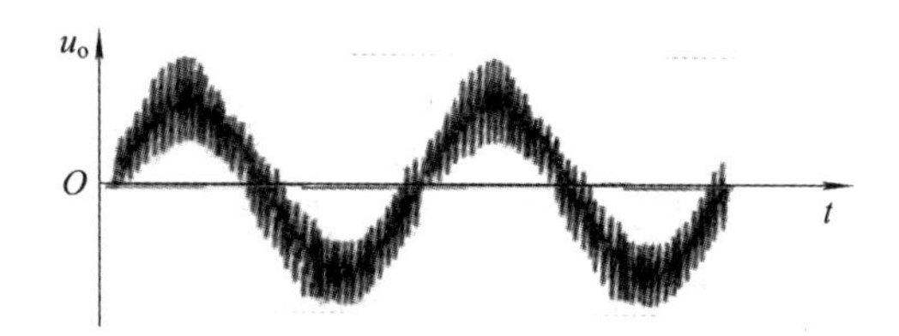

图 3-34　无反馈信号与噪声的输出波形

通过以上分析可以看出，噪声对信号的影响不完全取决于噪声本身的大小，也与输入信号的幅度大小有关。通常用放大电路的输出信号功率与输出端的噪声功率的比值来表示它们的关系，简称信噪比，即信噪比=信号功率÷噪声功率。信噪比往往也采用对数单位——分贝表示。

信噪比越大，则噪声的影响越小，如果信噪比太小，则输出端的信号和噪声难以区分。实际上，引入负反馈会使输入信号和内部噪声同时减小。也就是说，引入负反馈后，虽然噪声有所减小，但有用的信号也减小了，如图 3-35(a)所示，因而输出端的信噪比并未改变。可是，信号的减小可以通过提高输入信号的幅度来弥补，而内部噪声则是固定的，如图 3-35(b)所示，这样就可以提高信噪比。当然，噪声和干扰减小的程度也取决于负反馈深度的大小。

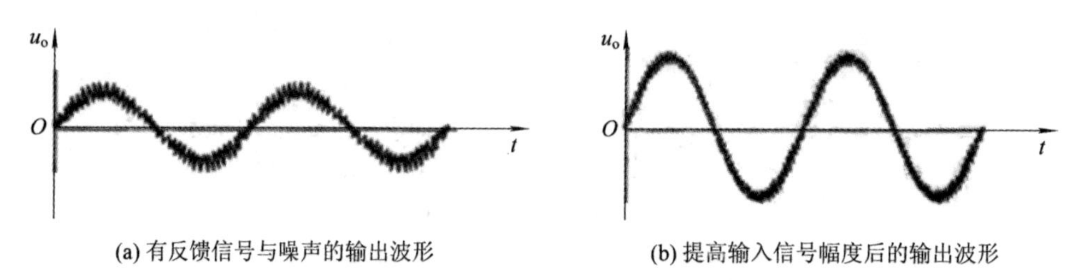

(a) 有反馈信号与噪声的输出波形　　(b) 提高输入信号幅度后的输出波形

图 3-35　负反馈抑制干扰和噪声

需要注意的是，负反馈只能抑制由放大电路本身产生的干扰和噪声，而对于外部的干扰以及与信号同时混入的噪声，采用负反馈的办法是不能抑制的。

5. 改变输入电阻和输出电阻

1）对输入电阻的影响

负反馈对输入电阻的影响与反馈接入的方式有关，即与串联反馈或并联反馈有关，而与电压反馈或电流反馈无关。

(1) 串联负反馈使输入电阻增大。

串联负反馈输入端的电路结构形式如图 3-36 所示。使用电压串联负反馈和使用电流串联负反馈的效果相同，只要是串联负反馈就可使输入电阻增大。引入反馈时的输入电阻为

$$R_{if}=\frac{\dot{U}_i}{\dot{I}_i}=\frac{\dot{U}_i'+\dot{U}_f}{\dot{I}_i}=\dot{U}_i'\frac{1+\dot{A}\dot{F}}{\dot{I}_i}=(1+\dot{F}\dot{A})\frac{\dot{U}_i'}{\dot{I}_i}$$

即

$$R_{if}=(1+\dot{F}\dot{A})R_i \tag{3-27}$$

式中，$R_i=r_{id}=\dot{U}_{id}/\dot{I}_i$为基本放大电路的输入电阻。

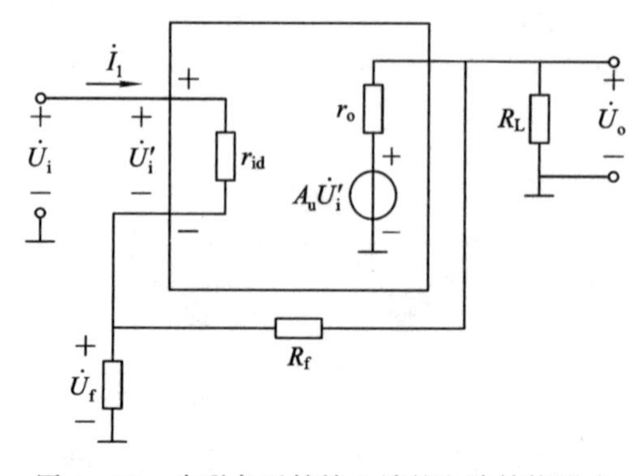

图 3-36　串联负反馈输入端的电路结构形式

可见，不管是电压反馈还是电流反馈，只要是串联负反馈，就会使闭环输入电阻增大到开环时的 $1+\dot{A}\dot{F}$ 倍。

(2) 并联负反馈使输入电阻减小。

并联负反馈输入端的电路结构形式如图 3-37 所示。使用电压并联负反馈和使用电流并联负反馈的效果相同，只要是并联负反馈就可使输入电阻减小。引入反馈时的输入电阻为

$$R_{if}=\frac{\dot{U}_i}{\dot{I}_i}=\frac{\dot{U}_i}{\dot{I}'_i+\dot{I}_f}=\frac{\dot{U}_i}{\dot{I}'_i+\dot{F}\dot{X}_o}=\frac{\dot{U}_i}{\dot{I}'_i+\dot{F}\dot{A}\dot{I}'_i}$$

即

$$R_{if}=\frac{R_i}{1+\dot{F}\dot{A}} \tag{3-28}$$

式中，$R_i=r_{id}=\dot{U}_i/\dot{I}'_i$ 为基本放大电路的输入电阻。

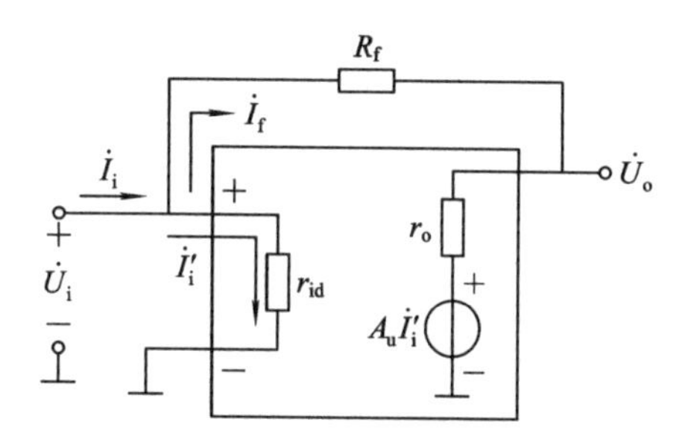

图 3-37　并联负反馈输入端的电路结构形式

可见，不管是电压还是电流反馈，只要是并联负反馈，就会使闭环输入电阻减小为开环时的 $\frac{1}{1+\dot{A}\dot{F}}$。

2) 对输出电阻的影响

(1) 电压负反馈使输出电阻减小。

电压负反馈可以使输出电阻减小，这与电压负反馈可以使输出电压稳定是一致的。输出电阻小，带负载能力强，输出电压的降落就小，稳定性就好。图 3-38 为求输出电阻的等效电路，即电压负反馈对输入电阻的影响。将负载电阻开路，在输出端加入一个等效的电压 U'_o，并将输入端接地，于是有

$$\dot{I}'_o=\frac{\dot{U}'_o-\dot{A}_u\dot{X}'_i}{R_o}=\frac{\dot{U}'_o+\dot{A}_u\dot{F}\dot{U}'_o}{R_o}=\frac{\dot{U}'_o(1+\dot{A}_u\dot{F})}{R_o}$$

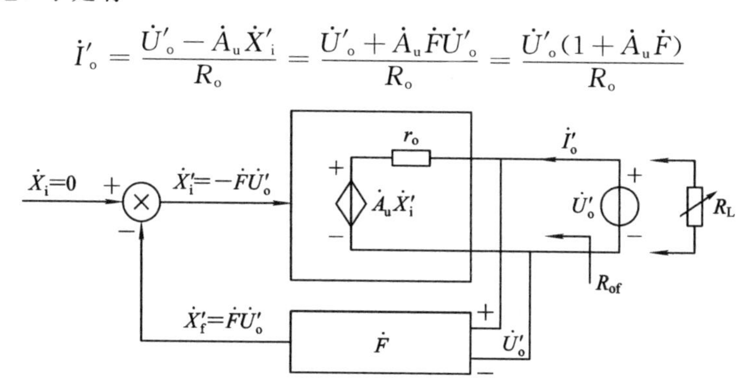

图 3-38　电压负反馈对输入电阻的影响

即

$$R_{of}=\frac{\dot{U}'_o}{\dot{I}'_o}=\frac{1}{(1+\dot{A}_u\dot{F})R_o} \tag{3-29}$$

式中，$\dot{A}_u$ 是负载开路时的放大倍数，R_o 为基本放大电路的输出电阻。

由式(3－29)可见，不管是串联还是并联反馈，只要是电压负反馈，就会使闭环输出电阻减小为开环时的$\frac{1}{1+\dot{A}\dot{F}}$。

(2) 电流负反馈使输出电阻增加。

电流负反馈可以使输出电阻增加，这与电流负反馈可以使输出电流稳定是一致的。输出电阻大，负反馈放大电路接近电流源的特性，输出电流的稳定性就好。图 3－39 为求输出电阻的等效电路，即电流负反馈对输入电阻的影响。将负载电阻开路，在输出端加入一个等效的电压 $\dot{U}'_o$，并将输入端接地，于是有

$$\dot{A}_{is}\dot{X}'_i=-\dot{A}_{is}\dot{X}_f=\dot{A}_{is}\dot{F}\dot{I}'_o$$

$$\frac{\dot{U}'_o}{R_o}=\dot{A}_{is}\dot{F}\dot{I}'_o+\dot{I}'_o=(1+\dot{A}_{is}\dot{F})\dot{I}'_o$$

即

$$R_{of}=\frac{\dot{U}'_o}{\dot{I}'_o}=(1+\dot{A}_{is}\dot{F})R_o \tag{3-30}$$

式中，$\dot{A}_{is}$是负载短路时的开环增益，即将负载短路，把电压源转换为电流源，再将负载开路时的增益。

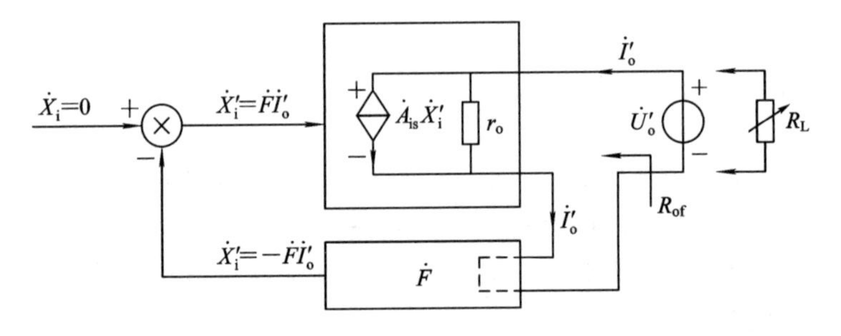

图 3－39 电流负反馈对输入电阻的影响

由式(3－30)可见，不管是串联反馈还是并联反馈，只要是电流负反馈，就会使闭环输出电阻增大到开环时的 $1+\dot{A}_{is}\dot{F}$ 倍。

需要注意的是，式(3－29)和式(3－30)中的 $\dot{A}_u$ 和 $\dot{A}_{is}$为负载开路或短路时的开环放大倍数，它们不同于 $\dot{A}$，因为 $\dot{A}$ 是开环放大倍数。

由以上分析可知，引入负反馈可改善放大电路多方面的性能，而反馈组态不同，所产生的影响也各不相同。因此，在设计放大电路时应根据电路要求，引入合适的反馈。引入负反馈时一般要考虑以下三点：

(1) 根据负载对放大电路输出量的要求来确定引入的反馈。一般情况下稳定什么量就反

馈什么量。如果想稳定直流量，就应引入直流负反馈；如果想稳定交流量，就应引入交流负反馈。若负载需要稳定电压信号，则引入电压负反馈；若负载需要稳定电流信号，则引入电流负反馈。

(2) 根据对输入、输出电阻的要求来选择反馈类型。放大电路引入负反馈后，不论何种反馈类型，都会提高放大倍数的稳定性、减小非线性失真、展宽频带，但不同类型的反馈对输入、输出电阻的影响却不同，所以在实际设计放大电路时，主要依据对输入、输出电阻的要求来确定反馈的类型。若要减小输入电阻，则应引入并联负反馈。若要增大输入电阻，则应引入串联负反馈。若要求高内阻输出，则应采用电流负反馈；若要求低内阻输出，则应采用电压负反馈。

(3) 根据信号源的性质确定引入串联负反馈还是并联负反馈。当信号源为恒压源或内阻较小的电压源时，为增大放大电路的输入电阻，减小信号源的输出电流和内阻上的压降，应引入串联负反馈。当信号源为恒流源或内阻较大的电压源时，为减小放大电路的输入电阻，以使电路获得较大的输入电流，则应引入并联负反馈。

3.6　集成运放在信号运算电路中的应用

3.6.1　比例运算电路

1. 反相比例运算电路

图 3-40 为反相比例运算电路。输入信号 u_i 经电阻 R_1 接到集成运放的反相输入端，同相输入端经 R_2 接地，R_f 为反馈电阻。图中 R_2 为平衡电阻，用于消除失调电流、偏置电流带来的误差，一般取 $R_2 = R_1 /\!/ R_f$。

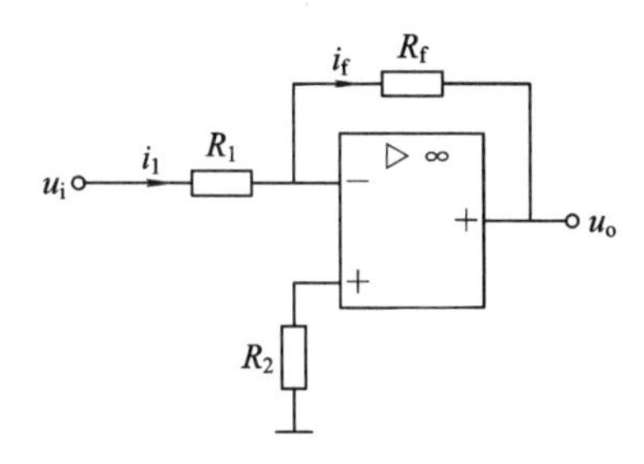

图 3-40　反相比例运算电路

根据虚断的概念，R_2 上无信号压降，$u_+=0$ V；又根据虚短的概念，则 $u_+=u_-=0$ V，因此反相端的电位等于地的电位，可把它看成与地相接，但又不是真正的接地，故称其为虚地。于是有

$$i_1 = i_f; \quad \frac{u_i - u_-}{R_1} = \frac{u_- - u_o}{R_f}$$

所以得

$$u_o = -\frac{R_f}{R_1} u_i \tag{3-31}$$

式(3-31)表明，输出电压 u_o 与输入电压 u_i 为比例运算关系，比例系数仅由 R_1 和 R_f 的比值确定，与集成运放的参数无关。式中的负号表示输出电压 u_o 与输入电压 u_i 反相，该电路也称为反相放大器。

若取 $R_1=R_f$ 时，则有 $u_o=-u_i$，该电路称为反相器或反号器，这种运算称为变号运算。

【例 3-11】 在图 3-41 所示的电路中，运放的最大输出电压 $U_{OM}=\pm 13$ V，$R_1=1$ kΩ。若 $R_L=2$ kΩ，求：当输出为 U_{OM} 时，所对应的输入电压 u_{imax} 的数值；若 $R_L=2$ kΩ，$u_i=8$ V，求 i_L 及 u_- 的数值。

解 (1) 因 $u_o=-\frac{R_L}{R_1}u_i$，运放的 $U_{OM}=\pm 13$ V，故

$$u_{imax}=-\frac{R_1}{R_L}U_{OM}=\frac{1}{2}\times(\pm 13\ V)=\pm 6.5\ V$$

即 u_i在$-6.5\sim+6.5$ V 范围内，运放的输出电压与输入电压呈线性关系。

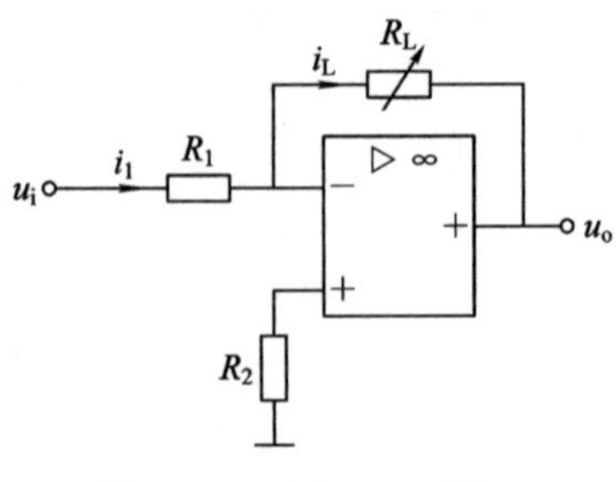

图 3-41　例 3-11 图

(2) 若 $u_i=8$ V，此时 $u_i>u_{imax}$，故运放不在线性区工作，但因为运放输入电阻很大，仍可认为流入运放的净输入电流为零。另外，此时运放的输出电压为 $U_{OM}=-13$ V，则

$$i_1=i_L=\frac{u_i-U_{OM}}{R_1+R_L}=\frac{8-(-13)}{1+2}=7\ mA\neq\frac{u_i}{R_1}$$

$$u_-=u_i-i_1R_1=(8-7\times 1)\ V=1\ V$$

可见，此时 $u_-\neq u_+$。

2. 同相比例运算电路

图 3-42 为同相比例运算电路。输入信号 u_i经电阻 R_2接到集成运放的同相输入端，反相输入端经 R_1接地，输出信号 u_o经反馈电阻 R_f接回到反相输入端，形成深度负反馈，故该电路工作在线性区。R_2为平衡电阻且 $R_2=R_1/\!/R_f$。

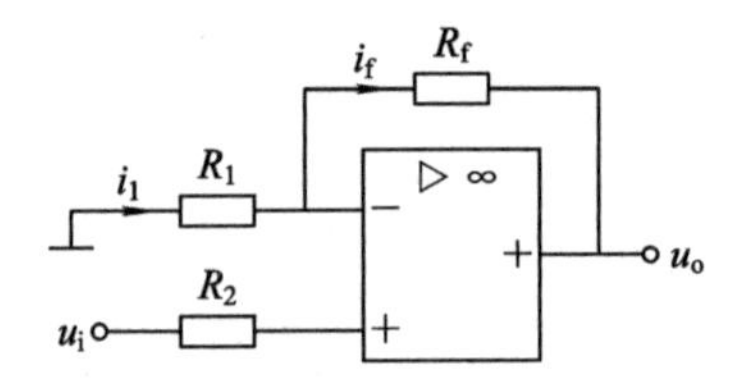

图 3-42　同相比例运算电路

根据虚断的概念，$u_+=u_i$；又根据虚短的概念，$u_+=u_-=u_i$。于是有

$$i_1=i_f;\ \frac{0-u_-}{R_1}=\frac{u_--u_o}{R_f}$$

所以得

$$u_o=\left(1+\frac{R_f}{R_1}\right)u_i \tag{3-32}$$

式(3-32)表明，输出电压 u_o与输入电压 u_i为比例运算关系，比例系数为 $1+\frac{R_f}{R_1}$，与集成运放的参数无关，且输出电压 u_o与输入电压 u_i同相，该电路也称为同相放大器。

若将图 3-42 中的反馈电阻 R_f短路、R_1开路，即 $R_f=0$、$R_1=\infty$时，则有 $u_o=u_i$，输出电压 u_o等于输入电压 u_i，并且相位相同，故称其为电压跟随器，或称其为同相器、同号器，其基本电路如图 3-43(a)所示。由于运放的反馈深度比单管跟随电路大得多，因此跟随性能要好得多。它的输入电阻高，输出电阻低，常用作阻抗变换器或缓冲器，在电子电路中应用很广泛。其缺点是由于输入阻抗极高，容易受到周围电场干扰等影响，通常可在同相输入端对地接一个适当的电阻，此时的输入电阻有所减小，输入电阻值等于 R，如图 3-43(b)所示。

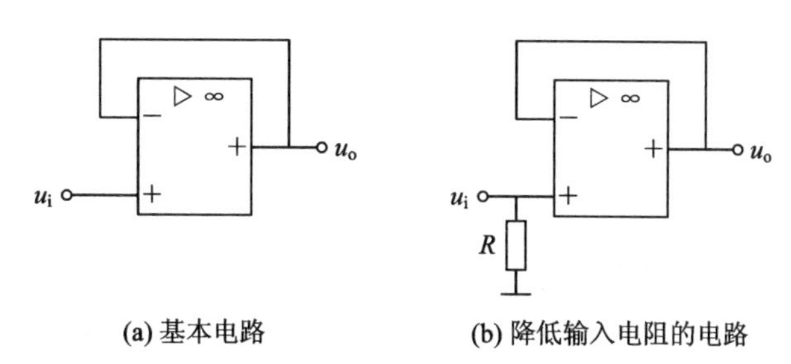

(a) 基本电路　　(b) 降低输入电阻的电路

图 3-43　电压跟随器

【例 3-12】 在图 3-44 中，试计算出 u_o的大小。

解　根据虚断的概念，有

$$u_+ = \frac{R_3}{R_2+R_3}u_i$$

又根据虚短的概念，有

$$u_+ = u_- = \frac{R_3}{R_2+R_3}u_i$$

则有

$$i_1 = i_f;\ \frac{0-u_-}{R_1} = \frac{u_- - u_o}{R_f}$$

所以

$$u_o = \left(1+\frac{R_f}{R_1}\right)\frac{R_3}{R_2+R_3}u_i$$

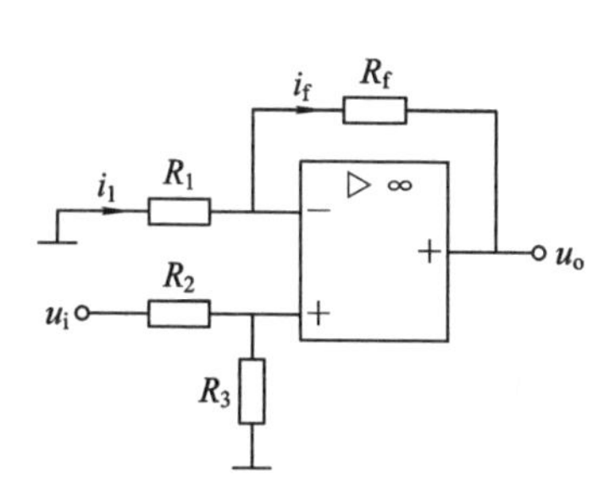

图 3-44　例 3-12 图

【例 3-13】 在图 3-45 中，试计算 u_o的大小。

解　由题意得

$$u_+ = U_Z$$

$$u_o = \left(1+\frac{R_f}{R_1}\right)U_Z$$

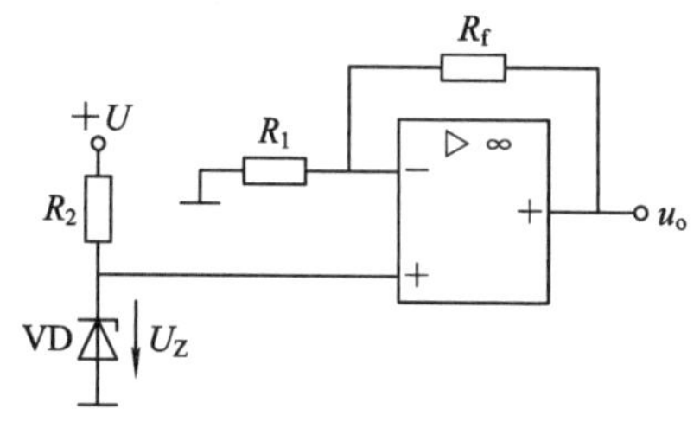

图 3-45　例 3-13 图

只要所选电阻 R_1、R_f及稳压值 U_Z精密、稳定，就可以得到精密而稳定的输出电压 u_o，若 R_f是可调电阻，则该电路就是一个连续可调的稳压电源。

3.6.2　加法运算电路

利用运放实现加法运算时，可采用反相输入方式，也可以采用同相输入方式。由于同相加法电路存在共模电压，将造成几个输入信号之间的相互影响，所以本节重点介绍反相加法运算电路。

在反相比例运算放大电路的基础上，增加几条输入支路，便可组成反相加法运算电路，也称为反相加法器。图3-46为两个输入端的加法运算电路。图中 R_3为平衡电阻，一般满足 $R_3 = R_1 /\!/ R_2 /\!/ R_f$。在要求不高的场合也可将同相输入端直接接地。

根据虚短及虚断的概念，在理想情况下，由于反相输入端为虚地，可得

$$i_1 + i_2 = i_f$$

即

$$\frac{u_{i1}}{R_1}+\frac{u_{i2}}{R_2}=-\frac{u_o}{R_f}$$

故有

$$u_o=-\left(\frac{R_f}{R_1}u_{i1}+\frac{R_f}{R_2}u_{i2}\right) \qquad (3-33)$$

式(3-33)表示输出电压等于各输入电压按照不同比例相加之和。若 $R_1=R_2=R_f$，则

$$u_o=-(u_{i1}+u_{i2}) \qquad (3-34)$$

实际应用时可适当增加或减少输入端的个数，以适应不同的需要。

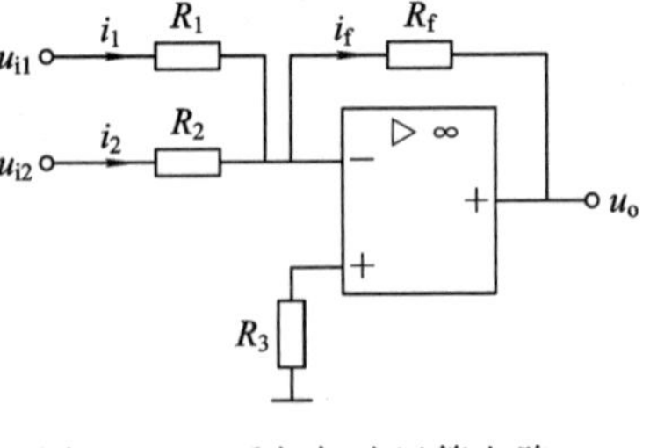

图 3-46　反相加法运算电路

【例 3-14】 试用两级运算放大器设计一个加减运算电路，实现以下运算关系：

$$u_o=10u_{i1}+20u_{i2}-5u_{i3}$$

解　由题中给出的运算关系可知 u_{i3} 与 u_o 反相，而 u_{i1} 和 u_{i2} 与 u_o 同相，故可用反相加法运算电路将 u_{i1} 和 u_{i2} 相加后，其和再与 u_{i3} 反相相加，从而可使 u_{i3} 反相一次，而 u_{i1} 和 u_{i2} 反相两次。根据以上分析，可画出实现加减运算的电路图，如图 3-47 所示。

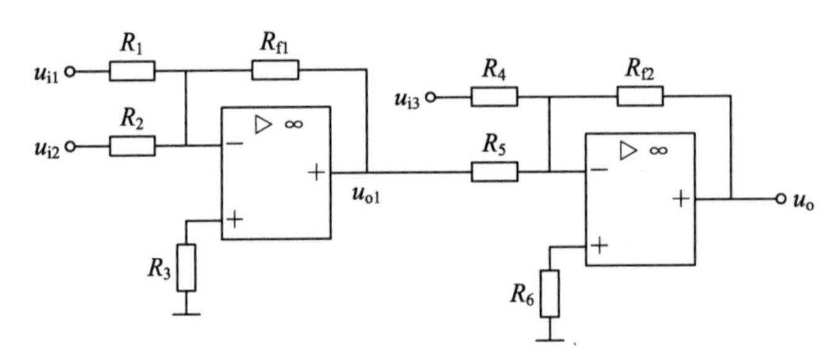

图 3-47　例 3-14 图

由图可得

$$u_{o1}=-\left(\frac{R_{f1}}{R_1}u_{i1}+\frac{R_{f1}}{R_2}u_{i2}\right)$$

$$u_o=-\left(\frac{R_{f2}}{R_4}u_{i3}+\frac{R_{f2}}{R_5}u_{o1}\right)=\frac{R_{f2}}{R_5}\left(\frac{R_{f1}}{R_1}u_{i1}+\frac{R_{f1}}{R_2}u_{i2}\right)-\frac{R_{f2}}{R_4}u_{i3}$$

根据题中的运算要求设置各电阻阻值间的比例关系为

$$\frac{R_{f2}}{R_5}=1,\ \frac{R_{f1}}{R_1}=10,\ \frac{R_{f1}}{R_2}=20,\ \frac{R_{f2}}{R_4}=5$$

若选取 $R_{f1}=R_{f2}=100\ \text{k}\Omega$，则可求得其余各电阻的阻值分别为

$$R_1=10\ \text{k}\Omega,\ R_2=5\ \text{k}\Omega,\ R_4=20\ \text{k}\Omega,\ R_5=100\ \text{k}\Omega$$

平衡电阻 R_3、R_6 的值分别为

$$R_3=R_1/\!/R_2/\!/R_{f1}=2.8\ \text{k}\Omega$$

$$R_6=R_4/\!/R_5/\!/R_{f2}=14.3\ \text{k}\Omega$$

3.6.3　减法运算电路

前述的运算电路，信号电压都是从运放的单端输入的，如果两个输入端都有信号输入，则称为差动输入。减法运算电路是指电路的输出电压与两个输入电压之差成比例，如图

3－48所示。图中，u_{i1}通过R_1加到反相输入端，u_{i2}通过R_2、R_3分压后加到同相输入端。输出信号通过R_f、R_1组成反馈网络反馈到反相输入端。双端输入放大电路的输出电压在线性工作条件下，按电工学中的叠加定理分析如下：

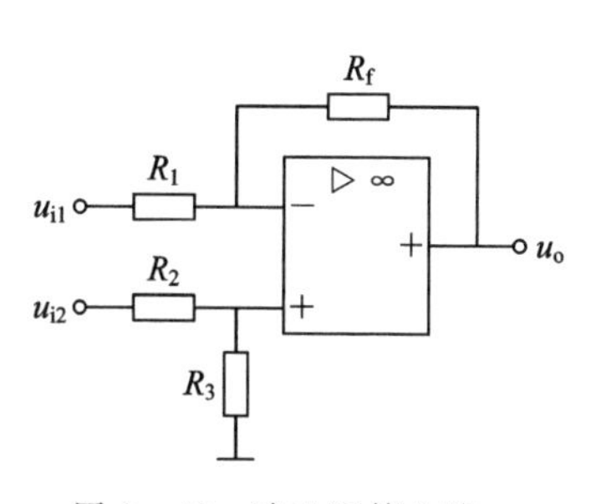

图3－48　减法运算电路

令$u_{i2}=0$，电路属于反相比例运算电路，则

$$u'_o=-\frac{R_f}{R_1}u_{i1}$$

令$u_{i1}=0$，电路属于同相比例运算电路，则

$$u''_o=\left(1+\frac{R_f}{R_1}\right)\frac{R_3}{R_2+R_3}u_{i2}$$

那么，输出电压为

$$u_o=u'_o+u''_o=\left(1+\frac{R_f}{R_1}\right)\frac{R_3}{R_2+R_3}u_{i2}-\frac{R_f}{R_1}u_{i1} \tag{3-35}$$

若选取电阻满足$R_1=R_2$，$R_f=R_3$，则式(3－34)经推导可以得到

$$u_o=\frac{R_f}{R_1}(u_{i2}-u_{i1}) \tag{3-36}$$

即输出电压与两个输入电压之差$u_{i2}-u_{i1}$成正比。

若选取电阻满足$R_1=R_2=R_f=R_3$，则

$$u_o=u_{i2}-u_{i1} \tag{3-37}$$

【例3－15】　在图3－49所示的电路中，已知$R_1=R_4=R_5=10\ \text{k}\Omega$，$R_2=R_6=R_7=20\ \text{k}\Omega$，$u_{i1}=-1\ \text{V}$，$u_{i2}=1\ \text{V}$，求输出电压$u_o$的数值。

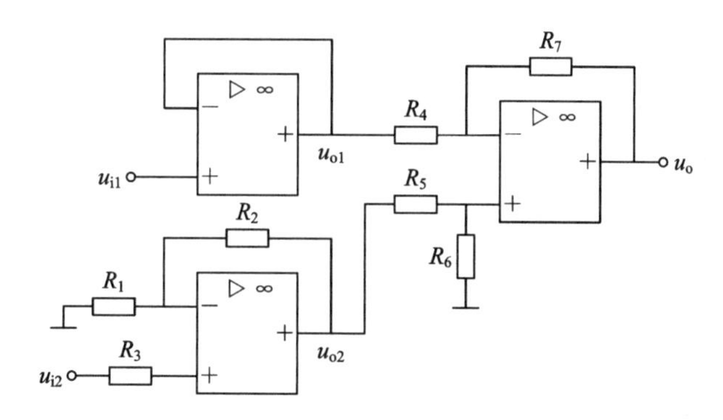

图3－49　例3－15图

解　由图3－49可知

$$u_{o1}=u_{i1}=-1\ \text{V}$$

$$u_{o2}=\left(1+\frac{R_2}{R_1}\right)u_{i2}=3\ \text{V}$$

$$u_o=\frac{R_7}{R_4}(u_{o2}-u_{o1})=8\ \text{V}$$

【例3－16】　在图3－50所示的电路中，已知$u_{i1}=1\ \text{V}$，$u_{i2}=5\ \text{V}$，$R_1=R_4=R_5=10\ \text{k}\Omega$，$R_2=R_6=R_7=20\ \text{k}\Omega$，求输入$u_{i1}$、$u_{i2}$与输出电压$u_o$的关系。

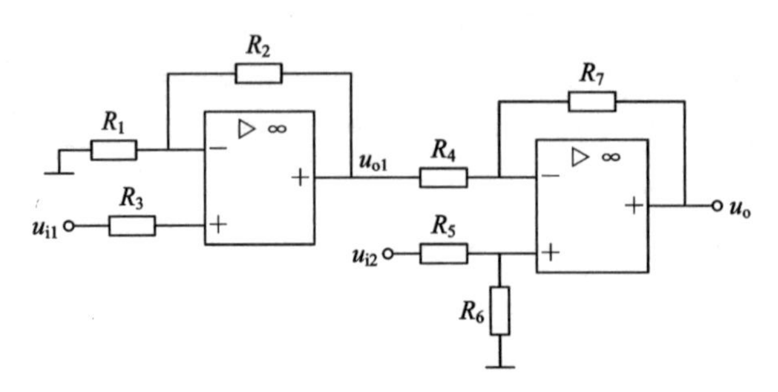

图 3-50　例 3-16 图

解　由图 3-50 可知：

第一级输出为

$$u_{o1}=\left(1+\frac{R_2}{R_1}\right)u_{i1}=3\ \text{V}$$

第二级输出为

$$u_o=\frac{R_7}{R_4}(u_{i2}-u_{o1})=4\ \text{V}$$

3.6.4　积分运算电路

积分运算电路是模拟计算机中的基本单元，利用它可以实现对微分方程的模拟，能对信号进行积分运算。此外，积分运算电路在控制和测量系统中应用也非常广泛。

在图 3-51 所示的反相输入放大器中，将反馈电阻 R_f 换成电容 C，就成了积分运算电路，如图 3-51(a)所示。积分运算电路也称为积分器。

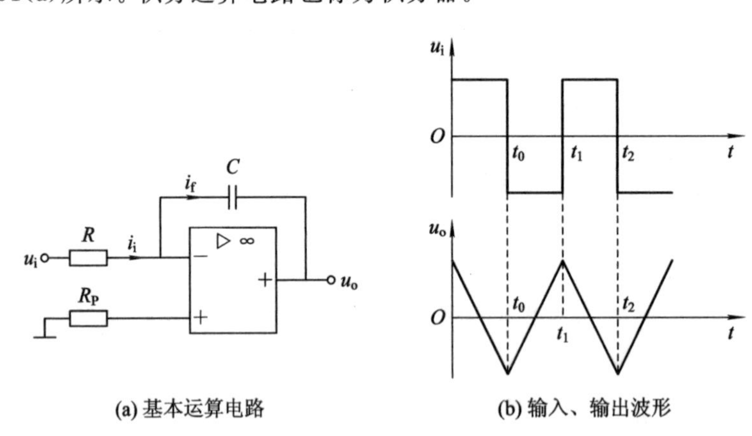

图 3-51　积分运算电路

由于反相输入放大电路的反相输入端为虚地，所以输出电压只取决于反馈电流与反馈支路元件的伏安特性，输入电流只取决于输入电压与输入支路元件的伏安特性。

由于 $i_i=i_f$，可得

$$u_o=-u_c=-\frac{1}{C}\int_{t_0}^{t}\frac{u_i}{R}\mathrm{d}t+u_c\big|_{t_0}=-\frac{1}{RC}\int_{t_0}^{t}u_i\mathrm{d}t+u_c\big|_{t_0} \tag{3-38}$$

式(3-38)表明，输出电压与输入电压对时间的积分成比例，实现了积分运算。其中，

$u_c|_{t_0}$ 是电容两端在 t_0 时刻时的电压，即电容的初始电压值。在图 3-51(a)中，R_P 是平衡电阻，一般取 $R_P=R$。若输入为方波，则由式(3-38)可得输出波形，如图 3-51(b)所示，它可以将输入的方波转变为三角波输出。

若 u_i 是恒定电压 U，代入式(3-38)，得到

$$u_o=-\frac{1}{RC}U\cdot t \tag{3-39}$$

式(3-39)表明，输出电压随时间线性增加，极性与输入电压相反，如图 3-52 所示。其增长速率与电压和积分时间常数 τ 有关($\tau=RC$)。当输出电压 u_o 达到运放输出最大值时，积分作用无法继续，运放进入饱和状态，输出电压达到最大值。

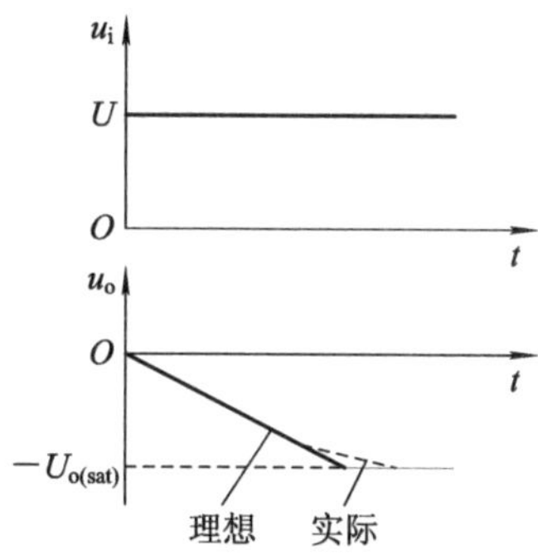

图 3-52　当 $u_i=U$ 时的输入、输出波形

实际上，由于运放存在着失调电流，电容也有漏电现象，这些因素会使电容充电速度变慢，从而出现非线性积分误差，如图 3-52 中虚线所示。

【例 3-17】 在图 3-51(a)中，$R_3=50\ \text{k}\Omega$，$C=1\ \mu\text{F}$，u_i 为一正向阶跃电压，并且当 $t<0$ 时，$u_i=0$ V，当 $t\geqslant0$ 时，$u_i=1$ V，运放的最大输出电压 $U_{OM}=\pm12$ V，试求 $t\geqslant0$ 范围内 u_o 与 u_i 之间的运算关系，并画出波形。

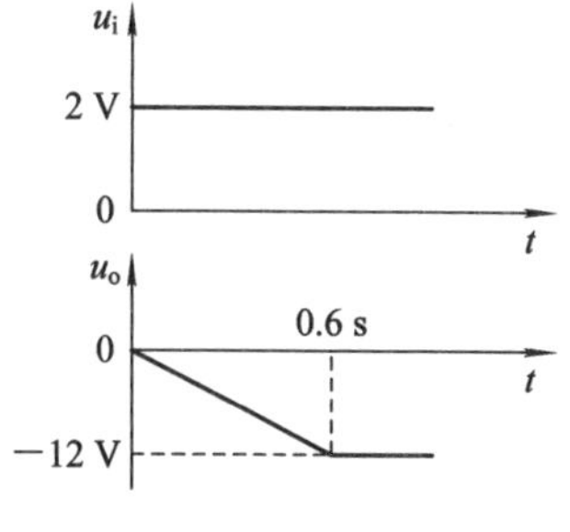

图 3-53　例 3-17 图

解　根据题意，当 $t\geqslant0$ 时，$u_i=1$ V，则由式(3-38)可得

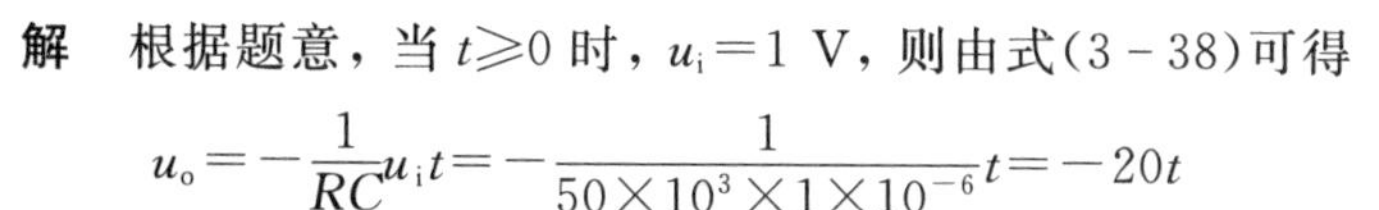

$$u_o=-\frac{1}{RC}u_it=-\frac{1}{50\times10^3\times1\times10^{-6}}t=-20t$$

则当 $u_o=U_{OM}=-12$ V 时，$t=\frac{-12}{-20}=0.6$ s，波形如图 3-53 所示。

3.6.5　微分运算电路

微分是积分的逆运算，将积分运算电路的电阻和电容位置互换，就可实现微分运算，如图 3-54(a)所示。

由于反相输入端为虚地，输入支路是电容，输入电流与输入电压成微分关系，$i_i=i_f=C\frac{du_i}{dt}$，反馈支路是电阻，则有

$$u_o=-i_fR=-i_iR=-RC\frac{du_i}{dt} \tag{3-40}$$

式(3-40)表明，输入电压 u_i 与输出电压 u_o 有微分关系。

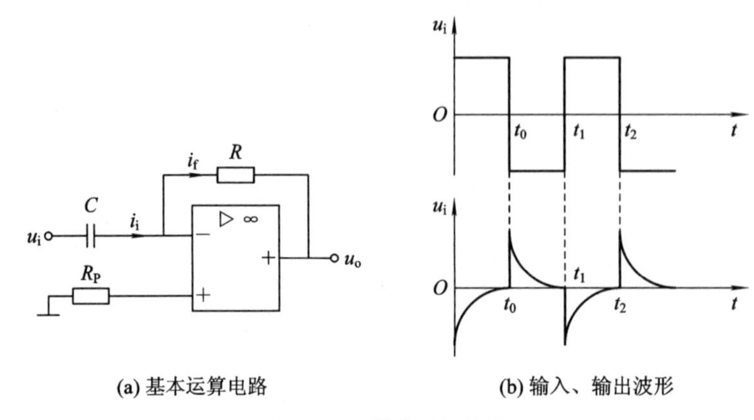

图 3-54　微分运算电路

当输入电压为一矩形波时，在矩形波的变化沿，运放有尖脉冲输出，而当输入电压不变，即 $du_i/dt=0$ 时，运放将无电压输出，如图 3-54(b)所示。

由图 3-54(b)可知，*RC* 微分运算电路可把方波转换为尖脉冲波，即只有输入波形发生突变的瞬间才有输出，并且输出的尖脉冲波形的宽度与 *RC*(即电路的时间常数 τ)有关，*RC* 越小，尖脉冲波形越尖；反之则宽。而对恒定部分则没有输出。此电路的 *RC* 必须远远小于输入波形的宽度，否则就失去了波形变换的作用，变为一般的 *RC* 耦合电路了，一般 *RC* 小于或等于输入波形宽度的 1/10 就可以了。

上述微分运算电路还存在一定的问题，从式(3-39)中可以看出，该微分运算电路是一个高通网络，对高频干扰及高频噪声反应灵敏，会使输出的信噪比下降。此外，电路中 *R*、*C* 具有滞后移相作用，与运算本身的滞后移相相叠加，容易产生高频自励，使电路不稳定。因此，实用中常用如图 3-55 所示的改进电路。

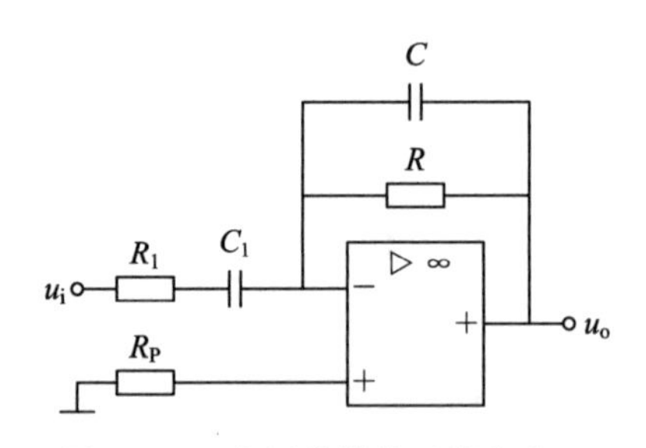

图 3-55　实用的微分运算电路

在图 3-55 中，R_1 的作用是限制输入电压突变，C_1 的作用是增强高频负反馈，从而抑制高频噪声，提高工作的稳定性。另外，还可以在反馈回路并联一个具有一定稳压值的稳压管，以限制输出电压。该电路是近似微分运算电路。

【例 3-18】 为了保证自动控制系统的稳定运行，提高控制质量，在一些自动控制系统中常引入比例-积分-微分校正电路，简称 PID 校正电路，如图 3-56 所示。

解 根据虚短和虚断的概念，由图可得

$$i_{R1}=\frac{u_i}{R_1},\quad i_{C1}=C_1\frac{du_i}{dt}$$

$$i_{\mathrm{f}}=i_{\mathrm{R1}}+i_{\mathrm{C1}}=\frac{u_{\mathrm{i}}}{R_1}+C_1\frac{\mathrm{d}u_{\mathrm{i}}}{\mathrm{d}t}$$

$$\begin{aligned}u_{\mathrm{o}}&=-\left(i_{\mathrm{f}}R_{\mathrm{f}}+\frac{1}{C_{\mathrm{f}}}\int i_{\mathrm{f}}\mathrm{d}t\right)\\&=-\left[\left(\frac{R_{\mathrm{f}}}{R_1}+\frac{C_1}{C_{\mathrm{f}}}\right)u_{\mathrm{i}}+\frac{1}{C_{\mathrm{f}}R_1}\int u_{\mathrm{i}}\mathrm{d}t+C_1R_{\mathrm{f}}\frac{\mathrm{d}u_{\mathrm{i}}}{\mathrm{d}t}\right]\end{aligned}$$

此式说明输出电压与输入电压成比例-积分-微分关系。有时也称它为比例-积分-微分放大器或 PID 调节器。

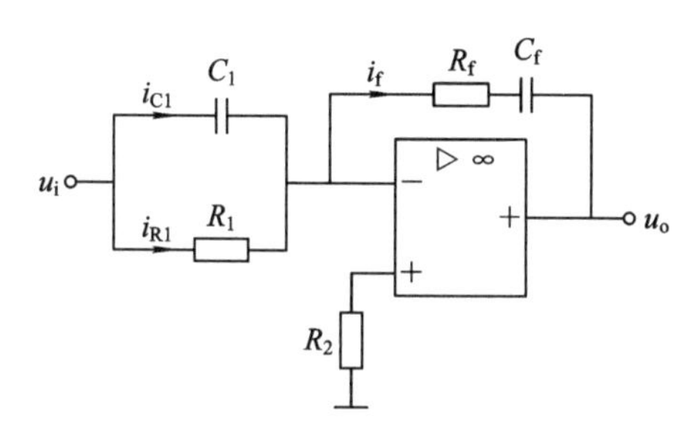

图 3-56　例 3-18 图

由以上运算电路分析可知，运算大多采用反相输入方式，这是因为反相输入运算放大电路的输出电压只取决于反馈电流与反馈支路的伏安特性，输入电流只取决于输入电压与输入支路元件的伏安特性，输入电流等于反馈电流。因此，这为组成运算电路带来了极大方便。要实现 $y=f(x)$的运算，只要找到伏安特性符合 $y=f(x)$的元件接入反馈支路，电阻接入输入支路即可；若要实现逆运算，只要将两个支路的元件互换即可。用这种方法可以实现对数运算、指数运算、除法运算等。

3.7　有源滤波电路

滤波器的功能是让某些频率的信号比较顺利地通过，而其他频率的信号受到较大抑制。在实际的电子系统中，输入信号往往包含一些不需要的信号成分，可以用滤波器将其衰减到足够小的程度，或者将有用的信号挑选出来。

滤波电路可以只用一些无源元件 R、L、C 组成，也可以包含某些有源元件，前者称为无源滤波器，后者称为有源滤波器。与无源滤波器相比，有源滤波器的主要优点是具有一定的信号放大和带负载能力，可以很方便地改变其特性参数。另外，由于有源滤波器不使用电感元件，因此可以减小滤波器的体积和重量。有源滤波器在信息处理、数据传输、抑制干扰等方面有着广泛的应用。但是，由于通用型集成运放的带宽优先，所以目前有源滤波器的工作频率较低，一般在几千赫以下(采用特殊器件也可以达到几兆赫)，而在频率较高的场合，采用 LC 无源滤波器效果较好。

有源滤波器实际上是一种具有特定频率响应的放大器。它是在运算放大器的基础上增加一些 R、C 等无源元件而构成的。根据对频率范围的选择不同，可分为低通(LPF)、高通(HPF)、带通(BPF)与带阻(BEF)四种滤波器，理想状态下它们的幅频特性如图 3-57 所示。其中，通带指的是允许信号通过的频段，阻带指的是信号衰减到零的频段。

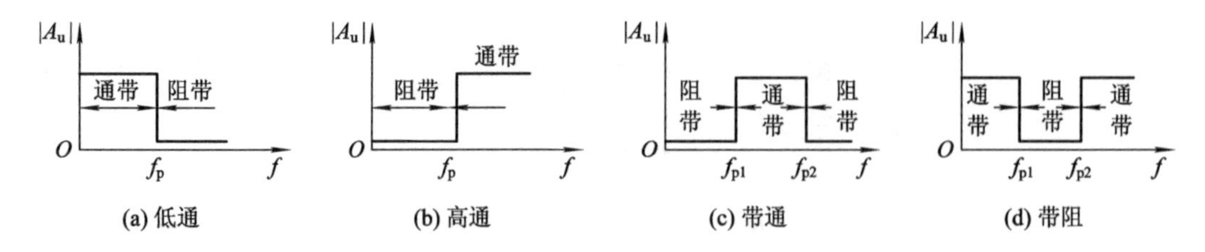

图 3-57　各种滤波器的理想幅频特性

实际上，任何滤波器均不可能具备图 3-57 所示的幅频特性，实际滤波电路的幅频特性如图 3-58 所示，在通带和阻带之间存在着过渡带。过渡带越窄，电路的选择性越好，滤波特性越理想。

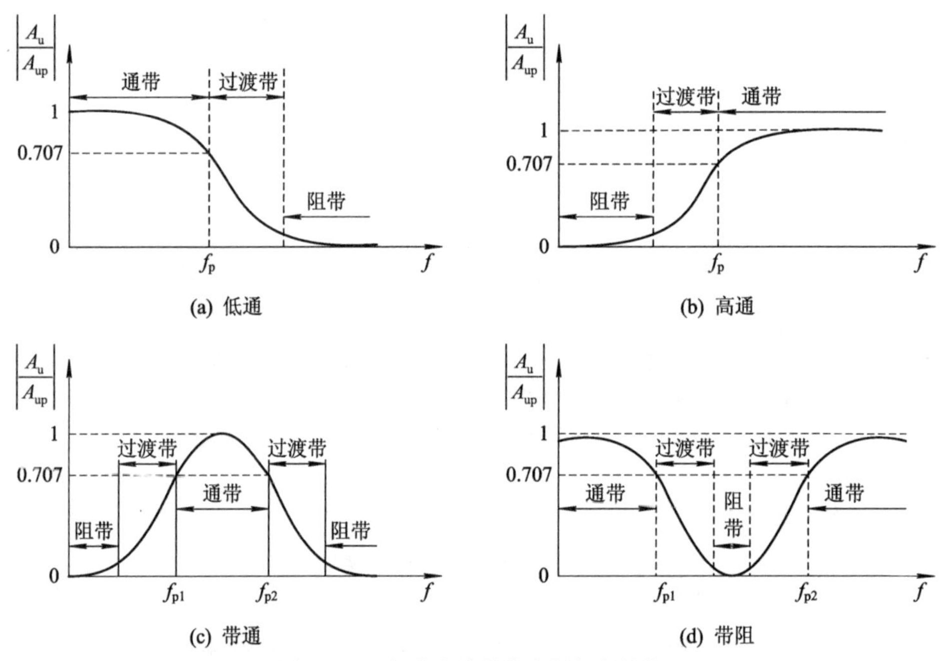

图 3-58　各种滤波器的实际幅频特性

3.7.1　低通滤波电路(LPF)

理想的低通滤波电路的幅频特性如图 3-57(a)所示。它表明允许低于 f_p 的低频信号通过，高于 f_p 的高频信号则被抑制，f_p 称为通带截止频率。例如，有一个较低频率的信号，其中包括一些较高频率成分的干扰。经过低通滤波器后可以滤出干扰成分。低通滤波器的滤波过程如图 3-59 所示。

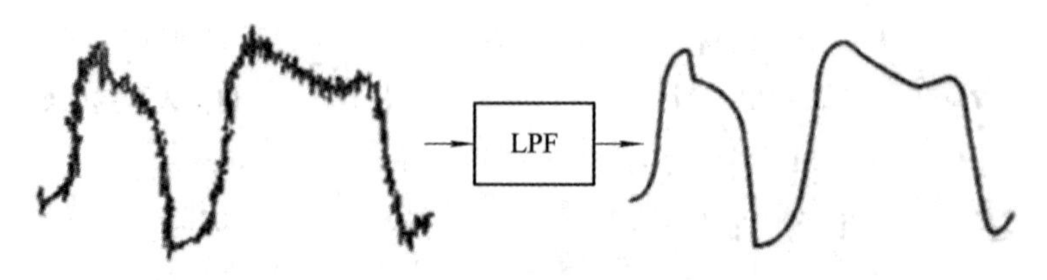

图 3-59　低通滤波器的滤波过程

最简单的一阶无源 RC 低通滤波电路如图 3-60(a)所示，它使高频信号衰减的原因是电容 C 的容抗随信号的频率增加而减小，使输入 u_i 中的高频成分经过滤波器处理后的 $|A_u|=\left|\frac{u_o}{u_i}\right|$ 值也随频率的增加而下降，直至降到零，而低频信号的衰减较小，易于通过，所以称为低通滤波器。这种电路的突出问题是带负载能力差。为了克服这个缺点，可以在 RC 无源滤波电路和负载 R_L 之间接入一个由集成运放组成的同相比例器，从而构成最简单的有源低通滤波器，如图 3-60(b)所示。有源滤波器利用放大电路将经过无源滤波网络处理的信号进行放大，它不但可以保持原来的滤波特性(幅频特性)，而且还可以提供一定的信号增益。同时，运放将 R_L 与滤波网络隔离，使得 R_L 的变化不会影响 A_u 与通频带的范围。

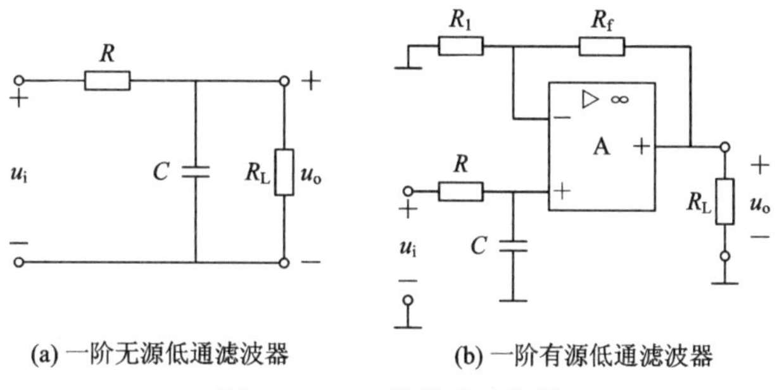

(a) 一阶无源低通滤波器　　(b) 一阶有源低通滤波器

图 3-60　一阶低通滤波器

由图 3-60(b)可知

$$\dot{A}_u=\frac{\dot{U}_o}{\dot{U}_i}=\left(1+\frac{R_f}{R_1}\right)\frac{\frac{1}{j\omega C}}{1+\frac{1}{j\omega C}}=\frac{\dot{A}_{up}}{1+j\frac{f}{f_p}} \tag{3-41}$$

其中，通带电压放大倍数为

$$\dot{A}_{up}=1+\frac{R_f}{R_1} \tag{3-42}$$

通带截止频率为

$$f_p=f_o=\frac{1}{2\pi RC} \tag{3-43}$$

由式(3-43)可得低通滤波器的归一化幅频特性，如图 3-61 所示。图 3-62 所示的反相输入的有源低通滤波电路将 R、C 元件接入反馈支路。随着频率的增加，电容 C 的容抗下降，反馈加深，电压放大倍数下降，它的幅频特性与图 3-61 所示一致。一阶低通滤波电路的特点是电路简单，阻带衰减慢，选择性较差。

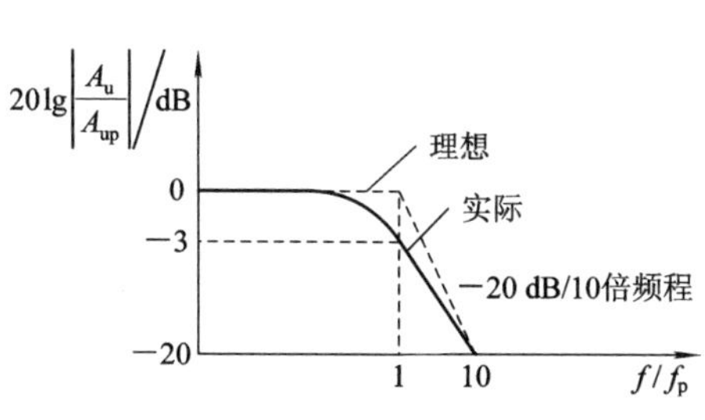

图 3-61　一阶低通滤波器的幅频特性

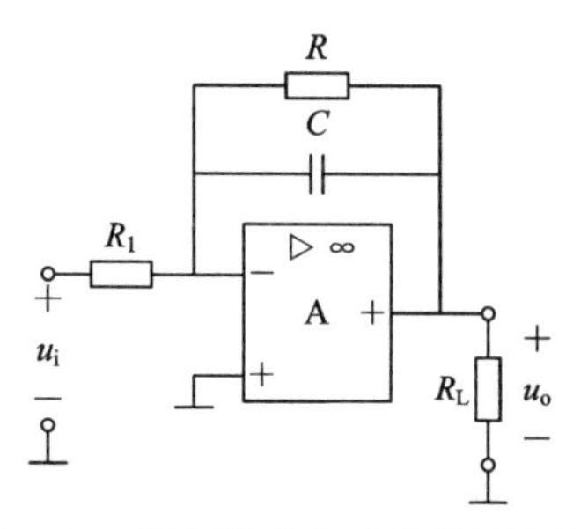

图 3-62　反相输入方式的低通滤波器

为了使输出电压在高频段以更快的速率下降，以改善滤波效果，再加一节 RC 低通滤波环节，称为二阶有源低通滤波电路。它比一阶低通滤波器的滤波效果更好。二阶有源低通滤波器的基本电路如图 3-63(a)所示，其幅频特性如图 3-63(b)所示。

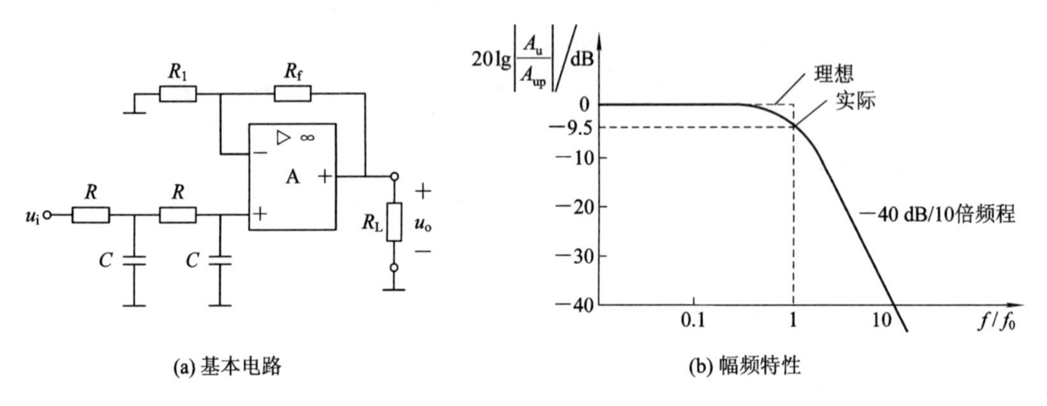

图 3-63 二阶有源低通滤波器

图 3-63 所示电路的缺点是在 $f=f_p$ 附近，输出幅度衰减大。图 3-64(a)所示的是实用的二阶低通滤波器，又称为二阶压控型低通滤波器。由于该滤波器引进了正反馈，因此提升了 f_p 附近的 A_u。定义 $Q=\frac{1}{3-A_{uf}}$ 为电路的等效品质因数，则该电路的幅频特性如图 3-64(b)所示。为防止电路自励，应使 $A_{uf}<3$。

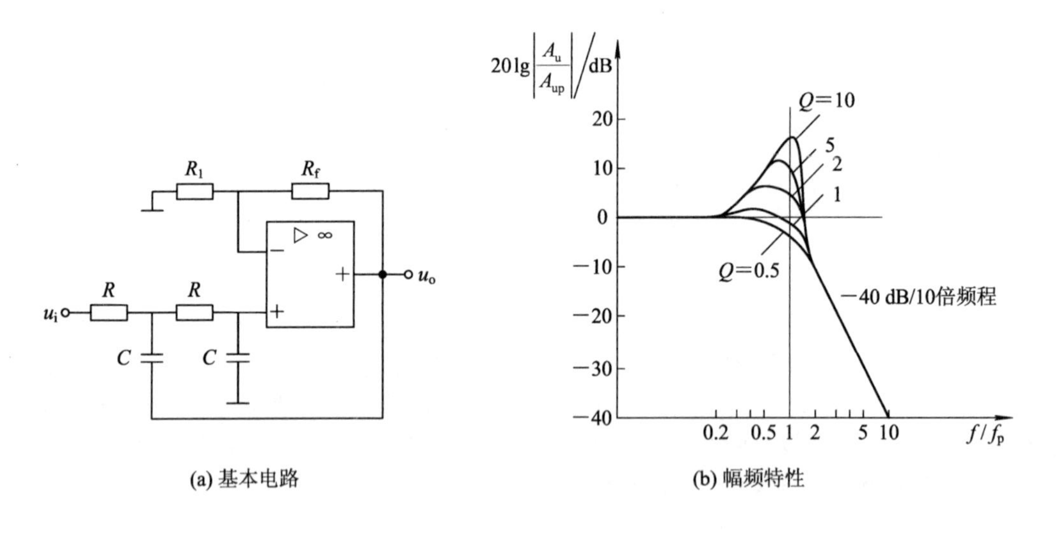

图 3-64 二阶压控型低通滤波器

3.7.2 高通滤波电路(HPF)

将低通滤波器中的 R 和 C 对调，即可得到对应的高通滤波器。图 3-65 为二阶压控型高通滤波器的基本电路和幅频特性。

当 $f \ll f_0$ 时，幅频特性曲线的斜率为 +40 dB/dec；当 $A_{up} \geq 3$ 时，电路自励。

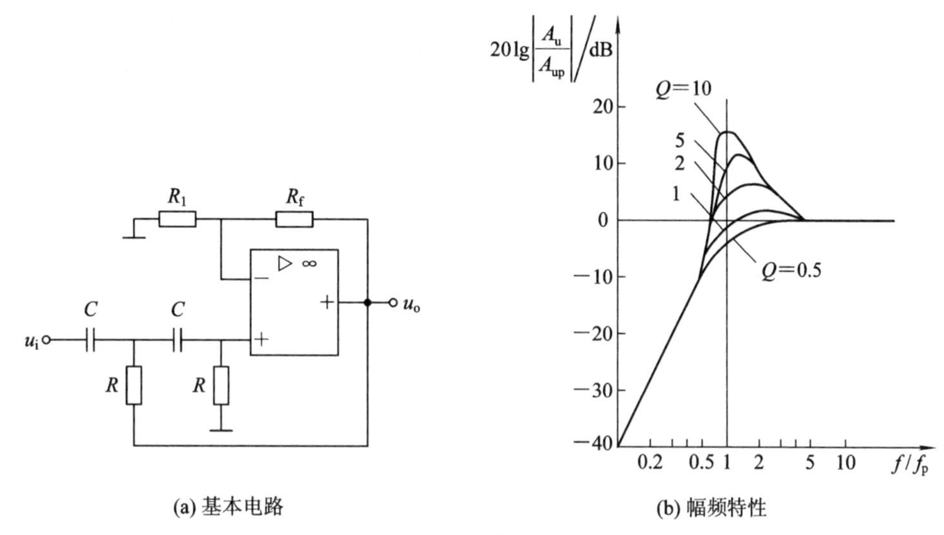

(a) 基本电路　　(b) 幅频特性

图 3－65　二阶压控型高通滤波器

3.7.3　带通滤波电路(BPF)

带通滤波器的幅频特性如图 3－66 所示。频率在 $f_{p1}<f<f_{p2}$ 的信号可以通过，而在此范围外的信号则被阻断。把带通滤波器的幅频特性与高通和低通滤波器的幅频特性相比，不难看出，如果低通滤波器的上限截止频率 f_{p2} 高于高通滤波器的下限截止频率 f_{p1}，把这样的低通与高通滤波器“串接”就可组成带通滤波器。在低频时，整个滤波器的幅频特性取决于高通滤波器；而在高频时，整个滤波器的幅频特性取决于低频滤波器。

图 3－67 是由低通与高通滤波器“串接”组成的二阶压控型带通滤波器。电路的中心频率 $f_0=\dfrac{1}{2\pi RC}$，通频带 $BW=f_{p2}-f_{p1}=\dfrac{f_0}{Q}$。

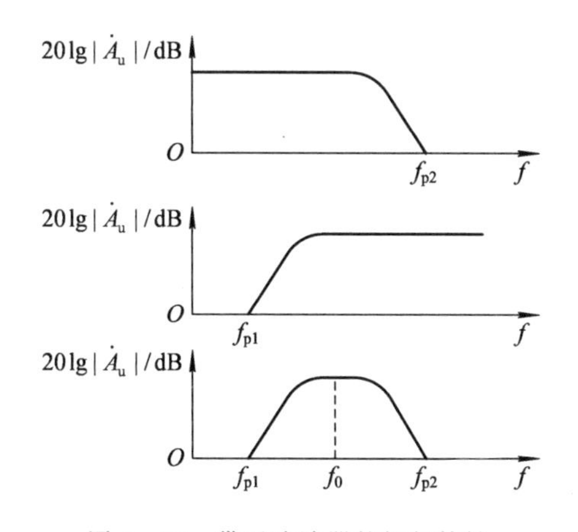

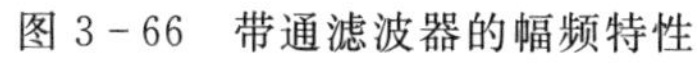
图 3－66　带通滤波器的幅频特性

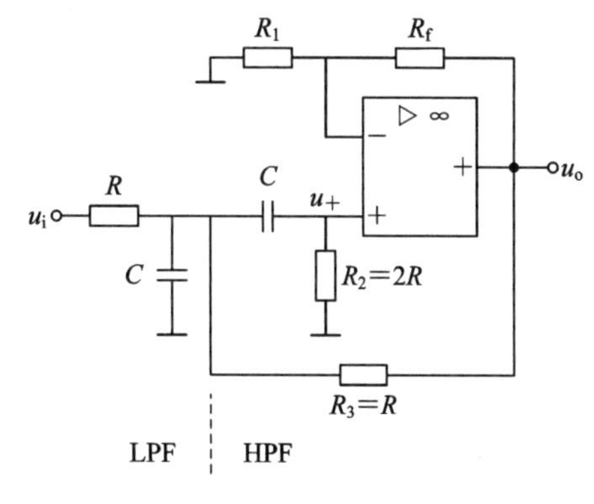

图 3－67　二阶压控型带通滤波器

3.7.4　带阻滤波电路(BEF)

带阻滤波器的幅频特性如图 3－68 所示。它表明频率在 $f_{p1}<f<f_{p2}$ 的信号被阻断，而此频率范围之外的信号都能通过。带阻滤波器可以由高通滤波器和低通滤波器“并联”组成，在

低通的上限截止频率 f_{p2} 小于高通的下限截止频率 f_{p1} 的条件下，就可组成带阻滤波器。之所以必须并联，是因为在低频时，只有低通滤波器起作用，而高通滤波器不起作用，在频率较高而低通滤波器不起作用后，仍需要高通滤波器起作用。但是有源滤波器并联比较困难，电路元件也较多。因此，常用无源的低通和高通滤波电路并联，组成无源带阻滤波电路，再将它与集成运放组合成有源带阻滤波器。图 3-69 为二阶压控型带阻滤波器。

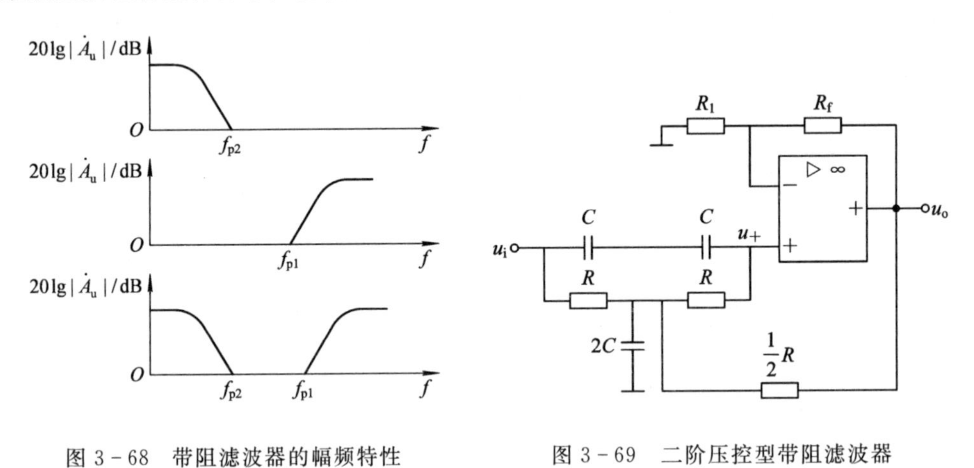

图 3-68　带阻滤波器的幅频特性

图 3-69　二阶压控型带阻滤波器

3.8　电压比较器

前面介绍的模拟运算电路和有源滤波电路属于集成运放的线性应用范围，电路中都引入了深度负反馈。当集成运放处于开环或正反馈方式时，运放的工作范围将跨越线性区，进入非线性区。此时运放的同相输入端和反相输入端不再虚短，输出电压也不随输入电压连续线性变化，当 $u_+ > u_-$ 时，输出是正向饱和电压 $+U_{om}$；当 $u_+ < u_-$ 时，输出是反向饱和电压 $-U_{om}$，即工作在非线性区的运放只有两种输出状态，这两种状态分别称为输出高电平与输出低电平。集成运放在非线性区的典型应用电路是构成各种电压比较器。电压比较器是模拟信号和数字信号间的桥梁，在数字仪表、自动控制、电平检测、波形产生等方面应用极广。

3.8.1　单值电压比较器

单值电压比较器的基本功能是比较两个电压的大小，并由输出的高电平或低电平来反映比较结果。两个输入量分别施加于运放的两个不同的输入端，其中一个是基准电压 U_R，另一个是输入信号 u_i。电压比较器按输入方式的不同可以分为反相输入电压比较器和同相输入电压比较器，图 3-70(a)为反相输入比较器的基本电路。运放在电路中处于开环状态(有时还要引入正反馈来改善性能)，当 $u_i > U_R$ 时，输出电压为负饱和值 $-U_{om}$；当 $u_i < U_R$ 时，输出电压为正饱和值 $+U_{om}$，其传输特性如图 3-70(b)所示。可见，只要输入电压在基准电压 U_R 处稍有正负变化，输出电压 u_o 就在负最大值和正最大值处变化。

作为特殊情况，若图 3-70(a)中 $U_R=0$，即集成运放的同相端接地，则基准电压为 0 V，这时的比较器称为过零电压比较器。

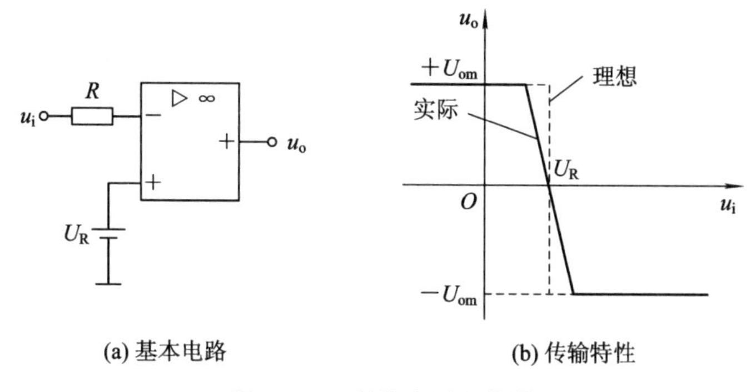

图 3-70　单值电压比较器

图 3-71 为同相输入过零电压比较器及其传输特性。

过零电压比较器可以作为零电平检测器，也可将不同规则的输入波形整形成规则的矩形波，如图 3-72 所示。

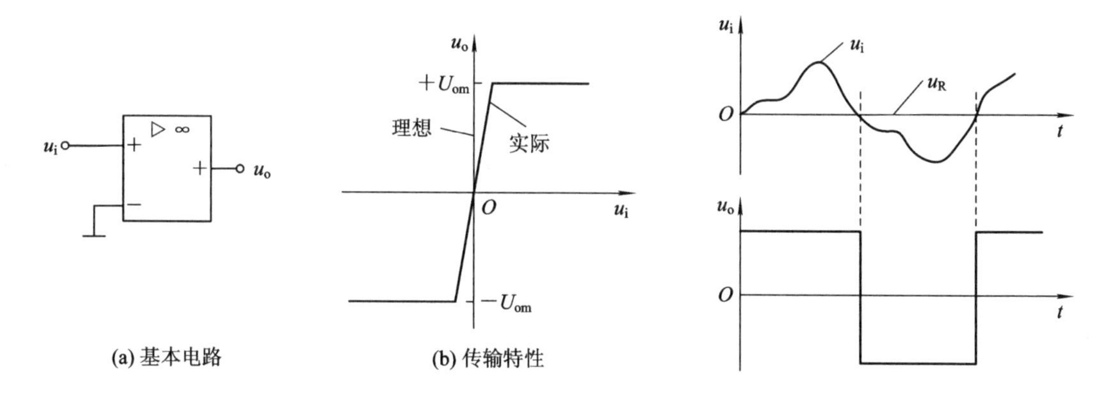

图 3-71　过零电压比较器　　　　图 3-72　过零电压比较器整形的波形

由于实际集成运放的开环放大倍数不是无穷大，因此过零电压比较器的输出电压不能直接从一个值转变到另一个值，而是沿着一条斜线变化。运放的开环放大倍数越大，斜线的斜率越大，则过零电压比较器的灵敏度越高。

单值电压比较器电路简单，灵敏度高，但抗干扰能力差，如图 3-73 所示。若 u_i 在参考电

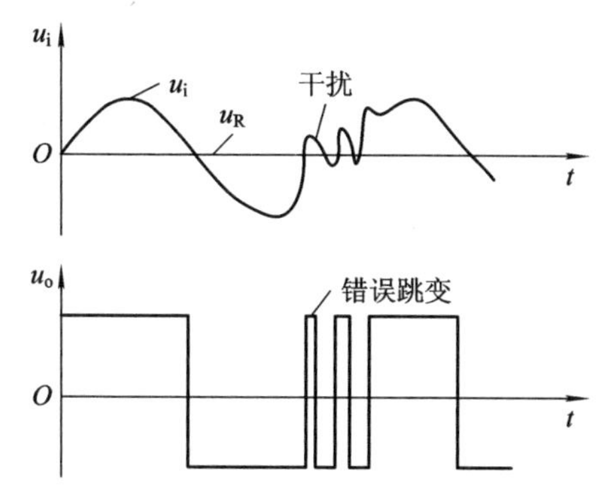

图 3-73　单值电压比较器受干扰输出波形

压 $U_R=0$ 附近有噪声或干扰，则输出波形将产生错误的跳变，直至 u_i 远离 U_R 值，输出波形才稳定下来。如果用受干扰的 u_o 波形去计数，则计数值必然会多出许多，从而造成极大的误差。

为了提高电压比较器的抗干扰能力，可以采用滞回电压比较器。

3.8.2 滞回电压比较器

反相输入的滞回电压比较器如图 3－74(a)所示。它将输出电压通过电阻 R_F 再反馈到同相输入端，引入了电压串联正反馈。电路中，同相输入端接有基准电压 U_R。同相输入端的电压 u_+ 由基准电压 U_R 和输出电压 u_o 共同决定，u_o 有 $-U_{om}$ 和 $+U_{om}$ 两个状态。可以用叠加定理分析该电压比较器的两个输入触发电平。

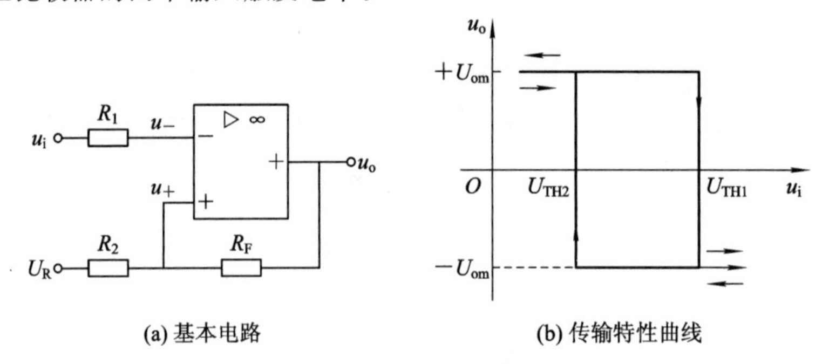

(a) 基本电路　　(b) 传输特性曲线

图 3－74　滞回电压比较器

当电路输出正饱和电压时，得上限门限电平 U_{TH1}，有

$$U_{TH1}=U_R\frac{R_F}{R_2+R_F}+U_{om}\frac{R_2}{R_2+R_F} \tag{3-44}$$

当电路输出负饱和电压时，得下限触发电平 U_{TH2}，有

$$U_{TH2}=U_R\frac{R_F}{R_2+R_F}-U_{om}\frac{R_2}{R_2+R_F} \tag{3-45}$$

由式(3－44)和式(3－45)可知，$U_{TH1}>U_{TH2}$。因此，当输入电压 $u_i>U_{TH1}$ 时，电路翻转而输出负饱和电压 $-U_{om}$；当输入电压 $u_i<U_{TH2}$ 时，电路再次翻转并输出正饱和电压 $+U_{om}$。

假设开始时 u_i 足够低，电路输出正饱和电压 $+U_{om}$，此时运放同相端对地电压等于 U_{TH1}。当输入信号 u_i 逐渐增大到刚刚超过上限门限电压 U_{TH1} 时，电路立即翻转，输出由 $+U_{om}$ 翻转到 $-U_{om}$，如果 u_i 继续增大，输出电压不变，则保持 $-U_{om}$。

如果 u_i 开始下降，u_o 保持 $-U_{om}$ 值，即使 u_i 达到 U_{TH1}，因为 u_i 仍大于 U_{TH2}，所以电路仍不会翻转。当 u_i 降至 U_{TH2} 时，电路才发生翻转，输出由 $-U_{om}$ 回到 $+U_{om}$。传输特性曲线如图 3－74(b)所示，具有滞回特性，有时也称为施密特特性。从特性曲线上可以看出，u_i 从小于 U_{TH2} 逐渐增大到超过 U_{TH1} 门限电压时，电路翻转，u_i 从大(大于 U_{TH1})向小变化到小于 U_{TH2} 门限电压时，电路再次翻转，而 u_i 在 U_{TH1} 和 U_{TH2} 之间时，电路输出保持原状态。把两个门限电压的差值称为回差电压 ΔU_{TH}，则

$$\Delta U_{TH}=U_{TH1}-U_{TH2}=2U_{om}\frac{R_2}{R_2+R_F} \tag{3-46}$$

式(3－46)表明，回差电压 ΔU_{TH} 与基准电压 U_R 无关。

由以上分析可知，回差电压的存在可大大提高电路的抗干扰能力，只要干扰电压不超过回差电压，就不影响输出结果。

3.8.3　集成电压比较器

前面介绍的电压比较器是采用高增益的集成运放构成的。对于两个模拟信号的比较，还可以直接采用集成电压比较器，其响应速度快，传输延迟时间短，而且不需外加限幅电路就可以直接驱动 TTL、CMOS 和 ECL 等集成数字电路，有些芯片带负载能力很强，还可直接驱动继电器和指示灯，使用更为方便。集成电压比较器已成为模拟集成电路中的重要单元电路。

按照功能不同，集成电压比较器可分为通用型、高速型、低功耗型、低电压型和高精度型。此外，还有的集成电压比较器带有选通端，用来控制电路是处于工作状态还是处于禁止状态。下面介绍常用的集成电压比较器。

1. 通用型集成电压比较器 AD790

AD790 为双列直插式单集成电压比较器，端子排列如图 3－75 所示。与集成运放相同，它有同相和反相两个输入端，分别是端子 2 和 3；正、负两个外接电源 U_S 分别为端子 1 和 4，当单电源供电时，$-U_S$ 应接地。此外，端子 8 接逻辑电源，其取值取决于负载所需高电平，为了驱动 TTL 电路，应为＋5 V，此时比较器输出高电平为 4.3 V；端子 5 为锁存控制端，当它为低电平时，锁存输出信号。

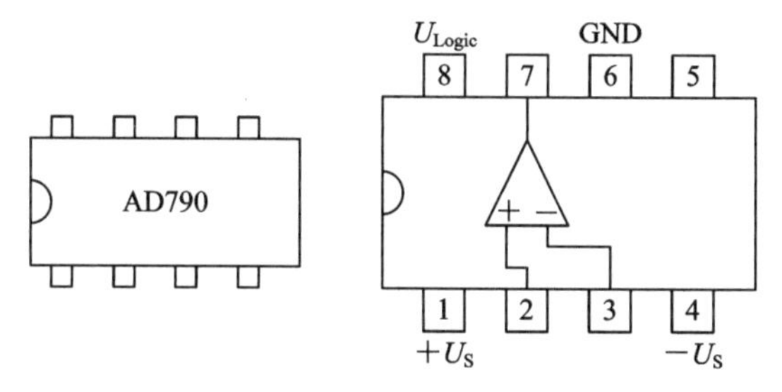

图 3－75　AD790 端子排列图

图 3－76 为 AD790 的三种基本接法。图中电容均为去耦电容，用于滤去比较器输出变化时电源电压的波动。图 3－76(a)为±5 V 双电源供电，逻辑电源为 5 V；图 3－76(b)为单电源供电，逻辑电源为＋5 V，电路中的 510 Ω 电阻是输出高电平时的上拉电阻；图 3－76(c)为±15 V 双电源供电，逻辑电源为＋5 V。

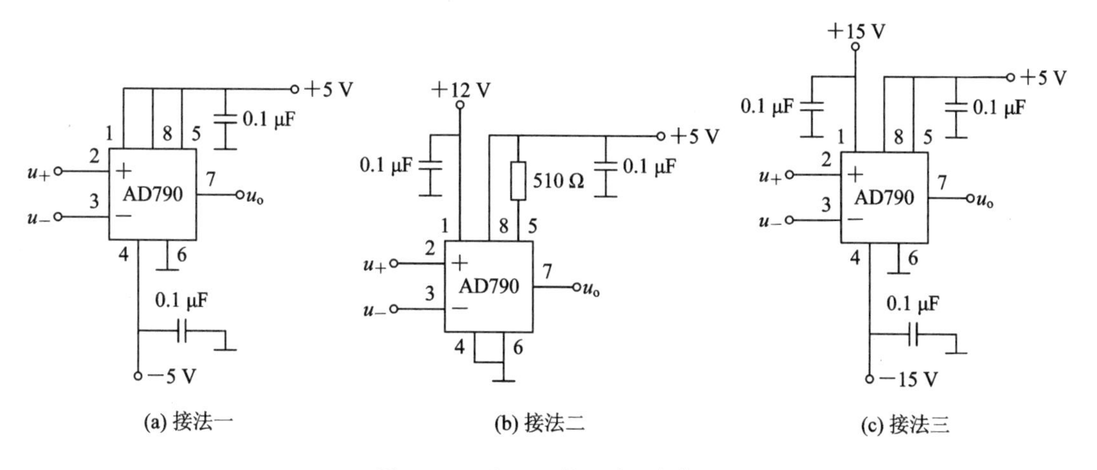

图 3－76　AD790 的三种基本接法

2. 集电极开路的集成电压比较器 LM339

LM339 集成块内部装有四个独立的电压比较器，其特点如下：

（1）失调电压小，典型值为 2 mV。

（2）电源电压范围宽，单电源为 2～36 V，双电源为±1～±18 V。

（3）对比较信号源的内阻限制较宽。

（4）共模范围很大，为 0～(U_{CC}－1.5 V)。

（5）差动输入电压范围较大，大到可以等于电源电压。

（6）输出端电位可灵活方便地选用。

LM339 集成块采用 C－14 型封装，图 3－77 为其端子排列图。由于 LM339 使用灵活，应用广泛，所以世界上各大 IC 生产厂、公司竞相推出自己的产品，如 IR2339、ANI339、SF339 等，它们的参数基本一致，可互换使用。

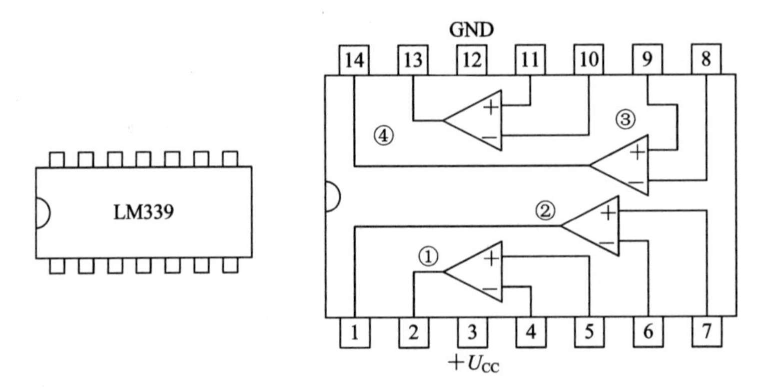

图 3－77　LM339 端子排列图

LM339 的输出是集电极开路，在使用时必须接一只 3～15 kΩ 的上拉电阻。选不同阻值的上拉电阻会影响输出端电位的值。另外，各比较器的输出端允许连接在一起使用。

LM339 的两个输入端电压差别大于 10 mV 时就能确保输出从一种状态可靠转换到另一种状态，因此，把 LM339 用在弱信号检测等场合是比较理想的。

图 3－78(a)为 LM339 构成的滞回电压比较器，图 3－78(b)为其传输特性。

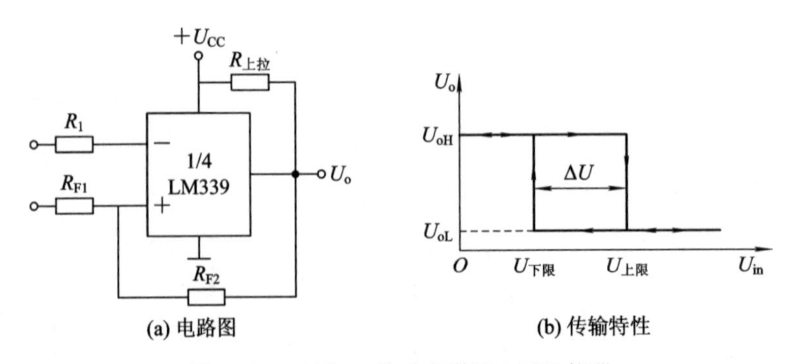

图 3－78　LM339 构成的滞回电压比较器

图 3－79 为某仪器的过热检测保护电路。它用单电源供电，1/4 LM339 的反相输入端加一个固定的参考电压，其值取决于 R_1 和 R_2，即

$$U_R=\frac{R_2}{R_1+R_2}U_{CC}$$

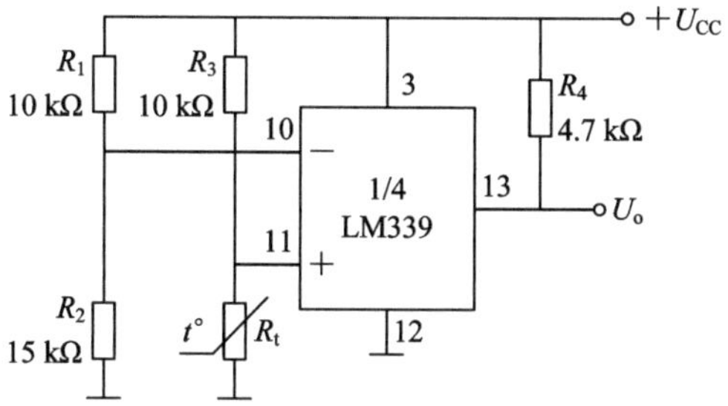

图 3-79　LM339 应用电路

同相端的电压就等于热敏元件 R_t 的电压降。当机内温度为设定值以下时，$u_+>u_-$，U_o 为高电位。当机内温度上升为设定值以上时，$u_+<u_-$，比较器反转。U_o 输出为低电位，使保护电路动作。调节 R_1 的值可以改变门限电压，即设定温度值的大小。

3.9　波形发生电路

波形发生电路是指在无须外加激励信号的情况下，将直流电源的能量转换成按特定频率变化的交流信号能量的电路，又称为振荡器或振荡电路，包括正弦波振荡电路和非正弦波振荡电路，它们不需要外加输入信号就能产生各种周期性的连续波形，如正弦波、方波、三角波和锯齿波等。波形发生电路在测量、自动控制、通信、无线电广播、遥测、遥感等许多技术领域中有着广泛的应用，如无线发射机中的载波信号源、超外差收音机中的本振信号源、电子测量仪器中的正弦波信号源、数字系统中的时钟信号源等，还有高频加热设备和医用电疗仪器中的正弦交变电源等。本节主要介绍波形的产生过程。

3.9.1　正弦波振荡电路

1. 自励振荡条件

正弦波振荡电路是一种不需外加信号作用就能够输出不同频率正弦信号的自励振荡电路。图 3-80 为应用比较广泛的反馈式正弦波振荡电路方框图。

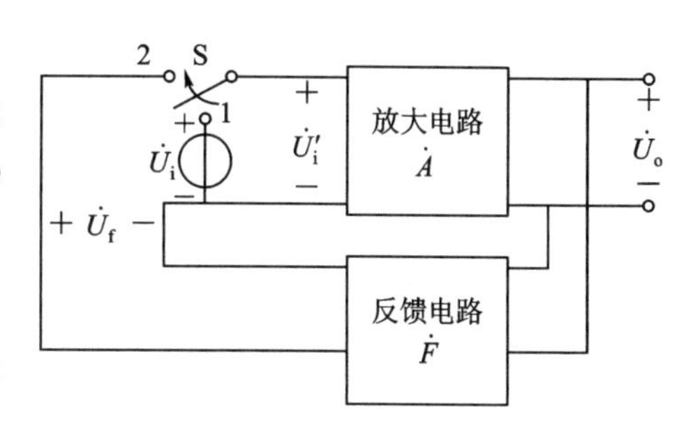

图 3-80　反馈式正弦波振荡电路方框图

当开关 S 打在端点 1 处时，放大电路没有反馈，其输入电压为外加输入信号(设为正弦信号)$\dot{U}_i$，经放大后，输出电压为 $\dot{U}_o$。如果通过正反馈引入的反馈信号与 $\dot{U}'_i$ 的幅度和相位相同，即 $\dot{U}_f=\dot{U}'_i$，那么，可以用反馈电压代替外加输入电压，这时如果将开关 S 打到 2 上，即使去掉输入信号 $\dot{U}_i$，仍能维持稳定输出，此时电路就成为不需要输入信号就有输出信号的自励振荡电路。

由图 3-80 可知，产生振荡的基本条件是反馈信号与输入信号大小相等、相位相同，即

$$\dot{U}_f=\dot{U}_i$$

$$\dot{U}_f = \dot{F}\dot{U}_o = \dot{F}\dot{A}\dot{U}_i = \dot{U}_i$$

$$\dot{A}\dot{F} = 1 \tag{3-47}$$

具体可表述为以下两点：

(1) 相位平衡条件。u_f 与 u_i 必须同相位，也就是要求正反馈，相位差是 180°的偶数倍，即

$$\varphi_A + \varphi_F = \pm 2n\pi \quad (n = 0, 1, 2, 3, \cdots) \tag{3-48}$$

(2) 幅值平衡条件。u_f 与 u_i 必须大小相等，即

$$|\dot{A}\dot{F}| = 1 \tag{3-49}$$

式中，$\dot{A}$ 是放大电路的开环增益，$\dot{F}$ 是反馈电路的反馈系数。

2. 起振与稳幅

凡是振荡电路，均没有外加输入信号，那么，电路接通电源后是如何产生自励振荡的呢？电路中存在着各种电的扰动(如通电时的瞬变过程、无线电干扰、工业干扰及各种噪声等)，使输入端有一个扰动信号，这个不规则的扰动信号可用傅氏级数展开成一个直流和多次谐波的正弦波叠加。如果电路本身具有选频、放大及正反馈能力，电路会自动从扰动信号中选出适当的振荡频率分量，经正反馈放大，使 $|\dot{A}\dot{F}|>1$，从而使微弱的振荡信号不断增大，自励振荡就被逐步建立起来。

当振荡建立起来之后，这个振荡电压会不会无限增大呢？由于放大电路中三极管本身的非线性或反馈支路自身输出与输入关系的非线性，当振荡幅度增大到一定程度时，$\dot{A}$ 或 $\dot{F}$ 便会降低，使 $|\dot{A}\dot{F}|>1$ 自动转变成 $|\dot{A}\dot{F}|=1$，振荡电路就会稳定在某一振荡幅度。若从起振到稳幅是由晶体管伏安特性的非线性和自给反偏压电路共同作用的结果，则称为内稳幅。对于选频作用较差的振荡器，还可以利用其他非线性元器件实现外稳幅。图 3-81 显示出了正弦波振荡的建立过程中输出电压 u_o 的波形。

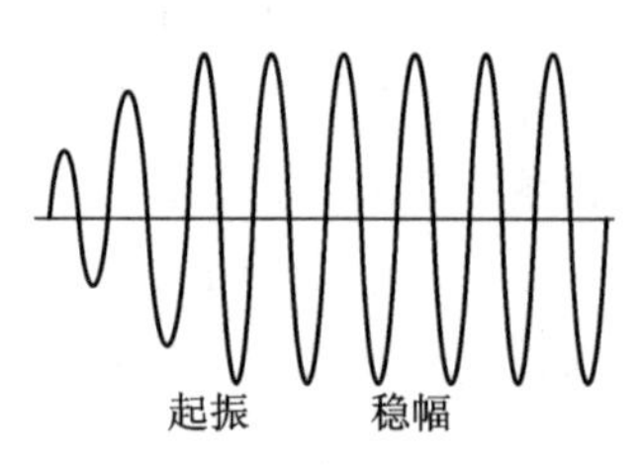

图 3-81　振荡建立的过程

3. 振荡电路的组成与分类

根据振荡电路对起振、稳幅和振荡频率的要求，一般振荡电路由以下部分组成：

(1) 放大电路：具有放大信号的作用，并将直流电源能量转换成振荡的能量。

(2) 反馈网络：形成正反馈，能满足相位平衡条件。

(3) 选频网络：在正弦波振荡电路中，它的作用是选择某一频率 f_0，使之满足振荡条件，形成单一频率的振荡。

(4) 稳幅电路：用于稳定振幅，改善波形，有利用放大器非线性的内稳幅和利用其他元器件非线性的外稳幅，即振荡环路中必须包含具有非线性特性的环节。

通常根据选频网络组成的元件，可将正弦波振荡电路分为 *RC*、*LC* 和石英晶体振荡电路。

3.9.2　*RC* 正弦波振荡电路

RC 正弦波振荡电路适用于低频振荡，它一般用来产生零点几赫到数百千赫的低频信号。

1. *RC* 串并联选频网络

RC 串并联选频网络如图 3-82(a)所示。它具有选频作用，其低频、高频等效电路分别如图 3-82(b)、图 3-82(c)所示。

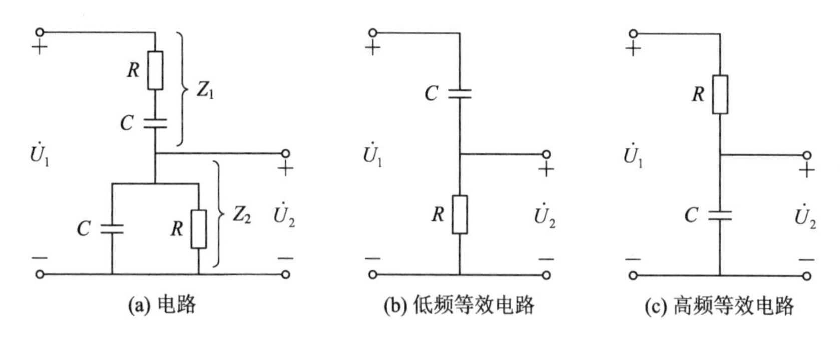

图 3-82　*RC* 串并联选频网络

输入信号频率低，选频网络可以看成是 *RC* 高通电路，频率越低，输出电压越小；输入信号频率高，选频网络可以看成是 *RC* 低通电路，频率越高，输出电压越小。

RC 串并联网络的电压传输系数为

$$\dot{F}=\frac{\dot{U}_2}{\dot{U}_1}=\frac{Z_2}{Z_1+Z_2}$$

其中，$Z_1=R+\frac{1}{\mathrm{j}\omega C}$，$Z_2=\frac{R\frac{1}{\mathrm{j}\omega C}}{R+\frac{1}{\mathrm{j}\omega C}}$。

令 $\omega_0=\frac{1}{RC}$，则

$$\dot{F}=\frac{1}{3+\mathrm{j}\left(\omega RC-\frac{1}{\omega RC}\right)}=\frac{1}{3+\mathrm{j}\left(\frac{\omega}{\omega_0}-\frac{\omega_0}{\omega}\right)}$$

由此可得其幅频特征为

$$F=\frac{1}{\sqrt{3^2+\left(\frac{\omega}{\omega_0}-\frac{\omega_0}{\omega}\right)^2}} \tag{3-50}$$

相频特征为

$$\varphi_F=-\arctan\left(\frac{\frac{\omega}{\omega_0}-\frac{\omega_0}{\omega}}{3}\right) \tag{3-51}$$

则在 $\omega=\omega_0$ 时，F 达最大值，等于 1/3，即输出电压的 1/3；相位角 $\varphi_F=0$，即输出电压与输入电压为同相位。其变化曲线分别如图 3-83(a)、图 3-83(b)所示。

由以上分析可知，*RC* 串并联选频网络在输入信号角频率为 ω_0 时，F 达到最大值且相移 $\varphi_F=0$，而在其他频率时，F 衰减很快且存在一定的相移，所以，*RC* 串并联选频网络具有选频特性。

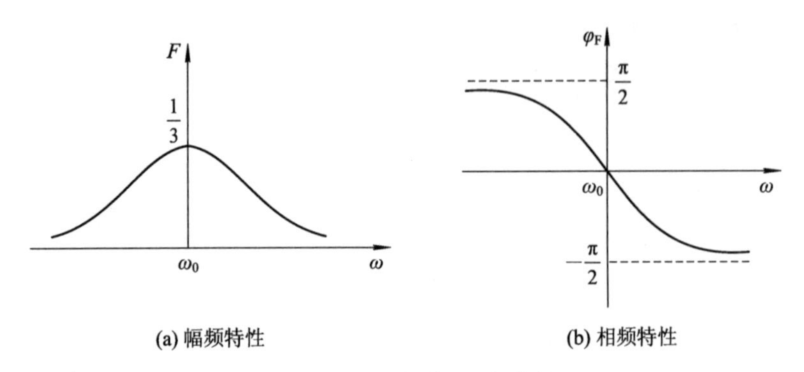

图 3-83 RC 串并联选频特性

2. RC 桥式振荡器

图 3-84 所示为 RC 正弦波振荡电路。它由集成运放构成放大电路，RC 串并联网络作为选频电路，同时还作为正反馈电路。R_2组成的反馈电路作为稳幅电路，并能减小失真。电路中，RC 有串联电路，也有并联电路。R_2和 R_1接成电桥电路，因而又称为 RC 桥式振荡器或文氏电桥振荡器。

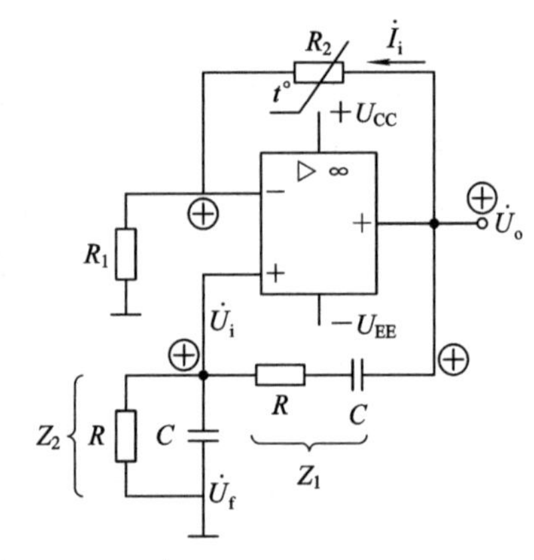

图 3-84 RC 桥式振荡器

用瞬时极性法判断可知，当 $\omega=\omega_0=\dfrac{1}{RC}$时，电路满足相位条件，即

$$\varphi_A+\varphi_F=\pm 2n\pi \quad (n=0,1,2,3,\cdots)$$

此时$|F|=1/3$，根据起振条件$|AF|>1$，所以要求图 3-84 所示的电压串联负反馈放大电路的电压放大倍数 $A_u=1+\dfrac{R_2}{R_1}$应略大于 3，即若 $R_2>2R_1$，电路就能顺利起振；若 $R_2<2R_1$，即 $A_u<3$，则电路不能振荡，而 $A_u\gg 3$ 时则输出 $\dot{U}_o$的波形失真，变成近于方波。

RC 串并联正弦波振荡电路的振荡频率为

$$f_0=\frac{1}{2\pi RC} \tag{3-52}$$

可见，改变 R、C 的参数值，就可以调节振荡频率。为了保证相移 $\varphi=0$，必须同时改变 R_1和 R_2的值或 C_1和 C_2的值，其方法是采用双联电位器或双联可变电容器来实现。

电路中，R_2为负温度系数的热敏元件，作为放大电路的负反馈元件，用以实现外稳幅。起振时，$|A_uF|>1$，由于热敏电阻的作用，有

$|\dot{U}_o|\uparrow\rightarrow|I_f|\uparrow\rightarrow R_2$ 功耗$\uparrow\rightarrow R_2$ 温度$\uparrow\rightarrow R_2$ 阻值$\downarrow\rightarrow\dot{A}_u\downarrow\rightarrow\dot{A}_u=3\rightarrow|A_uF_u|=1$ 稳幅

图 3-85 为 RC 桥式振荡器的实用电路。R_3与所并联的 VD_1、VD_2 组成非线性电阻。它们与 R_1、R_P一起构成负反馈电路。当振荡幅度较小时，流过二极管的电流较小，二极管的等效电阻较大，负反馈较弱，放大器增益较高，有利于起振。当振荡幅度增大时，流过二极管的

电流增加，其等效电阻逐渐减小，负反馈加强，放大器的增益自动减小，可达到自动稳幅的目的。电位器 R_P 用来调节放大器的闭环增益，调节 R_P，使 R_2+R_3 略大于 $2R_1$，则起振后振荡幅度较小，但输出波形较好；调节 R_P，使 $R_2+R_3 \gg 2R_1$ 时，振荡幅度增加，但输出波形失真度增大。

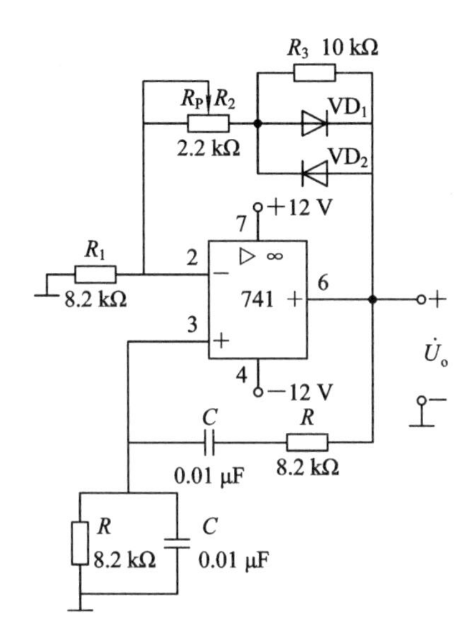

图 3-85　RC 桥式振荡器的实用电路

RC 桥式振荡器的电路结构简单，目前常用的低频信号源大多采用这种形式的振荡电路。若采用低温漂的 RC 元件，则它的频率稳定性可达 0.1%。

3. RC 移相振荡器

除了文氏电桥振荡电路以外，其他常用的 RC 振荡电路有移相式振荡电路等。图 3-86 所示为 RC 超前移相振荡器，其原理是利用 RC 电路的移相作用产生自励振荡。在图 3-86 中，反相放大器已有 180°相移，为满足振荡的相位平衡条件，要求反馈网络对某一频率的信号再移相 180°，具体做法是在电路中加三节串联的 RC 电路。由于交流电通过电阻的相移为 0°，通过电容的相移为 90°，因此交流电通过 RC 电路将随频率产生大于 0°、小于 90°的移相。如果三节串联的 RC 电路一致，并在某一频率下各产生 60°的相移，则相移的总和就为 180°，形成正反馈，产生自励振荡。因此，RC 电路与放大器配合可构成移相振荡器。

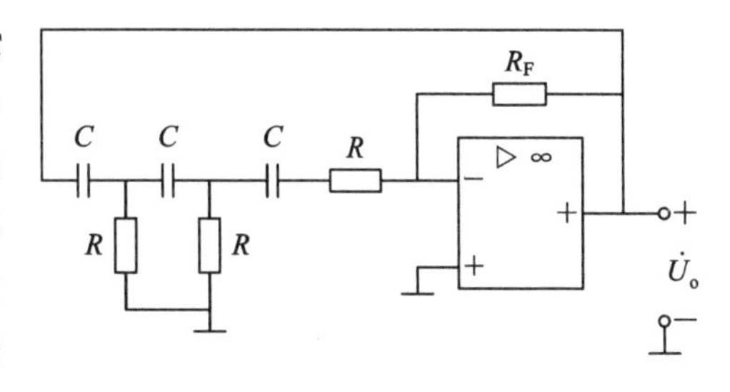

图 3-86　RC 超前移相振荡器

信号通过 RC 电路要产生衰减。可以推得该振荡器的振荡频率 f_0 和振幅起振条件分别为

$$f_0 = \frac{1}{2\pi\sqrt{6}RC} \tag{3-53}$$

$$\frac{R_F}{R} > 29 \tag{3-54}$$

RC 移相振荡电路的结构简单、轻巧、经济，但其选频特性不太好，稳定度、波形和负载

影响等性能都比较差，振荡频率和调整范围也不大，因此 RC 移相振荡电路多被用于要求不高的固定频率的设备中。

3.9.3 *LC* 正弦波振荡电路

LC 正弦波振荡电路采用 LC 并联回路作为选频网络。它主要用来产生频率高于 1 MHz 以上的高频正弦波信号。按反馈电路的形式不同，常见的 LC 正弦波振荡电路有变压器反馈式、电感三点式和电容三点式三种。

1. *LC* 并联网络的选频特性

LC 并联电路如图 3-87 所示。R 为并联电路损耗电阻，由电工知识可知，当 $f=f_0$ 时，LC 并联电路发生谐振，阻抗最大；当 $f<f_0$ 或 $f>f_0$ 时，电路失谐，阻抗很小。f_0 称为谐振频率，又称为固有频率，$f_0=\dfrac{1}{2\pi\sqrt{LC}}$。

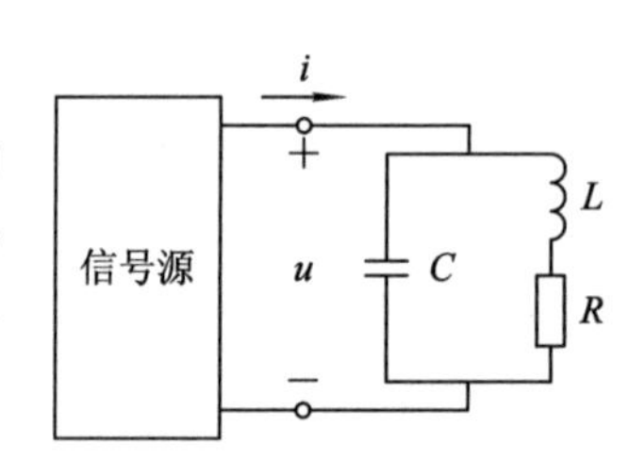

图 3-87 *LC* 并联电路

图 3-88(a)表示了 LC 并联电路的阻抗 Z 与信号频率 f 之间的变化关系，图 3-88(b)表示了 LC 并联电路两端电压 u 和流进并联电路电流 i 之间的相位角之差 φ 与信号频率 f 之间的变化关系。当 $f=f_0$ 时，$\varphi=0$，电路呈纯阻性；当 $f>f_0$ 时，$\varphi>0$，电路呈感性；当 $f<f_0$ 时，$\varphi<0$，电路呈容性。

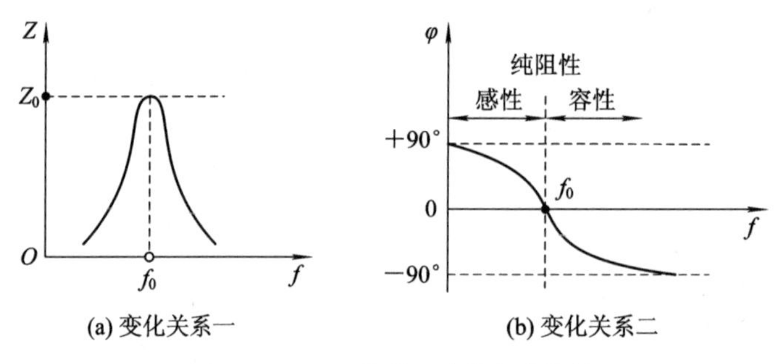

图 3-88 *LC* 并联回路的频率特性

可见，LC 并联电路随信号频率的变化呈现不同的性质。它说明了 LC 并联电路具有区别不同频率信号的能力，即具有选频特性。选频特性的好坏与电路的品质因数 Q 有关。如图3-89所示，Q 值越大，曲线越尖锐，电路的选频能力越强。

电路的品质因数为

$$Q=\frac{\omega_0 L}{R}=\frac{\sqrt{\dfrac{L}{C}}}{R} \qquad (3-55)$$

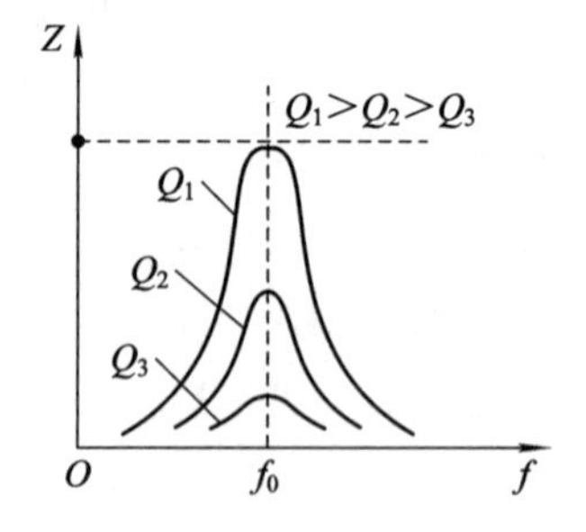

图 3-89 选频特性与 Q 值的关系

LC 并联电路的 Q 值一般在几十到一两百之间。

2. 变压器反馈式 *LC* 振荡电路

图 3-90 所示为采用高频变压器构成的 LC 正弦波振荡电路。其电路组成是：采用分压式负反馈偏置的共射放大电路，起放大和控制振荡幅度的作用。电容 C_B 和 C_E 容量较大，对交

流的阻抗小，近似为短路，分别起耦合和旁路的作用。L_1C 并联谐振网络接在集电极，构成选频网络，能选择振荡频率，使得在谐振频率处获得振荡电压输出，其振荡频率为

$$f_0 \approx \frac{1}{2\pi\sqrt{L_1C}} \tag{3-56}$$

变压器二次侧绕组 L_2 作为反馈绕组，将输出电压的一部分反馈到输入端。

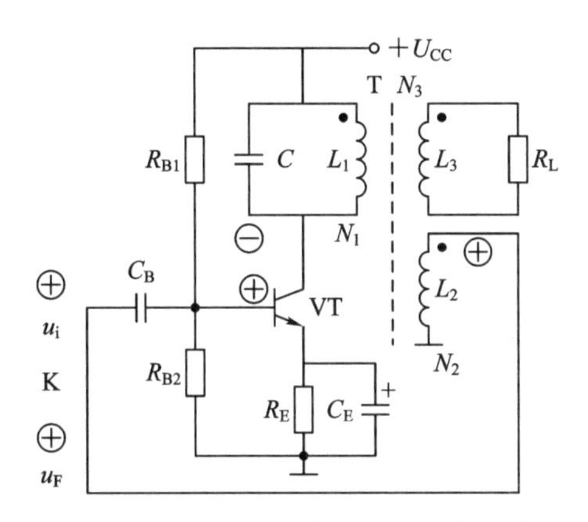

图 3-90　变压器反馈式 LC 振荡电路

为了使振荡电路自励起振，必须正确连接反馈绕组 L_2 的极性，使之符合正反馈的要求，满足相位平衡条件。其过程可表示为：假设反馈端 K 点断开，并引入输入信号 u_i 为正，则各点的瞬时极性的变化如图 3-90 所示。

经分析可知，电路振荡时，$f=f_0$，LC 回路的谐振阻抗是纯电阻性。由图中 L_1 及 L_2 同名端可知，反馈信号与输出电压极性相反，即 $\varphi_F=180°$，于是 $\varphi_A+\varphi_F=360°$，保证了电路的正反馈，满足振荡的相位平衡条件。图中，若 L_1、L_2 的同名端接错，则为负反馈，不满足相位平衡条件，不能产生自励振荡。

对频率 $f\neq f_0$ 的信号，LC 回路的阻抗不是纯阻抗，而是感性或容性阻抗。此时，LC 回路对信号会产生附加相移，造成 $\varphi_F\neq180°$，那么 $\varphi_A+\varphi_F\neq360°$，不能满足相位平衡条件，电路也不可能产生振荡。由此可见，LC 振荡电路只有在 $f=f_0$ 这个频率上才有可能振荡。

反馈信号 u_F 的大小由匝数比 N_2/N_1 决定，当三极管的 β 和匝数比合适时，满足了幅值条件和起振条件 $|AF|\geqslant1$。反馈线圈匝数越多，耦合越强，电路越容易起振。

变压器反馈 LC 振荡电路的优点是容易起振，若用可变电容器代替固定电容 C，则调频比较方便，缺点是输出波形不理想。由于反馈电压取自电感两端，它对高次谐波的阻抗大，反馈也强，因此在输出波形中含有较多高次谐波成分。振荡频率不太高，变压器反馈 LC 振荡电路通常用来产生几兆赫至十几兆赫的正弦信号。

3. 电感三点式 *LC* 振荡电路

把并联 LC 回路中的 L 分成两个，则 LC 回路就有三个端点。把这三个端点分别与三极管的三个极相连，就形成了电感三点式 LC 正弦波发生电路，如图 3-91 所示，又称为哈特莱振荡电路。

由图 3-91 可以看出，反馈电压是取自电感 L_2 两端，加到晶体管 B、E 间的。设基极瞬时极性为正，由于放大器的倒相作用，集电极电位为负，与基极相位相反，则电感的③端为负，②端为公共端，①端为正，各瞬时极性如图 3-91 所示。反馈电压由①端引至三极管的基极，

故为正反馈，满足相位平衡条件。

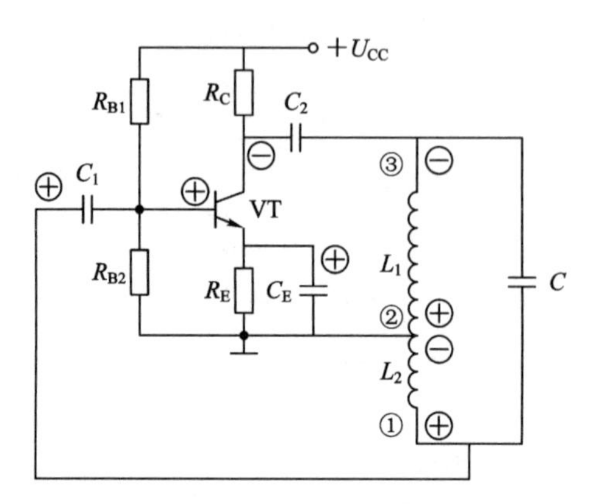

图 3-91　电感三点式 LC 振荡电路

改变线圈抽头的位置，即改变 L_2 的大小，就可调节反馈电压的大小。当满足 $|\dot{A}\dot{F}|>1$ 的条件时，电路便可起振。

通常 β 取 $L_1/L_2=N_1/N_2\approx3\sim7$ 即可满足振幅平衡条件。

电路的振荡频率为

$$f_0=\frac{1}{2\pi\sqrt{LC}}=\frac{1}{2\pi\sqrt{(L_1+L_2+2M)C}} \tag{3-57}$$

式中，L_1+L_2+2M 为 LC 回路的总电感，M 为 L_1 与 L_2 之间的互感耦合系数。若将 LC 回路中的电容改为可变电容，则可以很方便地改变电路的振荡频率。

电感三点式 LC 振荡电路简单，容易起振，调频方便。由于反馈信号取自电感 L_2，电感对高次谐波感抗大，所以高次谐波的正反馈比基波强，使输出波形含有较多的高次谐波成分，波形较差，常用于对波形要求不高的设备中，其振荡频率通常在几十兆赫以下。

4. 电容三点式 *LC* 振荡电路

把并联 LC 回路中的 C 分成两个，则 LC 回路就有三个端点。把这三个端点分别与三极管的三个极相连，就形成了电容三点式 LC 正弦波发生电路，又称为考毕兹振荡电路，如图 3-92所示。

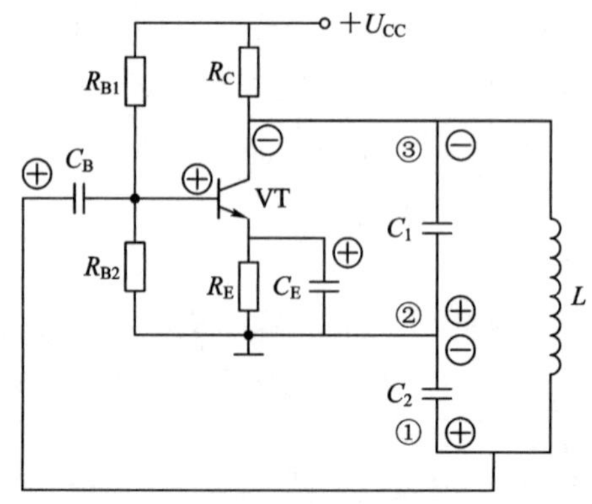

图 3-92　电容三点式 LC 振荡电路

由图 3-92 可以看出，反馈电压取自电容 C_2 两端，加到晶体管 B、E 之间。设基极瞬时极性为正，由于放大器的倒相作用，集电极电位为负，与基极相位相反，则电容的③端为负，②端为公共端，①端为正，各瞬时极性如图3-92所示。反馈电压由①端引至三极管的基极，故为正反馈，满足相位平衡条件。

适当选择C_1、C_2的数值，并使放大器有足够的放大量，电路便可起振。电路的振荡频率由LC回路谐振频率确定，电路的振荡频率为

$$f_0=\frac{1}{2\pi\sqrt{LC}}=\frac{1}{2\pi\sqrt{L\left(\frac{C_1C_2}{C_1+C_2}\right)}} \tag{3-58}$$

由于反馈电压取自电容两端，电容对高次谐波容抗小，对高次谐波的正反馈比基波弱，使输出波形中的高次谐波成分少，波形较好，振荡频率较高，可达100 MHz以上，但调节频率不方便。

图3-93为串联改进型电容三点式LC振荡电路，又称为克拉波振荡电路。该电路的振荡频率为

$$f=f_0=\frac{1}{2\pi\sqrt{LC_\Sigma}} \tag{3-59}$$

式中，$\frac{1}{C_\Sigma}=\frac{1}{C_1}+\frac{1}{C_2}+\frac{1}{C_3}$，调节$C_3$可以改变电路的振荡频率。或者在电感$L$两端并联可变电容器，构成并联改进型电容三点式$LC$振荡电路，也可以改变电路的振荡频率，但频率调节范围较小。

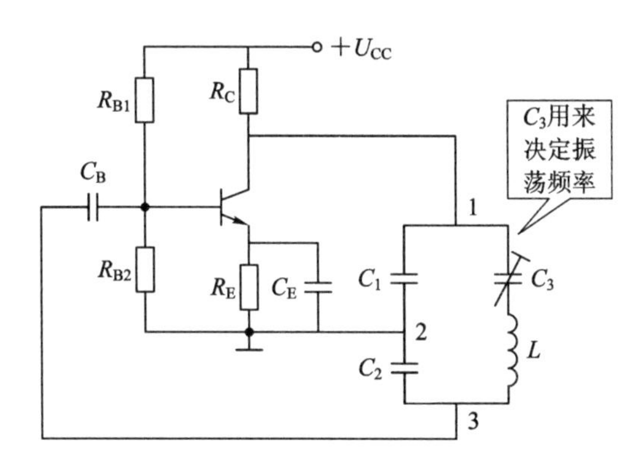

图3-93 改进型电容三点式LC振荡电路

3.9.4 石英晶体振荡电路

石英晶体振荡器是目前精确度和稳定度最高的振荡器，被广泛应用到军用及民用通信电台、微波通信设备、程控电话交换机、无线电综合测试仪、移动电话发射台、高档频率计数器、GPS、卫星通信、遥控移动设备等各种系统中。石英晶体振荡电路选用石英晶体谐振器作为选频网络。石英晶体谐振器简称晶振，具有极高的频率稳定性。频率稳定性一般用频率的相对变化量$\frac{\Delta f}{f_0}$表示，其中$\Delta f=f-f_0$，称为频率偏移，f称为实际频率，f_0称为固有频率。一般RC振荡电路的频率稳定性比较差，虽然LC振荡电路比RC振荡电路的频率稳定性好

很多，但也无法达到10^{-5}，而石英晶体振荡电路的频率稳定性可达10^{-9}～10^{-11}。

1. 石英晶体的基本特性

1）石英晶振的结构和符号

石英是一种各向异性的结晶体，其主要的化学成分是 SiO_2。石英晶振是从一块石英晶体上按确定的方位角切下薄片(这种晶片可以是正方形、矩形、圆形、音叉形的)，然后将晶片的两个对应表面上涂敷银层，并装上一对金属板，接出引线，封装于金属壳内构成的。其外形、结构和符号如图 3-94 所示。

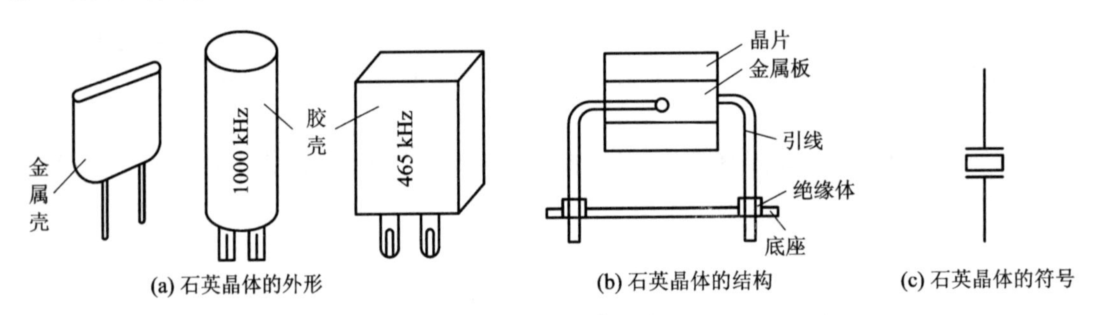

(a) 石英晶体的外形　(b) 石英晶体的结构　(c) 石英晶体的符号

图 3-94　石英晶体振荡器

2）石英晶体的压电效应

在石英晶体两个端子加交变电场时，产生与该交变电压频率相似的机械变形振动，而这种机械振动又会在其两个电极之间产生一个交变电场，这种物理现象称为压电效应，如图 3-95 所示。一般情况下，无论是机械振动的振幅还是交变电场的振幅都非常小。但是，当交变电场的频率为某一特定值时，振幅会骤然增大，产生共振，这种现象称为压电谐振。这一特定频率就是石英晶体的固有频率，也称为谐振频率。石英晶片的谐振频率取决于晶片的几何形状和切片方向，体积越小，谐振频率越高。

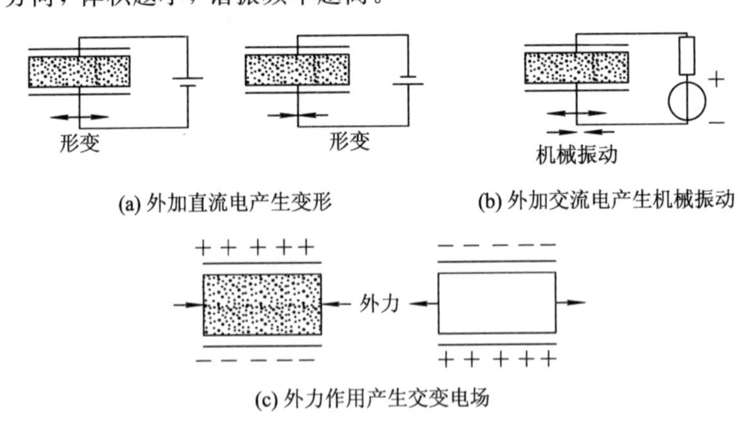

(a) 外加直流电产生变形　(b) 外加交流电产生机械振动

(c) 外力作用产生交变电场

图 3-95　石英晶体的压电效应

3）石英晶振的等效电路

石英晶体的等效电路如图 3-96(a)所示。当石英晶体不振动时，可等效为一个平板电容 C_0，称为静态电容。该电容值取决于晶片的几何尺寸和电极面积，一般约为几皮法到几十皮法。当晶片产生振动时，机械振动的惯性等效为电感 L，其值为几毫亨。晶片的弹性等效为电容 C，其值仅为 0.01～0.1 pF，因此，$C \ll C_0$。晶片的摩擦损耗等效为电阻 R，其值约为几欧

至几百欧，在理想情况下 $R=0$ 。

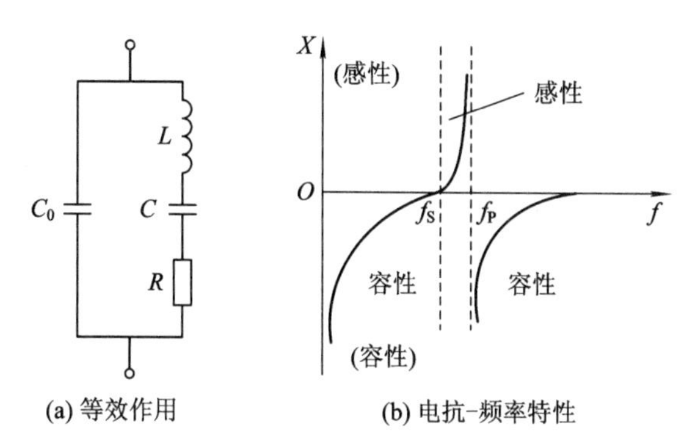

图 3－96　石英晶体的等效电路及电抗-频率特性

当等效电路中的 L、C、R 支路产生串联谐振时，该支路呈纯阻性，等效电阻为 R，谐振频率为

$$f_S=\frac{1}{2\pi\sqrt{LC}} \tag{3-60}$$

在谐振频率下整个网络的电抗等于 R 并联 C_0 的容抗，因 $R\ll\omega_0 C_0$，故可近似认为石英晶体也呈纯阻性，等效电阻为 R。

当 $f<f_S$ 时，C_0 和 C 电抗较大，起主导作用，石英晶体呈容性。

当 $f>f_S$ 时，L、C、R 支路呈感性，将与 C_0 产生并联谐振，石英晶体又呈纯阻性，此时谐振频率为

$$f_P=\frac{1}{2\pi\sqrt{L\dfrac{CC_0}{C+C_0}}} \tag{3-61}$$

由于 $C\ll C_0$，所以 $f_P\approx f_S$，这两个频率非常接近。图 3－96(b)所示的是石英晶体谐振器的电抗-频率特性曲线，当 $f_S<f<f_P$ 时，石英晶体呈感性，在其余频率范围内均呈容性。

回路品质因数 $Q=\dfrac{1}{R}\sqrt{\dfrac{L}{C}}$，由于 C 和 R 的数值都很小，L 数值很大，所以 Q 值高达 $10^4\sim10^6$，使得振荡频率非常稳定。频率稳定度 $\dfrac{\Delta f}{f_0}$ 可达 $10^{-6}\sim10^{-8}$，采用稳频措施后可达 $10^{-10}\sim10^{-11}$。

2. 石英晶体振荡器

石英晶体振荡器可以归结为两类：一类称为并联型；另一类称为串联型。前者的振荡频率接近于 f_P，后者的振荡频率接近于 f_S。

1）并联型石英晶体振荡器

并联型石英晶体振荡器如图 3－97 所示。利用频率在 $f_S\sim f_P$ 之间时晶体阻抗呈感性的特点，与外接电容 C_1、C_2 构成电容三点式振荡电路。石英晶体为感性元件，该电路的振荡频率 f_0 接近于 f_S，但略高于 f_S。C_1、C_2 对 f_0 的影响很小，但改变 C_1 或 C_2 可以在很小的范围内微调 f_0。

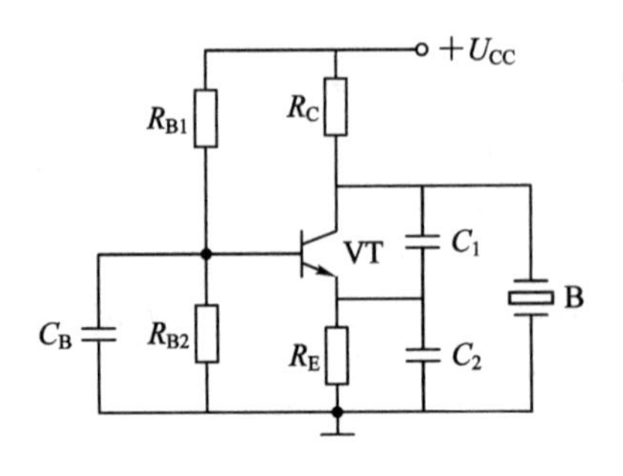

图 3-97　并联型石英晶体振荡器

2）串联型石英晶体振荡器

串联型晶体振荡器如图 3-98 所示。当频率等于石英晶体的串联谐振频率 f_S 时，晶体阻抗最小且其为纯电阻，此时石英晶体和 R 串联构成的反馈为正反馈，满足相位平衡条件。当 $f=f_S$ 时，正反馈最强，电路产生正弦振荡，所以振荡频率稳定在 f_S。图中的可变电阻 R_P 用来调节反馈量，使输出的振荡波形失真较小且幅度稳定。对于偏离 f_S 的其他信号，晶体的等效阻抗增大且 $\varphi_F \neq 0$，所以不满足振荡条件。

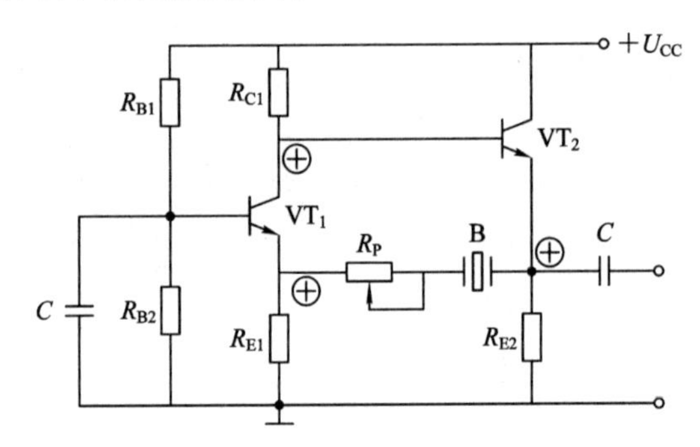

图 3-98　串联型石英晶体振荡器

3.9.5　非正弦波发生电路

在电子设备中经常要用到一些非正弦波信号，例如方波、三角波、锯齿波等。本节简单介绍方波和三角波的产生电路。

1. 方波发生电路

图 3-99(a)是一个由滞回电压比较器和 RC 充放电电路构成的方波发生电路。该电路的工作原理是：设电容的初始电压为 0 V，当 $t=0$ 时，$U_-=u_{C(0)}=0$ V；电源接通瞬间，输出噪声，在同相端获得一个最初的输入电压，通过 R_2、R_3 正反馈，很快使 $U_o=+U_Z$。这时集成运算放大器的同相输入端电压为

$$U_+=\left(\frac{R_2}{R_2+R_3}\right)U_Z=U_{T+}$$

此后，$U_o=+U_Z$，通过 R_1 对电容 C 充电，使 $U_-=u_C$ 按指数曲线上升，当上升到 $u_C \geqslant U_{T+}$ 时，输出翻转为 $U_o=-U_Z$，此时同相输入端电压为

$$U_+=-\left(\frac{R_2}{R_2+R_3}\right)U_Z=U_{T-}$$

这时，电容 C 通过 R_1 放电，$U_- = u_C$ 按指数曲线下降，当下降到 $u_C \leqslant U_{T-}$ 时，输出又翻转为 $U_o = +U_Z$，这样又回到初始状态。以后按上述过程周而复始，形成振荡，输出 U_Z 为方波，如图 3-99(b)所示。

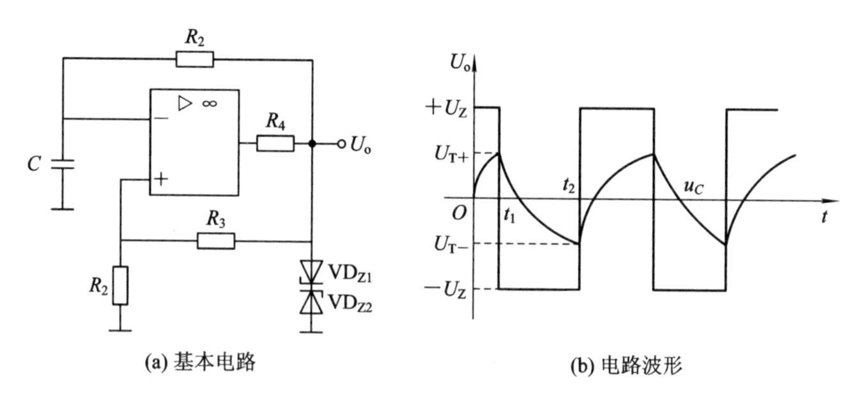

(a) 基本电路　　(b) 电路波形

图 3-99　方波发生电路

2. 三角波发生电路

三角波发生器的基本电路如图 3-100(a)所示。集成运放 A_1 构成滞回电压比较器，其反相端接地，集成运放 A_1 同相端的电压由 u_o 和 u_{o1} 共同决定，即

$$u_+ = u_{o1} \frac{R_2}{R_1 + R_2} + u_o \frac{R_1}{R_1 + R_2} \tag{3-62}$$

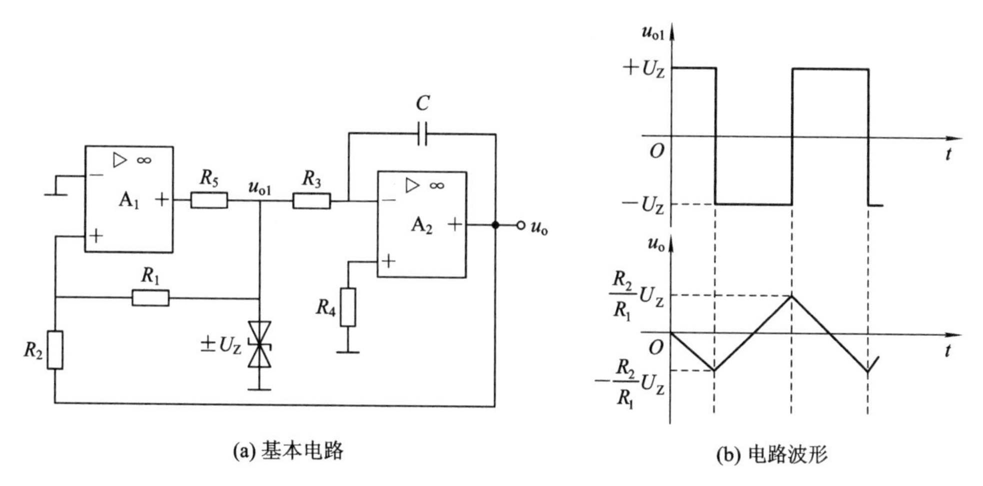

(a) 基本电路　　(b) 电路波形

图 3-100　三角波发生电路

当 $u_+ > 0$ 时，$u_{o1} = +U_Z$；当 $u_+ < 0$ 时，$u_{o1} = -U_Z$。

假设接通电源瞬间，$u_{o1} = +U_Z$，电容 C 上无电压，A_2 的输出为零，A_1 的同相输入端电压 u_+ 为正值，这时，积分器的输出电压 u_o 从零值开始线性下降。这样 A_1 的同相输入端电压 u_+ 正值渐渐下降。当 u_o 达到某一正好使 u_+ 由正值降到稍小于 0 的值时，过零电压比较器 A_1 翻转，使 u_{o1} 迅速跳变到 $-U_Z$。

在这一过程中，有

$$u_+ = U_Z \frac{R_2}{R_1 + R_2} + u_o \frac{R_1}{R_1 + R_2} = 0$$

所以

$$u_o = -\frac{R_2}{R_1}U_Z \tag{3-63}$$

此时 u_+ 也突变为负值，积分器的输出电压 u_o 开始线性上升，这时 A_1 的 u_+ 也逐渐上升。当 u_o 升至正好使 u_+ 稍大于零时，电压比较器又发生翻转，输出迅速由 $-U_Z$ 跳变成 $+U_Z$。

在这一过程中，有

$$u_+ = -U_Z\frac{R_2}{R_1+R_2} + u_o\frac{R_1}{R_1+R_2} = 0$$

所以

$$u_o = \frac{R_2}{R_1}U_Z \tag{3-64}$$

电路输出的波形如图 3-100(b)所示，图中 u_{o1} 为方波，其幅值为 U_Z；u_o 为三角波，其幅值为 $\frac{R_2}{R_1}U_Z$。

由图 3-100(b)可见，方波和三角波的周期是 u_o 从 0 变至 $\frac{R_2}{R_1}U_Z$ 所需时间的 4 倍，所以方波和三角波的周期为

$$T = 4\frac{R_2}{R_1}RC \tag{3-65}$$

由式(3-64)可知，该电路产生的方波和三角波的周期与 R_1、R_2、R 及 C 有关。因此，一般先调节 R_1 或 R_2，使三角波的幅值满足要求后，再调节 R 或 C，以调节方波和三角波的周期。如果三角波是不对称的，即上升时间不等于下降时间，则称为锯齿波，读者可自行设计。

3.9.6 集成函数发生器

函数信号发生器在电路实验和设备检测中具有十分广泛的用途。函数信号发生器可以由晶体管、集成运放等通用器件制作，还可以用专门的函数发生器集成电路产生。目前广泛应用的函数发生器芯片是 ICL8038(国产 5G8038)，可以产生 300 kHz 以下的方波、三角波、正弦波三种信号。MAX038 是 ICL8038 的升级产品，它的最高振荡频率可达 40 MHz。本节对 ICL8038 和 MAX038 两种集成信号发生器做一简介。

1. ICL8038 简介

1) ICL8038 的工作原理

由手册和有关资料可看出，ICL8038 由两个恒流源、两个电压比较器和触发器等组成。其内部电路原理框图如图 3-101 所示。

在图 3-101 中，电压比较器 A、B 的门限电压分别为两个电源电压之和($U_{CC}+U_{EE}$)的 2/3 和 1/3，电流源 I_1 和 I_2 的大小可通过外接电阻调节，其中 I_2 必须大于 I_1。当触发器的输出端为低电平时，它控制开关 S 使电流 I_2 断开，而电流源 I_1 则向外接电容 C 充电，使电容两端电压随时间线性上升。当 u_C 上升到 $u_C=2(U_{CC}+U_{EE})/3$ 时，比较器 A 的输出电压发生跳变，使触发器输出端由低电平变为高电平，这时，控制开关 S 使电流源 I_2 接通。由于 $I_2>I_1$，因此外接电容 C 放电，u_C 随时间线性下降。

当 u_C 下降到 $u_C\leqslant 2(U_{CC}+U_{EE})/3$ 时，比较器 B 输出发生跳变，使触发器输出端又由高电平变为低电平，I_2 再次断开，I_1 再次向 C 充电，u_C 又随时间线性上升。如此周而复始，产生振

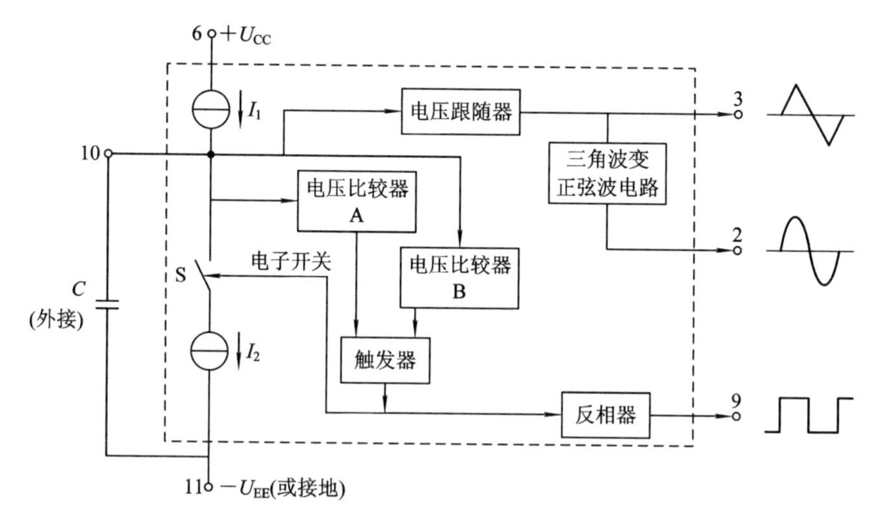

图 3-101 ICL8038 内部电路原理框图

荡。外接电容 C 交替地从一个电流源充电后向另一个电流源放电，就会在电容 C 两端产生三角波并输出到端子 3。该三角波一路经电压跟随器缓冲后，并经正弦波变换器变成正弦波后由端子 2 输出，另一路通过比较器和触发器，并经过反相器缓冲，由端子 9 输出方波。

2）ICL8038 的典型应用

利用 ICL8038 构成的函数发生器如图 3-102 所示。其振荡频率由电位器 R_{P1} 所滑动到触电的位置、C 的容量、R_A 和 R_B 的阻值决定。图中，C_1 为高频旁路电容，用以消除端子 8 的寄生交流电压；R_{P2} 为方波占空比和正弦波失真度调节电位器，当 R_{P1} 位于中间时，可输出方波。

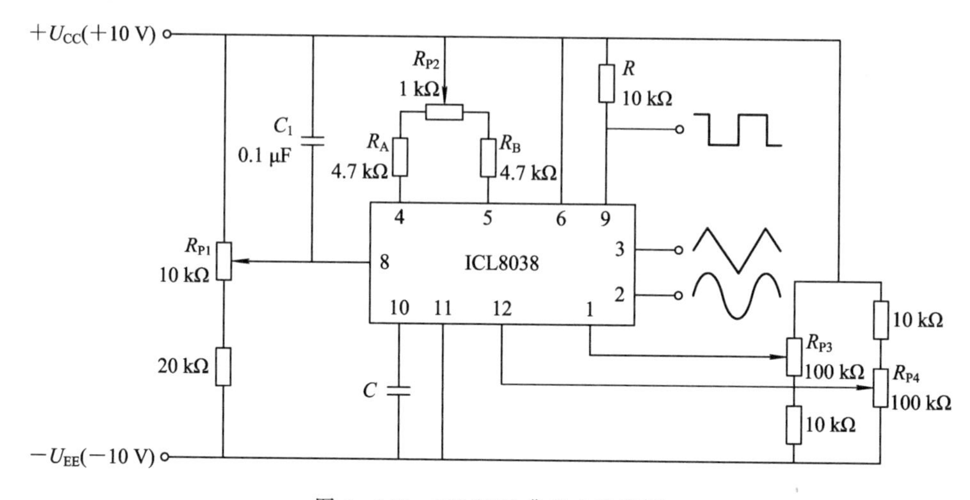

图 3-102 ICL8038 典型电路应用

2. MAX038 简介

1）MAX038 概述

MAX038 是 MAXIM 公司生产的一种只需要很少外部元件的精密高频波形发生器，在适当调整其外部控制条件时，可以产生准确的方波、正弦波、三角波、锯齿波等信号。这些信号的峰-峰值精确地固定在 2 V，频率从 0.1 Hz 到20 MHz 连续可调，最高可达 40 MHz。方波的占空比从10%到90%连续可调。通过MAX038的A_0、A_1端子电平的不同组合可以选择不同的输出波形类型，如表3-2所示，其中，X代表任意状态。波形切换可通过程序控制在任意时刻进行，而不必考虑输出信号当时的电位。

表3-2 A_0、A_1编码

A_0	A_1	输出波形
X	1	正弦波
0	0	方波
1	0	三角波

对比以前常用的函数发生器，MAX038在频率范围、频率精准度、对芯片波形的控制性能以及用户使用的方便性等方面都有了很大的提高，因此可广泛应用于波形的产生、压控振荡器、脉宽调制器、频率合成器及FSK发生器等。

MAX038的性能特点如下：

(1) 能精密地产生三角波、方波、正弦波信号。

(2) 频率范围为0.1 Hz～20 MHz，最高可达40 MHz，各种波形的输出幅度均为输入波形峰-峰值的2倍。

(3) 占空比调节范围宽，占空比和频率均可单独调解，互不影响，占空比调节范围为10%～90%。

(4) 波形失真小，正弦波失真度小于0.75%，占空比调节时非线性度低于2%。

(5) 采用±5 V双电源供电，允许有5%的变化范围，电源电流为80 mA，典型功耗为400 mW，工作温度范围为0～70℃。

(6) 内设2.5 V电压基准，利用控制端FADJ、DADJ实现频率微调和占空比调节。

2) MAX038的典型应用

图3-103为MAX038产生波形的基本电路。为简化电路，端子DADJ接地，使该信号发生器各种波形的占空比固定为50%。MAX038的输出频率由I_{in}、FADJ端电压和主振荡器C_{OSC}的外接电容器C_F三者共同确定。当$U_{FADJ}=0$ V时，输出频率$f_0=I_{in}/C_F$，$I_{in}=U_{in}/R_{in}=2.5/R_{in}$；当$U_{FADJ}\neq0$ V时，输出频率$f=f_0(1-0.2915U_{FADJ})$。

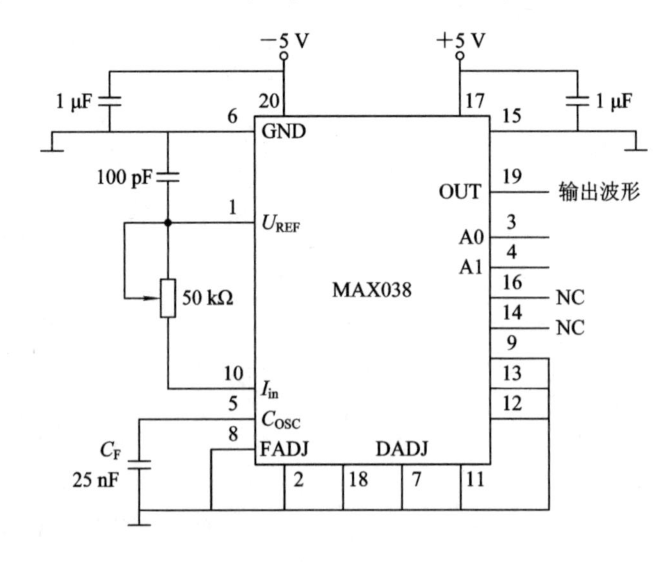

图3-103 MAX038典型电路应用

输出频率与外接振荡电容器的容量、参考电流 I_{in} 及频率调节电压 U_{FADJ} 有关。当 $U_{FADJ}=0\ V$ 时，输出振荡频率为

$$f_0=\frac{I_{in}}{C_F} \tag{3-66}$$

在式(3-66)中，I_{in} 为当前输入到 I_{in} 端的电流($2\ \mu A \leqslant I_{in} \leqslant 750\ \mu A$)，$I_{in}$ 可由电流源 I_{in} 或电压源 U_{in} 与电阻 R_{in} 串联来驱动(接在 U_{REF} 和 I_{in} 之间的电阻就可产生 I_{in})。使用电压源与电阻串联的振荡器振荡频率按 $f_0=U_{in}/(R_{in}C_F)$ 计算。推荐的参考电流 I_{in} 范围为 10～400 μA。C_F = 外接振荡电容器 C_{OSC} 的容量($20\ pF \leqslant C_{OSC} \leqslant 100\ \mu F$)。

习　　题

3.1　典型差动放大电路在结构上有什么特点？负电源的作用是什么？

3.2　有甲、乙两个直接耦合放大器，甲放大器电压放大倍数为 100，当温度由 20℃变到 30℃时，输出电压漂移了 3.2 V；乙放大器电压放大倍数为 400，当温度从 20℃变到 30℃时，输出电压漂移了 6 V，试问哪一个放大器的零点漂移小，为什么？

3.3　某一双端输入、双端输出差动放大器，两输入电压分别为 $u_{i1}=5.0005\ V$，$u_{i2}=4.9995\ V$，差模电压放大倍数为 10^4。当 $K_{CMR}=\infty$ 时，求输出电压 u_o；当 $K_{CMR}=100\ dB$ 时，求共模电压的放大倍数。

3.4　集成运算放大器工作在线性区和非线性区时各有什么特点？

3.5　集成运算放大器虚短、虚断的条件是什么？能否根据集成运算放大器输出电压的大小判断其是否存在虚短、虚断？

3.6　判断图 3-104 所示电路中是否引入反馈？如果引入了反馈，试指出反馈元件，并判断反馈的是交流量还是直流量，是正反馈还是负反馈。

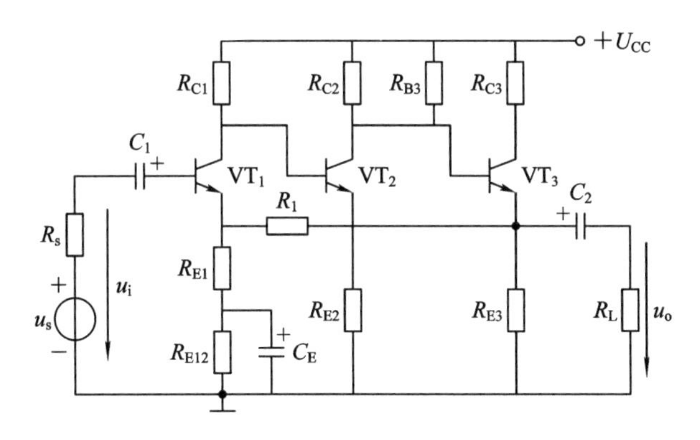

图 3-104　题 3.6 图

3.7　电路如图 3-105 所示，试判断它们的反馈类型。

3.8　电路如图 3-106 所示，试判断它们的反馈类型。

3.9　某一开环放大倍数为 4000 的放大器，引入了反馈系数为 0.04 的负反馈后，闭环放大倍数为多少？若开环放大倍数增加为 8000，则闭环放大倍数变为多少？

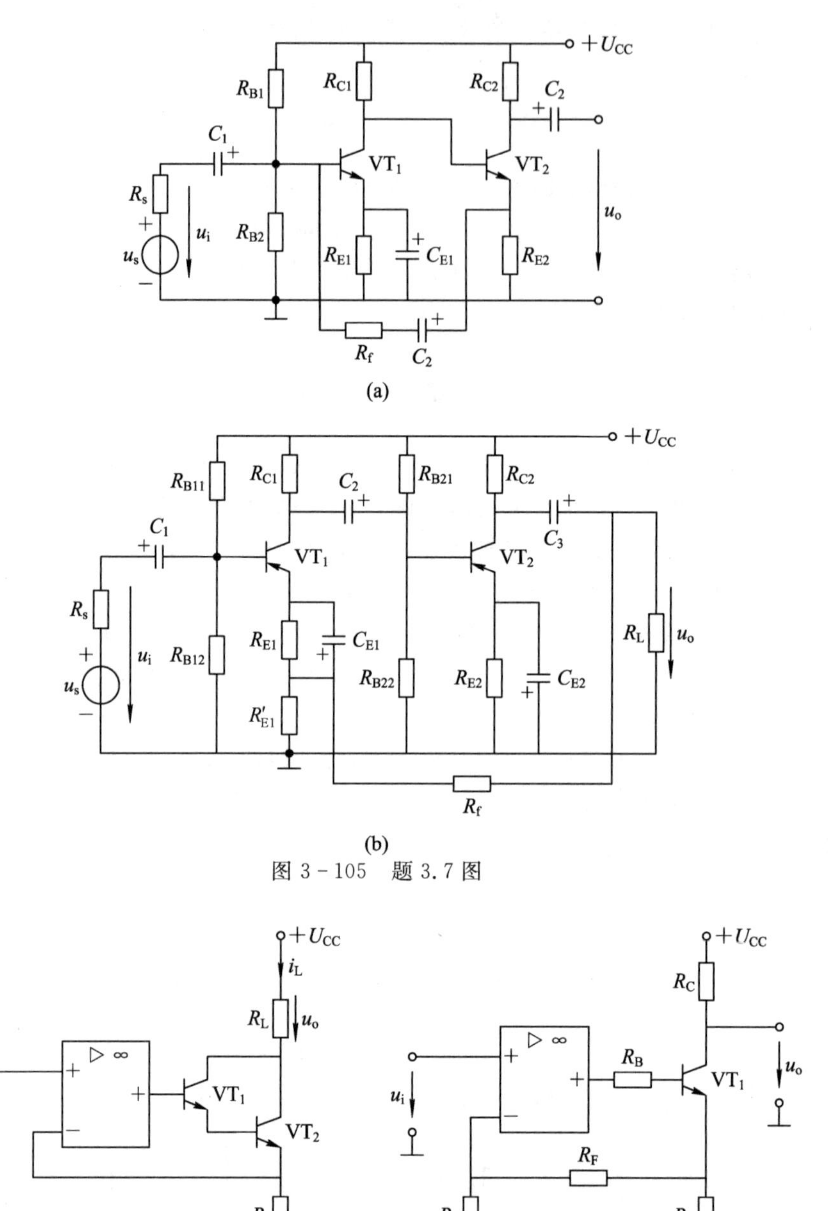

图 3-105　题 3.7 图

图 3-106　题 3.8 图

3.10　图 3-107 为由运放构成的线性刻度欧姆表电路。被测电阻 R_X 作为反馈电阻接在输出端与反相输入端之间，信号电压取自稳压管，$U_Z=6$ V，输出端接量程为 6 V 的直流电压表，用以读取 R_X 值。当开关 S 合在 R_3 挡时，电压表指示为 3 V，则 R_X 值为多少？

3.11　图 3-108 为一简单稳压电路。

(1) 试求 u_o 的表达式；

(2) 设 $U_Z=5$ V，求能使 u_o 在 5～12 V 范围内变动的 R_1 和 R_f 的值，反馈网络的最大电流限制在 0.5 mA。

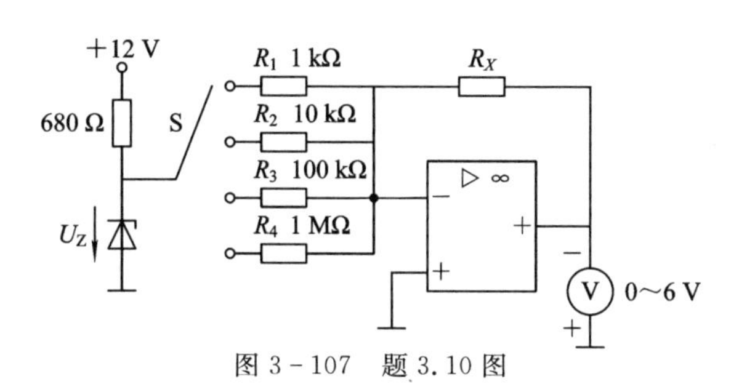

图 3-107　题 3.10 图

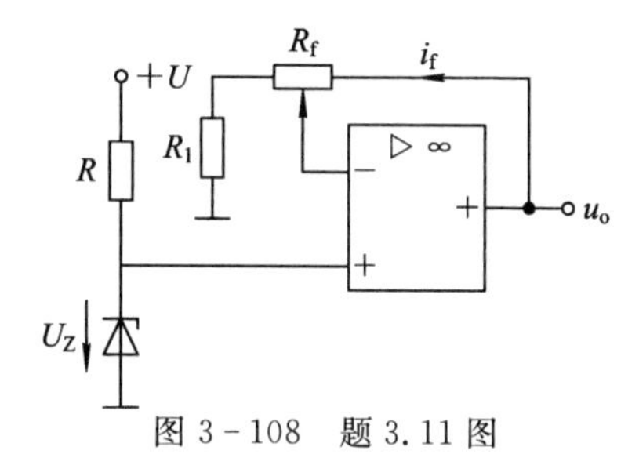

图 3-108　题 3.11 图

3.12　已知图 3-109 所示电路中的 u_{i1}、u_{i2} 波形，试画出与其对应输出电压 u_o的波形。

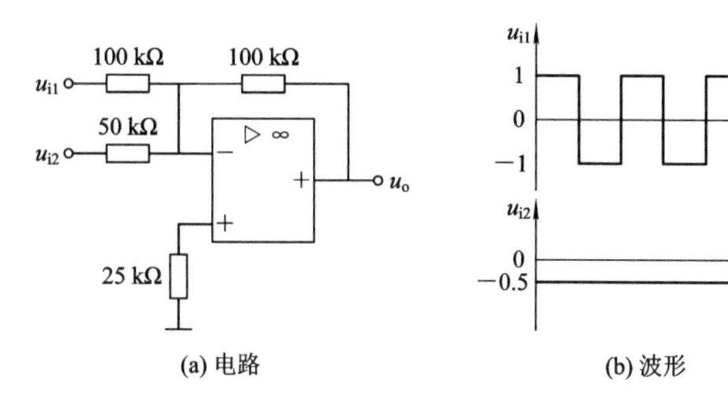

图 3-109　题 3.12 图

3.13　在图 3-110 所示的电路中，$R_2=R_3=R_4=4R_1$，求证：$\left|\frac{u_o}{u_i}\right|=12$。

3.14　求图 3-111 所示电路的输出电压 u_o。

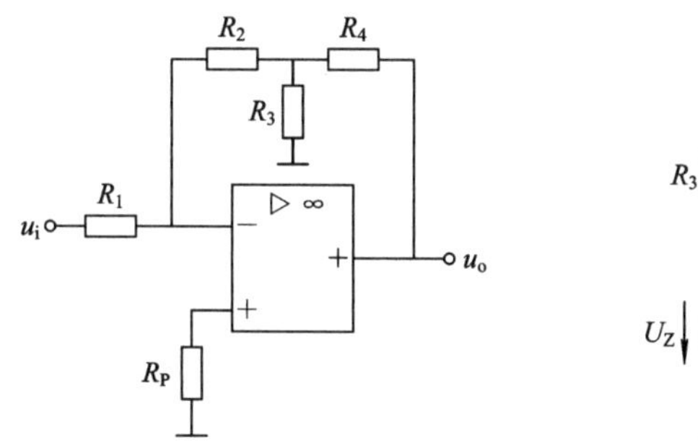

图 3-110　题 3.13 图

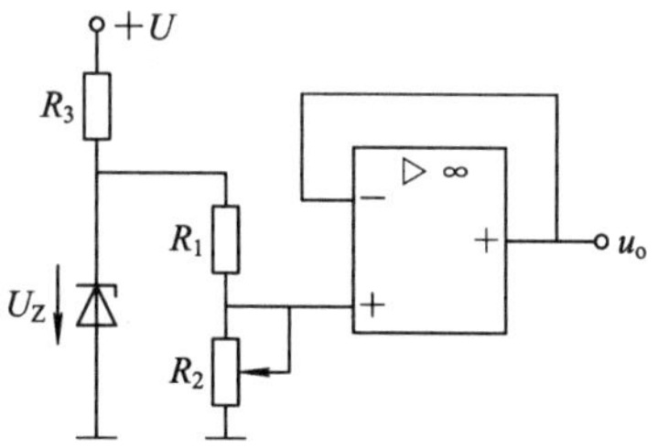

图 3-111　题 3.14 图

3.15　图 3-112 为两个运放组成的高输入阻抗放大器，求输出电压 u_o。

3.16　用叠加原理求图 3-113 所示电路的输出电压 u_o。

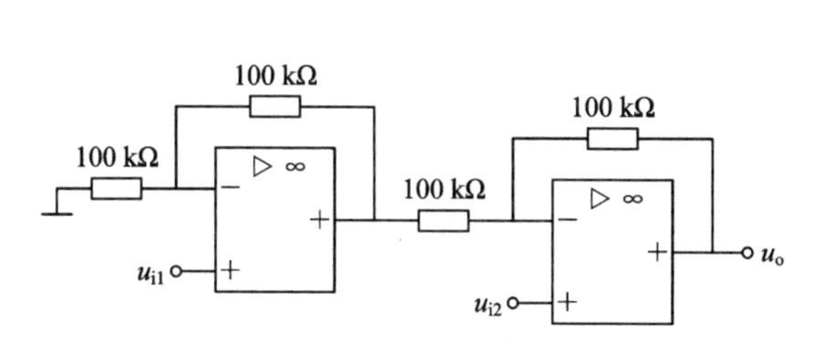

图 3-112　题 3.15 图

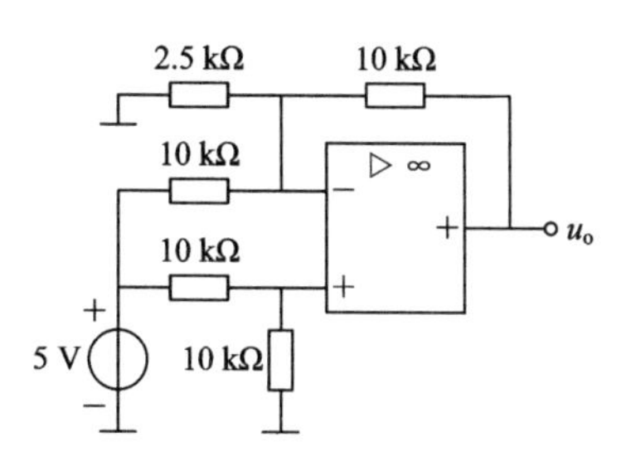

图 3-113　题 3.16 图

3.17　电路如图 3-114 所示，写出输入与输出的关系。

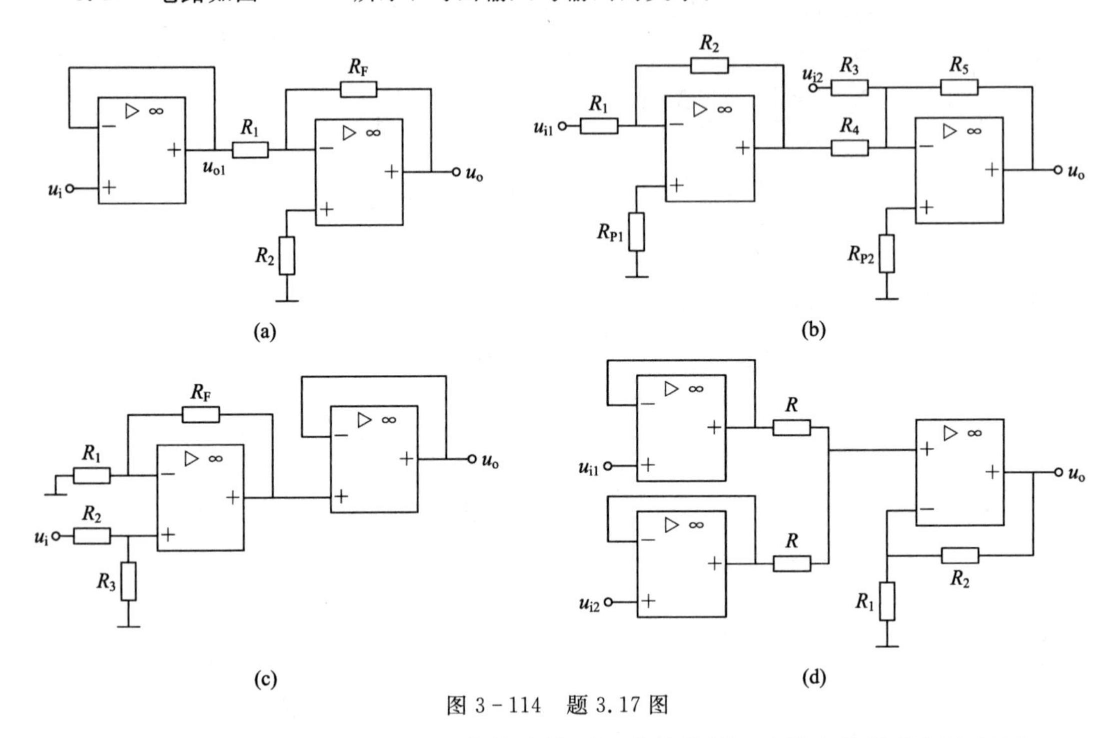

图 3-114　题 3.17 图

3.18　图 3-115 所示电路为放大倍数连续可调的放大器，求放大倍数的调节范围。

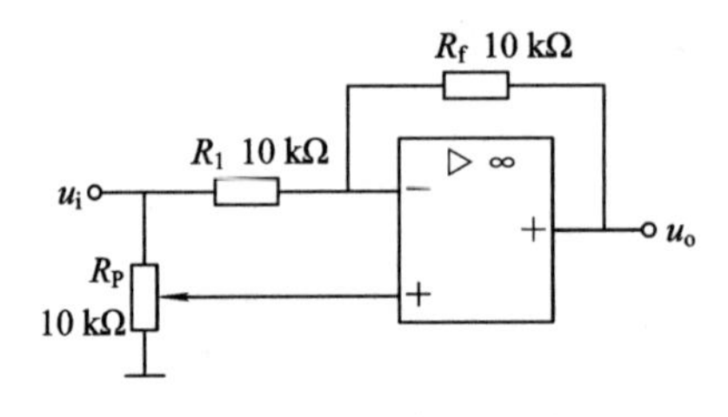

图 3-115　题 3.18 图

3.19　某一运放的最大输出电压 $U_{OM}=\pm 10$ V，积分时间常数 $\tau=0.1$ s，输入阶跃电压 $U_i=1$ V，求允许的最大积分时间。

3.20　积分运算电路如图 3-116(a)所示，$R=50$ kΩ，$C=1$ μF，输入信号波形如图 3-116(b)所示。试画出与其对应的输出信号 u_o 的波形，并标出其幅值(设电容的初始电压为 0)。

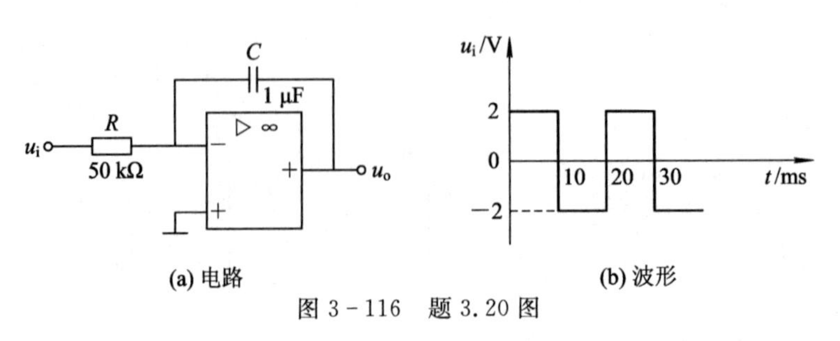

图 3-116　题 3.20 图

3.21　在图 3－117 中，已知 $u_i=2\sin 2\pi 1000t$(mV)，$C=1\ \mu$F，$R_f=1000$ kΩ，求 u_o。

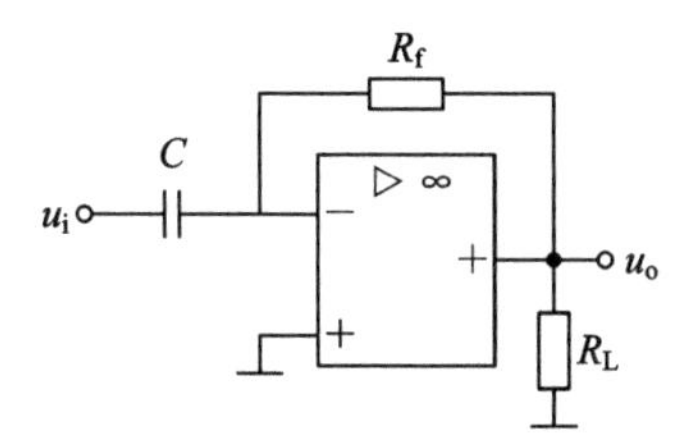

图 3－117　题 3.21 图

3.22　求图 3－118 所示电路的 u_o和 u_i的关系。

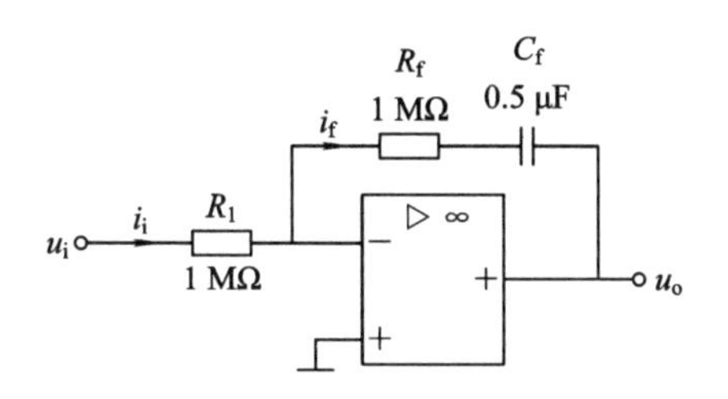

图 3－118　题 3.22 图

3.23　在如图 3－119 所示的有源校正电路中，若 $R_f=0$，则 u_o和 u_i的关系如何？若 C_f短路，则 u_o和 u_i的关系如何？

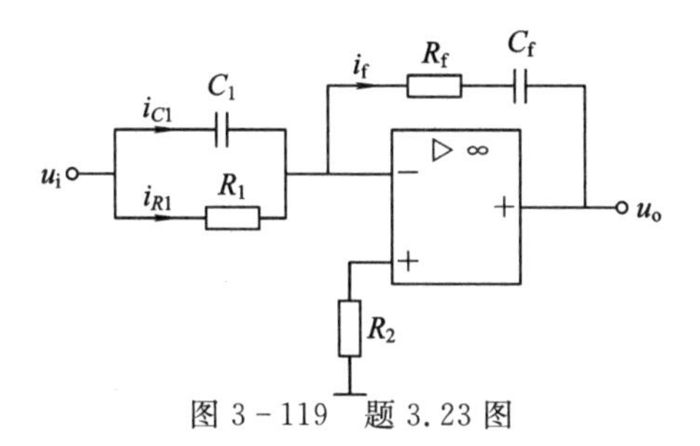

图 3－119　题 3.23 图

3.24　图 3－120(a)为反相输入式电平检测器，它可以用来判断信号电平是大于还是小于某一值。图中的双向稳压管 VS 的稳压值 $U_Z=\pm 6$ V。已知 u_i的波形如图 3－120(b)所示，试画出与其对应的 u_o波形。

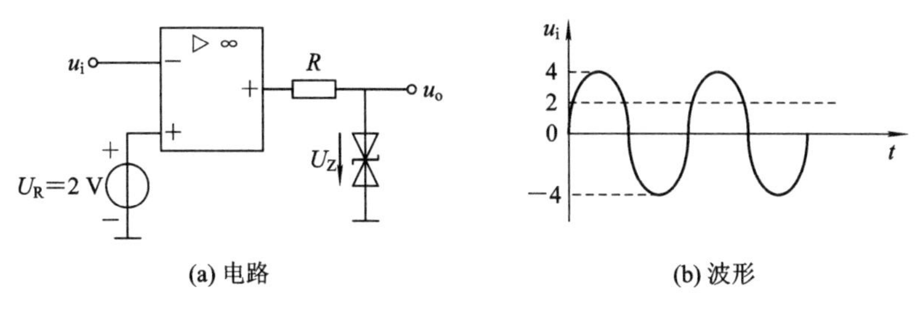

图 3－120　题 3.24 图

3.25　双液位检测显示电路如图 3－121 所示。整个电路包括传感、检测和显示三个部分。传感器部分是置于水箱中的两对不锈钢电极 H 和 L，它们分别处于高、低两个极限水位处。两组电极相当于两组常开触头，当它们被水淹没时，相当于触头闭合。试说明电路的工作原理。

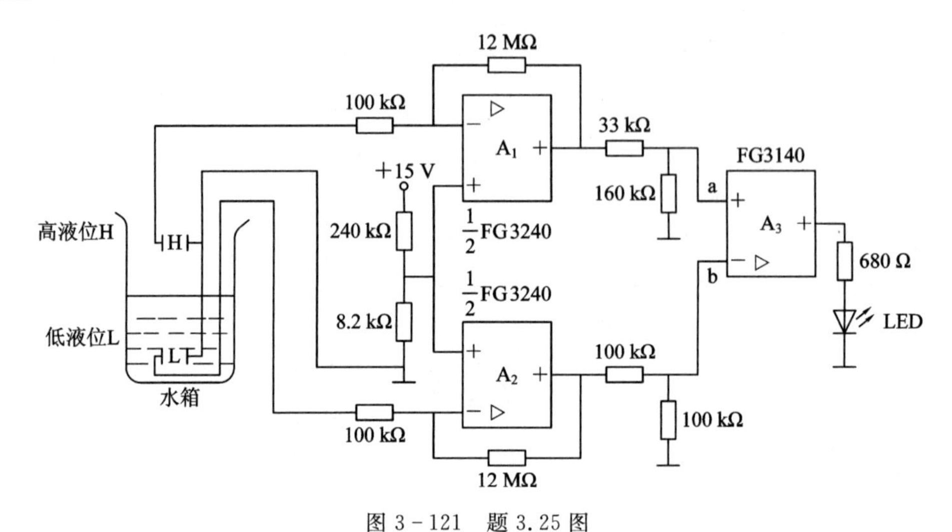

图 3-121　题 3.25 图

3.26　图 3-122 所示电路为一监控 u_i 大小的电路，说明其工作原理。

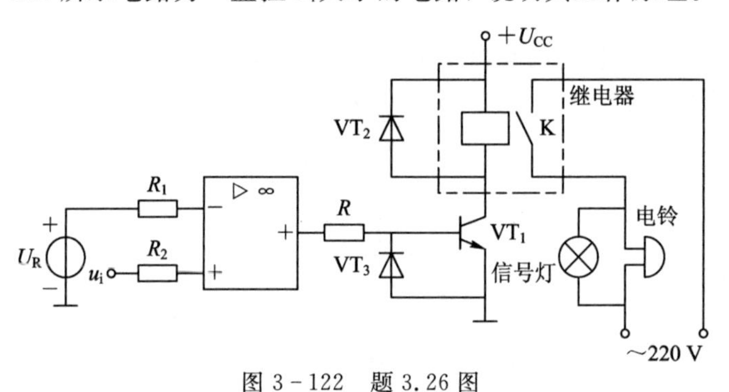

图 3-122　题 3.26 图

第 4 章 直流稳压电源

直流稳压电源组成

在工农业生产和科学实验中的大多数场合，主要采用交流电。但是在电子电路的仪器设备中，一般都需要直流电源供电。直流电源的来源大致分为三种，即电池(包括干电池、蓄电池和太阳能电池)、直流发电机，以及利用电网提供的 50 Hz 的工频交流电经过整流、滤波和稳压后获得的直流电源。电子技术的应用电路中，除少数小功率便携式系统采用化学电池作为直流电源外，绝大多数都采用上述第三种电源，这种电源称为直流稳压电源。图 4-1 所示为小功率直流稳压电源组成框图以及各电路的波形图。

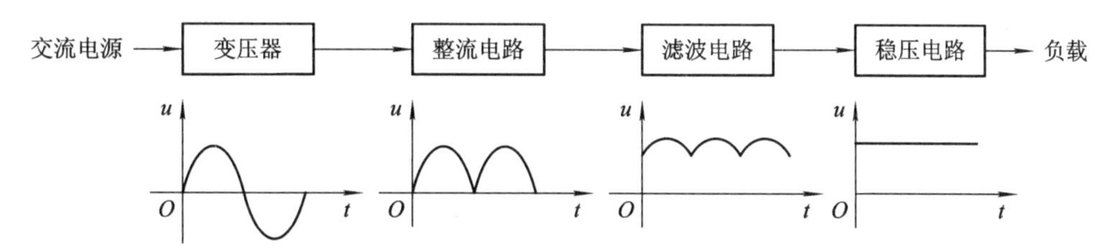

图 4-1 小功率直流稳压电源组成框图以及各电路的波形图

由直流稳压电源的组成框图及其中的波形图来看，变压器的作用显然是将输入的交流电压变换成幅值合适的电子电路需要的交流电压值。整流电路的作用则是将幅值合适的交流电转换为脉动的直流电。滤波电路的作用是滤除脉动直流电中的高频成分，得到较为平滑的直流电，而稳压电路的作用可稳定输出电压，使之不受电网波动或负载变化的影响。

本章先讨论整流电路，然后分析直流稳压电源。

4.1 整流电路

大功率的直流稳压电源一般采用三相交流电获取，小功率的直流电源由于功率比较小，通常采用单相交流供电获取。

整流电路的功能是将交流电压变换成直流脉动电压。整流电路的类型有以下几种：按电源相线数可分为单相整流和三相整流；按输出波形可分为半波整流和全波整流；按所用器件可分为二极管整流和晶闸管整流；按电路结构可分为桥式整流和倍压整流。这里主要介绍单相半波整流电路和单相桥式整流电路。

4.1.1 单相半波整流电路

单相半波整流电路如图 4-2 所示。它由变压器 T、整流二极管 VD 和负载电阻 R_L组成。

设变压器二次侧电压 $u_2=\sqrt{2}U_2\sin\omega t$。由于二极管具有单向导电性，因此在 u_2的正半周时，其极性为上正下负，二极管受正向电压而导通。在 u_2的幅值 U_{2m}与二极管的正向压降(取 0.7 V)相比较大时，可以忽略二极管的正向压降，则输出电压 $u_o=u_2$，负载电流 $i_o=u_o/R_L$。

在 u_2 的负半周时，变压器二次侧极性为上负下正，二极管受反向电压而截止，如果忽略二极管的反向饱和电流，则输出电压 $u_o=0$。单相半波整流电路的波形如图 4-3 所示。

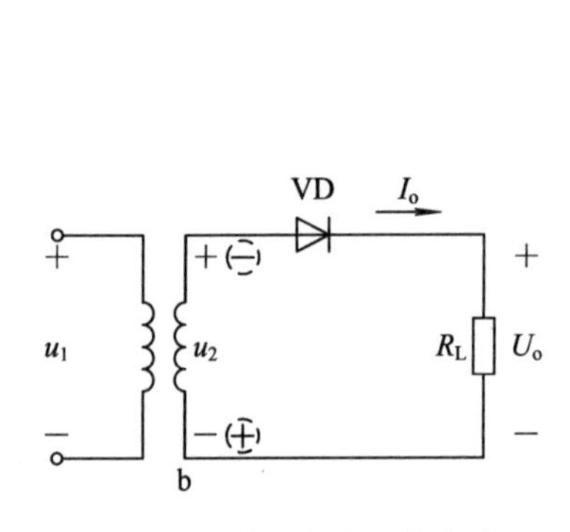

图 4-2 单相半波整流电路

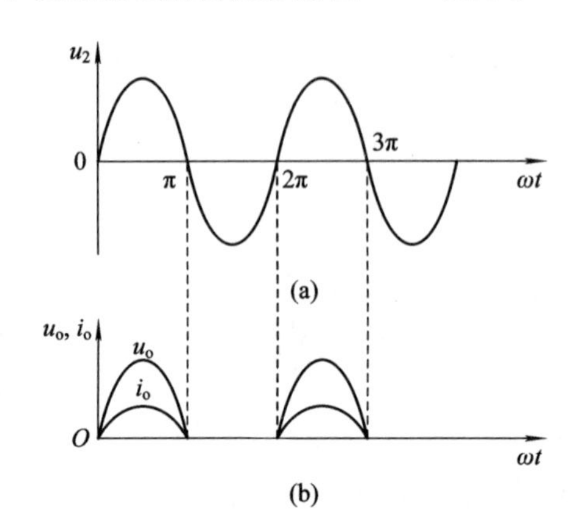

图 4-3 单相半波整流电路的波形图

输出电压的波形是单方向的，但是其大小随时间变化，因此称为脉动直流电。直流量的大小一般用平均值来衡量，单相半波整流电路的输出电压平均值为

$$U_{o(AV)}=\frac{1}{2\pi}\int_0^{\pi}\sqrt{2}U_2\sin\omega t\,\mathrm{d}\omega t=\frac{\sqrt{2}}{\pi}U_2\approx 0.45U_2 \tag{4-1}$$

流过二极管的平均电流为

$$I_D=0.45\frac{U_2}{R_L} \tag{4-2}$$

由波形图可知，二极管在截止时承受的反向峰值电压为 u_2 的最大值，即

$$U_{DRM}=\sqrt{2}U_2 \tag{4-3}$$

二极管中的电流与负载中的电流相等。

在实现这个电路时，要根据二极管的最大反向峰值电压和流过二极管的平均电流确定选购的二极管参数。为使用安全考虑，在器件的参数选择上要留有一定的裕量，因此选择二极管的最大整流电流要比平均电流大一些，反向峰值电压应为最大反向峰值电压的两倍左右。

单相半波整流电路使用元件少，电路结构简单，输出电流适中，由于只有半个周期导电，因此输出电压的脉动较大，整流效率低，变压器存在单向磁化等问题。单相半波整流电路常用于电子仪器和家用电器等要求不高的场合。

4.1.2 单相桥式整流电路

为克服单相半波整流电路的缺点，可采用单相桥式整流电路。单相桥式整流电路由四个二极管接成电桥形状，因此称为桥式整流电路。图 4-4 为桥式整流电路的几种画法。

1. 单相桥式整流电路的工作原理

设变压器二次侧电压 $u_2=\sqrt{2}U_2\sin\omega t$，波形如图 4-3(a)所示。如图 4-4(a)所示，在电压 u_2 的正半周，a 点为正，b 点为负，VD_1 和 VD_3 导通，VD_2 和 VD_4 截止。导电线路为 a→VD_1→R_L→VD_3→b。在电压 u_2 的负半周，b 点为正，a 点为负，VD_2 和 VD_4 导通，VD_1 和 VD_3 截止，导电线路为 b→VD_2→R_L→VD_1→a。这样，在负载 R_L 上得到的是一个全波整流电压。

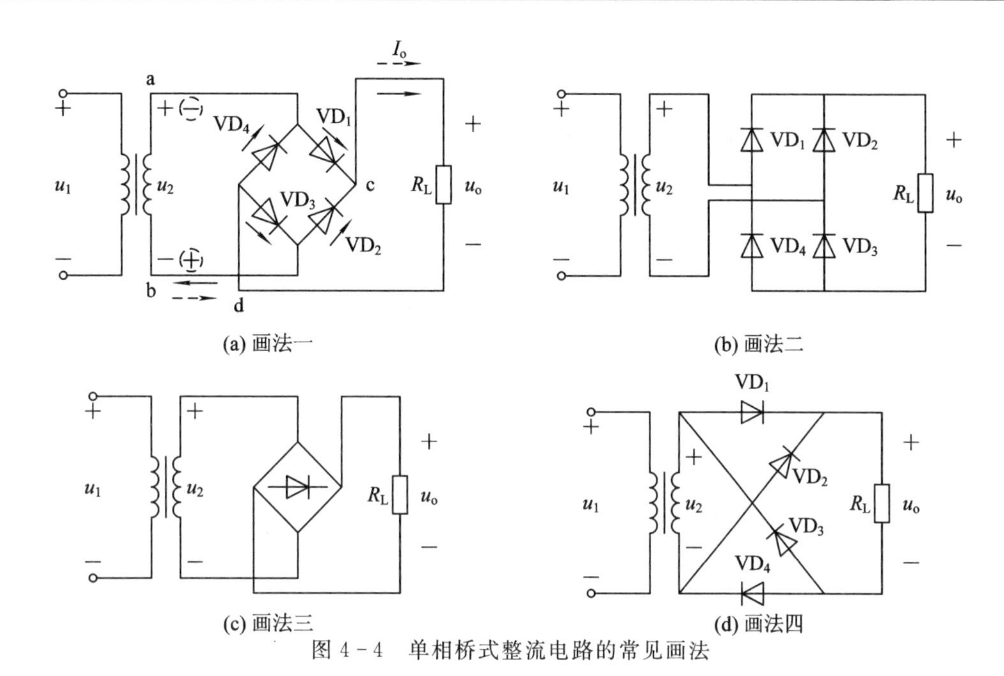

图 4－4　单相桥式整流电路的常见画法

2．桥式整流电路的技术指标

整流电路的技术指标包括整流电路的工作性能指标和整流二极管的性能指标。整流电路的工作性能指标有输出电压的平均值 U_o 和脉动系数 S。二极管的性能指标有流过二极管的平均电流 I_D 和管子所承受的最大反向电压 U_{DRM}。下面来分析桥式整流电路的技术指标。

(1) 输出电压的平均值 U_o。U_o 可按下式计算，即

$$U_o = \frac{1}{\pi}\int_0^{\pi}\sqrt{2}U_2\sin\omega t\,d\omega t = \frac{2\sqrt{2}}{\pi}U_2 = 0.9U_2 \tag{4-4}$$

直流电流为

$$I_o = \frac{0.9U_2}{R_L} \tag{4-5}$$

(2) 脉动系数 S。图 4－5 所示的整流输出电压波形中包含有若干偶次谐波分量，称为纹波，它们叠加在直流分量上。我们把最低次谐波幅值与输出电压平均值之比定义为脉动系数。全波整流电压的脉动系数约为 0.67，故需用滤波电路滤除 U_o 中的纹波电压。

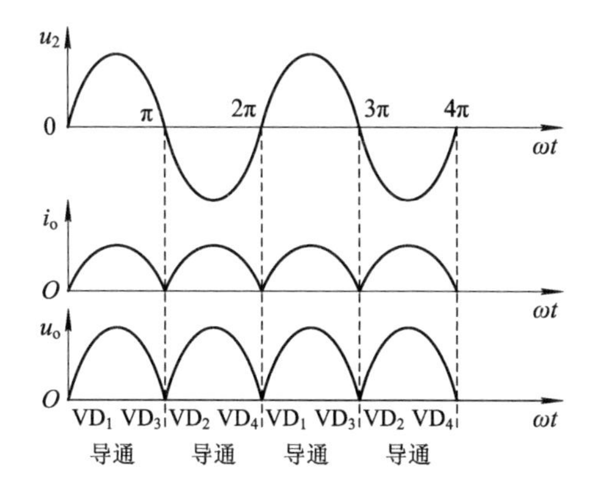

图 4－5　单相桥式整流电路波形图

(3) 流过二极管的正向平均电流 I_D。在桥式整流电路中，二极管 VD_1、VD_3 和 VD_2、VD_4 是两两轮流导通的，所以流经每个二极管的平均电流为

$$I_D = \frac{1}{2}I_o = \frac{0.45U_2}{R_L} \tag{4-6}$$

(4) 二极管承受的最大反向电压 U_{DRM}。二极管在截止时承受的最大反向电压可参考图 4-4(a)。在 u_2 正半周时，VD_1、VD_3 导通，VD_2、VD_4 截止。此时 VD_2、VD_4 所承受到的最大反向电压均为 u_2 的最大值，即

$$U_{DRM} = \sqrt{2}U_2 \tag{4-7}$$

同理，在 u_2 的负半周 VD_1、VD_3 也承受同样大小的反向电压。

桥式整流电路的优点是输出电压高，纹波电压较小，管子所承受的最大反向电压较低，同时因电源变压器的正负半周内都有电流供给负载，电源变压器得到充分的利用，效率较高。因此，这种电路在半导体整流电路中得到了广泛的应用。该电路的缺点是二极管用得较多。目前市场上已有许多品种的半桥和全桥整流电路出售，而且价格便宜，这对桥式整流电路的缺点是一大弥补。

将单相桥式整流电路的四个二极管集成在一起，就成为一个整流桥。整流桥的外形如图 4-6 所示。

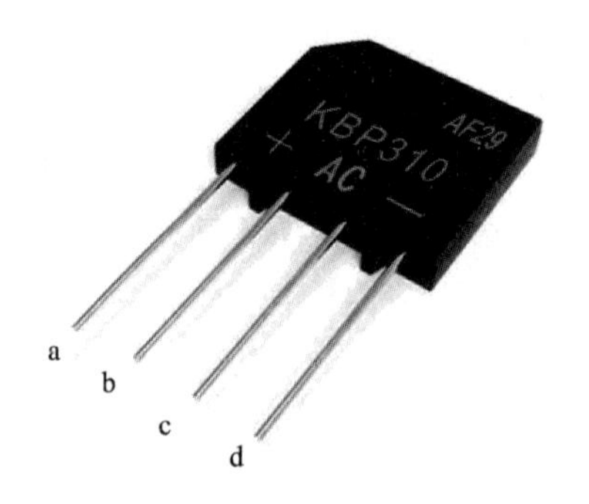

图 4-6 整流桥的外形

在电路连接时，整流桥的 a、b 两个端子与交流输入电压相连接，c、d 两个端子与直流输出端子相连接。其中，c 端为正极性端，d 端为负极性端。

表 4-1 给出了常见的几种整流电路的电路图、整流电压的波形及计算公式。

表 4-1 常见的几种整流电路

类 型	电 路	整流电压的波形	整流电压平均值	每管电流平均值	每管承受最高反压
单相半波	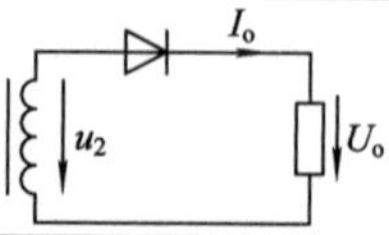		$0.45U_2$	I_o	$\sqrt{2}U_2$
单相全波	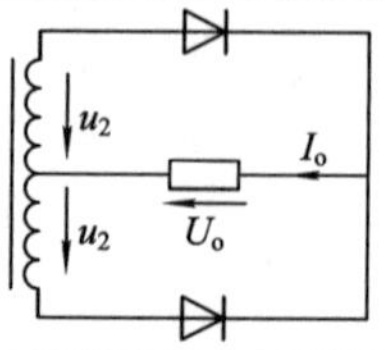	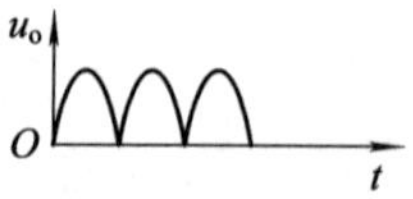	$0.9U_2$	$\frac{1}{2}I_o$	$2\sqrt{2}U_2$

续表

类　型	电　　路	整流电压的波形	整流电压平均值	每管电流平均值	每管承受最高反压
单相桥式	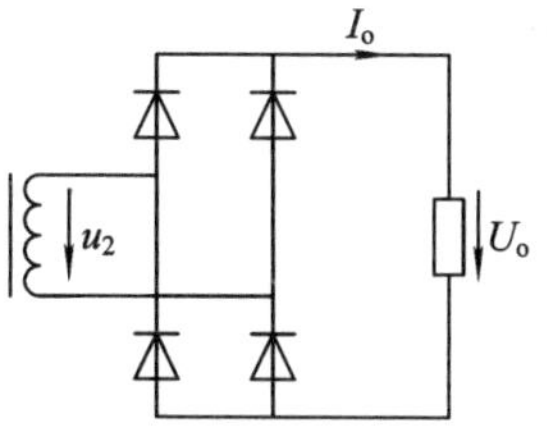		$0.9U_2$	$\frac{1}{2}I_o$	$\sqrt{2}U_2$
三相半波	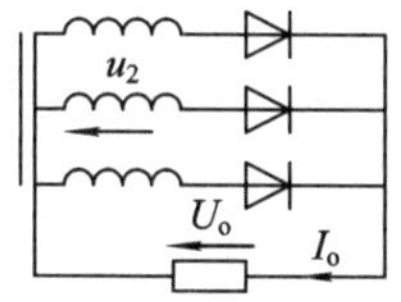	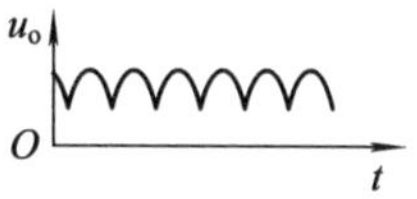	$1.17U_2$	$\frac{1}{3}I_o$	$2\sqrt{2}U_2$
三相桥式	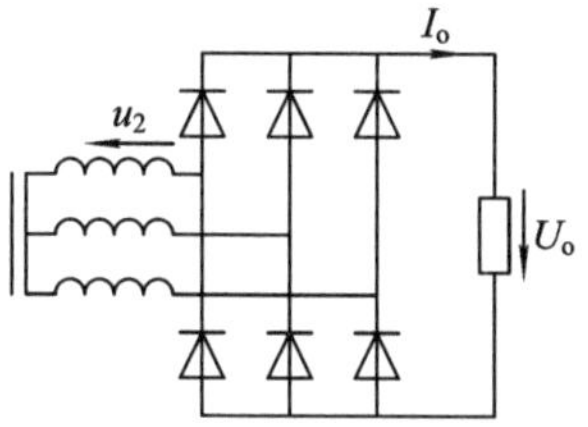	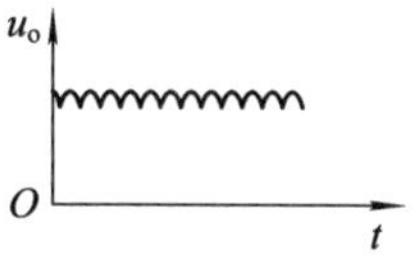	$2.34U_2$	$\frac{1}{3}I_o$	$2\sqrt{2}U_2$

4.2　滤波电路

整流电路虽然可以把交流电转化成直流电，但所得到的电压是单向脉动电压，在某些设备(如电镀、蓄电池充电等设备)中，这种电压的脉动是允许的，但在大多数电子设备中，都需要加接滤波电路，以改善电压的脉动程度。滤波电路的作用是滤除整流电压中的纹波。常用的滤波电路有电容滤波、电感滤波、复式滤波及有源滤波。这里仅讨论电容滤波、电感滤波和复式滤波。

4.2.1　电容滤波电路

电容滤波电路是最简单的滤波器，它是在整流电路的负载上并联一个电容 C，电容为带有正负极性的大容量电容器，如电解电容、钽电容等。其电路如图 4－7(a)所示。

1. 滤波原理

电容滤波是通过电容器的充电、放电来滤掉交流分量的。在图 4－7(b)所示的波形图中，虚线波形为桥式整流的波形。并入电容 C 后，当 $u_2>0$ 时，VD_1、VD_3 导通，VD_2、VD_4 截止，电源在向 R_L 供电的同时，又向 C 充电储能。由于充电时间常数 τ_1 很小(绕组电阻和二极管的正向电阻都很小)，充电很快，输出电压 u_o 随 u_2 上升。当 $u_C=\sqrt{2}U_2$ 时，u_2 开始下降，$u_2<u_C$，在 $t_1\sim t_2$ 时段内，$VD_1\sim VD_4$ 全部反偏截止，由电容 C 向 R_L 放电。由于放电时间常数 τ_2 较大，放电较慢，输出电压 u_o 随 u_C 按指数规律缓慢下降，如图中的 ab 实线段。b 点以

后，负半周电压 $u_2>u_C$，VD_1、VD_3 截止，VD_2、VD_4 导通，C 又被充电至 c 点，充电过程形成$u_o=u_2$的波形为 bc 实线段。c 点以后，$u_2<u_C$，$VD_1\sim VD_4$ 又截止，C 又放电，如此不断地充电、放电，使负载获得如图 4-7(b)中实线所示的 u_o波形。由波形可见，桥式整流接电容滤波后，输出电压的脉动程度大为减小。

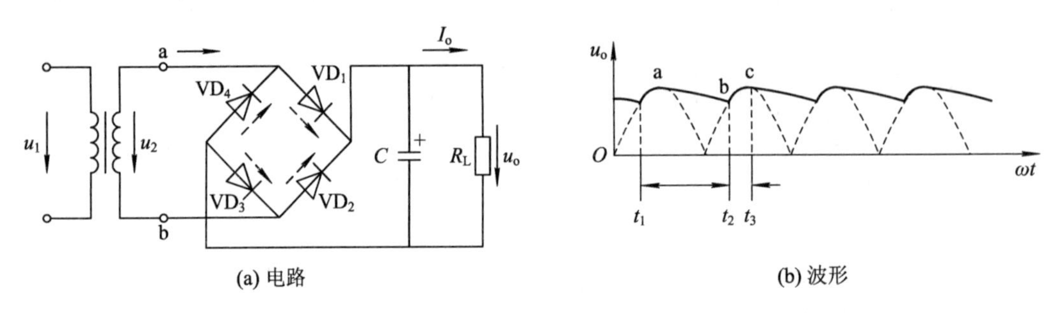

图 4-7 桥式整流电容滤波电路和波形

2. U_o的大小与元件的选择

由以上讨论可见，输出电压平均值U_o的大小与 τ_1、τ_2 的大小有关，τ_1越小，τ_2越大，U_o也就越大。当负载 R_L开路时，τ_2无穷大，电容 C 无放电回路，U_o达到最大，即 $u_o=\sqrt{2}U_2$。当 R_L 很小时，输出电压几乎与无滤波时相同。因此，电容滤波器输出电压在 $0.9U_2\sim\sqrt{2}U_2$ 范围内波动。在工程上一般采用经验公式估算其大小，R_L愈小，输出平均电压愈低，因此输出平均电压可按下述工程估算取值：

$$U_o=U_2\text{（半波）}\tag{4-8}$$

$$U_o=1.2U_2\text{（全波）}\tag{4-9}$$

为了达到式(4-8)和式(4-9)中的取值关系，获得比较平直的输出电压，一般要求

$$R_LC\geqslant(3\sim5)\frac{T}{2}\tag{4-10}$$

式中，T 为电源交流电压的周期。

对于单相桥式整流电路而言，无论有无滤波电容，二极管的最高反向工作电压都是 $\sqrt{2}U_2$。

关于滤波电容值的选取，应视负载电流的大小而定，一般在几十微法到几千微法，电容器耐压应大于$\sqrt{2}U_2$。

【例 4-1】 一单相桥式整流电容滤波电路如图 4-8 所示。其交流电源频率 $f=50$ Hz，负载电阻 $R_L=120\ \Omega$，要求直流电压 $U_o=30$ V，试选择整流元件及滤波电容。

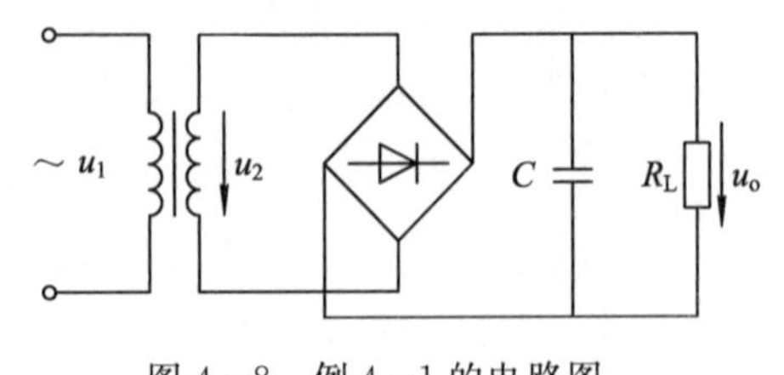

图 4-8 例 4-1 的电路图

解 (1) 选择整流二极管。流过二极管的平均电流为

$$I_D=\frac{1}{2}I_o=\frac{1}{2}\frac{U_o}{R_L}=\frac{1}{2}\times\frac{30}{120}=125\ \text{mA}$$

由于 $U_o=1.2U_2$，因此交流电压的有效值为

$$U_2=\frac{U_o}{1.2}=\frac{30}{1.2}=25\ \text{V}$$

（2）二极管承受的最高反向工作电压为

$$U_{DRM}=\sqrt{2}U_2=\sqrt{2}\times 25=35\ \text{V}$$

可以选择用四个 2CZ11A 整流二极管（$I_{RM}=1000$ mA，$U_{RM}=1000$ V）。

（3）选择滤波电容 C。取 $R_LC=5\times\frac{T}{2}$，而 $T=\frac{1}{f}=\frac{1}{50}=0.02$ s，所以有

$$C=\frac{1}{R_L}\times 5\times\frac{T}{2}=\frac{1}{120}\times 5\times\frac{0.02}{2}=417\ \mu\text{F}$$

电容滤波电路结构简单，输出电压较高，脉动较小，但电路的带负载能力不强，因此，电容滤波通常适合在小电流且变动不大的电子设备中使用。

4.2.2　电感滤波电路

桥式整流电感滤波电路一般适用于低电压、大电流的负载电路。在桥式整流电路和负载电阻 R_L 间串入一个电感器 L，就构成一个含有电感滤波环节的桥式整流滤波电路，如图 4－9 所示。

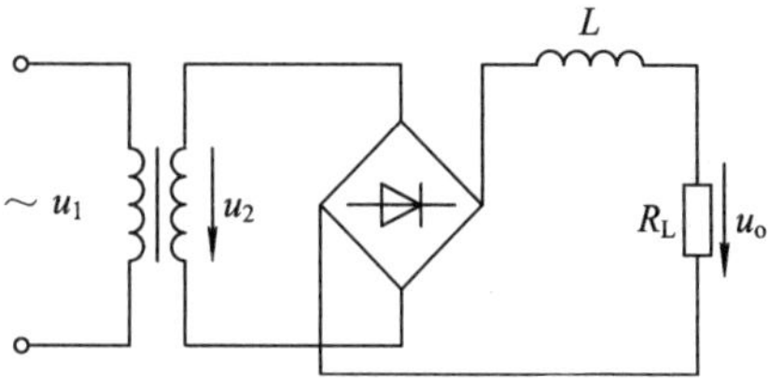

图 4－9　桥式整流电感滤波电路

在桥式整流电感滤波电路中，若忽略电感线圈的电阻，根据电感的频率特性可知，频率越高，电感的感抗值越大，整流电路输出电压中的高频成分的压降就越大，而全部直流分量和少量低频成分加在负载电阻上，从而起到了滤波作用，可以得到一个比较平滑的直流电压输出。

电感滤波的优点是：整流管的导电角较大（电感 L 的反电动势使整流管导电角增大），峰值电流很小，输出特性比较平坦。其缺点是：由于铁芯的存在，这种滤波器笨重，体积大，易引起电磁干扰。这种滤波电路一般只适用于大电流的场合。

4.2.3　复式滤波电路

在滤波电容 C 之前加一个电感 L 可构成 LC 滤波电路，如图 4－10(a)所示。这样可使输出至负载 R_L 上的电压的交流成分进一步降低。该电路适用于高频或负载电流较大并要求脉动很小的电子设备中。

为了进一步提高整流输出电压的平滑性，可以在 LC 滤波电路之前再并联一个滤波电容 C_1 构成 π 形 LC 滤波电路，如图 4－10(b)所示。

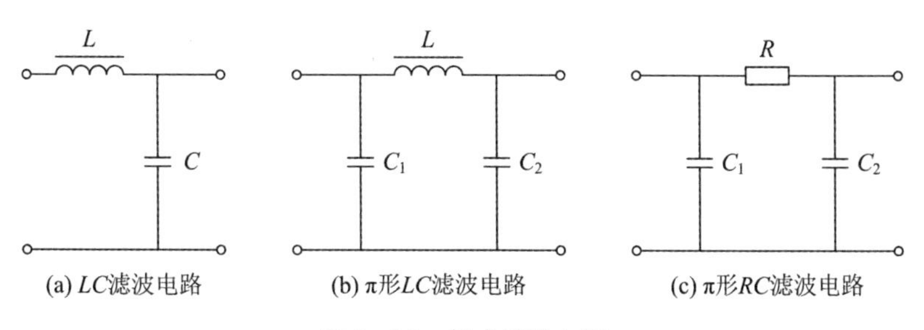

(a) LC滤波电路　(b) π形LC滤波电路　(c) π形RC滤波电路

图 4－10　复式滤波电路

由于带有铁芯的电感线圈体积大，价格也高，因此常用电阻 R 来代替电感 L 构成 π 形 RC 滤波电路，如图 4-10(c)所示。只要适当选择 R 和 C_2 参数，在负载两端可以获得脉动极小的直流电压。这种滤波器在小功率电子设备中被广泛采用。

4.3 稳压电路

交流电压经过整流和滤波后，虽然变为直流电压，但是仍存在较小的交流分量，输出的直流电压并不稳定，而且这些交流量的平均值还会随电网电压的波动、温度的变化而变化。当电路中的负载电阻较大或变化时，输出电压也会随之变化。因此，只具有整流、滤波环节的直流电源，在要求电源稳定性较高的电子设备和电子线路中是不适用的。所以，电子设备中的直流电源和电子线路的供电电源，一般要在滤波电路和负载之间加接稳压环节，以达到稳压供电的目的，使电子设备和电子线路能够稳定可靠地工作。

因此，稳压电路的任务就是将滤波后的电压进一步稳定，使输出电压基本上不受电网电压波动和负载变化的影响，让电路的输出具有足够高的稳定性。

4.3.1 并联型稳压电路

并联型稳压电路是最简单的一种稳压电路。这种电路主要用于对稳压要求不高的场合，有时也作为基准电压源。

图 4-11 就是并联型稳压电路，又称为稳压管稳压电路，因其稳压管 VS 与负载电阻 R_L 并联而得名。

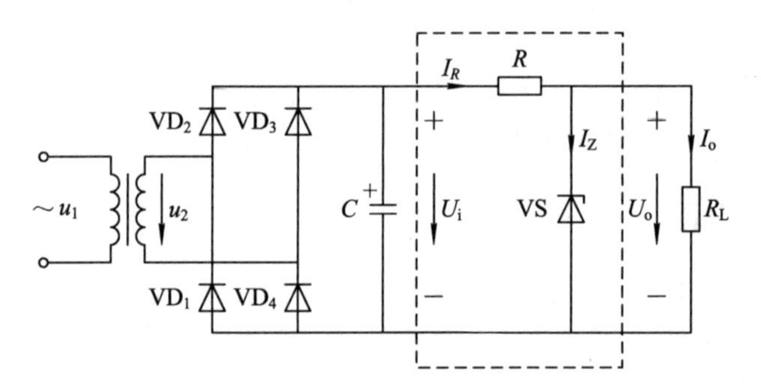

图 4-11 稳压管稳压电路

引起电压不稳定的原因是交流电源电压的波动和负载电流的变化。而稳压管能够稳压的原理在于稳压管具有很强的电流控制能力。当保持负载 R_L 不变，U_i 因交流电源电压增加而增加时，负载电压 U_o 也要增加，稳压管的电流 I_Z 急剧增大，因此电阻 R 上的压降急剧增加，以抵偿 U_i 的增加，从而使负载电压 U_o 保持近似不变；相反，U_i 因交流电源电压降低而降低时，稳压过程与上述过程相反。

如果保持电源电压不变，当负载电流 I_o 增大时，电阻 R 上的压降增大，负载电压 U_o 下降，稳压管电流 I_Z 急剧减小，从而补偿了 I_o 的增加，使得通过电阻 R 的电流和电阻上的压降保持近似不变，因此负载电压 U_o 也就近似稳定不变。当负载电流减小时，稳压过程相反。

选择稳压管时一般取

$$\begin{cases} U_Z = U_o \\ I_{Zmax} = (1.5 \sim 3) I_{omax} \\ U_i = (2 \sim 3) U_o \end{cases} \tag{4-11}$$

【例 4-2】 有一稳压电路，如图 4-11 所示。负载电阻 R_L 由开路变到 3 kΩ，交流电压经整流滤波后得出 $U_i = 45$ V，现要求输出直流电压 $U_o = 15$ V，试选择稳压管。

解 根据输出直流电压 $U_o = 15$ V 的要求，由式(4-8)得到稳定电压为

$$U_Z = U_o = 15 \text{ V}$$

由输出电压 $U_o = 15$ V 及最小负载电阻 $R_L = 3$ kΩ 的要求，负载电流的最大值为

$$I_{omax} = \frac{U_o}{R_L} = \frac{15}{3} = 5 \text{ mA}$$

$$I_{Zmax} = 3 \times I_{omax} = 15 \text{ mA}$$

查询半导体器件手册，选择稳压管 2CW20，其稳定电压 $U_Z = 13.5 \sim 17$ V，稳定电流 $I_Z = 5$ mA，$I_{Zmax} = 15$ mA。

【例 4-3】 在图 4-12 所示的电路中，已知 $U_Z = 12$ V，$I_{Zmax} = 18$ mA，$I_Z = 5$ mA，负载电阻 $R_L = 2$ kΩ，当输入电压由正常值发生±20%的波动时，要求负载两端电压基本不变，试确定输入电压 U_i 的正常值和限流电阻 R 的数值。

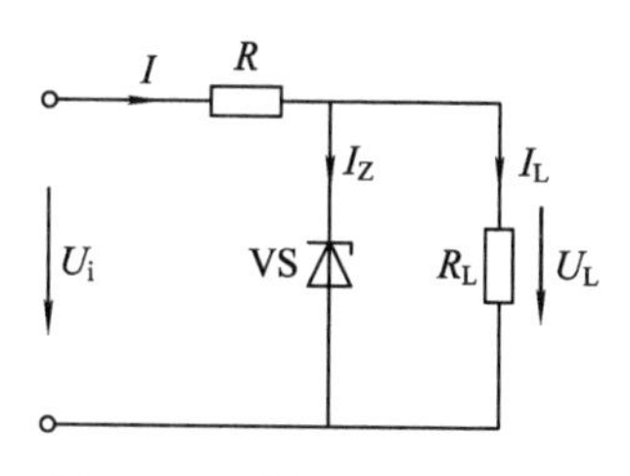

图 4-12　例 4-3 的电路图

解 负载两端电压 U_L 就是稳压管的端电压 U_Z。当 U_i 发生波动时，必然使限流电阻 R 上的压降和 U_Z 发生变动，引起稳压管电流的变化，只要在 $I_{Zmax} \sim I_Z$ 范围内变动，就可以认为 U_Z 即 U_L 基本上未变动，这就是稳压管的稳压作用。

(1) 当 U_i 向上波动 20%，即 $1.2U_i$ 时，认为 $I_Z = I_{Zmax} = 18$ mA，因此有

$$I = I_{Zmax} + I_L = 18 + \frac{U_Z}{R_L} = 18 + \frac{12}{2} = 24 \text{ mA}$$

由 KVL 得

$$1.2U_i = IR + U_L = 24 \times 10^{-3} \times R + 12$$

(2) 当 U_i 向下波动 20%，即 $0.8U_i$ 时，认为 $I_Z = 5$ mA，因此有

$$I = I_Z + I_L = 5 + \frac{U_Z}{R_L} = 5 + \frac{12}{2} = 11 \text{ mA}$$

由 KVL 得

$$0.8U_i = IR + U_L = 11 \times 10^{-3} \times R + 12$$

联立方程组可得 $U_i = 26$ V，$R = 800$ Ω。

并联型稳压电路具有电路结构简单、使用元件少的优点，但稳压值取决于稳压二极管的稳压值，不能调节，因此这种稳压电路适用于电压固定、负载电流小、负载变动不大的场合。串联型稳压电路能解决上述问题。下面简要介绍串联型稳压电路。

4.3.2 串联型稳压电路

串联型稳压电路由于调整元件与负载串联而得名，晶体管串联型反馈式稳压电路如图 4-13 所示。

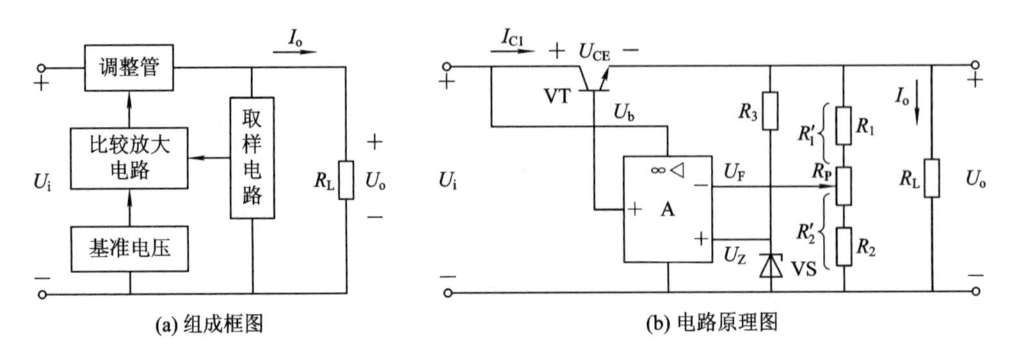

图 4-13 串联型反馈式稳压电路

1. 电路组成

(1) 调整电路：作用是调节自身的压降，保证输出电压不变。

(2) 比较放大电路：将输出电压同参考电压比较后所得的控制信号加以放大。

(3) 基准电压电路：获得恒定不变的电压，作为比较输出电压变化与否的标准。

(4) 取样电路：用于取出一部分输出电压。

2. 电路的工作原理

当输入电压 U_i 或负载电流 I_o 变化，引起输出电压 U_o 增加时，取样电压 U_F 随之增大，基准电压 U_Z 和取样电压 U_F 的差值减小。经比较放大器 A 放大后，使调整管的基极电压 U_b 减小，控制集电极电流 I_{C1} 减小，致使管压降 U_{CE} 增大，输出电压 U_o 减小，使稳压电路的输出电压上升趋势得到抑制，从而起到了稳定输出电压的作用。

同理，当输入电压 U_i 或负载电流 I_o 变化，引起输出电压 U_o 减小时，其分析过程与上述分析相反。

3. 输出电压的调整方法

由图 4-13 可得

$$U_F = \frac{R_2'}{R_1 + R_2 + R_P} U_o \tag{4-12}$$

由于 $U_F \approx U_Z$，因此稳压电路的输出电压为

$$U_o = \frac{R_1 + R_2 + R_P}{R_2'} U_Z \tag{4-13}$$

式(4-13)说明：串联型反馈式稳压电路通过调节电位器 R_P 的可调端，即可改变输出电压的大小。该电路由于运放 A 的电压放大倍数很高，输出电阻较低，因此稳压特性十分优良，实际中应用非常广泛。

4. 影响输出电压稳定性的因素

(1) 取样电路的影响。必须保持取样电压只与输出电压有关，选取样电阻时，要选择温度特性好、精度高的电阻。

(2) 基准环节的影响。输出电压 U_o 的大小与 U_Z 有关，必须保持 U_Z 恒定，才能使 U_o 稳定。

(3) 比较放大环节的影响。一般要求比较放大电路的放大倍数大，稳定性好，零点漂移小，才能提高输出电压的稳定度。

(4) 调整管的影响。调整灵敏度要高，取决于比较放大环节提供的推动电流的大小。在 I_o较大的场合，单级比较放大器不能提供足够的推动电流。

4.3.3　集成稳压器

集成电路的发展促使集成稳压器产生，把调整管、采样电路、基准稳压源、比较放大器、比较器以及保护电路等全部集成在一个硅片上，就构成了集成稳压器。

1. 固定输出的三端集成稳压器

三端固定集成稳压器包含 CW7800 和 CW7900 两大系列。CW7800 系列是三端固定正输出稳压器，CW7900 系列是三端固定负输出稳压器。它们的最大特点是稳压性能良好，外围元件简单，安装调试方便，价格低廉，现已成为集成稳压器的主流产品。CW7800 系列按输出电压分有 5 V、6 V、9 V、12 V、15 V、18 V、24 V 等规格；最大输出电流有 0.1 A(L)、0.5 A(M)、1.5A(空缺)、3A(T)和 5A(H)五个档次。同理，CW7900 系列的三端稳压器也有−5 V、−6 V、−9 V、−12 V、−15 V、−18 V、−24 V 七种输出电压，输出电流有 0.1 A(L)、0.5 A(M)、1.5 A(空缺)三种规格。塑料封装和金属封装的三端固定集成稳压器产品外形及其引脚排列如图 4-14 所示。

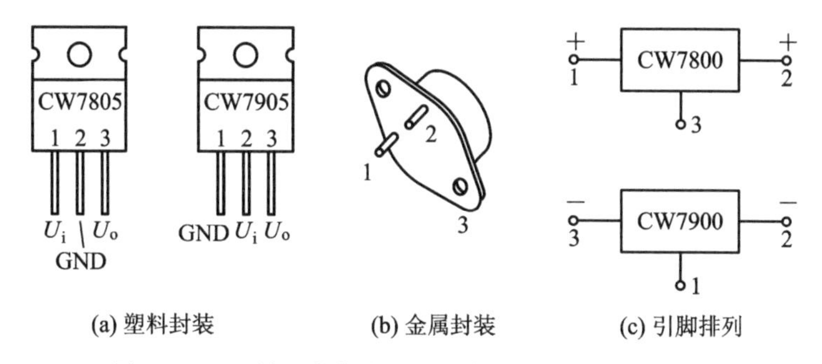

(a) 塑料封装　(b) 金属封装　(c) 引脚排列

图 4-14　三端固定集成稳压器产品外形及其引脚排列

固定输出的三端集成稳压器内部采用串联型稳压电路结构。图 4-15 为 CW7800 系列集成稳压器的内部结构框图。

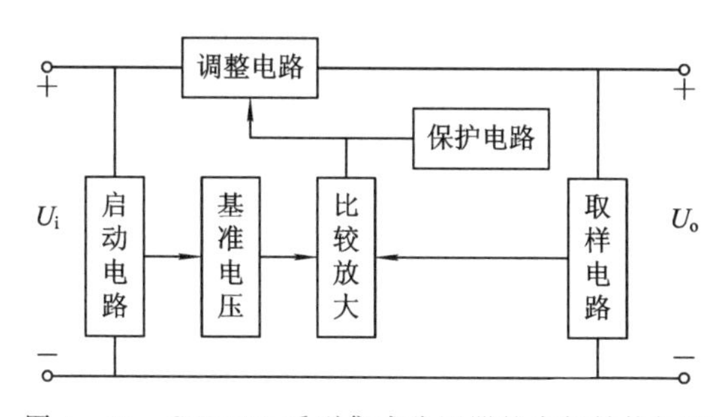

图 4-15　CW7800 系列集成稳压器的内部结构框图

图 4-15 中，启动电路帮助稳压器快速建立输出电压 U_o；调整电路由复合管构成，为了使调整管工作在放大区，要求输入电压比输出电压至少高 2 V；取样电路输出固定的电压，具有过热、过流和过压保护功能。

(1) 基本应用电路。三端固定输出集成稳压器的基本应用电路如图 4-16 所示。

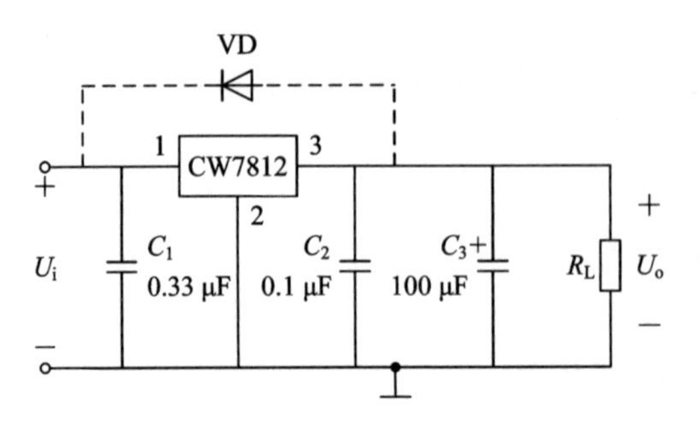

图 4-16　三端固定输出集成稳压器的基本应用电路

由于输出电压取决于集成稳压器，因此输出电压为 12 V，最大输出电流为 1.5 A。为使电路正常工作，要求输入电压 U_i比输出电压 U_o至少大 2.5～3 V。在靠近三端集成稳压器输入、输出端处，一般要接入 $C_1=0.33$ μF 和 $C_2=0.1$ μF 的电容，其目的是使稳压器在整个输入电压和输出电流变化范围内提高其工作稳定性并改善瞬变响应。为了获得最佳的效果，电容器应选用频率特性好的陶瓷电容或钽电容。另外，为了进一步减小输出电压的纹波，一般在集成稳压器的输出端并联一个 1 μF 至几百微法的电解电容。

电路中 VD 是保护二极管，用来防止在输入端短路时输出电容 C_3所存储电荷通过稳压器放电而损坏器件。稳压器正常工作时，该二极管处于截止状态，当输入端突然短路时，二极管为输出电容器 C_3提供泄放通路。CW7900 系列的接线与 CW7800 系列基本相同。

基本应用电路中的三个电容均为滤波电容，其值在具体应用时刻根据负载电阻的大小选取，即

$$R_L C \geqslant (3 \sim 5)\frac{T}{2} \tag{4-14}$$

(2) 提高输出电压的电路。实际需要的直流稳压电源，当超过集成稳压器的输出电压数值时，可外接一些元器件来提高输出电压。图 4-17 所示电路能使输出电压高于固定电压，图中的 $U_{\times\times}$是 CW78 系列稳压器的固定输出电压值，显然 $U_o=U_{\times\times}+U_Z$。

另外，也可以采用图 4-18 所示的电路提高输出电压。这种电路中的电阻 R_1和 R_2为外接电阻，R_1两端的电压为三端集成稳压器的额定输出电压 $U_{\times\times}$，R_1上流过的电流为 $I_{R1}=U_{\times\times}/R_1$，三端集成稳压器的静态电流为 I_Q，等于两个电阻上的电流之和。

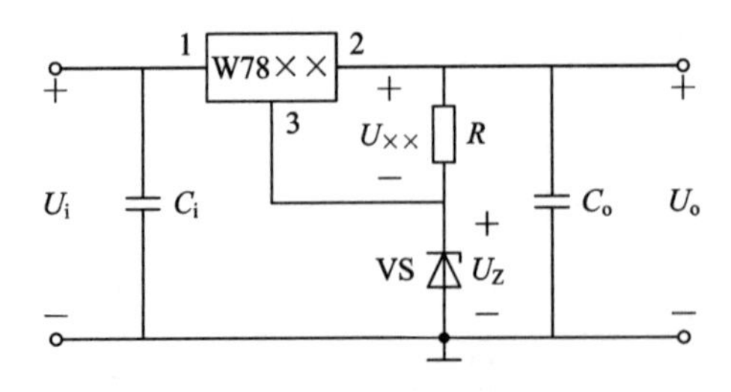

图 4-17　提高输出电压的应用电路之一

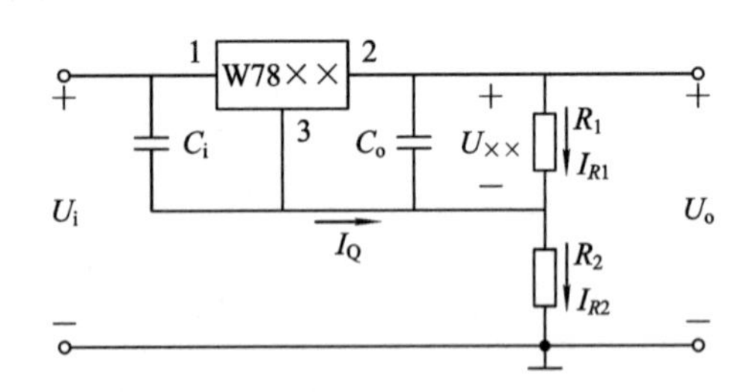

图 4-18　提高输出电压的应用电路之二

稳压电路的输出电压在忽略集成稳压器静态电流的情况下为

$$U_o=\left(1+\frac{R_2}{R_1}\right)U_{\times\times} \tag{4-15}$$

可见，提高两个外接电阻的比值，即可提高输出电压的数值。这种电路存在输入电压变

化时静态电流随之变化的缺点，会造成电路精度的下降。

(3) 输出正、负电压的电路。图 4－19 为由 CW7815 和 CW7915 三端集成稳压器各一块组成的具有同时输出＋15～－15 V 电压的稳压电路。

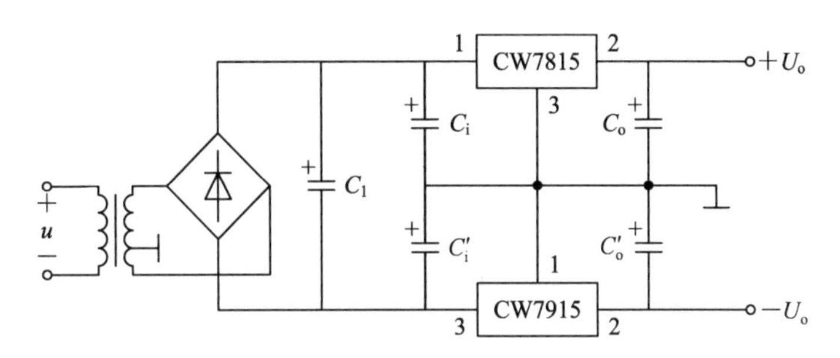

图 4－19　同时输出正、负电压的稳压电路

(4) 恒流源输出电路。固定三端集成稳压器输出端串入阻值合适的电阻，可构成输出固定电流的电源，如图 4－20 所示。

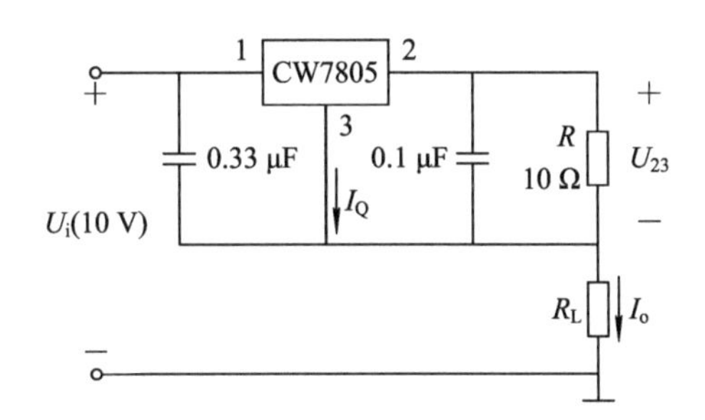

图 4－20　恒流源输出电路

图 4－20 中电流 I_Q是集成稳压器的静态工作电流，受输入电压波动及温度的影响而变化。当$\frac{U_{23}}{R} \gg I_Q$时，输出电流才会趋于稳定。输出电流为

$$I_o = \frac{U_{23}}{R} + I_Q \tag{4-16}$$

2. 可调输出的三端集成稳压器

可调输出三端的集成稳压器是在固定输出的三端集成稳压器的基础上发展起来的，它在应用时可以用少量的外部元件方便地组成精密可调的稳压电路，应用更为灵活。

CW177 型、CW137 型集成稳压器就是可调输出的三端集成稳压器，其内部组成框图及引脚排列如图 4－21 所示。

可调输出的三端集成稳压器的输入电压范围为 4～40 V，输出电压可调范围为 1.2～37 V，要求输入电压比输出电压至少高 3 V。例如，CW317 型，若输入电压为 40 V，则输出电压为 1.2～37 V 连续可调，最大输出电流为 1.5 A。又如 CW337L 型，若输入电压为－18 V，则输出电压为－1.2～－37 V 连续可调，最大输出电流为 0.1 A。

CW317 型、CW337 型系列三端集成稳压器使用非常方便，只要在输出端上外接两个电阻，即可获得所要求的输出电压值。它们的标准应用电路如图 4－22 所示，其中图 4－22(a) 是 CW317 型正电压输出的标准电路。

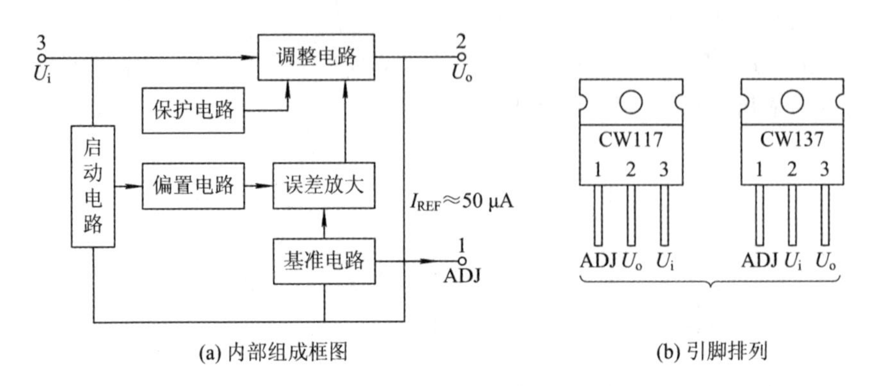

(a) 内部组成框图　　(b) 引脚排列

图 4-21　可调输出的三端集成稳压器

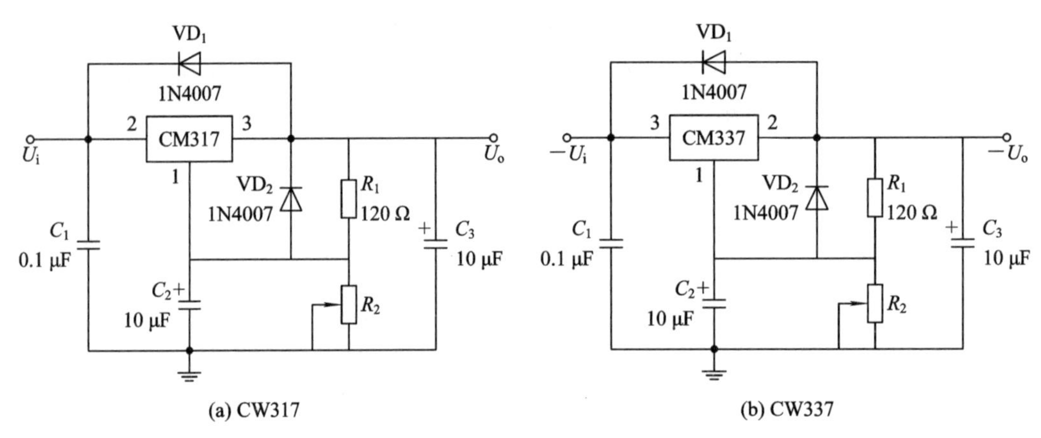

(a) CW317　　(b) CW337

图 4-22　CW317 型、CW337 型三端集成稳压器的标准应用电路

图 4-22(b)是 CW337 型负电压输出的标准电路。图 4-22(a)所示电路的输出电压计算式为

$$U_o = 1.25 + \left(1+\frac{R_2}{R_1}\right) + 50\times10^{-6}\times R_2 \approx 1.25\times\left(1+\frac{R_2}{R_1}\right) \quad (4-17)$$

式中，第二项是 CW317 的调整端流出的电流在电阻 R_2上产生的压降。由于电流非常小(仅为 50 μA)，故第二项可忽略不计。式中电阻 R_1不能选得过大，一般选择 R_1为 100～120 Ω，当 R_2(用可调电位器调节)选取不同值时，可得到不同的输出电压，当 1 脚接地即 $R_2=0$ 时，输出电压为 1.2 V。调整端上对地的电容器 C_2用于旁路电阻 R_2上的纹波电压，改善稳压器输出的纹波抑制特性。一般 C_2的取值在 10 μF 左右。

3. 使用三端集成稳压器时应注意的事项

三端集成稳压器虽然应用电路简单，外围元件很少，但若使用不当，同样会出现稳压器被击穿或稳压效果不良的现象，所以在使用中必须注意以下几个方面：

(1) 要防止产生自激振荡。三端集成稳压器内部电路放大级数多，开环增益高，工作于闭环深度负反馈状态，若不采取适当补偿移相措施，则在分布电容、电感的作用下，电路可能产生高频寄生振荡，从而影响稳压器的工常工作。例如，电路中的 C_1及 C_2就是为防止自激振荡而必须加的防振电容。虽然市电经整流后由容量很大的电容进行滤波，但铝制电解电容器的寄生电感和电阻都较大，频率特性差，仅适用于 50～200 Hz 的电路。稳压电路的自激振荡频率都很高，因此只用大容量电容难以对自激信号起到良好的旁路作用，需要用频率特性良好的电容与之并联才行，这一点千万不可省去。

(2) 要防止稳压器损坏。虽然三端稳压器内部电路有过流、过热及调整管子安全工作区等保护功能，但在使用中应注意以下几个问题，以防稳压器损坏：

① 防止输入端对地短路。

② 防止输入端和输出端接反。

③ 防止输入端滤波电路断路。

④ 防止输出端与其他高电压电路连接。

⑤ 稳压器接地端不得开路。

(3) 当集成稳压器输出端加装防自激电容时，万一输入端发生短路，该电容的放电电流将使稳压器内的调整管损坏。为防止这种现象的发生，可在输出、输入端之间接一大电流二极管。

(4) 在使用可调式稳压器时，为减小输出电压纹波，应在稳压器调整端与地之间接入一个 10 μF 的电容器。

(5) 为了提高稳压性能，应注意电路的连接布局。一般稳压电路不要离滤波电路太远，另外，输入线、输出线和地线应分开布设，采用较粗的导线且要焊牢。

(6) 三端集成稳压器是一个功率器件，它的最大功耗取决于内部调整管的最大结温。因此，要保证集成稳压器能够在额定输出电流下正常工作，就必须为集成稳压器采取适当的散热措施。稳压器的散热能力越强，它所承受的功率也就越大。

(7) 选用三端集成稳压器时，首先要考虑的是输出电压是否可以调整。若不需调整输出电压，则可选用输出固定电压的稳压器；若要调整输出电压，则应选用可调式稳压器。稳压器的类型选定后，就要进行参数的选择，其中最重要的参数就是需要输出的最大电流值，这样大致可确定出集成电路的型号。然后再审查所选稳压器的其他参数能否满足使用的要求。

习　　题

4.1　一个直流稳压电源的基本组成部分包括__________环节、__________环节和__________环节三大部分。

4.2　整流电路中的变压器，其作用是将__________变换为稳压电路需要的__________值；桥式整流电路的作用则是利用具有__________性能的二极管，将__________电变换为__________直流电；电路中的滤波电容的作用是尽可能地降低__________直流电的不平滑度；稳压二极管的作用则是把滤波电路送来的电压变成输出的__________直流电。

4.3　单相半波整流电路的输出电压平均值是变压器输出电压 U_2 的__________倍；桥式整流电路的输出电压平均值是变压器输出电压 U_2 的__________倍；桥式、含有电容滤波的整流电路，其输出电压的平均值是变压器输出电压 U_2 的__________倍。

4.4　串联开关型稳压电路适用于__________的场合，并联型稳压电路适用于__________的场合。

4.5　在小功率的供电系统中，大多采用__________，而中、大功率稳压电路一般采用__________。__________稳压器中调整管与负载相串联，且工作在__________状态；

__________稳压器中调整管工作在__________状态，其效率比__________稳压器高得多。

4.6 设有一个不加滤波的整流电路，负载为 R_L，如果使用单相半波整流方式和使用单相桥式整流方式其输出电压平均值均为 U_o，则两种方式下电路中流过整流二极管的平均电流 I_D是否相同？二极管承受的最大反向电压是多少？

4.7 电路如图 4-23 所示，已知变压器的二次侧电压有效值为 $2U_2$。

(1) 画出二极管 VD_1 上电压 u_{D1}和输出 u_o的波形。

(2) 如果变压器中心抽头脱落，会出现什么故障？

(3) 如果两个二极管中的任意一个反接，会发生什么问题？如果两个二极管都反接，又会如何？

4.8 单相桥式整流电路如图 4-24 所示，已知二次侧相电压 $U_2=56$ V，负载 $R_L=300\ \Omega$。

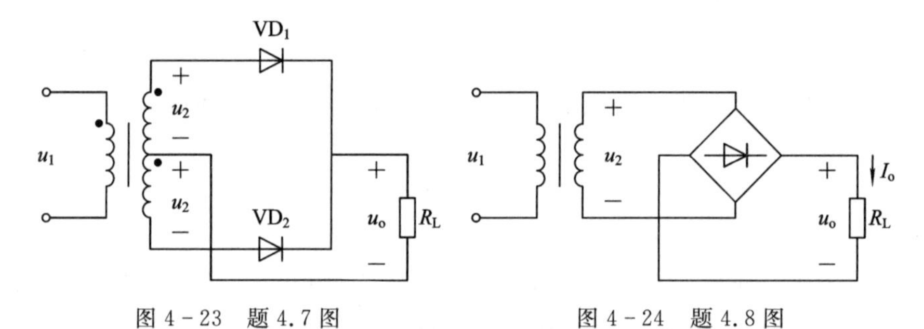

图 4-23 题 4.7 图　　　　图 4-24 题 4.8 图

(1) 试计算二极管的平均电流 I_D和承受的最高反向电压 U_{DM}。

(2) 如果某个整流二极管出现断路、反接，会出现什么状况？

4.9 试比较电容滤波电路和电感滤波电路的特点以及适用场合。

4.10 图 4-25 所示的稳压管稳压电路中，输入电压 $U_i=15$ V，波动范围为±10%，负载变化范围为 1～2 kΩ。已知稳压管稳定电压 $U_Z=6$ V，最小稳定电流 $I_{Zmin}=5$ mA，最大稳定电流 $I_{Zmax}=40$ mA，试确定限流电阻 R 的取值范围。

4.11 试分析图 4-26 所示电路是否可以实现稳压功能，此电路最可能会出现什么故障？

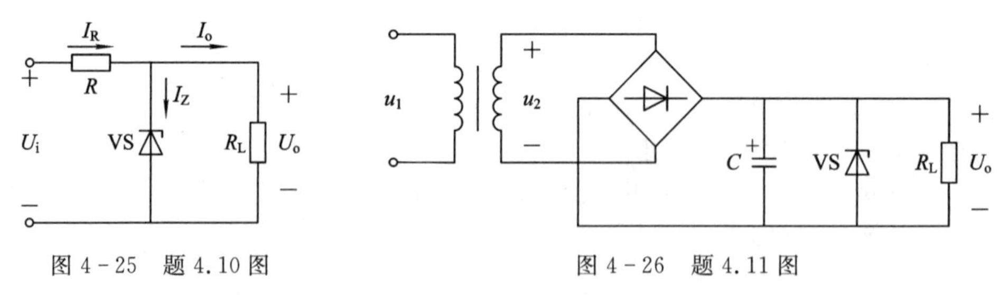

图 4-25 题 4.10 图　　　　图 4-26 题 4.11 图

4.12 整流滤波电路如图 4-27 所示。已知 $U_i=30$ V，$U_o=12$ V，$R=2$ kΩ，$R_L=4$ kΩ，稳压管的稳定电流 $I_{Zmin}=5$ mA，$I_{Zmax}=18$ mA，试求：

(1) 通过负载和稳压管的电流；

(2) 变压器二次侧电压的有效值；

(3) 通过二极管的平均电流和二极管承受的最高反向电压。

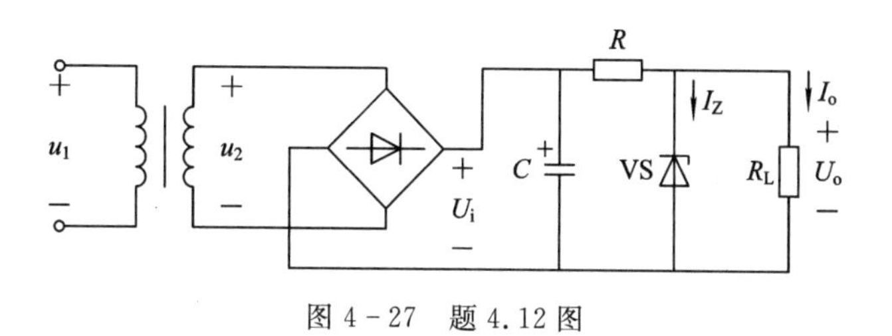

图 4－27　题 4.12 图

4.13　串联型稳压电路如图 4－28 所示，试找出图中存在的错误并改正。

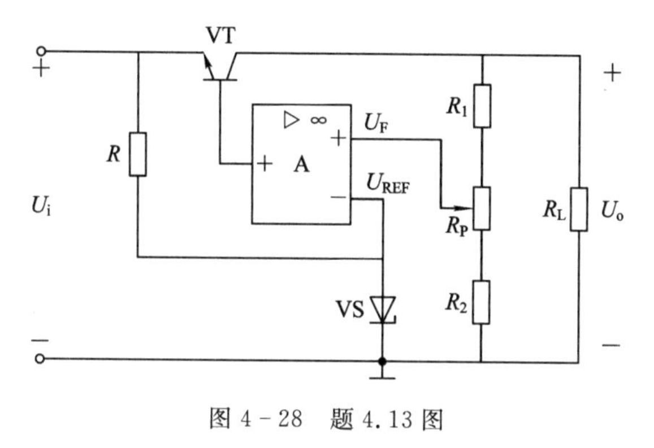

图 4－28　题 4.13 图

4.14　图 4－29 所示的串联型直流稳压电路中，U_Z＝6.7 V，求输出电压的调节范围。若要求最大输出电流为 500 mA，试确定取样电阻 R_3的值。

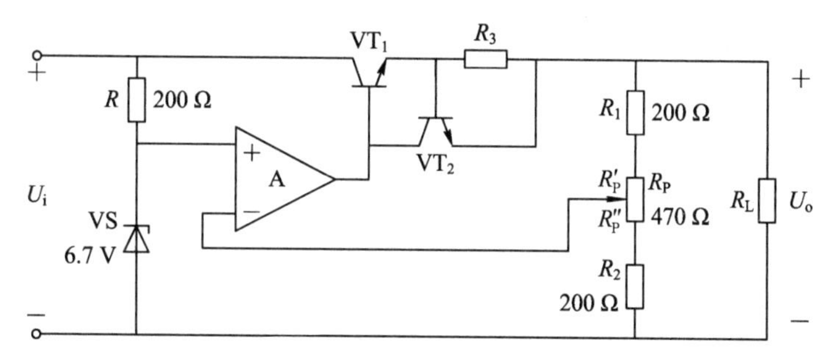

图 4－29　题 4.14 图

4.15　图 4－30 所示电路为扩展输出电压的简易电路，试写出输出电压的表示式。

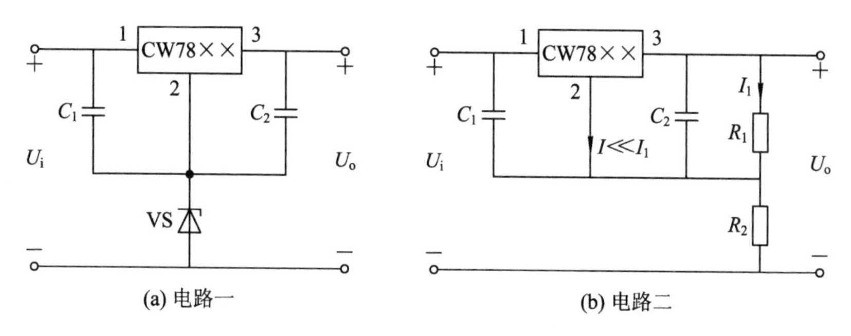

图 4－30　题 4.15 图

第5章 门电路和组合逻辑电路

数字电路设计简称数字设计，又称为逻辑电路设计或逻辑设计(Logic Design)，设计的最根本目的是构建数字系统。在数字电路中，因为电子器件的导通与截止，电压或者电流通常只有两个状态：高电平或者低电平，即有电流或者无电流。这样的两个状态可用逻辑1(真)或逻辑0(假)来表示。通常数字信号用0、1符号构成的序列表示。数字电路输入与输出的0、1序列间的逻辑关系便是该数字电路的逻辑功能的体现。因此，数字电路就是实现各种逻辑关系的电路。数字电路通常由逻辑门、触发器、计数器、寄存器等逻辑器件构成，分析的重点是电路输入、输出序列间的逻辑关系。

5.1 逻辑代数与逻辑函数

乔治·布尔

5.1.1 逻辑代数与逻辑函数概述

1847年，英国数学家乔治·布尔首先提出了描述客观事物逻辑关系的数学方法——布尔代数。1938年，克劳德·香农将布尔代数用于设计电话继电器开关电路(Switching Circuit)，因此又称布尔代数为开关代数(Switching Algebra)。后来，布尔代数被广泛地应用于解决数字逻辑电路的分析与设计上，所以也称为逻辑代数(Logic Algebra)。

逻辑代数像普通代数一样，用字母表示变量，称为逻辑变量。每个逻辑变量的取值只有0和1两种可能，这里的0和1已不再表示数量的大小，而是代表两种不同的逻辑状态。如在逻辑推理中表示条件的有或无、事件的真或假、肯定或否定，在电路中表示电压的高或低、开关的接通或断开、晶体管的饱和或截止、熔丝的接通或断开等。

在各种逻辑关系中，如果以逻辑变量作为输入，以结果作为输出，那么当输入变量的取值确定之后，输出的取值便随之而定。因此，输出与输入之间是一种函数关系。这种函数关系称为逻辑函数，写作 $F=F(A, B, C, \cdots)$。本书中讨论的是二值逻辑，其变量和输出函数的取值只有0和1。

例如，图5-1是一个举重裁判电路，可以用一个逻辑函数描述它的逻辑功能，其功能描述如表5-1所示。

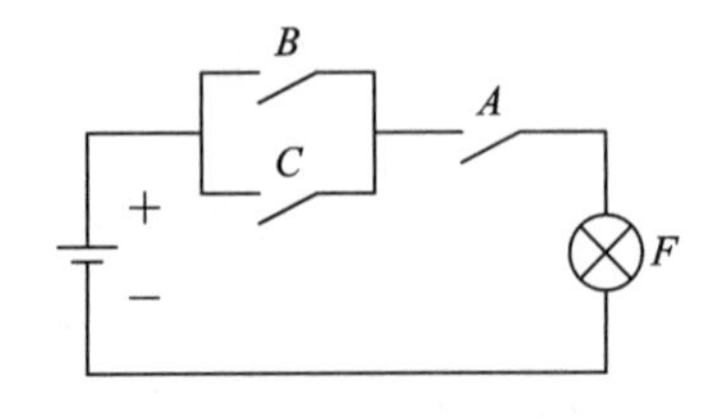

图5-1 举重裁判电路

表 5－1　举重裁判电路功能表

开关 A	开关 B	开关 C	指示灯 $F=F(A, B, C)$
0(断开)	0(断开)	0(断开)	0(灯灭)
0(断开)	0(断开)	1(闭合)	0(灯灭)
0(断开)	1(闭合)	0(断开)	0(灯灭)
0(断开)	1(闭合)	1(闭合)	0(灯灭)
1(闭合)	0(断开)	0(断开)	0(灯灭)
1(闭合)	0(断开)	1(闭合)	1(灯亮)
1(闭合)	1(闭合)	0(断开)	1(灯亮)
1(闭合)	1(闭合)	1(闭合)	1(灯亮)

比赛规则规定，在一名主裁判和两名副裁判中，必须有两人以上(而且必须包括主裁判)认定运动员的动作合格，试举才算成功。比赛时主裁判掌握着开关 A，两名副裁判分别掌握着开关 B 和 C。当运动员举起杠铃时，裁判认为动作合格了就闭合开关，否则不闭合开关。显然，指示灯 F 的状态(亮与灭)是开关 A、B、C 状态(闭合与断开)的函数，即

$$F=F(A, B, C)$$

5.1.2　逻辑运算

逻辑代数基本运算

逻辑代数中有与(AND)、或(OR)、非(NOR)三种基本运算。表 5－2 中给出了实现与、或、非逻辑运算功能的指示灯控制电路。在下面的说明中，把开关闭合作为条件(或导致事物结果的原因)，也称为输入，把灯亮作为结果，也称为输出。

在实现“与逻辑”运算功能的指示灯控制电路中，只有当两个开关同时闭合时，指示灯才会亮，即只有决定事物结果的全部条件同时具备时，结果才会发生。这种因果关系称为“逻辑与”。在实现“或逻辑”运算功能的指示灯控制电路中，只要有任何一个开关闭合，指示灯就亮，即在决定实物结果的诸条件中只要有任何一个满足，结果就会发生。这种因果关系称为“逻辑或”。在实现“非逻辑”运算功能的指示灯控制电路中，开关断开时灯亮，开关闭合时灯反而不亮，即只要条件具备了，结果便一定不会发生，而条件不具备时，结果一定会发生。这种因果关系称为“逻辑非”，也称为“逻辑求反”。

以 A、B 表示开关的状态，并以 1 表示开关闭合，0 表示开关断开；以 F 表示指示灯的状态，并以 1 表示灯亮，0 表示不亮。将所有可能的输入组合列出，根据电路图得到对应的输出值，则可以列出以 0、1 表示的与、或、非逻辑关系，如表 5－2 所示，这样的图表称为真值表。

在逻辑代数中，与、或、非是三种最基本的逻辑运算，并以“·”表示与运算(有时也省掉“·”)，以“＋”表示或运算，以变量上边的“—”表示非运算。

我们把实现与逻辑运算的单元电路称为“与门”，把实现或逻辑运算的单元电路称为“或门”，把实现非逻辑运算的单元电路称为“非门”(也称为“反相器”)。表 5－2 中给出了与、或、

非逻辑门的图形符号。

表 5－2　实现与、或、非逻辑运算的电路图、真值表、表达式、逻辑门符号

逻辑运算	实现相应逻辑运算的指示灯控制电路	逻辑真值表			逻辑表达式	逻辑门符号	
		输入		输出		国外书刊、资料	国家、IEEE 标准
与逻辑运算		A	B	F	$F=A\cdot B$ 或 $F=AB$		
		0	0	0			
		0	1	0			
		1	0	0			
		1	1	1			
或逻辑运算		A	B	F	$F=A+B$		
		0	0	0			
		0	1	1			
		1	0	1			
		1	1	1			
非逻辑运算		A		F	$F=\overline{A}$		
		0		1			
		1		0			

由与、或、非三种基本逻辑运算可以构成复合运算，复合运算中运算的有限顺序是：① 按先“非”再“与”最后“或”的顺序进行运算；② 先括号内运算，后括号外运算。

最常见的复合逻辑运算有与非(NAND)、或非(NOR)、与或非(AND-OR-INVERT)、异或(Exclusive-OR，XOR)、同或(Exclusive-NOR)等。图 5－2 为常见复合逻辑运算的图形符号与表达式。图 5－3 给出了常见复合逻辑运算的真值表。

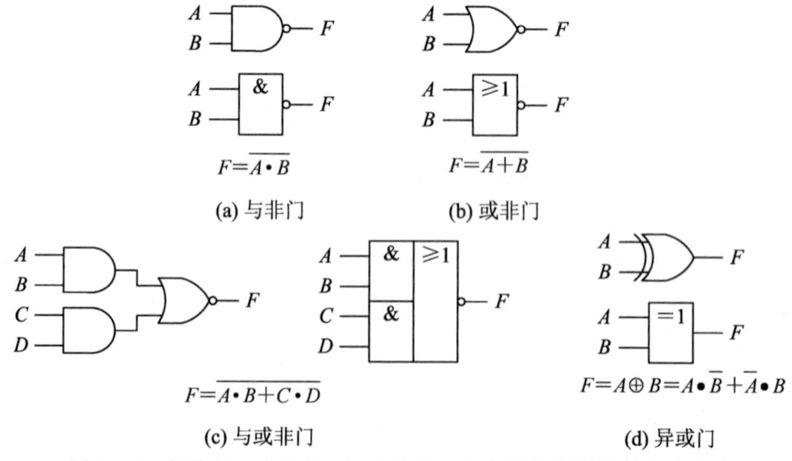

图 5－2　与非门、或非门、与或非门、异或门的图形符号与表达式

与非运算是将 A、B 先进行与运算，然后将结果求反。其表达式为：$F=\overline{A\cdot B}=\overline{AB}$。

A	B	F
0	0	1
0	1	1
1	0	1
1	1	0

(a) 与非逻辑真值表

A	B	F
0	0	1
0	1	0
1	0	0
1	1	0

(b) 或非逻辑真值表

A	B	F
0	0	0
0	1	1
1	0	1
1	1	0

(c) 异或逻辑真值表

A	B	F
0	0	1
0	1	0
1	0	0
1	1	1

(d) 同或逻辑真值表

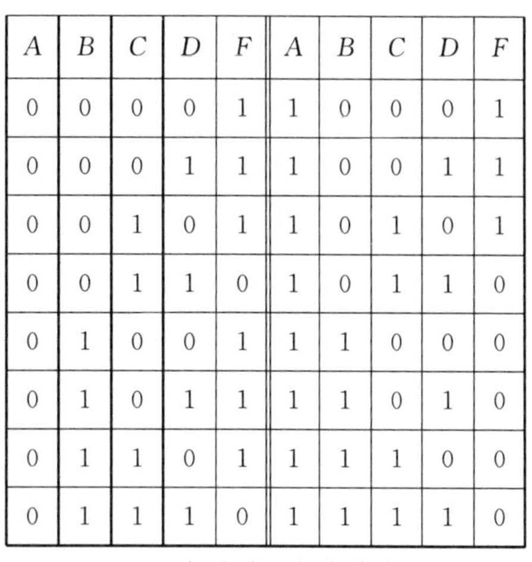

A	B	C	D	F	A	B	C	D	F
0	0	0	0	1	1	0	0	0	1
0	0	0	1	1	1	0	0	1	1
0	0	1	0	1	1	0	1	0	1
0	0	1	1	0	1	0	1	1	0
0	1	0	0	1	1	1	0	0	0
0	1	0	1	1	1	1	0	1	0
0	1	1	0	1	1	1	1	0	0
0	1	1	1	0	1	1	1	1	0

(e) 与或非逻辑真值表

图 5-3　常见复合逻辑运算的真值表

或非运算是将 A、B 先进行或运算，然后将结果求反。其表达式为：$F=\overline{A+B}$。

在与或非运算中，先将 A、B 进行与运算，C、D 进行与运算，然后将两个与运算的结果进行或运算，再将结果求反。其表达式为：$F=\overline{A\cdot B+C\cdot D}=\overline{AB+CD}$。

异或逻辑关系为：当 A、B 不相同时，输出 F 为 1；当 A、B 相同时，输出 F 为 0。其表达式为：$F=A\oplus B=A\cdot\overline{B}+\overline{A}\cdot B=A\overline{B}+\overline{A}B$。

同或逻辑关系为：当 A、B 不相同时，输出 F 为 0；当 A、B 相同时，输出 F 为 1。其表达式为：$F=A\odot B=A\cdot B+\overline{A}\cdot\overline{B}=AB+\overline{A}\overline{B}$。

5.1.3　逻辑代数的公理与定理

公理是逻辑代数的基本出发点，是客观存在的抽象。以下给出的五组公理，可由逻辑代数的三种基本运算直接得出，无须加以证明。

(1) $X=0$, if $X\neq 1$　　　　$X=1$, if $X\neq 0$

(2) $\overline{0}=1$　　　　$\overline{1}=0$

(3) $0\cdot 0=0$　　　　$0+0=0$

(4) $1\cdot 1=1$　　　　$1+1=1$

(5) $0\cdot 1=1\cdot 0=0$　　　　$0+1=1+0=1$

下面是单个变量的开关代数定理：

(1) 自等律：$X+0=X$　　　　$X\cdot 1=X$

(2) 0-1 律：$X+1=1$　　　　$X\cdot 0=0$

(3) 还原律：$\overline{\overline{X}}=X$

(4) 同一律：$X+X=X$　　　　$X\cdot X=X$

(5) 互补律：$X+\overline{X}=1$　　　　$X\cdot\overline{X}=0$

下面是二变量或三变量开关代数定理：

(1) 交换律：$X\cdot Y=Y\cdot X$　　　　$X+Y=Y+X$

$A\oplus B=B\oplus A$　　　　$A\odot B=B\odot A$

(2) 结合律：$X\cdot(Y\cdot Z)=(X\cdot Y)\cdot Z$ $\quad X+(Y+Z)=(X+Y)+Z$

$A\oplus(B\oplus C)=(A\oplus B)\oplus C$ $\quad A\odot(B\odot C)=(A\odot B)\odot C$

(3) 分配律：$X\cdot(Y+Z)=X\cdot Y+X\cdot Z$ $\quad X+Y\cdot Z=(X+Y)\cdot(X+Z)$

$A\cdot(B\oplus C)=(A\cdot B)\oplus(A\cdot C)$

(4) 合并律：$X\cdot Y+X\cdot\overline{Y}=X$ $\quad (X+Y)\cdot(X+\overline{Y})=X$

(5) 吸收律：$X+X\cdot Y=X$ $\quad X\cdot(X+Y)=X$

$X\cdot(\overline{X}+Y)=X\cdot Y$ $\quad X+\overline{X}\cdot Y=X+Y$

(6) 添加律(一致性定理)：$X\cdot Y+\overline{X}\cdot Z+Y\cdot Z=X\cdot Y+\overline{X}\cdot Z$

$(X+Y)\cdot(\overline{X}+Z)\cdot(Y+Z)=(X+Y)\cdot(\overline{X}+Z)$

(7) 变量和常量的关系：$A\oplus A=0$ $\quad A\oplus\overline{A}=1$ $\quad A\oplus 0=A$ $\quad A\oplus 1=\overline{A}$

$A\odot A=1$ $\quad A\odot\overline{A}=0$ $\quad A\odot 1=A$ $\quad A\odot 0=\overline{A}$

(8) 广义同一律：$X+X+\cdots+X=X$ $\quad X\cdot X\cdot\cdots\cdot X=X$

(9) 摩根定律：$\overline{X_1\cdot X_2\cdots X_n}=\overline{X}_1+\overline{X}_2+\cdots+\overline{X}_n$

$\overline{X_1+X_2+\cdots+X_n}=\overline{X}_1\cdot\overline{X}_2\cdot\cdots\cdot\overline{X}_n$

5.1.4 逻辑函数的基本定理

1. 代入定理

在任何含有变量 X 的逻辑等式中，如果将式中所有出现 X 的地方都用另一个函数 F 来代替，则等式仍然成立。这就是代入定理。在应用代入定理时需要注意的是，为保证逻辑式中变量运算的次序不发生变化，应该在代入时添加括号。例如，若 $X\cdot Y+X\cdot\overline{Y}=X$，同时又有 $X=\overline{A}+B$，$Y=A\cdot(\overline{B}+C)$，那么等式 $(\overline{A}+B)\cdot(A\cdot(\overline{B}+C))+(\overline{A}+B)\cdot\overline{(A\cdot(\overline{B}+C))}=(\overline{A}+B)$ 成立。

2. 反演定理

对于任意一个逻辑式 F，若将其中所有的“·”换成“+”，“+”换成“·”，0 换成 1，1 换成 0，原变量换成反变量，反变量换成原变量，则得到的结果就是 $\overline{F}$。这个规律称为反演定理(摩根定律)。

反演定理为求取已知逻辑式的反逻辑式提供了方便。但是，在使用反演定理时，需要注意遵守两个规则：

(1) 为确保逻辑表达式中的变量运算的优先次序不变，要适时添加括号。

(2) 不属于单个变量上的反号应保留不变。

【例 5-1】 若 $F=A+BC+CD$，求 $\overline{F}$。

解 $\overline{F}=\overline{A+BC+CD}=\overline{A}\cdot(\overline{B}+\overline{C})\cdot(\overline{C}+\overline{D})=\overline{A}\overline{C}+\overline{A}\overline{B}\overline{D}$

【例 5-2】 若 $F=\overline{\overline{A+B}\cdot C}+C\overline{D}$，求 $\overline{F}$。

解 $\overline{F}=\overline{\overline{\overline{A+B}\cdot C}+C\overline{D}}=\overline{\overline{\overline{A+B}\cdot C}}\cdot\overline{C\overline{D}}=(\overline{\overline{\overline{A+B}}+\overline{C}})\cdot\overline{C\overline{D}}$

$=\overline{\overline{(\overline{A}\cdot\overline{B})\cdot C}}\cdot(\overline{C}+D)=\overline{\overline{\overline{A}}\cdot\overline{\overline{B}}+\overline{C}}\cdot(\overline{C}+D)$

3. 对偶定理

对于任何一个逻辑式 F，若将其中的“·”换成“+”，“+”换成“·”，0 换成 1，1 换成 0，则得到一个新的逻辑式 F_d，这个 F_d 就称为 F 的对偶式。或者说，F 和 F_d 互为对偶式。若两逻辑式相等，则它们的对偶式也相等，这就是对偶定理。为确保逻辑表达式中变量运算的优先次序不变，在使用对偶定理时也要注意添加括号。例如：

若 $F=A+BC$，则 $F_d=A\cdot(B+C)$；

若 $F=\overline{AB+CD}$，则 $F_d=\overline{(A+B)\cdot(C+D)}$；

若 $F=\overline{A+B}\cdot\overline{C+D}$，则 $F_d=\overline{AB}+\overline{CD}$。

5.1.5　逻辑函数的表示方法

常用的逻辑函数表示方法有逻辑真值表(或逻辑状态表)、逻辑表达式、逻辑图和波形图等，这几种表示方法在逻辑分析与综合中会经常用到。

1. 逻辑真值表

将输入变量所有可能的取值的组合所对应的输出值找出来，列成表格，即可得到真值表。在图 5－1 所示的举重裁判电路中，若以 1 表示开关闭合、0 表示开关断开，以 1 表示灯亮、0 表示灯灭，则指示灯 F 是开关 A、B、C 的二值逻辑函数。根据电路的工作原理不难看出，只有 $A=1$，同时 B、C 至少有一个为 1 时 F 才等于 1。于是可列出真值表，如表 5－3 所示。

表 5－3　图 5－1 的真值表、逻辑表达式、逻辑图和波形图

真值表				逻辑表达式	逻辑图	波形图
输入			输出			
A	B	C	F			
0	0	0	0	$F=A(B+C)$	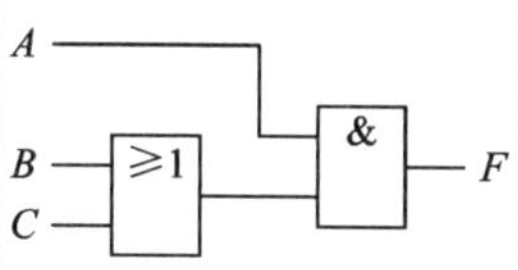 A, B, C, ≥1, &, F	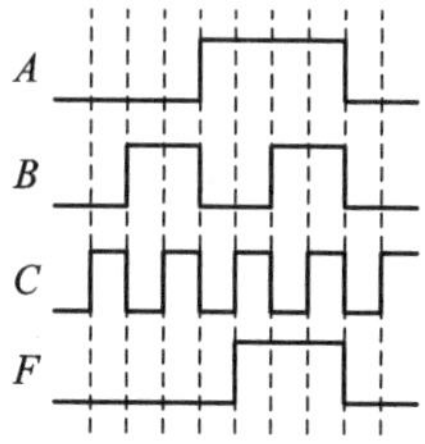 A, B, C, F
0	0	1	0			
0	1	0	0			
0	1	1	0			
1	0	0	0			
1	0	1	1			
1	1	0	1			
1	1	1	1			

2. 逻辑表达式

把输出与输入之间的逻辑关系写成与、或、非等运算的组合式，即逻辑代数式，就得到了所需的逻辑函数式。在如图 5－1 所示电路中，根据对电路功能的要求和与、或的逻辑定义，开关 B 和 C 至少有一个合上可以表示为 $(B+C)$，同时还要求合上开关 A，则应写作 $A(B+C)$。其输出的逻辑函数式如表 5－4 所示。

3. 逻辑图

将逻辑函数中各变量之间的与、或、非等逻辑关系用图形符号表示出来，就可以画出表示函数关系的逻辑图。为了画出表示图 5-1 所示电路功能的逻辑图，只需用逻辑运算的图形符号代替逻辑表达式中的代数运算符号即可得到，对应的逻辑图如表 5-3 所示。

4. 波形图

将输入与输出信号变化的时间关系用波形的形式描述，就得到了波形图。图 5-1 所示电路功能的波形图如表 5-3 所示。

5. 各种表示方法间的相互转换

1）由逻辑式列出真值表

【例 5-3】 已知逻辑函数 $F=A+\overline{B}C+\overline{AB}C$，求它对应的真值表。

解 将 A、B、C 的所有取值组合按一定顺序全部列出，然后将所有取值组合逐个代入逻辑式中计算出 F，将计算结果列表，即得到表 5-4 所示的真值表。

表 5-4 例 5-3 的真值表

输 入			输 出
A	B	C	F
0	0	0	0
0	0	1	1
0	1	0	0
0	1	1	1
1	0	0	1
1	0	1	1
1	1	0	1
1	1	1	1

2）由真值表写出逻辑函数式

【例 5-4】 已知一个奇偶判别函数的真值表如表 5-5 所示，写出它的逻辑函数式。

表 5-5 例 5-4 的真值表

输 入			输 出
A	B	C	F
0	0	0	0
0	0	1	0
0	1	0	0
0	1	1	1
1	0	0	0
1	0	1	1
1	1	0	1
1	1	1	0

解 由真值表可见，A、B、C 三个输入变量的取值组合有 $2^3=8$ 种情况，当 A、B、C 取值为 011、101 或 110 时，F 等于 1。因此 F 的逻辑函数式可表示为 $F=\overline{A}BC+A\overline{B}C+AB\overline{C}$。

通过例 5-4 可以总结出从真值表写出逻辑函数式的一般方法：

(1) 找出真值表中使逻辑函数 $F=1$ 的那些输入变量取值的组合。

(2) 每组输入变量取值的组合对应一个乘积项，其中取值为 1 的写成原变量，取值为 0 的写成反变量。

(3) 将这些乘积项相加，也就是或的意思，即得 F 的逻辑函数式。

3) 从逻辑式画出逻辑图

用图形符号代替逻辑式中的运算符号，就可以画出逻辑图了。

【例 5-5】 已知逻辑函数 $F=A+\overline{\overline{B}C+\overline{A}B\overline{C}}+C$，画出对应的逻辑图。

解　将式中所有的与、或、非运算符号用图形符号代替，并依据非、与、或的运算优先顺序把这些图形符号连接起来，就得到了如图 5-4 所示的逻辑电路图。

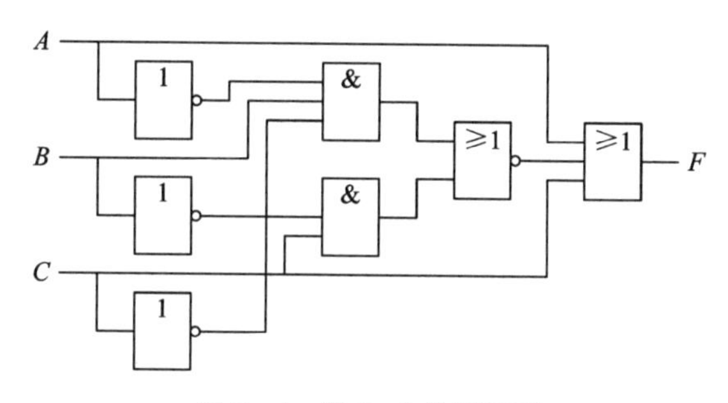

图 5-4　例 5-5 的逻辑图

4) 从逻辑图写出逻辑表达式

从输入端到输出端逐级写出每个图形符号对应的逻辑式，就可以得到对应的逻辑函数式了。

【例 5-6】 已知函数的逻辑图如图 5-5 所示，求它的逻辑函数式。

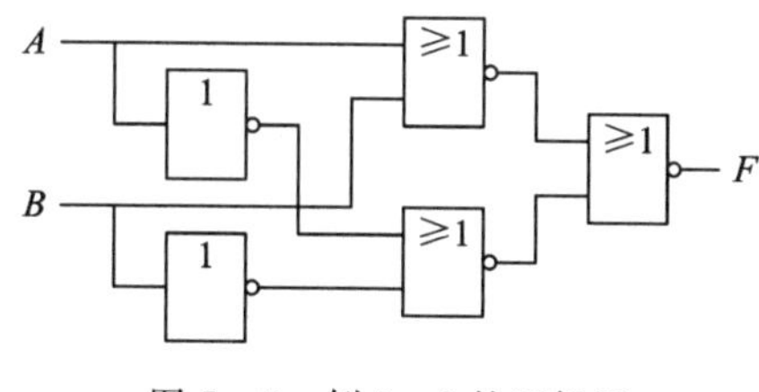

图 5-5　例 5-6 的逻辑图

解　从输入端 A、B 开始逐个写出每个图形符号输出端的逻辑函数式，可得

$$F=\overline{\overline{A+\overline{B}}+\overline{\overline{A}+B}}=(A+\overline{B})(\overline{A}+B)=AB+\overline{A}\overline{B}=A\odot B$$

5.1.6　逻辑函数的标准形式

一个逻辑函数可以有多种表达形式，但是其标准形式是唯一的。常用的逻辑函数标准形式有逻辑函数的“最小项之和”和“最大项之积”两种。

1. 最小项和最大项

在有 n 个变量的逻辑函数中，若 m 为包含 n 个变量的与运算，而且这 n 个变量均以原变量或反变量的形式在 m 中出现且仅出现一次，则称 m 为该组变量的最小项(Minterm)。n 个

变量的最小项有 2^n 个。

在有 n 个变量的逻辑函数中，若 M 为包含 n 个变量的或运算，而且这 n 个变量均以原变量或反变量的形式在 M 中出现且仅出现一次，则称 M 为该组变量的最大项(Maxterm)。n 个变量的最大项有 2^n 个。

一个包含 A、B、C 三个变量的函数的最小项和最大项的表达式及其编号如表 5-6 所示。从表 5-6 中可知，最小项与最大项的关系为：$m_i=\overline{M_i}$。

表 5-6　包含 A、B、C 三个变量的函数的最小项和最大项的表达式及其编号

变量			ABC 的二进制值	ABC 的十进制值	A、B、C 三个变量最小项表达式：1 用原变量表示，0 用反变量表示	最小项表达式编号	A、B、C 三个变量最大项表达式：0 用原变量表示；1 用反变量表示	最大项表达式编号
A	B	C						
0	0	0	000	0	$\overline{A}\cdot\overline{B}\cdot\overline{C}$	m_0	$A+B+C$	M_0
0	0	1	001	1	$\overline{A}\cdot\overline{B}\cdot C$	m_1	$A+B+\overline{C}$	M_1
0	1	0	010	2	$\overline{A}\cdot B\cdot\overline{C}$	m_2	$A+\overline{B}+C$	M_2
0	1	1	011	3	$\overline{A}\cdot B\cdot C$	m_3	$A+\overline{B}+\overline{C}$	M_3
1	0	0	100	4	$A\cdot\overline{B}\cdot\overline{C}$	m_4	$\overline{A}+B+C$	M_4
1	0	1	101	5	$A\cdot\overline{B}\cdot C$	m_5	$\overline{A}+B+\overline{C}$	M_5
1	1	0	110	6	$A\cdot B\cdot\overline{C}$	m_6	$\overline{A}+\overline{B}+C$	M_6
1	1	1	111	7	$A\cdot B\cdot C$	m_7	$\overline{A}+\overline{B}+\overline{C}$	M_7

2. 逻辑函数的标准形式

(1) 与—或逻辑标准形式，即最小项之或的形式。利用互补律 $X+\overline{X}=1$ 可以把任何一个逻辑函数化为最小项之或的标准形式。这种标准形式在逻辑函数的化简以及计算机辅助分析和设计中得到了广泛的应用。

(2) 或—与逻辑标准形式，即最大项之与的形式。利用互补律 $X\cdot\overline{X}=0$ 在缺少某一变量的和项中加上该变量，然后利用分配律 $A=A+X\cdot\overline{X}=(A+X)(A+\overline{X})$ 展开，就可以把任何一个逻辑函数化为最大项之与的标准形式。

【例 5-7】 如下逻辑函数，将它们化为积之和、和之积的标准形式。

(1) $F=A+\overline{B}C$；(2) $F=(A+\overline{B})(B+C)$。

解　(1) 由题意得

$$\begin{aligned} F &= A+\overline{B}C = A(B+\overline{B})(C+\overline{C})+(A+\overline{A})\overline{B}C \\ &= ABC+AB\overline{C}+A\overline{B}C+A\overline{B}\overline{C}+A\overline{B}C+\overline{A}\overline{B}C \\ &= m_7+m_6+m_5+m_4+m_5+m_1 = \sum m_i(i=7,6,5,4,1) \end{aligned}$$

(2) 由题意得

$$\begin{aligned} F &= (A+\overline{B})(B+C) = (A+\overline{B}+C\overline{C})(A\overline{A}+B+C) \\ &= (A+\overline{B}+C)(A+\overline{B}+\overline{C})(A+B+C)(\overline{A}+B+C) \\ &= M_2\cdot M_3\cdot M_0\cdot M_4 = \prod M_i(i=0,2,3,4) \end{aligned}$$

5.1.7　逻辑函数的化简

1. 逻辑函数的最简形式

化简逻辑函数的意义在于，用尽可能少的电子器件实现同一功能的逻辑电路，从而降低成本，提高设备的可靠性。化简逻辑函数的准则是：在与—或、或—与逻辑函数中，要求其中包含的“与”项或“或”项最少，而且每个“与”项或“或”项里的因子也不能再减少。化简逻辑函数的目的就是要消去多余的与项和每个与项中多余的因子，以得到逻辑函数的最简形式。

在用门电路实现逻辑函数时，通常需要使用与门、或门和非门三种类型的器件。与非运算和或非运算是完备的逻辑运算。如果只有与非门一种器件，就必须将与—或逻辑函数变换成全部由与非运算组成的逻辑函数。为此，可用摩根定理将逻辑函数进行变换，如

$$F=AC+\bar{B}C=\overline{\overline{AC+\bar{B}C}}=\overline{\overline{AC}\cdot\overline{\bar{B}C}}$$

上式的形式称为与非—与非逻辑函数。同理，如果只有或非门一种器件，就必须将或—与逻辑函数变换成全部由或非运算组成的逻辑函数，如

$$F=(\bar{A}+B)(\bar{B}+C)=\overline{\overline{(\bar{A}+B)(\bar{B}+C)}}=\overline{\overline{\bar{A}+B}+\overline{\bar{B}+C}}$$

逻辑函数化简的方法通常有公式法、卡诺图法和列表法。

2. 公式化简法

公式化简法的原理就是反复使用逻辑代数的公理和定理消去函数式中多余的与项和多余的因子，以求得函数式的最简形式。

公式化简法经常使用的方法有以下几种：

(1) 并项法：利用合并律 $XY+X\bar{Y}=X$ 将两项合并为一项，并消去 Y 和 $\bar{Y}$ 这一对因子。而且，根据代入定理可知，X 和 Y 都可以是任何复杂的逻辑式。

(2) 吸收法：利用吸收律 $X+XY=X$ 将 XY 消去。X 和 Y 可以是任何复杂的逻辑式。

(3) 消因子法：利用吸收律 $X+\bar{X}Y=X+Y=Y+X\bar{Y}$ 将 $\bar{X}Y$ 中的 $\bar{X}$ 或 $X\bar{Y}$ 中的 $\bar{Y}$ 消去。X、Y 均可以是任何复杂的逻辑式。

(4) 消项法：利用添加律 $XY+\bar{X}Z+YZ=XY+\bar{X}Z+(X+\bar{X})YZ=XY+\bar{X}Z$ 将 YZ 项消去。其中 X、Y、Z 均可以是任何复杂的逻辑式。

(5) 添加项法：逆向利用添加律公式 $XY+\bar{X}Z=XY+\bar{X}Z+YZ$ 可以在逻辑函数式中添加一项，消去两项，从而达到化简的目的。其中 X、Y、Z 均可以是任何复杂的逻辑式。

【例 5-8】 试用并项法化简下列逻辑函数：

(1) $F_1=A\bar{B}C+A\bar{B}\bar{C}$；(2) $F_2=A\bar{B}+ACD+\bar{A}\bar{B}+\bar{A}CD$。

解　(1) 由题意得

$$F_1=A\bar{B}(C+\bar{C})=A\bar{B}$$

(2) 由题意得

$$F_2=A(\bar{B}+CD)+\bar{A}(\bar{B}+CD)=\bar{B}+CD$$

【例 5-9】 试用吸收法化简下列逻辑函数：

(1) $F_1=A\bar{B}+A\bar{B}CD(E+F)$；(2) $F_2=\bar{B}+A\bar{B}D$。

解　(1) 由题意得

$$F_1=A\bar{B}+A\bar{B}CD(E+F)=A\bar{B}[1+CD(E+F)]=A\bar{B}$$

(2) 由题意得

$$F_2=\bar{B}+A\bar{B}D=\bar{B}(1+AD)=\bar{B}$$

【例 5-10】 试利用消因子法化简下列逻辑函数：

(1) $F_1=AB+\bar{A}C+\bar{B}C$；(2) $F_2=A\bar{B}+\bar{A}B+ABCD+\bar{A}\bar{B}CD$。

解 (1) 由题意得

$$F_1=AB+\bar{A}C+\bar{B}C=AB+(\bar{A}+\bar{B})C=AB+\overline{AB}C=AB+C$$

(2) 由题意得

$$\begin{aligned}F_2&=A\bar{B}+\bar{A}B+ABCD+\bar{A}\bar{B}CD=\bar{B}(A+\bar{A}CD)+B(\bar{A}+ACD)\\&=\bar{B}(A+CD)+B(\bar{A}+CD)=A\bar{B}+\bar{B}CD+\bar{A}B+BCD=A\bar{B}+\bar{A}B+(\bar{B}+B)CD\\&=A\bar{B}+\bar{A}B+CD\end{aligned}$$

【例 5-11】 试用并项法化简下列逻辑函数：

(1) $F_1=A\bar{B}+AC+ADE+\bar{C}D+AD$；(2) $F_2=A\bar{B}C\bar{D}+\overline{A\bar{B}}E+C\bar{D}E$。

解 (1) 由题意得

$$F_1=A\bar{B}+AC+ADE+\bar{C}D+AD=A\bar{B}+AC+AD(E+1)+\bar{C}D=A\bar{B}+AC+\bar{C}D$$

(2) 由题意得

$$F_2=A\bar{B}C\bar{D}+\overline{A\bar{B}}E+C\bar{D}E=A\bar{B}C\bar{D}+\overline{A\bar{B}}E$$

【例 5-12】 用添加项法化简逻辑函数 $F=A\bar{B}+\bar{A}B+B\bar{C}+\bar{B}C$。

解 由题意得

$$\begin{aligned}F&=A\bar{B}+\bar{A}B+B\bar{C}+\bar{B}C=A\bar{B}+B\bar{C}+(\bar{A}B+\bar{B}C)=A\bar{B}+B\bar{C}+(\bar{A}B+\bar{B}C+\bar{A}C)\\&=A\bar{B}+B\bar{C}+(\bar{A}B+\bar{A}C)=A\bar{B}+(B\bar{C}+\bar{A}B+\bar{A}C)=A\bar{B}+B\bar{C}+\bar{A}C\end{aligned}$$

用公式法化简逻辑函数，没有一个规格化的可供遵循的规律且技巧性很强，在很大程度上取决于设计者掌握公式、定理的熟练程度和经验，而且不容易得知是否达到最简。

3. 卡诺图法化简逻辑函数

1) 逻辑函数的卡诺图表示法

卡诺图(Karnaugh Map)是逻辑函数真值表的图表形式，它是由美国工程师卡诺(Karnaugh)首先提出来的。图 5-6 中画出了二变量、三变量、四变量最小项的卡诺图。

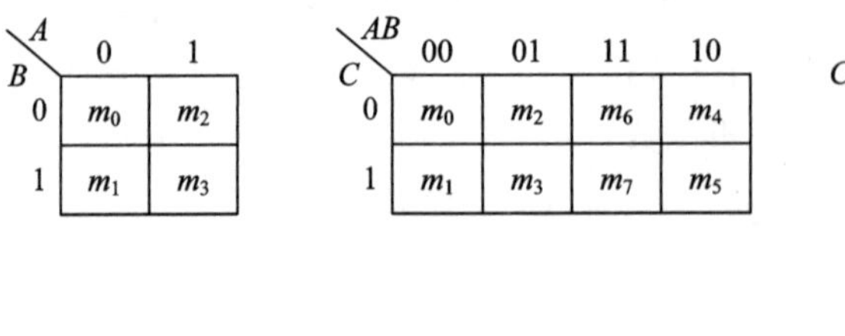

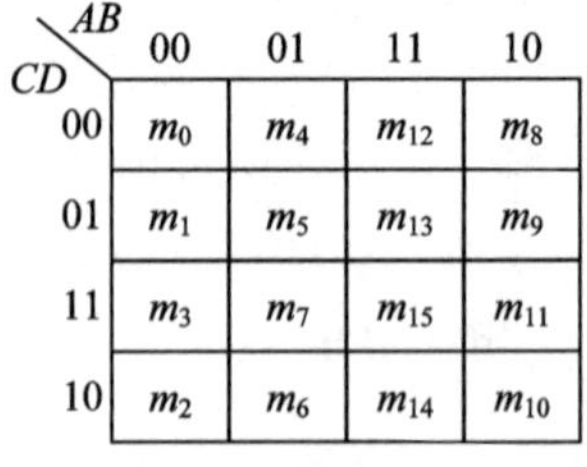

图 5-6 二变量、三变量、四变量最小项的卡诺图

图形中方格的左侧和上侧标注的 0 和 1 表示使对应小方格内的最小项为 0 和 1 的变量取值。同时，这些 0 和 1 组成的二进制数所对应的十进制数大小也就是对应的最小项的编号。为了保证图中几何位置相邻的最小项在逻辑上也具有相邻性，这些数码不能按自然二进制数

从小到大的顺序排列，而必须按格雷码的方式排列，以确保相邻的两个最小项仅有一个变量是不同的。需要注意的是，卡诺图的最上面和最下面以及最左面和最右面都具有逻辑相邻性。因此，从几何位置上应当把卡诺图看成是上下、左右闭合的图形。

2）用卡诺图表示逻辑函数

既然任何一个逻辑函数都能表示为若干最小项之或的形式，那么自然也就可以设法用卡诺图来表示任意一个逻辑函数。具体的方法是：首先把逻辑函数化为最小项之或的形式，然后在卡诺图上与这些最小项对应的位置上填入 1，在其余的位置上填入 0，就得到了表示该逻辑函数的卡诺图。也就是说，任何一个逻辑函数都等于它的卡诺图中填入 1 的那些最小项之或。

【例 5－13】 用卡诺图表示逻辑函数 $F=\overline{A}\overline{B}\overline{C}D+\overline{A}B\overline{D}+ACD+A\overline{B}$。

解 首先将 F 化为最小项之或的形式，即

$$F=\overline{A}\overline{B}\overline{C}D+\overline{A}BC\overline{D}+\overline{A}B\overline{C}\overline{D}+A\overline{B}CD+ABCD+A\overline{B}C\overline{D}+A\overline{B}CD+A\overline{B}\overline{C}D+A\overline{B}\overline{C}\overline{D}$$

$$=m_1+m_4+m_6+m_8+m_9+m_{10}+m_{11}+m_{15}$$

画出四变量的最小项的卡诺图，在对应于函数式中的各最小项的位置上填入 1，就得到如图 5－7 所示的逻辑函数 F 的卡诺图。

CD \ AB	00	01	11	10
00	0	1	0	1
01	1	0	0	1
11	0	0	1	1
10	0	1	0	1

图 5－7　例 5－13 的逻辑函数的卡诺图

3）用卡诺图化简逻辑函数

利用卡诺图化简逻辑函数的方法称为卡诺图化简法。化简时依据的基本原理就是具有相邻性的最小项可以合并，并消去不同的因子。由于在卡诺图上几何位置相邻与逻辑上的相邻性是一致的，因而从卡诺图上能直观地找出那些具有相邻性的最小项并将其合并化简。

（1）合并最小项的规则。若两个最小项相邻，则可合并为一项并消去一对因子，合并后的结果中只剩下公共因子；若四个最小项相邻并排列成一个矩形组，则可合并为一项消去两对因子，合并后的结果中只包含公共因子；若八个最小项相邻并且排成一个矩形组，则可合并为一项并消去三对因子，合并后的结果中只包含公共因子。

由此可得到合并最小项的一般规则：如果有 2^n 个最小项相邻（$n=1, 2, \cdots$）并排列成一个矩形组，则它们可以合并为一项，并消去 n 对因子，合并后的结果中包含这些最小项的公共因子。

（2）卡诺图化简法的步骤。

① 填写卡诺图：可以先将函数化为最小项之“或”或最大项之“与”的形式。若化为最小项之“或”的形式，则在对应于每个最小项的卡诺图方格中填 1；若化为最大项之“与”的形式，则在对应于每个最大项的卡诺图方格中填 0。

② 圈组：找出可以合并的最小项(最大项)。圈组原则为：

(a) 圈 1，可写出化简之后的“与或”表达式，当然，所有的“1”必须圈定；圈 0，可写出化简之后的“或与”表达式，当然，所有的“0”必须圈定。

(b) 每个圈组中 1 或 0 的个数为 2^n 个。首先，保证圈组数最少；其次，圈组范围尽量大；方格可重复使用，但每个圈组至少有一个 1 或 0 未被其他圈组圈过。圈组步骤为：先圈孤立的 1 格(0 格)；再圈只能按一个方向合并的分组——圈要尽量大；最后圈其余可任意方向合并的分组。

③ 读图：将每个圈组写成与项(或项)，再进行逻辑或(与)。消掉既能为 0 也能为 1 的变量，保留始终为 0 或 1 的变量；对于“与项”，0 对应写出反变量，1 对应写出原变量；对于“或项”，0 对应写出原变量，1 对应写出反变量。

在实际电路设计中，多采用与非门。因此，需要将函数化为最简与非式时，采用合并 1 的方式；需要将函数化为最简或非式时，采用合并 0 的方式；需要将函数化为最简与或非式时，采用合并 0 的方式最为适宜，因为得到的结果正是与或非形式。如果要求得到 $\overline{F}$ 的化简结果，则采用合并 0 的方式就更简便了。

5.1.8 具有无关项的逻辑函数及其化简

1. 约束项、任意项和逻辑函数式中的无关项

在分析某些具体的逻辑函数时，经常会遇到输入变量的取值不是任意的情况。对输入变量取值所加的限制称为约束。同时，把这一组变量称为具有约束的一组变量。例如，用四个逻辑变量 A、B、C、D 表示 8421BCD 码，只允许 0000～1001 这 10 个输入组合出现，而 1010～1111 这6 个输入则不允许出现，它们对应的最小项称为约束项。A、B、C、D 是一组具有约束的变量。

通常用约束条件来描述约束的具体内容。例如，用四个逻辑变量 A、B、C、D 表示 8421BCD 码时的约束条件可以表示为

$$A\overline{B}C\overline{D}+A\overline{B}CD+AB\overline{C}\overline{D}+AB\overline{C}D+ABC\overline{D}+ABCD=0$$

即所有“不允许出现的输入组合”都将使上式成立，亦即满足此约束条件。

有时还会遇到另一种情况，即在输入变量的某些取值下函数值是 1 还是 0 皆可，并不影响电路的功能。在这些变量取值下，其值等于 1 的那些最小项称为任意项。

在存在约束项的情况下，由于约束项的值始终等于 0，所以既可以把约束项写进逻辑函数式中，也可以把约束项从函数式中删掉，而不影响函数值。同样，既可以把任意项写入函数式中，也可以不写进去，因为输入变量的取值使这些任意项为 1 时，函数值是 1 还是 0 无所谓。因此，又把约束项和任意项统称为逻辑函数式中的无关项。这里所说的无关是指是否把这些最小项写入逻辑函数式无关紧要，可以写入也可以删除。由无关项组成的输入组合称为 d 集(d - Set)。

在用卡诺图表示逻辑函数时，首先将函数化为最小项之“或”的形式，然后在卡诺图中这些最小项对应的位置上填入 1，其他位置上填入 0。在卡诺图中用×(或 ϕ、d)表示无关项。在化简逻辑函数时既可以认为它是 1，也可以认为它是 0，即可根据需要将×任意作为 1 或 0 处理，有利于减少电路代价。

2. 无关项在化简逻辑函数中的应用

化简具有无关项的逻辑函数时，如果能合理利用这些无关项，一般都可得到更加简单的化简结果。合并最小项时，究竟把卡诺图上的×作为 1(即认为函数式中包含了这个最小项)还是作为 0(即认为函数式中不包含这个最小项)对待，应以得到的相邻最小项的圈最大，而且圈的数目最少为原则。

【例 5-14】 化简以下具有约束的逻辑函数：

(1) $F_1=\overline{A}\overline{B}\overline{C}D+\overline{A}BCD+A\overline{B}\overline{C}\overline{D}+A\overline{B}CD$，

$\overline{A}\overline{B}CD+\overline{A}B\overline{C}D+ABC\overline{D}+A\overline{B}\overline{C}D+ABCD+ABC\overline{D}+A\overline{B}C\overline{D}=0$；

(2) $F_2=\overline{A}C\overline{D}+\overline{A}B\overline{C}\overline{D}+A\overline{B}\overline{C}\overline{D}$，

$A\overline{B}C\overline{D}+A\overline{B}CD+ABC\overline{D}+AB\overline{C}D+ABC\overline{D}+ABCD=0$。

解 化简具有无关项的逻辑函数时，用卡诺图化简法比较直观。

① 填写函数的卡诺图。无关项用 d 表示，如图 5-8 所示。

② 圈组。尽量利用无关项使圈组数最少，圈组范围尽量大。

③ 读图。写出最简表达式为

$$F_1=\overline{A}D+A\overline{B}，F_2=B\overline{D}+A\overline{D}+C\overline{D}$$

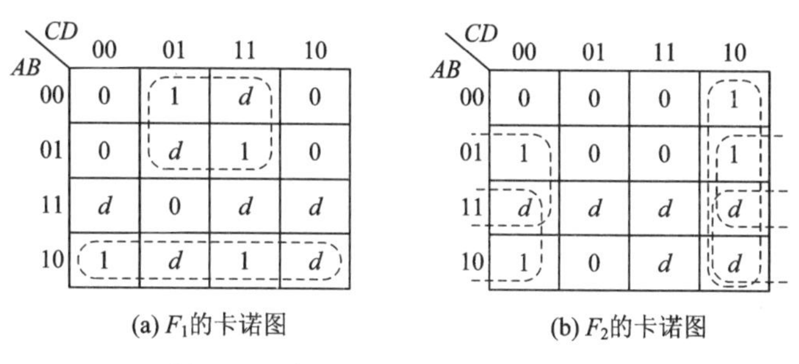

图 5-8　例 5-14 中 F_1、F_2 的卡诺图

5.2　逻辑门电路

用以实现基本逻辑运算和复合逻辑运算的单元电路称为逻辑门电路。逻辑门电路可以用分立元件(Separate Elements)构成，但一般采用集成逻辑门(Integrated Logic Gates)电路，包括 TTL 门电路、MOS 门电路和 ECL 门(Emitter-Coupled Logic Gate)电路等。

5.2.1　半导体二极管、三极管和场效应管的开关特性

逻辑代数中的各个逻辑变量和逻辑函数的取值只能是“0”或“1”，这里的“0”和“1”表示的是两种不同的逻辑状态，例如真与假、有与无、开与关、导通与截止、高电平与低电平等。在电路中通常用高电平与低电平表示这两种逻辑状态，用电路的通与断实现这两种逻辑状态。获得高、低电平的电路结构如图 5-9 所示。输入 U_i 可控制开关 S 的断开与闭合。当开关 S 断开时，输出电压 U_o 为高电平，表示一种逻辑状态；而当开关 S 闭合时，输出电压 U_o 为低电平，表示另外一种逻辑状态。

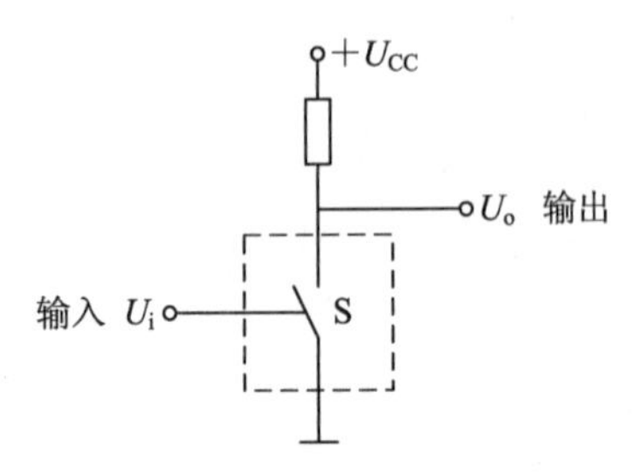

图 5-9　获得高、低电平的电路结构

逻辑状态可以根据需要人为约定。用高电平表示逻辑 1，用低电平表示逻辑 0 时，这种约定称为“正逻辑”；相反，用低电平表示逻辑 1，用高电平表示逻辑 0 时，这种约定称为“负逻辑”。用 0 或 1 代表电平的高低，只是人为的约定，而逻辑电路本身，并不因为正、负逻辑的约定而有所改变。

开关 S 是以半导体二极管或三极管为主组成的，利用二极管的单向导通性、三极管的饱和导通和截止两种工作状态，起到开关 S 的作用。当加在二极管 PN 结上的电压为反向电压时，二极管处于截止状态。而当二极管的 PN 结加上较大的正向电压时，二极管处于导通状态。通常认为，当加在二极管两端的正向电压大于等于 0.7 V 时，二极管处于导通状态，处于导通状态的二极管相当于一个具有 0.7 V 电压降的闭合开关；而当二极管两端的正向电压小于 0.7 V 或为反向电压时，二极管处于截止状态，此时的二极管开关相当于处于开路状态的开关。

在数字电路中，三极管的偏置电路应尽量使之处于非放大状态，即要求三极管要么工作在饱和导通状态，要么工作在截止状态。通常认为，当三极管的发射结电压大于等于 0.7 V 时，三极管处于饱和导通状态，此时，发射结相当于具有 0.7 V 压降的闭合开关，而集电结相当于具有 0.3 V 压降的闭合开关。当三极管的发射结电压小于 0.7 V 时，三极管处于截止状态，此时三极管的三个极相互之间是断开的。

在数字集成电路，特别是在超大规模数字集成电路中，绝大多数是用场效应管集成的 CMOS 集成电路。CMOS 集成电路由 N 沟道增强型 MOS 管和 P 沟道增强型 MOS 管构成。当 N 沟道增强型 MOS 管的栅极加较大正电压时，NMOS 管饱和导通，此时源极 S 和漏极 D 连通，但其间有导通电阻存在；而当栅极电压较小或为负值时，NMOS 管截止，此时源极 S 与漏极 D 之间互相断开。对于 P 沟道增强型 MOS 管，当栅极电压为数值较大的负值时，PMOS 管饱和导通，此时源极 S 和漏极 D 连通，其间仍然有导通电阻存在。而当栅极电压的负值较小或为正值时，PMOS 管截止，此时源极 S 与漏极 D 之间相互断开。

5.2.2　分立元件门电路

利用分立元件可以实现基本逻辑门的功能，如图 5-10 所示。

1. 二极管与门(Diode AND Gate)

利用二极管和电阻可实现与逻辑运算，如图 5-10(a)所示。A、B 为输入的两个逻辑变量，F 为输出的逻辑函数。

设 $U_{CC}=5$ V，A、B 两输入端的高、低电平分别为 $V_{IH}=3$ V，$V_{IL}=0.1$ V。二极管 VD_1、VD_2 的正向导通电压降 $U_D=0.7$ V。当 A、B 端输入都为低电平 V_{IL} 时，二极管 VD_1、VD_2 都

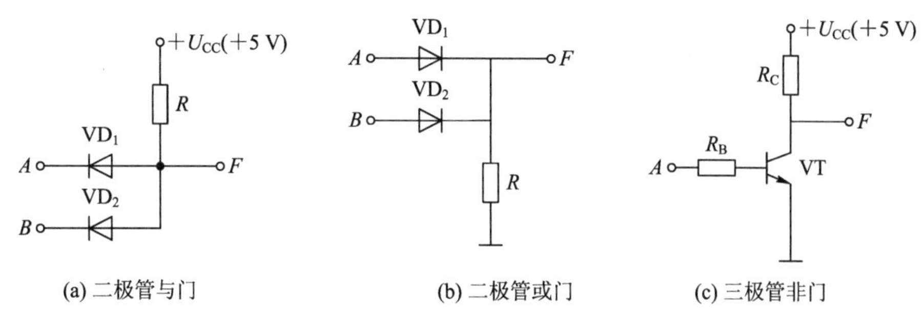

图 5-10　分立元件电路

正向导通，输出端 F 的电压 U_O=0.8 V。当 A 端输入为低电平 V_{IL}，而 B 端输入为高电平 V_{IH} 时，由于二极管 VD_1 正向导通，输出端 F 的电压 U_O=0.8 V，同时由于 VD_2 两端为反偏电压而截止。当 B 端输入为低电平 V_{IL}，而 A 端输入为高电平 V_{IH} 时，由于二极管 VD_2 正向导通，输出端 F 的电压 U_O=0.8 V，同时由于 VD_1 两端为反偏电压而截止。当 A、B 端输入都为高电平 V_{IH} 时，二极管 VD_1、VD_2 仍然都导通，但输出端 F 的电压 U_O=3.7 V。

如果规定 1 V 以下为低电平，用逻辑状态 0 表示；而 2 V 以上为高电平，用逻辑状态 1 表示，则可以得到如表 5-7 所示的二极管与门真值表，从真值表可以得到逻辑表达式 $F=AB$，即输入变量 A、B 是逻辑与的关系。

表 5-7　分立元件门电路真值表

<table>
<tr><th colspan="3">二极管与门真值表</th><th colspan="3">二极管或门真值表</th><th colspan="2">三极管非门真值表</th></tr>
<tr><td>A</td><td>B</td><td>F</td><td>A</td><td>B</td><td>F</td><td>A</td><td>F</td></tr>
<tr><td>0</td><td>0</td><td>0</td><td>0</td><td>0</td><td>0</td><td rowspan="2">0</td><td rowspan="2">1</td></tr>
<tr><td>0</td><td>1</td><td>0</td><td>0</td><td>1</td><td>1</td></tr>
<tr><td>1</td><td>0</td><td>0</td><td>1</td><td>0</td><td>1</td><td rowspan="2">1</td><td rowspan="2">0</td></tr>
<tr><td>1</td><td>1</td><td>1</td><td>1</td><td>1</td><td>1</td></tr>
</table>

2. 二极管或门(Diode OR Gate)

用二极管和电阻还可以实现逻辑或运算，如图 5-10(b)所示。A、B 为输入的两个逻辑变量，F 为输出的逻辑函数。

设 A、B 两输入端的高、低电平分别为 V_{IH}=3 V，V_{IL}=0.1 V。二极管 VD_1、VD_2 的正向导通电压降 U_D=0.7 V。当 A、B 端输入都为低电平 V_{IL} 时，二极管 VD_1、VD_2 的两端电压都不足以使其导通，所以两个二极管都截止，输出端 F 的电压为 U_O=0 V。当 A 端输入为低电平 V_{IL}，而 B 端输入为高电平 V_{IH} 时，二极管 VD_1 截止，而二极管 VD_2 正向导通，输出端 F 的电压为 U_O=3-0.7=2.3 V。当 B 端输入为低电平 V_{IL}，而 A 端输入为高电平 V_{IH} 时，则二极管 VD_2 截止，而二极管 VD_1 正向导通，输出端 F 的电压为 U_O=3-0.7=2.3 V。当 A、B 端输入都为高电平 V_{IH} 时，二极管 VD_1、VD_2 都导通，并且输出端 F 的电压为 U_O=3-0.7=2.3 V。

仍然按照前面所规定的电平对应的逻辑状态，则可以得到如表 5-7 所示的二极管或门真值表。从真值表可得逻辑表达式 $F=A+B$，即输入变量 A、B 是逻辑或的关系。

3. 三极管非门(Transistor NOT Gate)

三极管共发射极结构具有倒相特性，因此可以利用三极管和电阻实现非门，如图 5-10(c)所示。

选择适当的电阻值，使得三极管 VT 工作在非放大区。设输入端 A 的高、低电平分别为 $V_{IH}=3$ V，$V_{IL}=0.1$ V。当 A 端输入为低电平 V_{IL} 时，三极管 VT 处于截止状态，三极管的基极、集电极和发射极互相断开，输出端 F 的电压为 $U_O=5$ V。而当 A 端输入高电平 V_{IH} 时，三极管 VT 处于饱和导通状态，$U_{CE}=0.3$ V，则输出端 F 的电压为 $U_O=0.3$ V。仍按前面所规定的电平对应的逻辑状态，则可以得到如表 5-8 所示的三极管非门真值表。显然输入与输出之间的逻辑关系为非的关系，即 $F=\overline{A}$。

5.2.3 TTL 门电路

集成逻辑门电路主要有两种类型：一种是用双极型晶体管构成的双极型门电路，包括 TTL（Transistor-Transistor Logic）、ECL（Emitter-Coupled Logic）和 I^2L（Integranted Injection Logic)等类型；另一种是用 MOS 场效应管构成的 MOS 门电路，包括 NMOS、PMOS、CMOS 等类型。

1. TTL 与非门工作原理及外部特性

1）电路结构及工作原理

TTL 与非门的典型电路结构如图 5-11 所示。它包括输入级、中间级和输出级。输入级完成信号放大作用；中间级完成信号处理及耦合作用；输出级完成驱动放大作用。在图 5-11 中，当 A、B 任一输入端(或两个输入端)都为低电平 $V_{IL}=0.3$ V 时，满足三极管饱和导通条件，多发射极三极管 VT_1 饱和导通，基极 B 被钳位在 $V_{B1}=1$ V 左右，而集电极 C 被钳位在 $V_{C1}=V_{B2}=0.5$ V 左右(假设晶体管的饱和压降为 0.2～0.3 V)。由于三极管 VT_2 的基极 B 电位 $V_{B2}=0.5$ V，三极管 VT_2 截止，因此 $V_{B5}=V_{E2}=0$ V，三极管 VT_5 截止。再考虑 R_2、VT_3、R_4 通路，经推导可知 $V_{B3}=V_{C2}\approx4.3$ V，因此 VT_3、VT_4 饱和导通。输出端 F 为高电平 $V_F=U_{CC}-U_{BE3}-U_{BE4}\approx3.6$ V(3.6 V 为忽略 R_2上的电压降得到的理想电平。若考虑 R_2上的电压降，则 $V_F=V_{B3}-U_{BE3}-U_{BE4}\approx2.9$ V)。

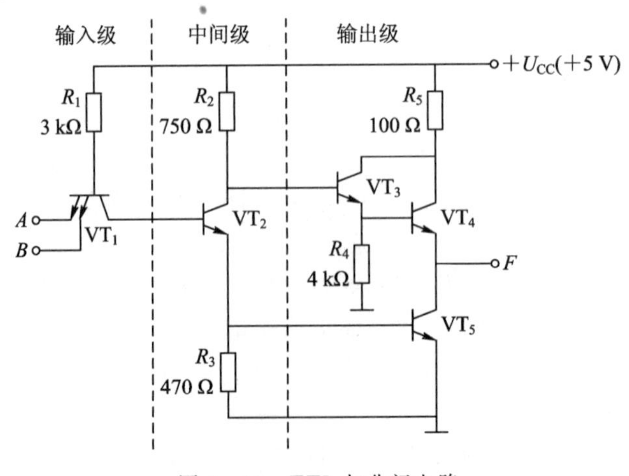

图 5-11　TTL 与非门电路

当 A、B 两个输入端都为高电平 $V_{IH}=3.6$ V 时，若暂时不考虑集电极通路，多发射极三极管 VT_1 的所有发射结均应导通，其基极 B 电位为 $V_{B1}-3.6$ V$+U_{BE1}=4.3$ V；再考虑 R_1、VT_1、VT_2、VT_5 通路，显然 VT_1 的集电结、VT_2 和 VT_5 的发射结也处于饱和导通，因此 VT_1 的集电极 C 被钳位在 $V_{C1}=V_{B2}=U_{BE2}+U_{BE5}=1.4$ V，而 VT_1 的基极 B 被钳位在 $V_{B1}=2.1$ V，从而使 VT_1 的所有发射结均反偏(Reverse-biased)，VT_1 处于倒置工作状态。由于 VT_2 和 VT_5 饱和导通，因此 $V_{C2}=V_{B3}=U_{BE5}+U_{CE2}=1.0$ V，所以 VT_3、VT_4 复合管截止。输出端 F 为低电平，$U_F=0.3$ V。

综上所述，TTL 与非门只有一个输入端输入低电平，输出才为高电平；只有当所有的输入端均输入高电平时，输出才为低电平。如此便形成了与非逻辑关系。

2）外部特性

(1) 电压传输特性(Voltage Transfer Characteristic)。与非门的一端悬空(如 A 端悬空)，输出电压 U_O 随另一端(如 B 端)输入电压 U_I 的变化而变化，二者的关系如图 5－12 所示。

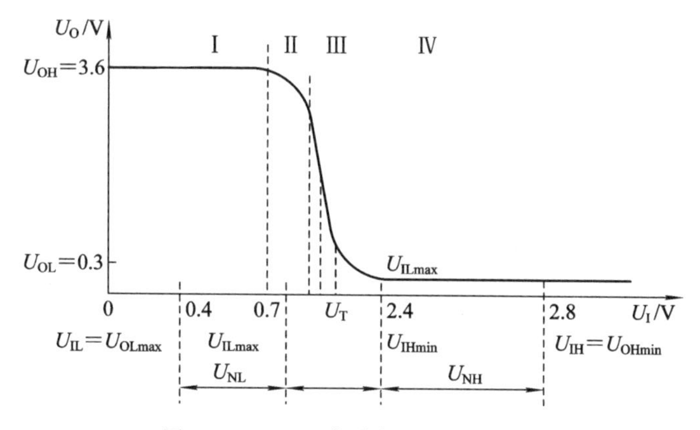

图 5－12　TTL 与非门电压传输特性

当 $U_I<0.6$ V 时，$V_{C1}<0.8$ V，三极管 VT_2 和 VT_5 截止，而 VT_3 和 VT_4 饱和导通(Saturated On)，输出端 F 为高电平，$U_F=U_{CC}-I_{B3}R_2-U_{BE3}-U_{BE4}\approx3.6$ V。所以称 I 段为电压传输特性的截止区(Cut-off Region)。

当 0.6 V$<U_I<1.3$ V 时，0.8 V$<V_{C1}<1.5$ V，由于 VT_2 的发射极电阻直接接地(Grounding)，所以 VT_2 三极管开始导通并处于放大状态(Amplifying State)，V_{C2} 和 U_F 随 U_I 的增加而降低，但 VT_5 仍截止。故 II 段为电压传输特性的线性区(Linearity Region)。

当 1.3 V$<U_I<1.4$ V 时，三极管 VT_2 和 VT_5 均趋于饱和导通，使 $V_{C2}=1$ V，VT_3 微导通，VT_4 截止，U_F 急剧下降为低电平，$U_F=V_{OL}=0.3$ V。故 III 段为电压传输特性的转折区，中点对应的输入电压 $U_T=1.4$ V 称为阈值电压(Threshold Voltage)，又称为门槛电压。

当 $U_I>1.4$ V 时，V_{B1} 被钳位在 2.1 V，VT_2、VT_5 均饱和导通，而 VT_3 微导通，VT_4 截止，$U_F=U_{CE5}=0.3$ V。故 IV 段为电压传输特性的饱和区(Saturation Region)。

(2) 门电路的抗干扰特性——噪声容限(Noise Margin)。门电路在实际使用中，输入端上叠加的噪声电压超过一定限度时，会破坏输入、输出端之间的正常逻辑关系。通常把不至于影响输出逻辑状态所允许的最大噪声电压称为门电路的噪声容限。

(3) 门电路的静态输入特性。在图 5－13 所示的与非门输入电路中，B 输入端悬空，A 端输入电流的参考方向如图 5－13(a)所示。把输入电流 i_I 随输入电压 U_I 变化而变化的关系曲线，称为与非门的输入特性(Input Characteristic)。

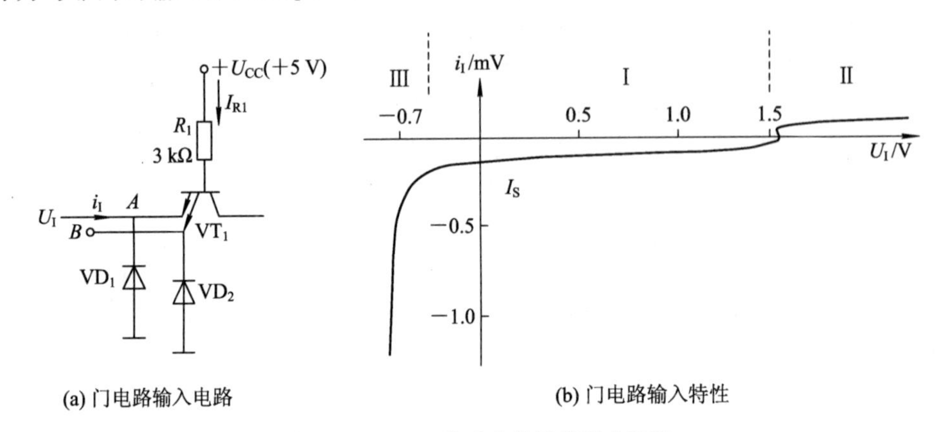

(a) 门电路输入电路

(b) 门电路输入特性

图 5－13　TTL 集成电路及其输入特性

当输入电压 $U_I < -0.7$ V 时，输入多发射极三极管和输入端的保护二极管 VD_1 都饱和导通，电流输出方向与参考方向相反，输入特性曲线为二极管伏安特性曲线形状，如图 5－13(b)中的Ⅲ区所示。

当输入电压 $-0.7\ V < U_I < U_T$ 时，保护二极管 VD_1 截止，输入端电流仍然与参考电流方向相反。当 $U_I < 0.6$ V 时，三极管 VT_2 和 VT_5 截止，因此

$$i_I = -I_{R1} = -\frac{U_{CC} - U_{BE1} - U_I}{R_1}$$

即可求得输入低电平时的电流 I_{IL} 为

$$i_I = -I_{R1} = -\frac{U_{CC} - U_{BE1} - U_I}{R_1} = -\frac{5-0.7-0.4}{3} = -1.3\ \text{mA}$$

随着 U_I 的增加，i_I 的绝对值随之略微有所减小，如图 5－13(b)中的Ⅰ区所示。当 U_I 接近 0.7 V 时，V_{B1} 接近 1.4 V，三极管 VT_2 开始导通，但此时三极管 VT_1 集电极支路的分流作用仍然很小。当 U_I 升至阈值 $U_T = 1.4$ V 时，VT_5 开始导通，i_I 随 U_I 的增加而迅速减小，I_{R1} 中的绝大部分经三极管 VT_1 的 BC 结流入 VT_2 的基极(Base)。

当 $U_I > U_T$ 时，i_I 转为正方向，如图 5－13(b)中的Ⅱ区所示。当 $U_I + U_{IH} = 3.6$ V 时，输入端的电流称为输入高电平电流 I_{IH}，也称为输入漏流(Input Short Current)。

输入端电压 U_I 为 0 时，输入端的电流称为输入短路电流(Input Leakage)，用 I_S 表示。

输入特性除了输入短路电流 I_S 和输入漏电电流 I_{IH} 这两个典型参数以外，还有一个典型参数称为扇入(Fan-In)系数 N_I，其定义为门电路所具有的有效输入端的个数，通常 N_I 小于或等于 8。

(4) 门电路的静态输出特性。输出电压 U_O 随输出负载电流 I_L 的变化而变化的关系曲线，称为输出特性(Output Characteristic)。门电路的输出有高电平输出和低电平输出两种状态：输出为高电平时，向负载提供电流；输出为低电平时，从负载吸收电流。

一个门电路驱动负载的能力用扇出系数 N_O 来衡量。扇出系数 N_O 是指在不超出最坏的负载输出的条件下，门电路能驱动的有效输入端的个数。扇出系数 N_O 不仅依赖于输出端的特性，还依赖于它驱动的输入端的特性。扇出系数 N_O 的计算必须考虑输出的两种可能的状态：高电平状态和低电平状态。

例如，由电路参数表可以查得 74LS 系列 TTL 门的电路参数为：$I_{OH}=400\ \mu A$，$I_{OL}=8\ mA$，$I_{IL}=0.4\ mA$，$I_{IH}=20\ \mu A$。如果用该系列的门驱动同类的门电路，则可得出：

低态扇出系数为

$$N_{OL}=\frac{N_{OL}}{I_{IL}}=\frac{8\ mA}{0.4\ mA}=20$$

高态扇出系数为

$$N_{OH}=\frac{I_{OH}}{I_{IH}}=\frac{400\ \mu A}{20\ \mu A}=20$$

通常，一个门电路的低态扇出系数和高态扇出系数是不相等的，总扇出系数是在低态扇出系数和高态扇出系数中取最小值。上面例子中总扇出系数是 20。

(5) 门电路的动态特性。门电路的动态特性主要包括以下两方面：

① 传输延迟时间(Propagation Delay)。由于 PN 结上存储电荷的累积和消散都需要时间，因此二极管和三极管由导通到截止或由截止到导通也需要时间。电路中寄生电容和负载电容的影响也使得输出波形总是迟后于输入波形，这个延迟时间称为传输延迟时间 t_{pd}。它反映了门电路的开关速度和最高工作频率。输出信号由低电平变为高电平时，输出相对输入的延迟时间记为 t_{PLH}(Time between an Input change and corresponding Output change when the Output from LOW to HIGH)；而输出信号由高电平变为低电平时，输出相对输入的延迟时间记为 t_{PHL}(Time between an Input change and corresponding Output change when the Output from HIGH to LOW)。一般地，$t_{PLH}>t_{PHL}$，而门电路的延迟时间通常用平均延迟时间(Average Delay)来表示，即 $t_{pd}=(t_{PLH}+t_{PHL})/2$。门电路不仅使得信号延迟，而且使得输出波形变得更倾斜，如图 5-14 所示。

② 动态尖峰电流(Dynamic Current Spikes)。门电路工作在稳定状态时，电源电流容易估算，通常为几毫安。而当输入信号发生变化，从而引起输出信号也发生变化时，电源电流 i_{CC} 发生变化，如图 5-15 所示。当输入电压 U_I 由高电平很快变为低电平时，三极管 VT_1 饱和导通，为三极管 VT_2 提供了一个低阻的反向基极电流通路，使 VT_2 很快截止，从而使 VT_3 和 VT_4 导通。但 VT_2 的截止并不能使得三极管 VT_5 也随之迅速截止。这是因为 VT_5 原来处于深度饱和，基区存储的电荷通过 R_3 消散需要一定的时间，因此 VT_3、VT_4 和 VT_5 会有一短暂时间同时处于导通状态，有一较大的瞬时电流由电源 U_{CC} 流过 R_5、VT_4、VT_5，因此使得电源电流产生一尖峰脉冲电流。TTL 与非门的动态尖峰电流最大值约为 31.5 mA。动态尖峰电流对电路的影响主要表现在两个方面：一是使电源的平均电流增大，且信号的重复频率越高，电源电流的平均值增大得越多；二是对其他电路产生干扰。为了提高电路的工作稳定性，通常在电路中需要增加高频滤波电容，以减少电源中的尖峰干扰。

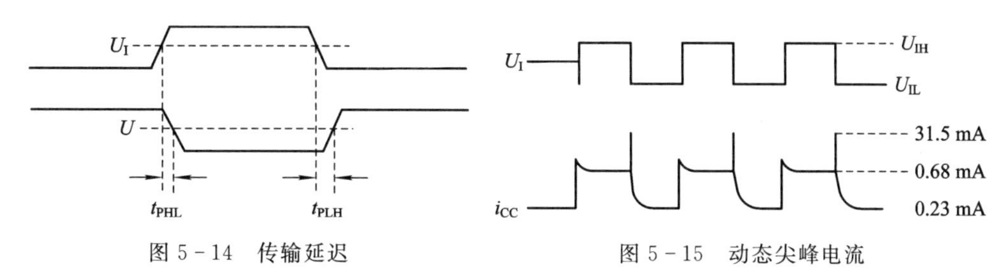

图 5-14 传输延迟　　图 5-15 动态尖峰电流

(6) 门电路的温度特性。温度变化对门电路的电气性能的影响主要表现在以下几个方面：

① 阈值电压 U_T 随温度升高而下降。温度每升 1℃，PN 结压降下降约 2 mA。当温度从 −55℃变到 +125℃时，阈值电压 U_T 将下降 300 mV 以上。

② U_{OH} 随温度降低而降低。由于 $U_{OH}=U_{CC}-2U_{BE}$，温度降低，U_{BE} 增加，因此 U_{OH} 减小。由噪声容限的概念，U_{OH} 减小，意味着系统抗干扰能力的降低。

③ 输入高电平漏电流 I_{IH} 随温度升高而增大。三态门的输出高阻漏电流和 OC 门输出高电平漏电流 I_{OH} 也会随之增加，使得电路的输出驱动能力下降。

2. 其他类型的 TTL 门电路

1）TTL 与门电路

TTL 与门电路的电路结构如图 5－16 所示。它和与非门的区别仅仅是在中间增加了一级倒相电路，即由 VT_2'、R_2' 和 VD_1' 组成的电路。

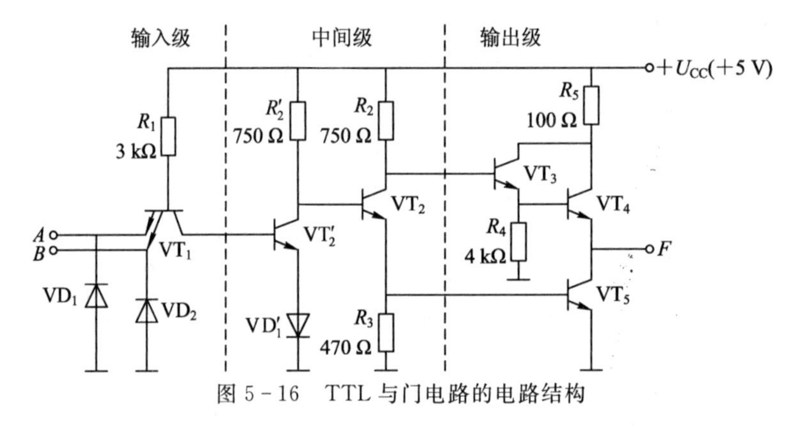

图 5－16　TTL 与门电路的电路结构

2）TTL 或非门和与或非门电路

TTL 或非门的电路结构和与非门的电路结构不同之处在于中间级的差别，如图 5－17 所示。在或非门的电路结构中，中间级由 A＋B 分相器替代。另外，或非门的输入级也是由单个三极管实现的。如果将或非门的输入三极管分别用多发射极三极管替换，则或非门电路演变为与或非门电路。可用代入规则验证。

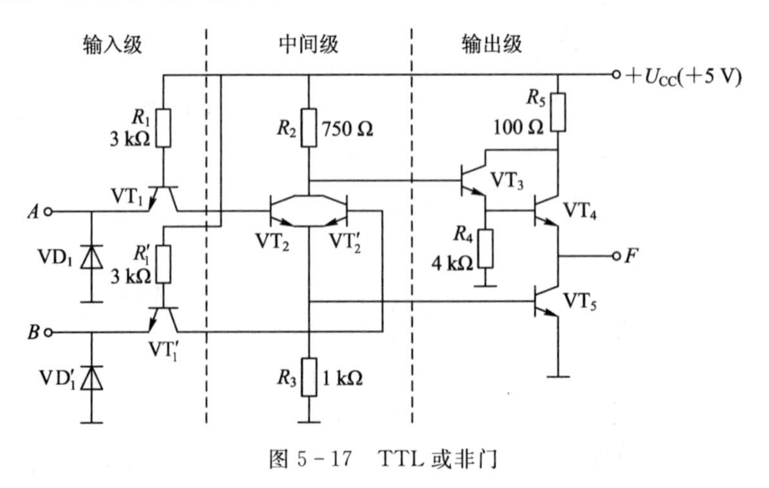

图 5－17　TTL 或非门

3）集电极开路门电路（OC 门）

门电路的多余输入端如何处理？根据 0－1 律，与门、与非门的多余输入端应该接高电平，或将多个输入端并联。而或门、或非门的多余输入端应该接低电平，也可以将多个输入端并联。

有时也需要将门电路的多个输入端并联，但是前面所讨论的 TTL 门电路的输出端不能直接并联使用。因为这些具有有源负载的推拉式输出级的门电路，无论是输出高电平还是低电平，其输出电阻都很小。如果将两个门输出端并联，当一个输出端为低电平，而另外一个输出端为高电平时，必有很大的电流流过两个门的输出级，如图 5－18 所示。由于电流很大，不仅会使导通门的输出低电平严重抬高，破坏电路的逻辑功能，而且会造成逻辑门输出级的永久损坏。

克服上述局限性的方法是把推拉式输出级改为三极管集电极开路的输出结构。这种结构的门电路称为集电极开路门，简称 OC 门，电路符号的输出端用符号“◇”表示。

OC 门工作时，需要外接负载电阻和电源。多个 OC 门的输出端并联后，可共用一个集电极负载电阻 R_L 和电源 U_{CC}，如图 5－19 所示。显然，只有当多个输出都为高电平时，F 才为高电平；只要其中一个输出为低电平，F 就为低电平，即 $F=F_1F_2F_3=\overline{ABC}\cdot\overline{DEF}\cdot\overline{IJK}$，因此实现了“线与”逻辑功能。

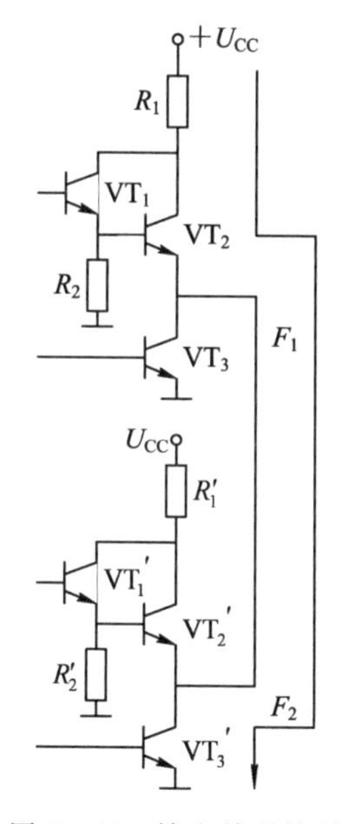

图 5－18　输出并联情况

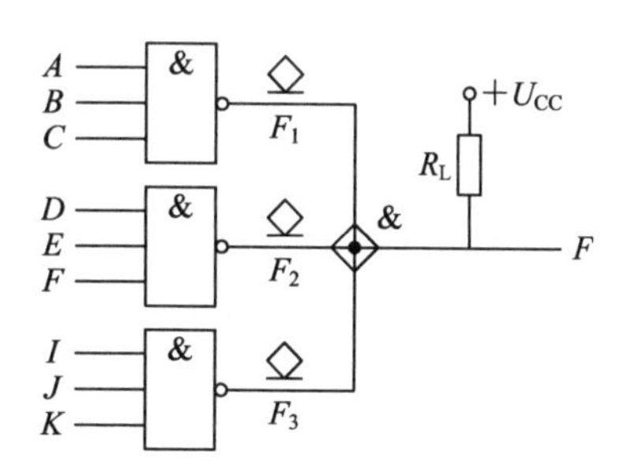

图 5－19　OC 门线与连接

4）TTL 三态门电路（TTL Three-State Gate Circuit）

计算机系统的各部件模块及芯片通常挂接在系统总线上，在某一时刻只能有一个发送端。为了使各模块芯片能分时传送信号，需要具有三态输入的门电路，简称三态门，即输入端状态不仅有高电平和低电平，而且有第三种状态——高阻抗状态（High-Impedance，Hi-I）。每一种基本门电路都可以构成三态门电路，图 5－20 为三态与非门电路结构及电路符号。

当使能信号（Enable Signal）EN 为高电平时，二极管 VD 截止，电路处于与非门的工作状态，$F=\overline{AB}$。当 EN 为低电平（如 3.3 V）时，$V_{B1}<1$ V，三极管 VT$_2$ 和 VT$_5$ 处于截止状态；同时，当二极管 VD 饱和导通时，$V_{B3}<1$ V，三极管 VT$_3$ 和 VT$_4$ 也截止，因此输出端 F 处于

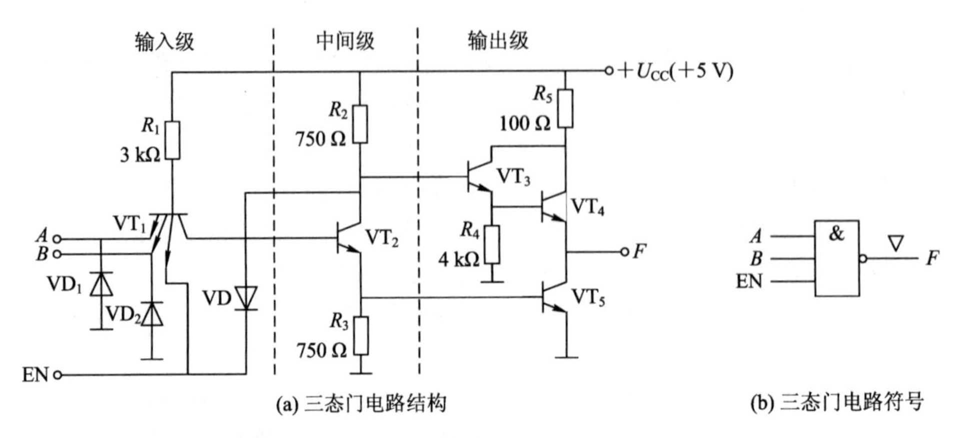

(a) 三态门电路结构　　(b) 三态门电路符号

图 5-20　TTL 三态与非门电路结构及符号

高阻电平状态。由于使能信号 EN 为高电平时，电路为正常与非门的工作状态，故称控制端 EN 为高电平有效(Active-High Enable)。当使能信号为低电平时，电路为正常门电路的工作状态，则控制端信号为低电平有效(Active-High Enable)。

5.2.4 ECL 门电路

TTL 门电路的三极管工作在饱和状态，开关速度受到了限制。只有改变电路的工作方式，让三极管从饱和状态变为非饱和状态，才能从根本上提高速度。ECL 门即是射极耦合逻辑门电路，电路的三极管工作在非饱和状态，平均传输延迟时间在几十皮秒以下，是目前双极型电路中速度最高的。

1. ECL 门电路结构

图 5-21 为 ECL 或/或非门电路结构。电路为单一负电源 $U_{EE}=-5$ V，而 $U_{CC}=0$ V。电路主要由电流开关、基准电压源和射极输出电路三部分组成。

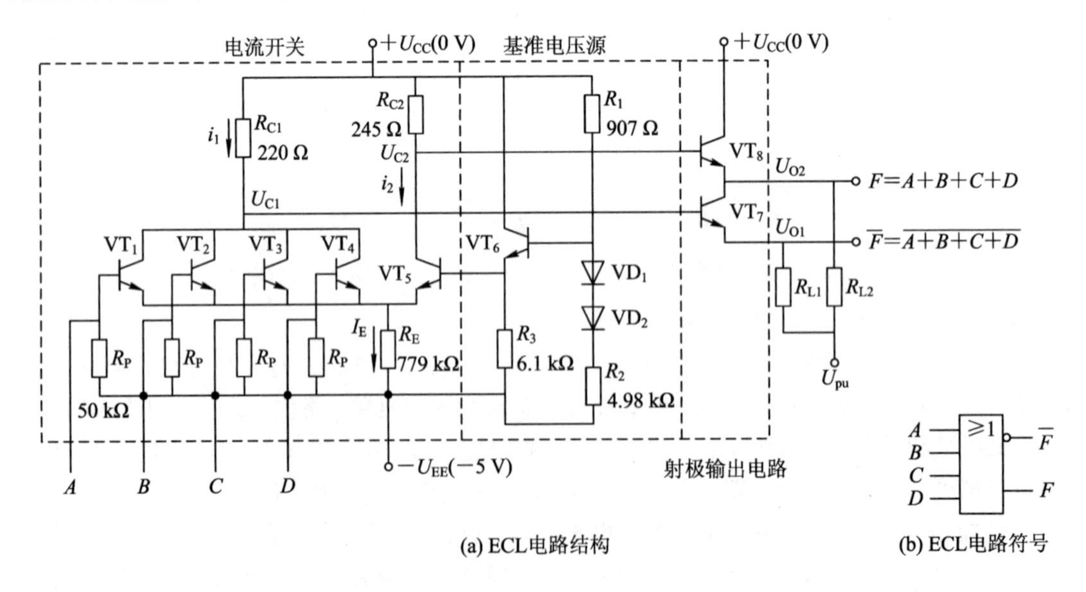

(a) ECL电路结构　　(b) ECL电路符号

图 5-21　ECL 或/或非门电路结构及符号

图 5-21 中的 VT_1～VT_4 组成四变量之和的分相器，并与 VT_5 组成射极耦合电路。VT_6 与 R_3 组成一个简单的电压跟随器，它为 VT_5 提供一个参考电压 U_{REF}（-1.3 V）。为了补偿温漂，在 VT_6 的基极回路接入了两个二极管 VD_1 和 VD_2。VT_7 和 VT_8 组成电压跟随器，起到电平移动和隔离作用。U_{C1} 和 U_{C2} 通过电压跟随器之后，使输出变为标准的 ECL 电平。其典型值是：高、低电平的电压分别是 -0.9 V 和 -1.75 V。同时由于有了这两个电压跟随器作为输出级，有效地提高了 ECL 门的带负载能力。该电路的输入与输出逻辑关系为

$$F=A+B+C,\ \overline{F}=\overline{A+B+C}$$

2. ECL 门电路的工作特点

由于三极管导通时工作在非饱和状态，且逻辑电平摆幅小，传输延迟时间 t_{pd} 可缩短至 2 ns 以下，工作速度高；输出具有互补性，使用更加灵活、方便；输出电路结构为射极跟随器，输出阻抗低，带负载能力强；电源电流基本不变，电路内部的开关噪声很低。但 ECL 也有相应缺点，主要表现为噪声容限低、电路功耗大。ECL 电路通常在高速、超高速的电路中应用。多个 ECL 门的输出并联后，可以实现“线或”(Wirde OR)的逻辑功能。

5.2.5　MOS 门电路

MOS 集成逻辑门电路有 PMOS、NMOS 和 CMOS 三种类型。用 N 沟道增强型 MOS 管构成的集成电路称为 NMOS 电路；用 P 沟道增强型 MOS 管构成的集成电路称为 PMOS 电路；用 N 沟道增强型 MOS 管和 P 沟道增强型 MOS 管互补构成的集成电路称为 CMOS 电路。

PMOS 集成电路具有速度低、电源为负且电压高、不易与其他电路接口直接相连等特点，因此很少使用。

NMOS 集成电路尽管功耗偏大，但工艺和结构比 CMOS 简单，仍然在存储器、微处理器等大规模集成电路中获得应用。

CMOS 集成电路的性能最好，因而应用最为广泛。

1. NMOS 门电路

1) NMOS 非门

NMOS 非门电路结构如图 5-22 所示。图中 VT_1 为驱动管，VT_2 为负载管，都是 N 沟道增强型 MOS 管。

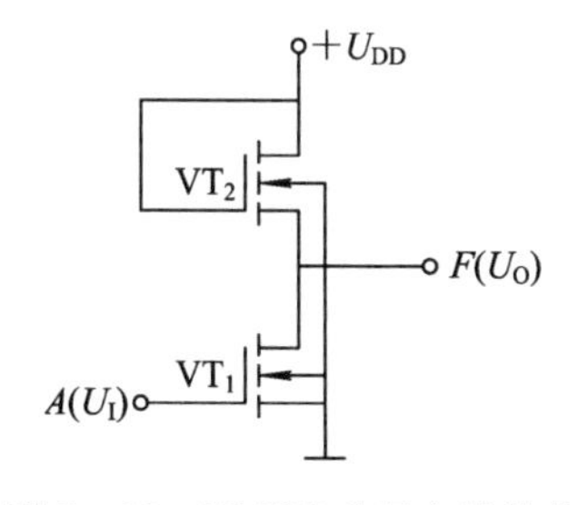

图 5-22　NMOS 非门电路结构

设 MOS 管 VT_1 和 VT_2 的开启电压分别为 U_{T1} 和 U_{T2}，由于 VT_2 管栅极(Gate)接正电源 U_{DD}，因此 MOS 管 VT_2 总是导通的。

当 A 输入端电平 U_I 为低电平时，$U_{GS1}<U_{T1}$，VT_1 截止，输出端 F 的电平为高电平，$U_{OH}=U_{DD}-U_{T2}$。

当输入端 A 为高电平时，$U_{GS1}>U_{T1}$，MOS 管 VT_1 导通，输出端 F 的电平为 $U_O=U_{DD}R_{DS1}/(R_{DS1}+R_{DS2})$。式中 R_{DS1}、R_{DS2} 分别为 VT_1 和 VT_2 导通时漏极和源极之间的等效电阻，其大小取决于 MOS 管在制造时的沟道宽长比和工作状态。当 R_{DS2} 为 R_{DS1} 的 10～100 倍时，输出 $U_O<0.5$ V，为低电平。因此该电路实现逻辑非的功能，即 $F=\overline{A}$。

2）NMOS 或非门

NMOS或非门电路结构如图 5－23 所示。图中 VT_1 和 VT_2 为驱动管（Drive Transistor），VT_3 为负载管（Load Transistor），要求 $R_{DS3} \gg (R_{DS1} /\!/ R_{DS2})$。当 A、B 两个输入信号有一个为高电平时，必有一个驱动管导通，由等效电阻分压可知，输出端 F 为低电平。当两个输入端 A 和 B 输入都为低电平时，MOS 管 VT_1 和 VT_2 都截止，输出 F 为高电平。因此该电路实现了逻辑或非的功能，即 $F=\overline{A+B}$。

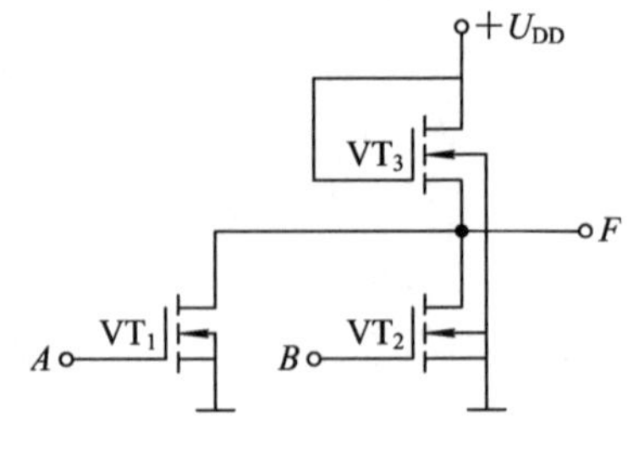

图 5－23　NMOS 或非门电路结构

3）NMOS 与非门

NMOS与非门电路结构如图 5－24 所示。图中 VT_1 和 VT_2 都为驱动管，VT_3 为负载管，要求 $R_{DS3} \gg (R_{DS1}+R_{DS2})$。只有当 A、B 全为高电平时，MOS 管 VT_1 和 VT_2 才能全部导通，由等效电阻分压可知，输出端 F 为低电平。当两个输入端 A 和 B 有一个输入为低电平时，MOS 管 VT_1 或 VT_2 必有一个截止，输出 F 为高电平。因此该电路实现了逻辑与非的功能，即 $F=\overline{A \cdot B}$。

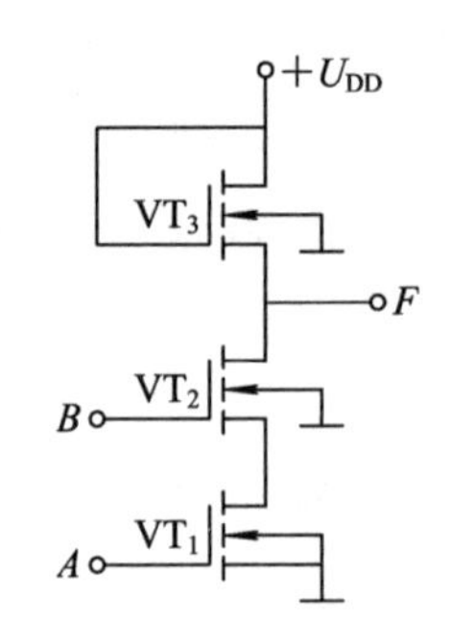

图 5－24　NMOS 与非门电路结构

2. CMOS 门电路

CMOS门电路是由 N 沟道和 P 沟道两种 MOSFET 组成的互补 MOS 集成电路，通常用增强型 MOS 管。

1）CMOS 非门

CMOS非门又称为 CMOS 反相器，由增强型 P 沟道 MOS 管 VTP 与增强型 N 沟道 MOS 管 VTN 串联，并且漏极与漏极相连、栅极与栅极相连，而 VTP 的源极接电源，VTN 的源极接地，其电路结构如图 5－25 所示。为了保证电路正常工作，通常要求 $U_{DD}>U_{TP}+U_{TN}$。其中 U_{TP} 为增强型 P 沟道 MOS 管的开启电压，而 U_{TN} 为增强型 N 沟道 MOS 管的开启电压。

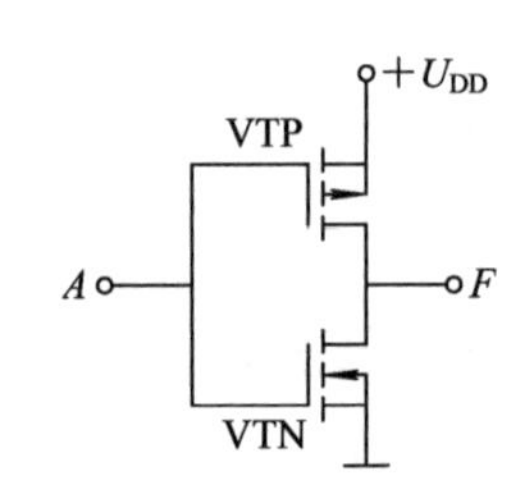

图 5－25　CMOS 非门电路结构

当 A 为低电平（如 $V_A=0.3$ V）时，$U_{GSN}=0.3$ V$<U_{TN}$，MOS 管 VTN 截止，而 $U_{GSP}=V_A-U_{DD}=0.3-5=-4.7$ V$<U_{TP}$，MOS 管 VTP 导通，输出端 F 为高电平 U_{DD}。当 A 为高电平（如 $V_A=U_{DD}$）时，$U_{GSN}=U_{DD}>U_{TN}$，MOS 管 VTN 导通，而 $U_{GSP}=V_A-U_{DD}=0>U_{TP}$，MOS 管 VTP 截止，输出端 F 为低电平。因此输入与输出之间的逻辑关系为非的关系，表示为 $F=\overline{A}$。

2）CMOS 与非门

CMOS与非门电路结构如图 5－26 所示。VTP_1 和 VTP_2 为两个并联的 P 沟道增强型 MOS 管，VTN_1 和 VTN_2 为两个串联的 N 沟道增强型 MOS 管。VTP_1 和 VTN_1、VTP_2 和 VTN_2 分别构成一对反相器。

A、B 中只要有一个为低电平，串联的两个 NMOS 管必有一个截止，输出端与地之间的通路是断开的；而两个并联的 PMOS 管至少有一个导通，输出端与电源之间的电阻较小，输出 F 为高电平。

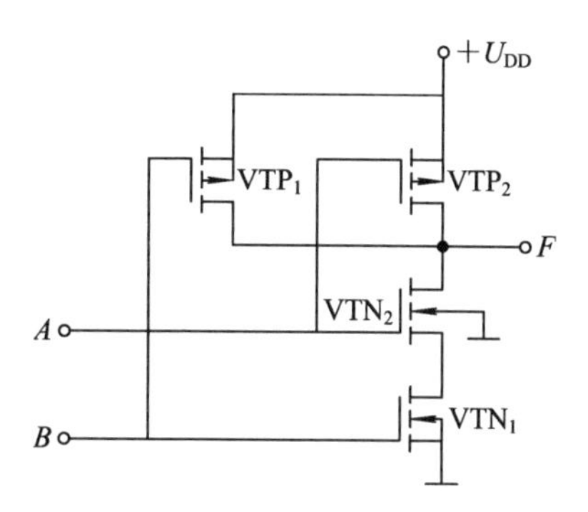

图 5-26　CMOS 与非门电路结构

当 A、B 两个输入端都为高电平时，串接的两个 NMOS 管都导通，输出端 F 与地之间的电阻较小，而两个并联的 PMOS 管截止，因此与电源之间的电阻较大，输出端 F 为低电平。因此该电路可实现与非逻辑功能，即$F=\overline{A\cdot B}$。

对于 n 个输入端的与非门，必须有 n 个 NMOS 管串联和 n 个 PMOS 管并联。

3) CMOS 或非门

CMOS 或非门电路结构如图 5-27 所示。VTP_1 和 VTP_2 是两个串联的 PMOS 管，VTN_1 和 VTN_2 是两个并联的 NMOS 管。若输入变量 A、B 中只要有一个为高电平，就会使与它相连的 NMOS 管导通，与它相连的 PMOS 管截止，输出端 F 为低电平。当 A、B 两个输入端都为低电平时，两个并联的 NMOS 管都截止，而两个串联的 PMOS 管都导通，输出端 F 为高电平。因此该电路具有或非门的功能，即 $F=\overline{A+B}$。

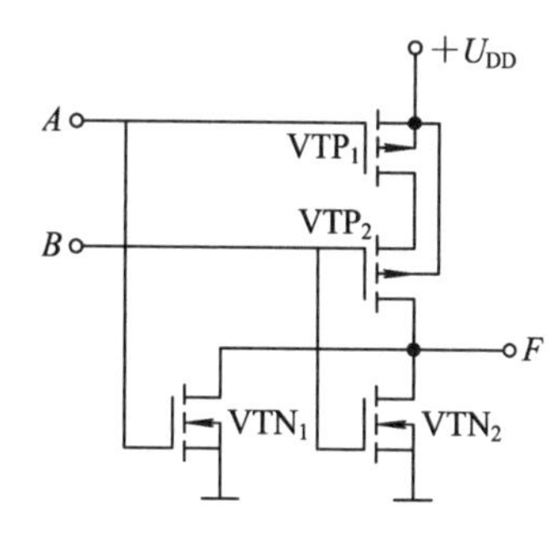

图 5-27　CMOS 或非门电路结构

显然，对于 n 个输入端的或非门，必须由 n 个 NMOS 管并联和 n 个 PMOS 管串联才能构成。

4) CMOS 与或非门

CMOS 与或非门电路结构如图 5-28 所示。当输入端 A、B 输入的电平都为高电平时，NMOS 管 VTN_1 和 VTN_2 同时都导通，而 PMOS 管 VTP_1 和 VTP_2 同时都截止。此时，不管 VTN_2 和 VTN_4 的状态如何，输出端与地之间的导通电阻小；不管 VTP_3 和 VTP_4 的状态如何，输出端与电源之间是断开的，因此输出端为低电平状态。

当输入端 C、D 输入的电平都为高电平时，NMOS 管 VTN_3 和 VTN_4 同时导通，而 PMOS 管 VTP_3 和 VTP_4 同时都截止。此时，不管 VTN_1 和 VTN_2 的状态如何，输出端与地之间的导通电阻小；不管 VTP_1 和 VTP_2 的状态如何，输出端与电源之间是断开的，因此输出端也为低电平状态。

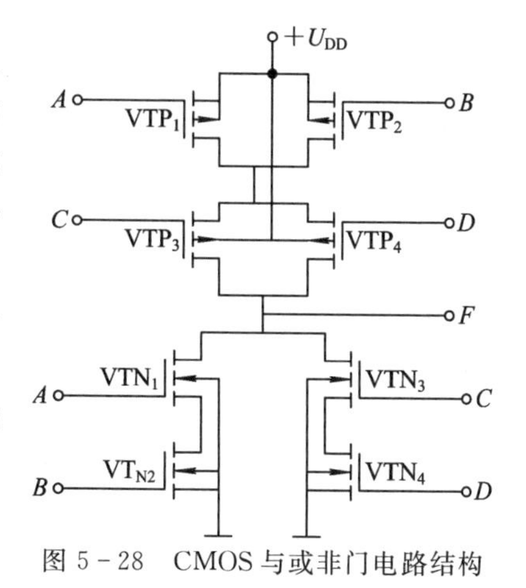

图 5-28　CMOS 与或非门电路结构

由上述分析可知，当输入端 A、B 同时为 1(C、D 可为任意取值组合)，或者输入端 C、D

同时为1(A、B可为任意取值组合)时，输出低电平$U_O=U_L$。当输出端A、B不同时为1，输入端C、D也不同时为1时，情况又怎样呢？A、B不同时为1，且C、D也不同时为1，则VTN_1和VTN_2至少有一个截止，且VTN_3和VTN_4至少有一个截止，则输出端与地之间的通路是断开的，电阻很大。

A、B不同时为1，意味着A、B至少有一个输入低电平，则VTP_1和VTP_2至少有一个导通；类似地，C、D不同时为1，则VTP_3和VTP_4至少也有一个导通，因此输出端与电源之间的电阻较小。所以输出端为高电平$U_O=U_H$。该电路显然可实现与非门电路的功能，即$F=\overline{AB+CD}$。

5) CMOS 传输门

传输门(Transmission Gate)是一种传输模拟信号的模拟开关。模拟开关广泛应用于采样—保持电路、斩/载波电路、模/数转换和数/模转换电路等。

CMOS传输门由一个P沟道增强型MOS管和一个N沟道增强型MOS管并联而成，如图5-29所示，VTP和VTN是结构对称的器件，其源极和漏极可以互换，分别作为信号的输入或输出，而两个MOS管的栅极分别由互补的控制信号连接。

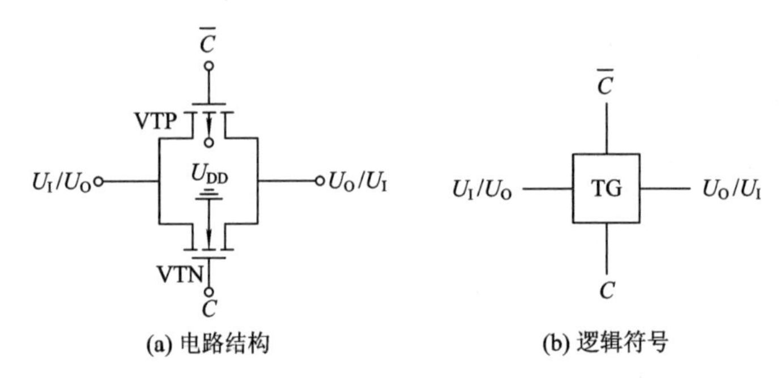

图5-29 CMOS传输门电路结构和逻辑符号

为使衬底与漏极之间的PN结在任何时刻都不会正偏，当PMOS管VTP的衬底接电源U_{DD}，而NMOS管VTN的衬底接地时，输入模拟信号的范围应为$0\sim U_{DD}$。

当C为逻辑0状态(低电平)时，$\overline{C}$为逻辑1状态(高电平)，由于NMOS管的栅极为低电平，而PMOS管的栅极为高电平，无论输入信号U_I为$0\sim U_{DD}$范围内的何值，两个MOS管都不会导通，输入端与输出端断开，输入端的信号不能传送到输出端。

当C为逻辑1状态(高电平)时，$\overline{C}$为逻辑0状态(低电平)。由于NMOS管的栅极为高电平，而PMOS管的栅极为低电平，若输入信号U_I为低电平，则NMOS管TN导通；若输入信号U_I为高电平，则PMOS管VTP导通；若U_I输入中间值，则VTN和VTP两个MOS管都导通。所以，无论输入信号U_I为$0\sim U_{DD}$范围内的何值，两个MOS管至少有一个导通，导通电阻一般为几百欧姆。输入信号传输到输出端输出，如果负载电阻远大于导通电阻，则导通电阻可以忽略，输出电压约等于输入电压，即实现模拟信号的传输。

6) CMOS 三态门

CMOS三态门在普通门的基础上增加了控制端和控制电路。图5-30为三态缓冲器的三种电路结构形式。

在图5-30(a)中，当$\overline{EN}$为逻辑1状态(高电平)时，VTP_1和VTN_1均截止，输出端与电源和地之间的电阻很大，输出F为高阻抗状态。当$\overline{EN}$为逻辑0状态(低电平)时，VTP_1和

VTN_1 均饱和导通，电路为正常反相器的功能，此时输出 $F=\overline{A}$。

在图 5－30(b)中，当$\overline{EN}$为逻辑 1 状态(高电平)时，传输门 TG 截止，输出端 F 为高阻抗状态。当$\overline{EN}$为逻辑 0 状态(低电平)时，传输门 TG 导通，输出 $F=\overline{A}$。

在图 5－30(c)中，当$\overline{EN}$为逻辑 1 状态(高电平)时，VTP_1 截止，输出端 F 与电源之间的电阻很大。此时不管输入变量 A 的状态如何，或非门输出端逻辑状态为 0(低电平)，NMOS 管 VTN 截止，输出端 F 与地之间的通路也断开，因此输出端 F 为高阻抗态。当输入$\overline{EN}$为逻辑 0 状态(低电平)时，PMOS 管 VTP_1 导通，或非门输出状态由变量 A 决定，此时输入 $F=\overline{\overline{A}}=A$。

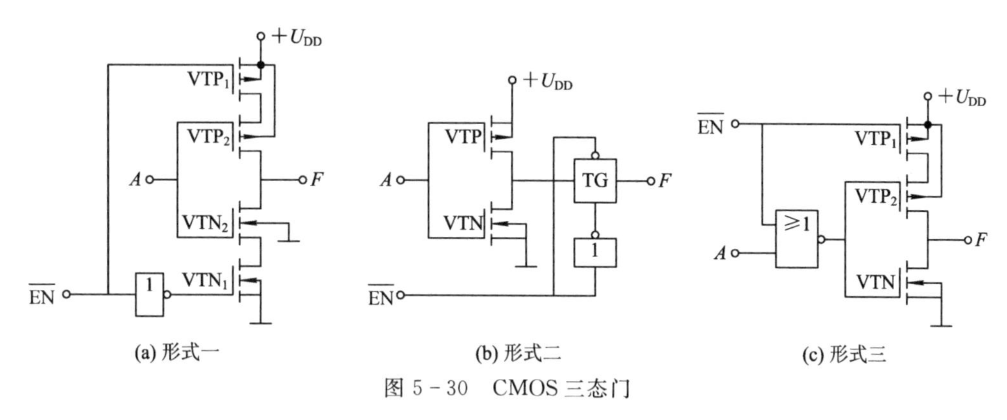

图 5－30　CMOS 三态门

7) CMOS 漏极开路门(Open-Drain Gate，OD 门)

各种 CMOS 门电路都可以构成漏极开路门，图 5－31 为 CMOS OD 门的电路结构和逻辑符号。OD 门电路内的输出 MOS 管漏极是开路的，应用时，需要通过外接电阻接电源。与 TTL 集成的 OC 门类似，CMOS 集成的 OD 门也可以实现与(Wired AND)连接。

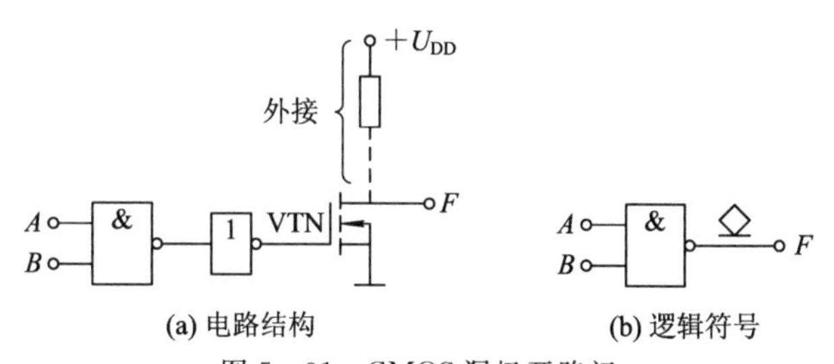

图 5－31　CMOS 漏极开路门

8) 施密特触发器输入门(Schmitt-Trigger Input Gate)

施密特触发器是采用内部反馈的特殊电路，它依据输入是从低到高变化还是从高到低变化来移动开关门限。一个具有施密特触发器输入端的门电路，其传输特性和逻辑符号如图 5－32所示。当施密特触发器开始输入低电平(接近 0 V)时，其输出为高电平(接近 5 V)，随着输入电压增加到约 2.9 V 时，输出变为低电平(接近 0 V)；一旦输出为低电平，则只有等到输入电压降到约 2.1 V 时，输出才变为高电平。这样，正向输入变化的门限电压 U_{T+} 约为 2.9 V，负向输入变化的门限电压 U_{T-} 约为 2.1 V。这两个门限电压之差称为滞后电压。施密特触发器的滞后(Hysteresis)电压约为 0.8 V。

施密特触发器的输入比普通门输入具有更好的噪声抑制特性。噪声信号常常出现在长的物理连接上，如输入总线、计算机接口电缆。在这些应用中，噪声的抑制是很重要的，因为长信号线更容易有反射，或者会从附近的信号线、电路及装置中拾取噪声。

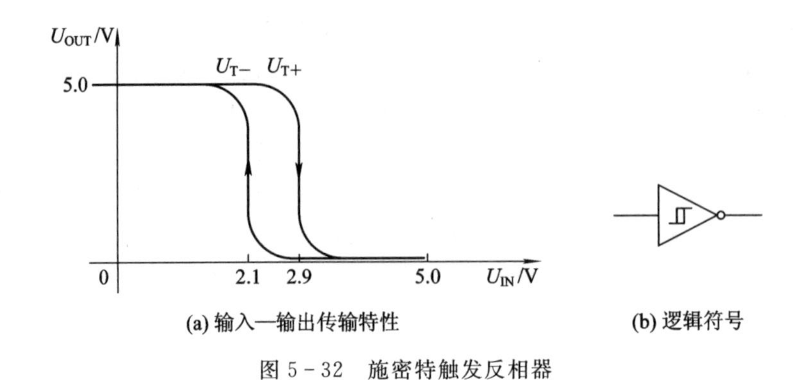

图 5-32 施密特触发反相器

3. CMOS 门电路的特点及使用中应注意的问题

(1) CMOS 门电路的主要特点：

① 功耗极低。CMOS 集成电路静态功耗非常小，在 $U_{DD}=5$ V 时，门电路的功耗只有几微瓦，即使是中规模集成电路，其功耗也不会超过 100 μW。

② 电源电压范围宽。CC400 系列门电路的电源电压 U_{DD}范围为 3～18 V。

③ 抗干扰能力强。输入端噪声容限(Noise Margin)的典型值可达 $0.45U_{DD}$，保证不小于$0.3U_{DD}$。

④ 逻辑摆幅大。$U_{OL}\approx 0$ V，$U_{OH}\approx U_{DD}$。

⑤ 输入阻抗极高。输入阻抗可达 10^8 Ω。

⑥ 扇出能力强。在低频时，CMOS 电路几乎不用考虑扇出能力的问题；高频时，扇出系数与工作频率有关。

⑦ 集成度很高，温度稳定性好。由于 CMOS 集成电路功耗极低，内部发热量很小，所以集成度可以做得非常高。CMOS 电路结构是互补对称的，当外界温度变化时，有些参数可以互相补偿，因此其温度稳定性好，在很宽的温度范围内都可以正常工作。

(2) CMOS 门电路使用中应注意的问题：

① 输入端的静电保护。在存储和运输过程中，最好用金属容器或导电材料包装，不要放在易产生静电高压的化工材料或纤维中。

② 在组装、调试时，电烙铁、仪表、工作台应该良好接地，要防止操作人员的静电感应损坏器件。

③ 注意输入电路的过流保护，注意电源电压的极性，防止输出端短路。

5.3 组合逻辑电路的分析与设计

组合逻辑电路(Combinational Logic Circuits)由门电路组合而成，在电路结构上没有反馈回路，在功能上不具备记忆能力，即某一时刻的输出状态只取决于该时刻的输入状态，而与电路过去的状态无关。

5.3.1 组合逻辑电路的结构

组合逻辑电路由常用门电路组合而成，电路中既无反馈回路，也不包含可以存储信号的

记忆元件(Memory Elements)，如图 5-33 所示。实际上，门电路也是组合逻辑电路，只不过由于它们的功能和电路结构都特别简单，所以在使用中把它们作为基本逻辑单元处理。

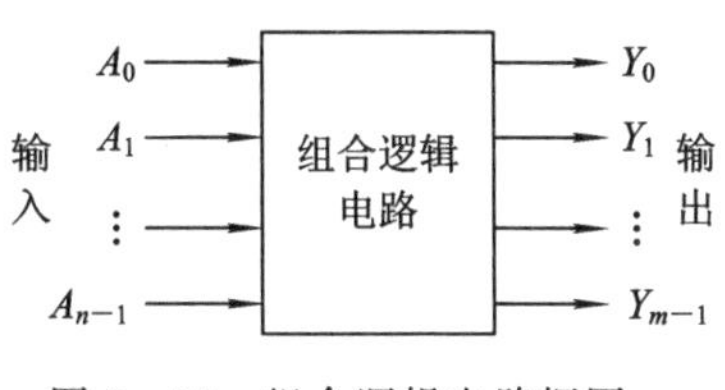

图 5-33　组合逻辑电路框图

组合逻辑电路一般为多输入单输出(Multi-Inputs and Single Output)或多输入多输出(Multi-Inputs and Multi-Outputs)结构。图 5-33 中 A_0，A_1，…，A_{n-1}是输入逻辑变量，Y_0，Y_1，…，Y_{m-1}是输出逻辑函数。输入逻辑变量与输出逻辑函数的关系可以用逻辑函数表示为 $Y_0=F_0(A_0, A_1, \cdots, A_{n-1})$，$Y_1=F_1(A_0, A_1, \cdots, A_{n-1})$，…，$Y_{m-1}=F_{m-1}(A_0, A_1, \cdots, A_{n-1})$，也可以用向量(Vector)表示为 $\boldsymbol{Y}=F(\boldsymbol{A})$，其中

$$\boldsymbol{A}=\begin{bmatrix} A_0 \\ A_1 \\ \vdots \\ A_{n-1} \end{bmatrix},\ \boldsymbol{Y}=\begin{bmatrix} Y_0 \\ Y_1 \\ \vdots \\ Y_{m-1} \end{bmatrix}$$

组合逻辑电路实际上就是逻辑函数的具体电路实现。组合逻辑电路按使用的基本开关元件的不同进行分类，可以分为 MOS、TTL、ECL 等类型；按集成度的不同分类，可以分为小规模集成电路(Small-Scale Integration，SSI)、中规模集成电路(Medium-Scale Integration，MSI)、大规模集成电路(Large-Scale Integration，LSI)、超大规模集成电路(Very Large-Scale Integration，VLSI)等；按逻辑功能的不同分类，可以分为加法器(Adder)、比较器(Comparator)、编码器(Encoder)、译码器(Decoder)、数据选择器(Multiplexer)、数据分配器(Demultiplexer)、校验电路(Parity Circuits)、只读存储器(Read Only Memory)等。

5.3.2　组合逻辑电路的分析

当研究某一给定的逻辑电路时，经常会遇到这样一类问题：需要推敲逻辑电路的设计思想，或更换逻辑电路的某些组件，或判断并定位逻辑电路的故障，或评价逻辑电路的技术经济指标。这就要求对给定的逻辑电路进行分析。

1. 分析步骤

组合逻辑电路的分析，就是根据给定的组合逻辑电路写出逻辑函数表达式，确定输出对于输入的关系，并以此描述它的逻辑功能。必要时可以运用逻辑函数的化简方法对逻辑函数的设计合理性进行评定、改进和完善。组合逻辑电路的一般分析步骤如下：

(1) 根据给定的逻辑电路图，分别用符号标注各级门的输出。

(2) 从输入端到输出端，逐级写出逻辑函数表达式，并写出最后的输出逻辑函数的表达式。

(3) 利用代入规则，将电路中添加的标注符号消除，得到电路的输出函数与输入变量的逻辑函数表达式。

(4) 利用公式化简法、卡诺图化简法或表格化简法对逻辑函数进行化简。

(5) 列出真值表或画出波形图。

(6) 判断电路的逻辑功能，或评定电路的技术指标。

上述分析步骤中，前面五个步骤都不难，只需细心即可，但最后一步往往需要经过认真分析才可以得出结论，有时可能还需要借助于分析者的实际经验。上述分析步骤也不是一成不变的，有些简单的逻辑电路，可以不加标注就直接写出输出逻辑函数与输入变量之间的关系。

2. 分析举例

【例 5－15】 分析图 5－34 所示逻辑电路的功能。

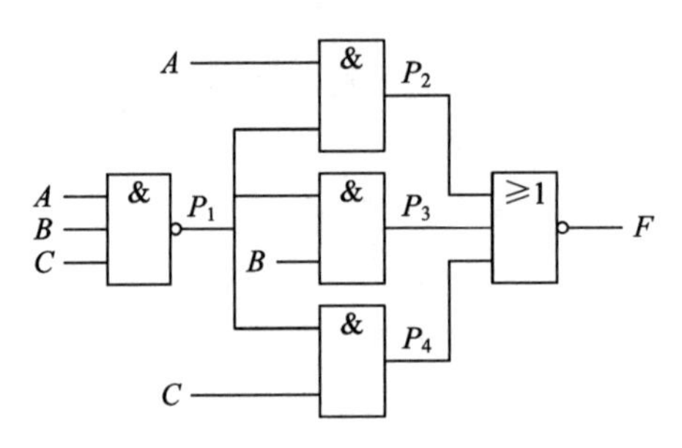

图 5－34　例 5－15 的逻辑电路图

解　(1) 根据给定的逻辑电路图，分别用 P_1、P_2、P_3、P_4 标注各级门的输出，如图5－34 所示。

(2) 根据电路图中的逻辑门的功能，从输入到输出，逐级写出逻辑函数表达式为

$$P_1=\overline{A\cdot B\cdot C},\ P_2=A\cdot P_1,\ P_3=B\cdot P_1,\ P_4=C\cdot P_1$$

$$F=\overline{P_2+P_3+P_4}$$

(3) 用代入规则将电路中添加的标注符号消除，可以得到最终的逻辑函数表达式为

$$P_2=A\cdot\overline{A\cdot B\cdot C},\ P_3=B\cdot\overline{A\cdot B\cdot C},\ P_4=C\cdot\overline{A\cdot B\cdot C}$$

$$F=\overline{A\cdot\overline{A\cdot B\cdot C}+B\cdot\overline{A\cdot B\cdot C}+C\cdot\overline{A\cdot B\cdot C}}$$

(4) 用公式化简逻辑函数为

$$F=\overline{(A+B+C)\cdot\overline{A\cdot B\cdot C}}=\overline{A+B+C}+A\cdot B\cdot C=\bar{A}\cdot\bar{B}\cdot\bar{C}+A\cdot B\cdot C$$

(5) 列写真值表，如表 5－8 所示。

表 5－8　例 5－15 的真值表

A	B	C	F
0	0	0	1
0	0	1	0
0	1	0	0
0	1	1	0
1	0	0	0
1	0	1	0
1	1	0	0
1	1	1	1

(6) 分析逻辑功能。由真值表可知，该电路仅当输入 A、B、C 的取值都为 0 或都为 1 时，输出 F 才为 1；而其他情况的输出都为 0。也就是说，当输入一致时，输出为 1；输入不一致时，输出为 0。可见该电路具有检查输入信号是否一致的功能，一旦输出为 0，表明输入不一致。因此，通常称该电路为“不一致电路”。

在某些可靠性要求非常高的系统中，往往采用几套设备同时工作，一旦运行结果不一致，便由“不一致电路”发出报警信号，通知操作人员排除故障，以确保系统的可靠性。

由分析可知，该电路的设计方案并不是最佳的，根据化简后的表达式可以得到更为简单明了的电路，如图 5-35 所示。

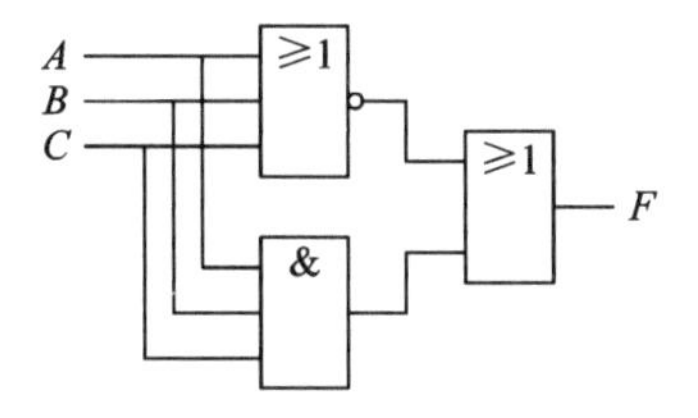

图 5-35　例 5-15 的改进电路图

【例 5-16】 分析图 5-36 所示逻辑电路的功能。

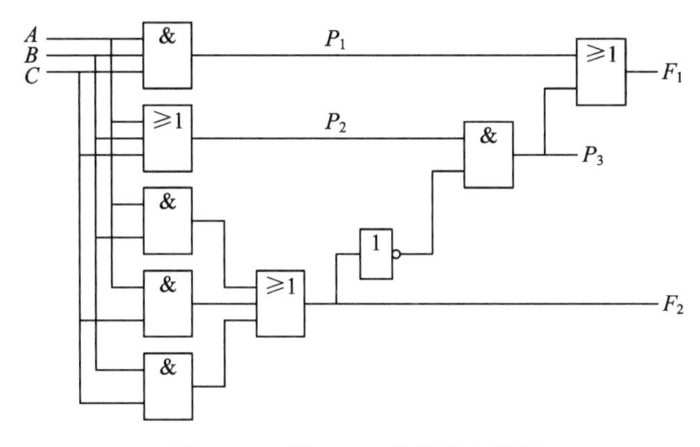

图 5-36　例 5-16 的逻辑电路图

解　(1) 根据给定的逻辑电路图，分别用 P_1、P_2、P_3 标注各级门的输出，如图 5-36 所示。对于比较简单的部分，也可以不另外标注，而是直接写逻辑函数表达式。

(2) 根据电路图中的逻辑门的功能，从输入到输出，逐级写出逻辑函数表达式为

$$P_1=ABC,\ P_2=A+B+C,\ F_2=AB+BC+AC,$$

$$P_3=P_2\,\overline{F_2},\ F_1=P_1+P_3$$

(3) 用代入规则将电路中添加的标注符号消除，可以得到最终的逻辑函数表达式为

$$F_1=ABC+(A+B+C)\cdot\overline{AB+BC+AC},$$

$$F_2=AB+BC+AC$$

(4) 化简逻辑函数为

$$F_1=ABC+A\overline{B}\overline{C}+\overline{A}B\overline{C}+\overline{A}\overline{B}C=A\oplus B\oplus C,$$

$$F_2=AB+BC+AC$$

(5) 列出逻辑函数的真值表，如表 5-9 所示。

表 5-9　例 5-16 的真值表

A	B	C	F_2	F_1	备　注
0	0	0	0	0	0个1输入
0	0	1	0	1	1个1输入
0	1	0	0	1	1个1输入
0	1	1	1	0	2个1输入
1	0	0	0	1	1个1输入
1	0	1	1	0	2个1输入
1	1	0	1	0	2个1输入
1	1	1	1	1	3个1输入

(6) 分析逻辑功能。把变量 A、B 和 C 分别看成 1 位二进制数，3 个 1 位二进制数相加的结果可能为 0、1、2 或 3，显然结果需要用 2 位二进制数表示，分别为 00、01、10 或 11。把真值表中的 F_2 作为结果二进制形式的高位，F_1 为低位，则该电路的功能是完成 3 个二进制位的相加运算。多位二进制数的加法运算，任何一个位的相加，实际上是加数、被加数和低位的进位相加。如果把变量 A 作为加数，B 作为被加数，C 作为低位运算产生的进位，则该电路可以完成 1 位二进制数的加法运算，称为全加器(Full Adder)。多个全加器串接可以完成多位二进制数的加法运算。

5.3.3　组合逻辑电路的设计

三人弃权表决器

组合逻辑电路的设计过程与其分析过程相反，它根据给定逻辑要求的文字描述或者对某一逻辑功能的逻辑函数描述，在特定条件下，找出用最少的逻辑门来实现给定逻辑功能的方案，并画出逻辑电路图。

1. 设计步骤

组合逻辑电路的设计就是根据实际逻辑问题，求出实现所需逻辑功能的最简逻辑电路。用小规模逻辑门电路设计组合逻辑电路的一般步骤如下：

(1) 逻辑抽象(Logic Abstract)。分析设计题目要求，确定输入变量和输出逻辑函数的数目及其关系。许多设计要求往往没有直接给出明显的逻辑关系，因此要求设计者对所设计的逻辑问题有一个全面的理解，对每一种可能的情况都能做出正确的判断，有时还需要给予逻辑定义。如开关的状态用逻辑描述时，可以定义“开(ON)”为逻辑 1，“关(OFF)”为逻辑 0。

(2) 根据设计要求和定义的逻辑状态，列出真值表。

(3) 由真值表写出逻辑函数表达式，并用公式法或表格法化简，或者直接用卡诺图化简后，写出最简逻辑函数表达式。

(4) 根据要求使用的门电路类型，将逻辑函数转换为与之相对应的形式。

(5) 根据逻辑函数表达式画出逻辑电路图。

在组合逻辑电路的设计中，逻辑抽象是关键，需要仔细分析各种逻辑关系和因果关系，必须包括所有情况，不能遗漏。

2. 设计举例

【例 5-17】 设计一个组合逻辑电路，其输入为 4 位二进制数。当输入的数据能被 4 或 5 整除时，电路有指示。试分别用与非门和或非门实现。

解 (1) 题目的逻辑关系比较明显。输入的 4 位二进制数分别用 A、B、C、D 表示，并且 A 为最高位，D 为最低位。电路状态指示用 F 表示，输入数据能被 4 或 5 整除时，F 为 1，否则为 0。

(2) 根据题目的要求和上述的状态约定，可以列出如表 5-10 所示的真值表。

表 5-10 例 5-17 的真值表

输入				输出
A	B	C	D	F
0	0	0	0	1
0	0	0	1	0
0	0	1	0	0
0	0	1	1	0
0	1	0	0	1
0	1	0	1	1
0	1	1	0	0
0	1	1	1	0
1	0	0	0	1
1	0	0	1	0
1	0	1	0	1
1	0	1	1	0
1	1	0	0	1
1	1	0	1	0
1	1	1	0	0
1	1	1	1	1

(3) 逻辑函数的卡诺图如图 5-37 所示。

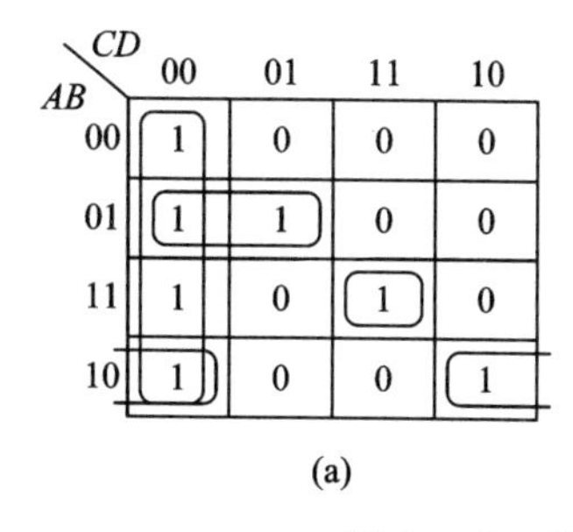

(a)

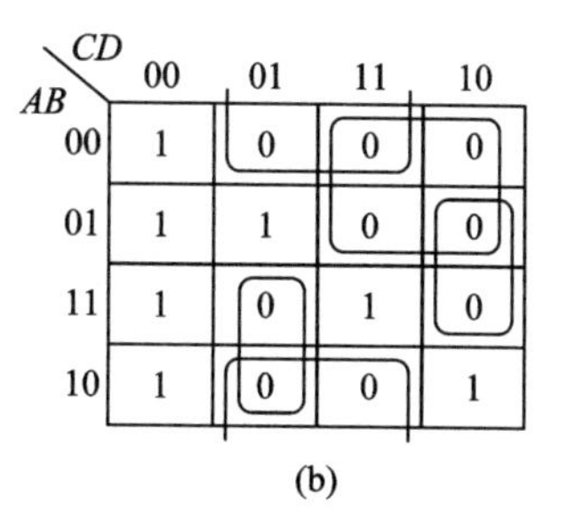

(b)

图 5-37 例 5-17 的卡诺图

用与非门实现，就需要写出逻辑函数的与或表达式。按照最小项进行化简，按图 5-37

(a)所示进行圈组，可以得到最简与或逻辑函数表达式为

$$F_1=\overline{C}\overline{D}+\overline{A}B\overline{C}+A\overline{B}\overline{D}+ABCD$$

用或非门实现，就需要写出逻辑函数的或与表达式。按照最大项进行化简，按图 5－37(b)所示进行圈组，可以得到最简或与逻辑函数表达式为

$$F_2=(A+\overline{C})(B+\overline{D})(\overline{A}+C+\overline{D})(\overline{B}+\overline{C}+D)$$

(4) 根据摩根定律对其进行变换，可得最简与非—与非、或非—或非逻辑函数表达式为

$$F_1=\overline{\overline{\overline{C}\overline{D}}\cdot\overline{\overline{A}B\overline{C}}\cdot\overline{A\overline{B}\overline{D}}\cdot\overline{ABCD}}$$

$$F_2=\overline{\overline{A+\overline{C}}+\overline{B+\overline{D}}+\overline{\overline{A}+C+\overline{D}}+\overline{\overline{B}+\overline{C}+D}}$$

(5) 仅用与非门、或非门实现的电路分别如图 5－38(a)、图 5－38(b)所示。

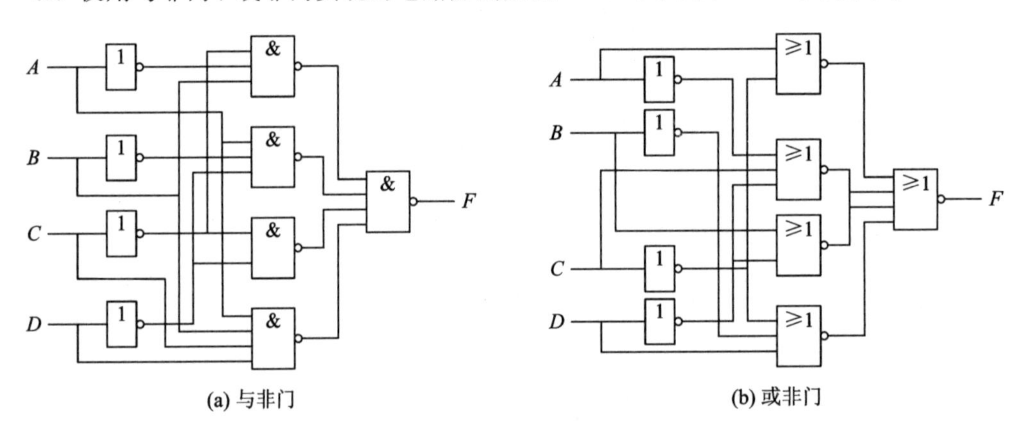

(a) 与非门　　(b) 或非门

图 5－38　例 5－17 的逻辑电路图

5.3.4　常用组合逻辑器件

常用组合逻辑器件包括编码器(Encoder)、译码器(Decoder)、数据选择器(Multiplexer)、数据分配器(Demultiplexer)、奇/偶校验电路(Parity Circuits)和算术运算电路(Arithmetic Logical Circuit)等。

1. 编码器

将一个数字、文字、人名或者信号用数字代码来表示的过程称为编码。能完成编码功能的电路或装置称为编码器(Encoder)。

n 位二进制数编码可以表示 2^n 种不同的情况。一般而言，m 个不同的信号，至少需要用 n 位二进制数进行编码，m 和 n 之间的关系为 $m\leqslant 2^n$。例如，0～9 这 10 个数字符号要用 4 位二进制编码表示，当然 4 位二进制数编码可以表示 $2^4=16$ 种不同的情况。

1) 普通编码器

现要对 8 个输入信号进行编码，如果在任何情况下，有且只有一个输入(如用高电平表示)，多个输入同时请求编码的情况是不可能也是不允许出现的，这时的编码比较简单，只需要将 8 个输入分别编码成 000、001、010、100、101、110、111 即可。这种编码器称为普通编码器。

普通编码器编码方案简单，也容易实现。但输入有约束，即在任何时刻只有一个输入要求编码，不允许两个或两个以上的输入信号同时有效，一旦出现多个输入同时有效的情况，编码器将产生错误的输出。

2）优先编码器

优先编码器(Priority Encoder)对全部编码输入信号规定了各不相同的优先等级，当多个输入信号同时有效时，它能够根据事先安排好的优先顺序，只对优先级最高的有效输入信号进行编码。

74LS148 是可以完成优先编码功能的 8—3 优先编码器。其电路结构和引脚排列如图 5-39 所示。表 5-11 描述了 74LS148 的输入与输出之间的关系。从表中可以看出，编码输入信号$\bar{I}_7 \sim \bar{I}_0$ 中均为低电平(0)有效，并且$\bar{I}_7$ 的优先级最高，$\bar{I}_6$ 次之，$\bar{I}_0$ 的优先级最低。编码

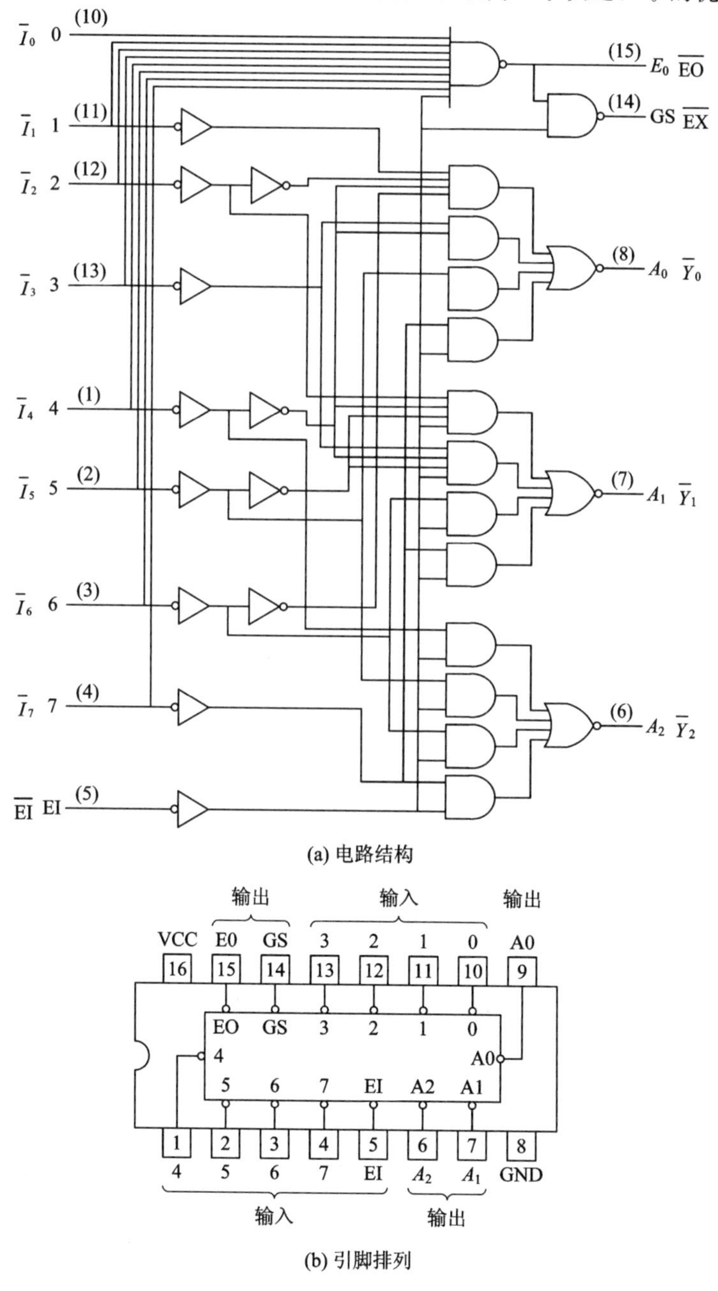

图 5-39　8—3 优先编码器 74LS148 电路结构和引脚排列

输出信号$\bar{Y}_2$、$\bar{Y}_1$、$\bar{Y}_0$ 则为二进制反码输出。如果要得到原码输出，则需要对输出码取反。当$\overline{\mathrm{EI}}=1$ 时，编码器不工作，编码器的输出$\bar{Y}_2$、$\bar{Y}_1$、$\bar{Y}_0$ 全为 1；当$\overline{\mathrm{EI}}=0$ 时，编码器按输入的优先级对优先权最高的一个有效输入信号进行编码。例如，当$\bar{I}_7$ 为 0 时，无论$\bar{I}_6\sim\bar{I}_0$ 为何值，电路总是对$\bar{I}_7$ 进行编码，其输出为“7”的二进制码“111”的反码“000”；当$\bar{I}_7$ 的输入信号为 1 而$\bar{I}_6$ 为 0 时，不管其他编码输入为何值，编码器只对$\bar{I}_6$ 进行编码，输出为“6”的二进制码“110”的反码“001”。其余类推。

表 5-11　8—3 优先编码器 74LS148 的功能表

输　入									输　出				
$\overline{\mathrm{EI}}$	$\bar{I}_7$	$\bar{I}_6$	$\bar{I}_5$	$\bar{I}_4$	$\bar{I}_3$	$\bar{I}_2$	$\bar{I}_1$	$\bar{I}_0$	$\bar{Y}_2$	$\bar{Y}_1$	$\bar{Y}_0$	$\overline{\mathrm{EX}}$	$\overline{\mathrm{EO}}$
(EI)	(7)	(6)	(5)	(4)	(3)	(2)	(1)	(0)	(A_2)	(A_1)	(A_0)	(GS)	(EO)
1	d	d	d	d	d	d	d	d	1	1	1	1	1
0	1	1	1	1	1	1	1	1	1	1	1	1	0
0	0	d	d	d	d	d	d	d	0	0	0	0	1
0	1	0	d	d	d	d	d	d	0	0	1	0	1
0	1	1	0	d	d	d	d	d	0	1	0	0	1
0	1	1	1	0	d	d	d	d	0	1	1	0	1
0	1	1	1	1	0	d	d	d	1	0	0	0	1
0	1	1	1	1	1	0	d	d	1	0	1	0	1
0	1	1	1	1	1	1	0	d	1	1	0	0	1
0	1	1	1	1	1	1	1	0	1	1	1	0	1

由表 5-11 可以直接写出输出逻辑函数的表达式为

$$\bar{Y}_2=\mathrm{EI}+\bar{I}_7\cdot\bar{I}_6\cdot\bar{I}_5\cdot\bar{I}_4$$

$$\bar{Y}_1=\mathrm{EI}+\bar{I}_7\cdot\bar{I}_6\cdot\overline{\bar{I}_5\cdot\bar{I}_4\cdot\bar{I}_3}\cdot\overline{\bar{I}_5\cdot\bar{I}_4\cdot\bar{I}_2}$$

$$\bar{Y}_0=\mathrm{EI}+\bar{I}_7\cdot\overline{\bar{I}_6\cdot\bar{I}_5}\cdot\overline{\bar{I}_6\cdot\bar{I}_4\cdot\bar{I}_3}\cdot\overline{\bar{I}_6\cdot\bar{I}_4\cdot\bar{I}_2\cdot\bar{I}_1}$$

另外，从电路图还可以写出扩展输出端$\overline{\mathrm{EX}}$和使能输出端$\overline{\mathrm{EO}}$的逻辑函数表达式分别为

$$\overline{\mathrm{EO}}=\overline{\mathrm{EI}}+\overline{\bar{I}_7\cdot\bar{I}_6\cdot\bar{I}_5\cdot\bar{I}_4\cdot\bar{I}_3\cdot\bar{I}_2\cdot\bar{I}_1\cdot\bar{I}_0}$$

$$\overline{\mathrm{EX}}=\overline{\mathrm{EI}}+\overline{\overline{\mathrm{EO}}}$$

此外，从表 5-11 中还可以看出，扩展输出端(片优先编码输出端)$\overline{\mathrm{EX}}$为 0 表示编码器工作且有有效的编码信号输入，$\overline{\mathrm{EX}}$为 1 表示编码器被禁止或者没有有效的编码信号输入。如果允许编码器工作而又没有有效的输入编码信号，则使能输出端为有效的低电平。

有三种情况使得编码器输出$\bar{Y}_2$、$\bar{Y}_1$、$\bar{Y}_0$ 均为 1：

(1) 当$\overline{\mathrm{EI}}=1$ 时，编码器不工作，此时$\overline{\mathrm{EO}}$和$\overline{\mathrm{EX}}$输出都为 1；

(2) 当$\overline{\mathrm{EI}}=0$ 时，编码器工作，但无输入信号要求编码，此时$\overline{\mathrm{EO}}=0$，$\overline{\mathrm{EX}}=1$；

(3) 当$\overline{\mathrm{EI}}=0$ 时，编码器工作，且编码器输入信号中只有$\bar{I}_0$ 有效，编码器对$\bar{I}_0$ 进行编码，此时$\overline{\mathrm{EO}}=0$，$\overline{\mathrm{EX}}=1$。

利用编码器的扩展输出端和使能输出端的这些特点，可以方便地实现编码器的扩展。与

74LS148 功能类似的芯片还有 74LS248、74LS348 等。

3）BCD 码编码器

BCD 码是用二进制编码表示的十进制数码，每组编码表示的是 1 位十进制数，当有多位十进制数时，用多组编码表示就可以了，因此不存在功能扩展问题，没必要像二进制优先编码器那样设置功能扩展端。BCD 编码器也称为 10—4 编码器，图 5 - 40 为 BCD 编码器 74LS147 的电路结构和引脚排列。BCD 编码器的输入端有$\overline{D}_1$、$\overline{D}_2$……$\overline{D}_9$ 共 9 个，而编码输出端为$\overline{Y}_3$、$\overline{Y}_2$、$\overline{Y}_1$ 和$\overline{Y}_0$。需要注意的是，$\overline{D}_0$ 输入没用，即当$\overline{D}_1$～$\overline{D}_9$ 输入都无效时，默认$\overline{D}_0$为输入。所有输入、输出都是低电平有效。

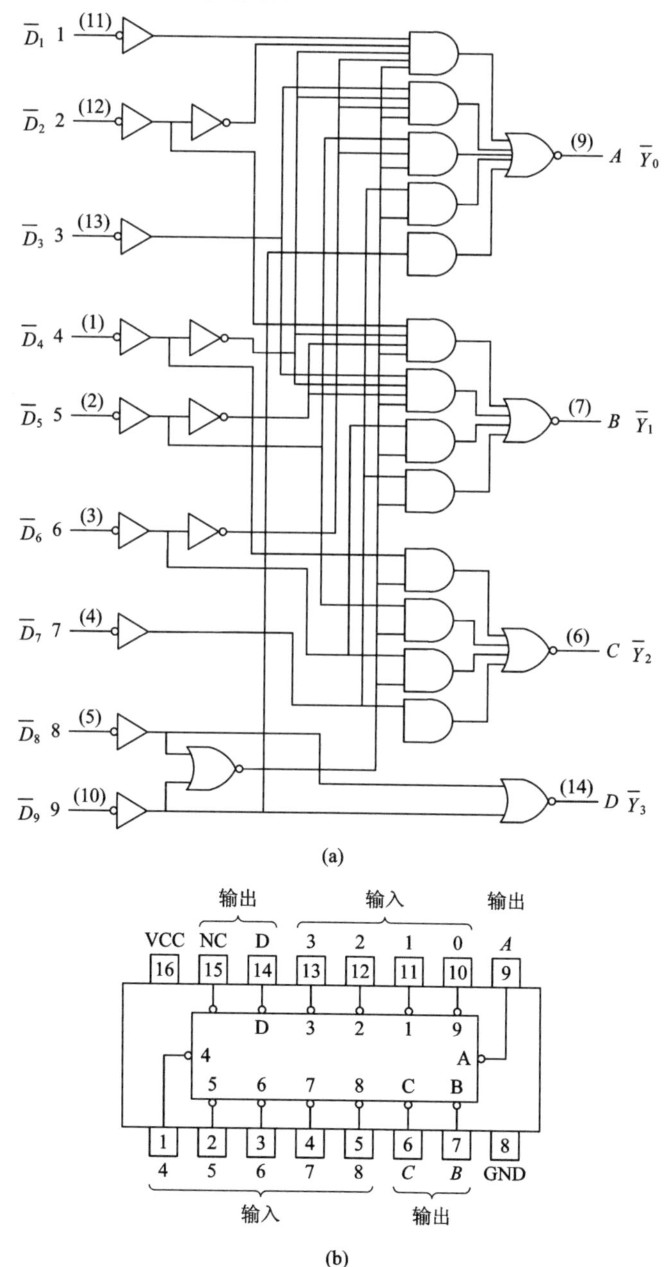

图 5 - 40　BCD 编码器 74LS147 的电路结构和引脚排列

表 5-12 所列为 BCD 编码器 74LS147 的功能表，可以直接写出输出逻辑函数的表达式为

$$\overline{Y}_0=\overline{D}_9\cdot\overline{\overline{D}_9\cdot\overline{D}_8\cdot\overline{D}_7}\cdot\overline{\overline{D}_9\cdot\overline{D}_8\cdot\overline{D}_6\cdot\overline{D}_5}\cdot\overline{\overline{D}_9\cdot\overline{D}_8\cdot\overline{D}_6\cdot\overline{D}_4\cdot\overline{D}_3}\cdot\overline{\overline{D}_9\cdot\overline{D}_8\cdot\overline{D}_6\cdot\overline{D}_4\cdot\overline{D}_2\cdot\overline{D}_1}$$

$$\overline{Y}_1=\overline{\overline{D}_9\cdot\overline{D}_8\cdot\overline{D}_7}\cdot\overline{\overline{D}_9\cdot\overline{D}_8\cdot\overline{D}_6}\cdot\overline{\overline{D}_9\cdot\overline{D}_8\cdot\overline{D}_5\cdot\overline{D}_4\cdot\overline{D}_3}\cdot\overline{\overline{D}_9\cdot\overline{D}_8\cdot\overline{D}_5\cdot\overline{D}_4\cdot\overline{D}_2}$$

$$\overline{Y}_2=\overline{\overline{D}_9\cdot\overline{D}_8\cdot\overline{D}_7}\cdot\overline{\overline{D}_9\cdot\overline{D}_8\cdot\overline{D}_6}\cdot\overline{\overline{D}_9\cdot\overline{D}_8\cdot\overline{D}_5}\cdot\overline{\overline{D}_9\cdot\overline{D}_8\cdot\overline{D}_4}$$

$$\overline{Y}_3=\overline{D}_9\cdot\overline{D}_8$$

表 5-12 BCD 编码器 74LS147 的功能表

输入									输出			
$\overline{D}_9$	$\overline{D}_8$	$\overline{D}_7$	$\overline{D}_6$	$\overline{D}_5$	$\overline{D}_4$	$\overline{D}_3$	$\overline{D}_2$	$\overline{D}_1$	$\overline{Y}_3$	$\overline{Y}_2$	$\overline{Y}_1$	$\overline{Y}_0$
0	*d*	*d*	*d*	*d*	*d*	*d*	*d*	1	0	1	1	0
1	*d*	*d*	*d*	*d*	*d*	*d*	*d*	1	0	1	1	1
1	*d*	0	*d*	*d*	*d*	*d*	*d*	1	1	0	0	0
1	*d*	1	0	*d*	*d*	*d*	*d*	1	1	0	0	1
1	*d*	1	1	0	*d*	*d*	*d*	1	1	0	1	0
1	*d*	1	1	1	0	*d*	*d*	1	1	0	1	1
1	*d*	1	1	1	1	0	*d*	1	1	1	0	0
1	1	1	1	1	1	1	0	1	1	1	0	1
1	1	1	1	1	1	1	1	0	1	1	1	0
1	1	1	1	1	1	1	1	1	1	1	1	1

4）编码器的应用

【例 5-18】 以 8—3 优先编码器 74LS148 为主要器件设计一个 16—4 优先编码器。

解 16—4 优先编码器有 16 个输入信号、4 个经过编码的输出信号。单个编码器 74LS148 的输入信号引脚数为 8 个，因此需要使用两片 74LS148 芯片。

通过前面讨论优先编码器 74LS148 可知，$\overline{EI}=1$ 时，编码器不工作，此时$\overline{EX}$和$\overline{EO}$输出都为 1；$\overline{EI}=0$ 时，编码器工作，若无有效的输入信号，即无编码要求时，$\overline{EX}=1$，$\overline{EO}=0$。因此，高位编码器 74LS148-H 的输出$\overline{EO}$与低位编码器 74LS148-L 的编码使能端$\overline{EI}$相连，控制低位编码器的工作。高位编码器的编码使能端$\overline{EI}$作为扩展编码器的总体使能端，低位编码器的输出$\overline{EO}$作为扩展编码器的$\overline{EO}$，即：当高位编码器禁止编码时，低位编码器被禁止编码；当高位编码器允许编码且有输入信号要求编码时，低位编码器也被禁止编码；当高位编码器允许编码却没有输入信号要求编码时，则允许低位编码器对输入的信号进行编码。

通过上述连接，两个编码器芯片不可能同时编码输出。从编码器的功能表可知，当不允许编码或允许编码但没有输入信号要求编码时，编码器的输出均为高电平，因此把两个编码器芯片的编码输出端分别对应相“与”，并作为整个编码器的编码输出低 3 位$\overline{Z}_2$、$\overline{Z}_1$ 和$\overline{Z}_0$。

由编码器的功能表还可以看出，当允许编码且有输入信号进行编码时，$\overline{\mathrm{EX}}$为低电平，而允许编码却没有输入信号要求编码时，$\overline{\mathrm{EX}}$为高电平，因此把$\overline{\mathrm{EX}}$作为编码器的最高位编码输出$\overline{Z}_3$。

当不允许编码或允许编码但没有输入信号要求编码时，$\overline{\mathrm{EX}}$为高电平，因此把两个编码器的$\overline{\mathrm{EX}}$相“与”后，作为整个编码器的扩展输出端$\overline{\mathrm{EX}}$。

因此，以两片 74LS148 编码器为主要器件，再添加 4 个“与”门，就可以设计出串行 16—4 优先编码器，如图 5－41 所示。

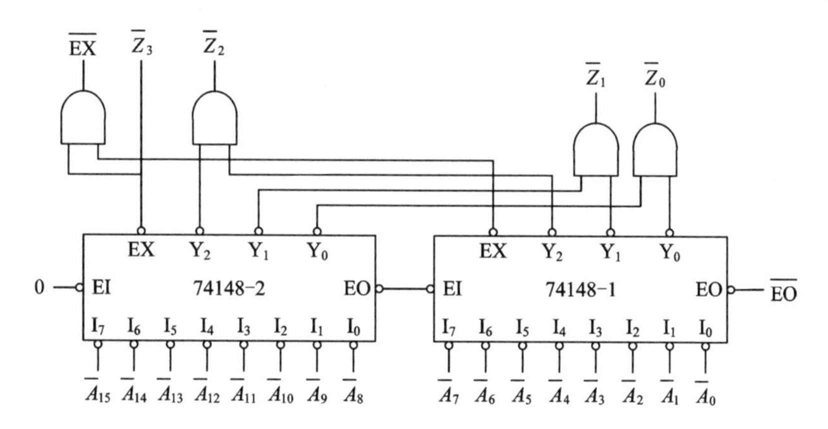

图 5－41　串行 16—4 优先编码器

2. 译码器

译码是编码的逆过程，是将数字代码翻译成它原来所代表的文字、数字或信息等的过程。能完成译码功能的电路或装置，称为译码器(Decoder)。数字译码器主要有二进制译码器、BCD 码译码器和显示译码器等。假设译码器有 n 个输入端，m 个译码输出端，如果 $m=2^n$，则称为全译码器，如果 $m<2^n$，则称为部分译码器。

1）二进制译码器

二进制译码器(Binary Decoder)的输入是一组二进制代码，输出则是与输入代码一一对应的高、低电平信号，如 2—4 译码器 74LS139、3—8 译码器 74LS138、4—16 译码器 74LS154 等。

3—8 译码器的输入是 3 位二进制代码，分别用 A_2、A_1 和 A_0 来表示，有 8 种状态组合 000、001、010……111，分别译码成$\overline{Y}_0$、$\overline{Y}_1$、$\overline{Y}_2$……$\overline{Y}_7$ 共 8 个输出。3—8 译码器 74LS138 的电路结构和逻辑符号如图 5－42 所示，E_1、$\overline{E}_2$ 和$\overline{E}_3$ 为使能控制信号。只有当这 3 个信号都有效时，才会有有效的译码输出；否则，不论输入的二进制代码值如何，所有的译码输出都为无效的高电平。

表 5－13 为 3—8 译码器 74LS138 的真值表。从译码器的真值表可以看出，74LS138 译码器的输出为低电平有效，当使能控制信号 $E_1=1$，$\overline{E}_2=0$，$\overline{E}_3=0$ 时，译码器才能工作，此时，每个译码器的输出$\overline{Y}_i$ 为译码器输入变量 A_2、A_1、A_0的一个最大项 M_i(或最小项 m_i的“非”)。

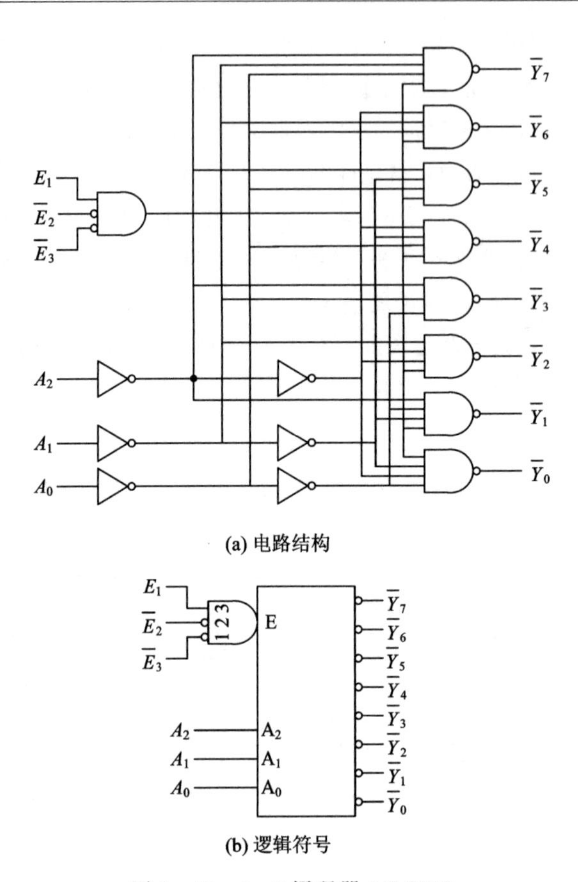

图 5-42　3—8 译码器 74LS138

表 5-13　3—8 译码器 74LS138 的真值表

输入						输出							
E_1	$\overline{E}_2$	$\overline{E}_3$	A_2	A_1	A_0	$\overline{Y}_0$	$\overline{Y}_1$	$\overline{Y}_2$	$\overline{Y}_3$	$\overline{Y}_4$	$\overline{Y}_5$	$\overline{Y}_6$	$\overline{Y}_7$
0	*d*	*d*	*d*	*d*	*d*	1	1	1	1	1	1	1	1
d	1	*d*	*d*	*d*	*d*	1	1	1	1	1	1	1	1
d	*d*	1	*d*	*d*	*d*	1	1	1	1	1	1	1	1
1	0	0	0	0	0	0	1	1	1	1	1	1	1
1	0	0	0	0	1	1	0	1	1	1	1	1	1
1	0	0	0	1	0	1	1	0	1	1	1	1	1
1	0	0	0	1	1	1	1	1	0	1	1	1	1
1	0	0	1	0	0	1	1	1	1	0	1	1	1
1	0	0	1	0	1	1	1	1	1	1	0	1	1
1	0	0	1	1	0	1	1	1	1	1	1	0	1
1	0	0	1	1	1	1	1	1	1	1	1	1	0

由表 5-13 可得出：

$$\overline{Y}_0=\overline{E_1 \cdot \overline{\overline{E}}_2 \cdot \overline{\overline{E}}_2 \cdot \overline{A}_2 \cdot \overline{A}_1 \cdot \overline{A}_0}$$

$$\overline{Y}_1=\overline{E_1 \cdot \overline{\overline{E}}_2 \cdot \overline{\overline{E}}_2 \cdot \overline{A}_2 \cdot \overline{A}_1 \cdot A_0}$$

$$\overline{Y}_2=\overline{E_1\cdot\overline{\overline{E}}_2\cdot\overline{\overline{E}}_2\cdot\overline{A}_2\cdot A_1\cdot\overline{A}_0}$$

$$\overline{Y}_3=\overline{E_1\cdot\overline{\overline{E}}_2\cdot\overline{\overline{E}}_2\cdot\overline{A}_2\cdot A_1\cdot A_0}$$

$$\overline{Y}_4=\overline{E_1\cdot\overline{\overline{E}}_2\cdot\overline{\overline{E}}_2\cdot A_2\cdot\overline{A}_1\cdot\overline{A}_0}$$

$$\overline{Y}_5=\overline{E_1\cdot\overline{\overline{E}}_2\cdot\overline{\overline{E}}_2\cdot A_2\cdot\overline{A}_1\cdot A_0}$$

$$\overline{Y}_6=\overline{E_1\cdot\overline{\overline{E}}_2\cdot\overline{\overline{E}}_2\cdot A_2\cdot A_1\cdot\overline{A}_0}$$

$$\overline{Y}_7=\overline{E_1\cdot\overline{\overline{E}}_2\cdot\overline{\overline{E}}_2\cdot A_2\cdot A_1\cdot A_0}$$

【例 5-19】　用 3—8 译码器 74LS138 和逻辑门实现逻辑函数 $F(A, B, C)=\sum m(0, 1, 3, 5, 7)$。

解　根据前面对 3—8 译码器 74LS138 的分析可知，译码器的低电平输出实际上是三变量逻辑函数的最大项发生器，或是高电平输出时的三变量逻辑函数的最小项发生器。该逻辑函数可以表示为

$$\begin{aligned}F(A, B, C) &= \sum m(0, 1, 3, 5, 7) = m_0+m_1+m_3+m_5+m_7\\&=\overline{\overline{m_0+m_1+m_3+m_5+m_7}}\\&=\overline{\overline{m}_0\cdot\overline{m}_1\cdot\overline{m}_3\cdot\overline{m}_5\cdot\overline{m}_7}\end{aligned}$$

$$F(A, B, C)=\overline{\overline{Y}_0\cdot\overline{Y}_1\cdot\overline{Y}_3\cdot\overline{Y}_5\cdot\overline{Y}_7}$$

或

$$F(A, B, C)=\prod{}_M(2, 4, 6)=M_2\cdot M_4\cdot M_6=\overline{m}_2\cdot\overline{m}_4\cdot\overline{m}_6$$

$$F(A, B, C)=\overline{Y}_2\cdot\overline{Y}_4\cdot\overline{Y}_6$$

因此，该逻辑函数可以用 3—8 译码器 74LS138 及一个五输入的“与非门”实现，如图 5-44(a)所示；也可用 3—8 译码器 74LS138 及一个三输入的“与门”实现，如图 5-43(b)所示。

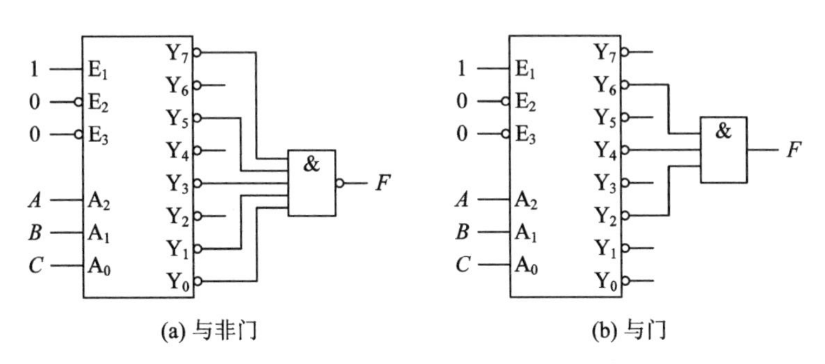

图 5-43　例 5-19 用 3—8 译码器 74LS138 实现逻辑函数的电路

2) BCD 码译码器

BCD 码译码器(BCD Decoder)又称为 4—10 译码器，是将输入的 4 位 BCD 代码译成 10 个高低电平输出的信号，分别代表十进制数 0、1、2、…、9。4 线输入共有 16 种状态组合，但 1010、1011、…、1111 六种状态是不会出现的，所以这六种状态称为约束项，或称为伪码。即使出现伪码，输出均为无效的高电平，也就是说，这种电路具有抗伪码功能。

BCD 码译码器 74LS42 的电路结构和逻辑符号如图 5-44 所示。A_3、A_2、A_1 和 A_0 为 BCD

码的输入端，$\overline{Y}_0$、$\overline{Y}_1$、$\overline{Y}_2$……$\overline{Y}_9$ 共 10 个输出端，为低电平有效。

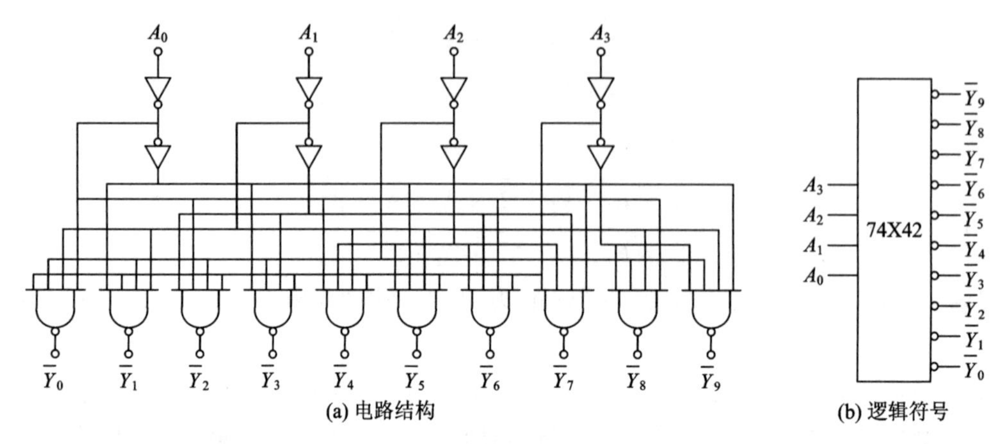

(a) 电路结构　　(b) 逻辑符号

图 5-44　BCD 码译码器 74LS42

表 5-14 为 BCD 码译码器的功能表。从此功能表可以看出，每个译码输出都是一个最大项。

表 5-14　BCD 码译码器的功能表

序号	输入				输出									
	A_3	A_2	A_1	A_0	$\overline{Y}_0$	$\overline{Y}_1$	$\overline{Y}_2$	$\overline{Y}_3$	$\overline{Y}_4$	$\overline{Y}_5$	$\overline{Y}_6$	$\overline{Y}_7$	$\overline{Y}_8$	$\overline{Y}_9$
0	0	0	0	0	0	1	1	1	1	1	1	1	1	1
1	0	0	0	1	1	0	1	1	1	1	1	1	1	1
2	0	0	1	0	1	1	0	1	1	1	1	1	1	1
3	0	0	1	1	1	1	1	0	1	1	1	1	1	1
4	0	1	0	0	1	1	1	1	0	1	1	1	1	1
5	0	1	0	1	1	1	1	1	1	0	1	1	1	1
6	0	1	1	0	1	1	1	1	1	1	0	1	1	1
7	0	1	1	1	1	1	1	1	1	1	1	0	1	1
8	1	0	0	0	1	1	1	1	1	1	1	1	0	1
9	1	0	0	1	1	1	1	1	1	1	1	1	1	0
伪码	1	0	1	0	1	1	1	1	1	1	1	1	1	1
	1	0	1	1	1	1	1	1	1	1	1	1	1	1
	1	1	0	0	1	1	1	1	1	1	1	1	1	1
	1	1	0	1	1	1	1	1	1	1	1	1	1	1
	1	1	1	0	1	1	1	1	1	1	1	1	1	1
	1	1	1	1	1	1	1	1	1	1	1	1	1	1

3）显示译码器

在数字系统中，常常需要将数字、符号甚至文字的二进制代码翻译成人们习惯的形式并直观地显示出来，供人们读取以监视系统的工作情况。能够完成这种功能的译码器就称为显示译码器(Display Decoder)。

(1) 七段显示数码管原理。七段显示数码管有辉光数码管、荧光数码管、半导体数码管(Light Emitting Diode，LED)和液晶数码管(Liquid Crystal Display，LCD)等，现在最常用的是半导体数码管和液晶数码管。

半导体数码管是由多个发光二极管按一定方式连接、排列并封装在一起的，每个发光二极管是由磷化镓、砷化镓或磷砷化镓等材料构成的 PN 结。当 PN 结外加正向电压时，P 区多数载流子空穴向 N 区扩散，N 区多数载流子电子向 P 区扩散，当空穴和电子复合时会释放能量，并放出一定波长的光。单个 PN 结做成的发光二极管可以作为指示灯。

液晶显示器是平板薄型显示器件，液晶是一种介于晶体和液体之间的有机化合物，常温下既有液体的流动性和连续性，又有晶体的某些光学特性。液晶显示器本身并不发光，在黑暗中不能显示任何符号和图形，而是依靠外界电场的作用使液晶不同部位对外界光线的透射和反射率不同而显示出字形。液晶显示器的驱动电压低、工作电流小，与 CMOS 电路组合起来可以构成微功耗系统。

按连接方式不同，数码管分为共阴极和共阳极两种。所谓共阴极，是指数码管的所有发光二极管的阴极连接在一起，而阳极分别由不同的信号驱动，并分别标识为 a、b、c、d、e、f、g、dp。显然，当公共极 com 为低电平而阳极为高电平时，相应发光二极管亮，如果阳极为低电平，则相应发光二极管不亮；而当公共极 com 为高电平时，不管阳极为何种电平，所有发光二极管都不亮。所谓共阳极，是指数码管的所有发光二极管的阳极连接在一起，而阴极分别由不同的信号驱动，并分别标识为 a、b、c、d、e、f、g、dp。显然，当公共极 com 为高电平而阴极为低电平时，相应发光二极管亮，如果阴极为高电平，则相应发光二极管不亮；而当公共极 com 为低电平时，所有发光二极管都不亮，如图 5-45 所示。

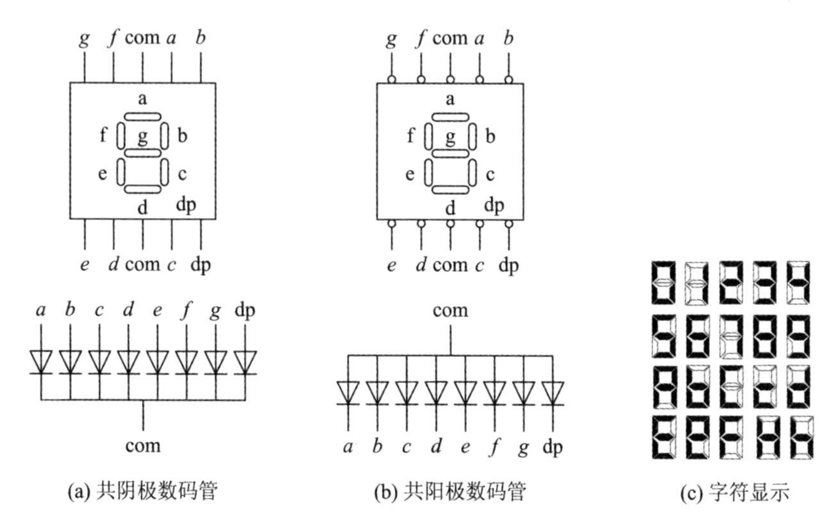

图 5-45 七段数码管结构

(2) 七段显示译码器及其显示驱动电路。七段显示译码器 74LS48 的电路结构和逻辑符号如图 5-46 所示。图中，A_3、A_2、A_1和 A_0为显示译码器的输入端，通常为二进制码。a～g为译码器的译码输出端。$\overline{BI}/\overline{RBO}$为译码器的灭灯输入/灭零输出端，$\overline{RBI}$为译码器的灭零输入端，$\overline{LT}$为译码器的试灯输入端。

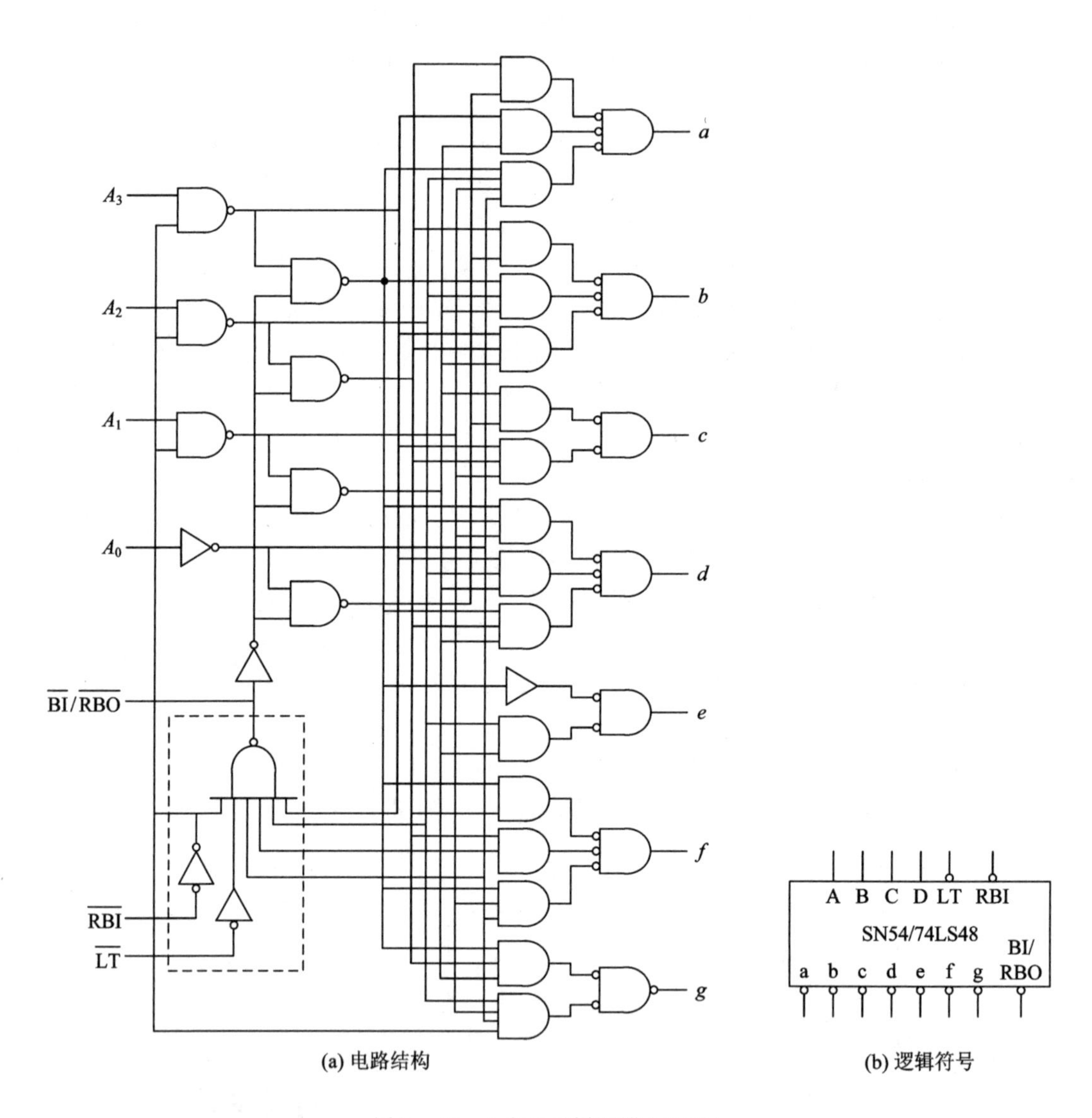

(a) 电路结构　　(b) 逻辑符号

图 5-46　七段显示译码器 74LS48

表 5-15 为七段显示译码驱动器 74LS48 的功能表。从此功能表可见，只要试灯输入信号$\overline{LT}$和灭灯输入信号$\overline{BI}/\overline{RBO}$均为高电平($\overline{BI}/\overline{RBO}$也可悬空)，就可以对译码输入十进制数 1～15 的二进制码(0000～1111)进行译码，产生显示 1～15 所需的七段显示码(10～15 显示的是特殊符号)。如果$\overline{LT}$、$\overline{RBI}$、$\overline{BI}/\overline{RBO}$均为高电平输入，则译码器可以对输入 0 的二进制码 0000 进行译码，并产生显示 0 所需的七段显示码。

表 5-15　七段显示译码驱动器 74LS48 的功能表

功能	输　入						输入/输出	输　出							显示字形
	$\overline{LT}$	$\overline{RBI}$	A_3	A_2	A_1	A_0	$\overline{BI}/\overline{RBO}$	a	b	c	d	e	f	g	
0	1	1	0	0	0	0	1	1	1	1	1	1	1	0	
1	1	×	0	0	0	1	1	0	1	1	0	0	0	0	
2	1	×	0	0	1	0	1	1	1	0	1	1	0	1	
3	1	×	0	0	1	1	1	1	1	1	1	0	0	1	
4	1	×	0	1	0	0	1	0	1	1	0	0	1	1	
5	1	×	0	1	0	1	1	1	0	1	1	0	1	1	
6	1	×	0	1	1	0	1	0	0	1	1	1	1	1	
7	1	×	0	1	1	1	1	1	1	1	0	0	0	0	
8	1	×	1	0	0	0	1	1	1	1	1	1	1	1	
9	1	×	1	0	0	1	1	1	1	1	0	0	1	1	
10	1	×	1	0	1	0	1	0	0	0	1	1	0	1	
11	1	×	1	0	1	1	1	0	0	1	1	0	0	1	
12	1	×	1	1	0	0	1	0	1	0	0	0	1	1	
13	1	×	1	1	0	1	1	1	0	0	1	0	1	1	
14	1	×	1	1	1	0	1	0	0	0	1	1	1	1	
15	1	×	1	1	1	1	1	0	0	0	0	0	0	0	
灭灯	×	×	×	×	×	×	0	0	0	0	0	0	0	0	
灭 0	1	0	0	0	0	0	出 0	0	0	0	0	0	0	0	
试灯	0	×	×	×	×	×	1	1	1	1	1	1	1	1	

假设各控制信号都有效，可以根据功能表列出译码输出与译码输入的卡诺图，如图 5-47所示。

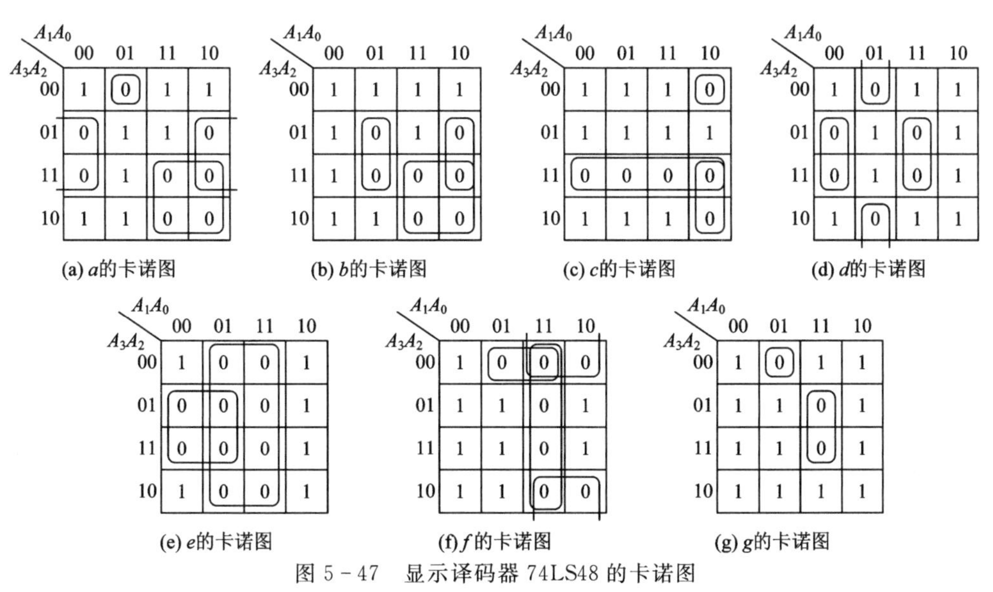

图 5-47　显示译码器 74LS48 的卡诺图

根据卡诺图可以得到正常译码输出时的各输出端与译码输入变量之间的逻辑函数表达式为

$$a=(\overline{A}_3+\overline{A}_1)(\overline{A}_2+A_0)(A_3+A_2+A_1+\overline{A}_0)$$
$$b=(\overline{A}_3+\overline{A}_1)(\overline{A}_2+A_1+\overline{A}_0)(\overline{A}_2+\overline{A}_1+A_0)$$
$$c=(A_3+A_2)(A_2+\overline{A}_1+A_0)$$
$$d=(A_2+A_1+\overline{A}_0)(\overline{A}_2+A_1+A_0)$$
$$e=\overline{A}_0(\overline{A}_2+A_1)$$
$$f=(\overline{A}_1+\overline{A}_0)(A_2+\overline{A}_1)(A_3+A_2+\overline{A}_0)$$
$$g=(\overline{A}_2+\overline{A}_1+\overline{A}_0)(A_3+A_2+A_1+\overline{A}_0)$$

从表5-15中可见，当$\overline{\text{BI}}/\overline{\text{RBO}}$输入为高电平而其他输入为低电平时，不论译码器输入值如何，译码输出a～g全部为高电平，数码管全部点亮。利用这一功能可以检测数码管的好坏，因此称$\overline{\text{LT}}$为试灯输入端。

当$\overline{\text{BI}}/\overline{\text{RBO}}$输入为低电平时，其他输入信号不管为何值，译码输出$a$～$g$全部为低电平，数码管全部熄灭，因此称$\overline{\text{BI}}/\overline{\text{RBO}}$为灭灯输入端。利用这一功能可以使数码管熄灭，降低系统的功耗。

当$\overline{\text{BI}}/\overline{\text{RBO}}$不作为输入端使用(即不外加输入信号)时，若$\overline{\text{LT}}$输入为高电平、$\overline{\text{RBI}}$输入为低电平且译码输入为0的二进制码0000，译码器输出a～g全部为低电平，数码管全部熄灭，不显示"0"字形，此时称$\overline{\text{RBI}}$为灭零输入。将$\overline{\text{RBI}}$、$\overline{\text{BI}}/\overline{\text{RBO}}$配合使用，可以实现多位十进制数码显示器整数前和小数后灭零控制。

另外，74LS247、74LS248、74LS249、4511、4513等也是七段数码管的显示译码驱动器，有些带有输出锁存，而有些还可以驱动小数点，所以有时又称这些为八段显示译码驱动器。

3. 数据选择器和数据分配器

数据选择器(Multiplexer)也称为多路开关，其功能是从多路输入数据中选择其中一路送到输出端。而数据分配器是将单路输入数据根据要求分配到不同的输出端。

1) 数据选择器

数据选择器根据地址选择码从多路输入数据中选择一路到数据输出端输出，常用的数据选择器有二选一(74LS157、74LS257)、四选一(74LS153、74LS253)、八选一(74LS151、74LS251)和十六选一(74LS150等)。

74LS153是双四选一数据选择器，其电路结构和逻辑符号如图5-48所示。A_1、A_0是两个四选一数据选择器的选择端(地址选择码)，$1D_0$～$1D_3$、Y_1和$1\ \overline{\text{EN}}$分别是一个四路数据输入端、输出端和使能端，$2D_0$～$2D_3$、Y_2和$2\ \overline{\text{EN}}$分别是另一个四路数据输入端、输出端和使能端。74LS153的功能表如表5-16所示。

表5-16 74LS153的功能表

$\overline{\text{EN}}$	A_1	A_0	Y
1	d	d	0
0	0	0	D_0
0	0	1	D_1
0	1	0	D_2
0	1	1	D_3

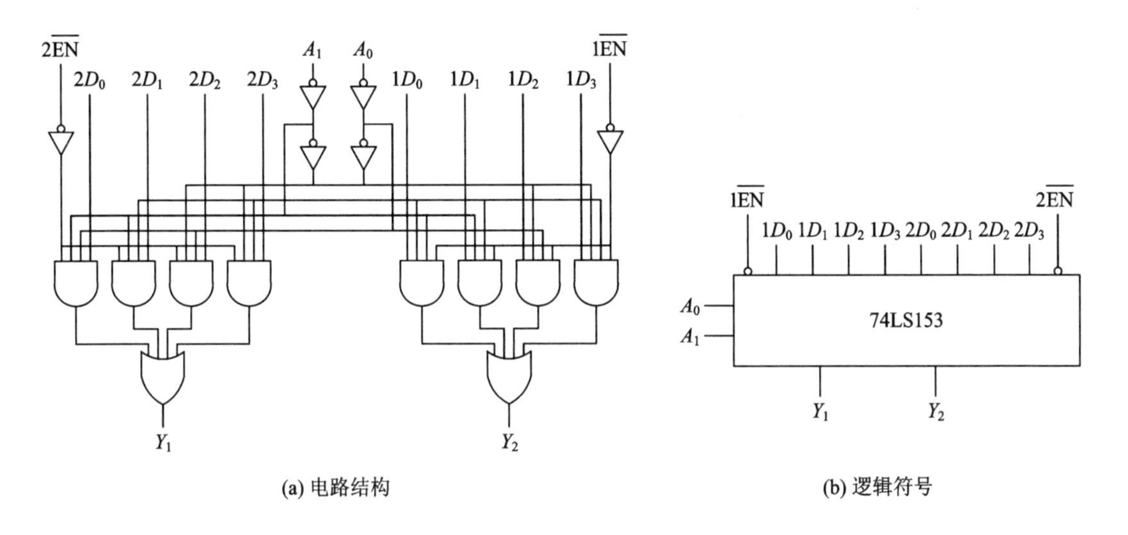

(a) 电路结构　　(b) 逻辑符号

图 5-48　双四选一数据选择器 74LS153

从表 5-16 所示的功能表可以得到数据选择器输出的逻辑函数表达式为

$$Y=\overline{\overline{EN}}\cdot(\overline{A}_1\cdot\overline{A}_0D_0+\overline{A}_1\cdot A_0D_1+A_1\cdot\overline{A}_0D_2+A_1A_0D_3)$$

八选一数据选择器 74LS151 的电路结构和逻辑符号如图 5-49 所示。其功能表如表 5-17所示。由该功能表也可以写出八选一数据选择器的逻辑函数表达式为

$$\begin{aligned}Y=\overline{\overline{EN}}\cdot(&\overline{A}_2\cdot\overline{A}_1\cdot\overline{A}_0\cdot D_0+\overline{A}_2\cdot\overline{A}_1\cdot A_0\cdot D_1+\overline{A}_2\cdot A_1\cdot A_0\cdot D_3+\\&A_2\cdot\overline{A}_1\cdot\overline{A}_0\cdot D_4+A_2\cdot\overline{A}_1\cdot A_0\cdot D_5+A_2\cdot A_1\cdot\overline{A}_0\cdot D_6+\\&A_2\cdot A_1\cdot A_0\cdot D_7)\end{aligned}$$

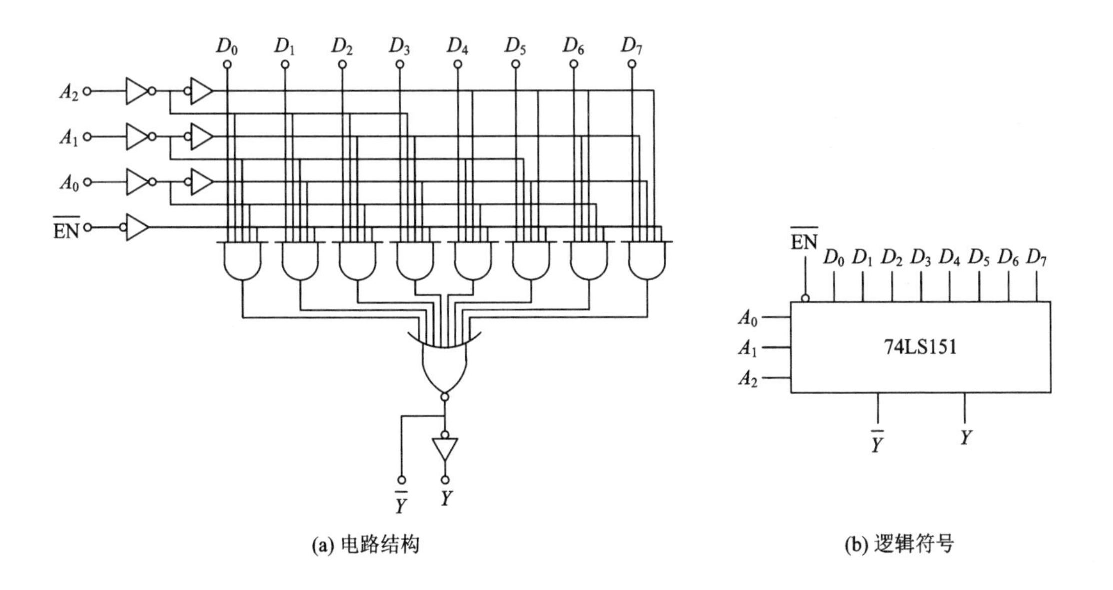

(a) 电路结构　　(b) 逻辑符号

图 5-49　八选一数据选择器 74LS151

表 5-17　74LS151 的功能表

$\overline{EN}$	A_2	A_1	A_0	Y
1	d	d	d	0
0	0	0	0	D_0
0	0	0	1	D_1
0	0	1	0	D_2
0	0	1	1	D_3
0	1	0	0	D_4
0	1	0	1	D_5
0	1	1	0	D_6
0	1	1	1	D_7

数据选择器的数据选择端提供了所有取值的组合情况，而数据端的输入信号可以为任意逻辑变量的输入、恒定的逻辑“0”或“1”输入，并且其逻辑函数表达式为“与或”式的形式，因此容易实现各种逻辑函数，进而可以实现各种组合逻辑电路的设计。

【例 5-20】 用数据选择器 74LS153 实现逻辑函数 $F(A, B, C)=AB+\overline{B}C$。

解 (1) 将待实现逻辑函数表示成数据选择器 74LS153 的输出逻辑函数表达式的形式，即

$$\begin{aligned}F(A, B, C)&=AB+\overline{B}C=AB+(A+\overline{A})BC\\&=AB+\overline{A}\overline{B}C+A\overline{B}C\\&=\overline{0}\cdot(\overline{A}\overline{B}C+\overline{A}B\cdot 0+A\overline{B}C+AB\cdot 1)\end{aligned}$$

(2) 将上式与 74LS153 数据选择器的输出逻辑函数表达式进行比较，可以发现，将待实现的逻辑函数的变量 A 输入到数据选择器的数据选择端 A_1，变量 B 输入到选择端 A_0，变量 C 输入到数据选择器的数据端 D_0 和 D_2，数据选择器的数据端 D_1 为恒定逻辑“0”，D_3 为恒定逻辑“1”，使能端 $\overline{EN}$ 为恒定逻辑“0”时，用 74LS153 就可以实现逻辑函数 $F(A, B, C)=AB+\overline{B}C$ 了。用 74LS153 实现逻辑函数的电路图如图 5-50 所示。

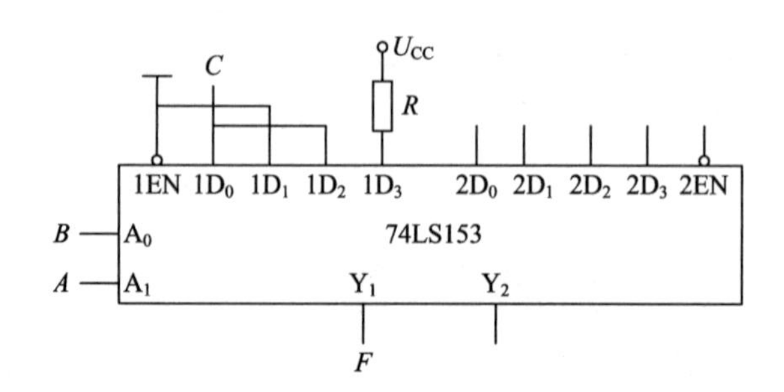

图 5-50　用 74LS153 实现逻辑函数的电路图

2) 数据分配器

数据分配器(Demultiplexer)是将一路输入数据根据地址选择码分配给多路数据输出中

的某一路输出。因此它实现的是时分多路传输电路中接收端电子开关的功能，所以又称为解复用器。四路数据分配器的电路结构和逻辑符号如图 5－51 所示，D 为数据输入端，$D_0 \sim D_3$ 为数据输出端，A_1、A_0 为地址选择输入端。数据分配器 74LS155 的功能表如表 5－18 所示，由此可以得到逻辑函数表达式。

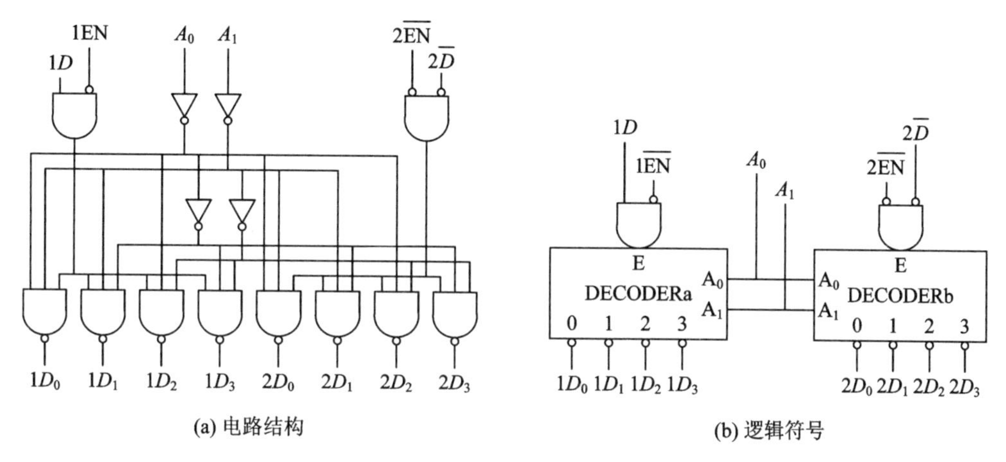

图 5－51　数据分配器 74LS155

表 5－18　数据分配器 74LS155 的功能表

A_2	A_1	D_0	D_1	D_2	D_3
0	0	D	0	0	0
0	1	0	D	0	0
1	0	0	0	D	0
1	1	0	0	0	D

4. 算术运算电路

算术运算电路(Arithmetic Operation Circuits)主要完成加法(Addition)、减法(Subtraction)、乘法(Multiplication)和除法(Division)等运算(Operation)和数据比较(Compare)等，因此有相应的加法器电路(Adder Circuit)、减法器电路(Subtracter Circuit)等。

1) 数值比较器

数值比较器(Magnitude Comparator)是对两个位数相同的二进制数进行数值比较并判定其大小关系的算术运算电路。如 74LS518、74LS520 和 74LS521 是比较两个 8 位二进制数是否相同的器件，器件输出两个 8 位二进制数是否相等的状态。而 74LS85、74LS688 分别是 4 位、8 位二进制数的比较器，有三种结果输出，分别是大于(Large)$Y_{A>B}$、等于(Equal)$Y_{A=B}$ 和小于(Little)$Y_{A<B}$。

图 5－52 为 4 位二进制比较器 74LS85 的电路结构。图 5－53 为其引脚排列图、逻辑符号和真值表。$I_{A>B}$、$I_{A=B}$ 和 $I_{A<B}$ 是级联输入端，是为了实现 4 位以上的数码进行比较时，低位比较结果的输入而设置的。$A_3A_2A_1A_0$ 和 $B_3B_2B_1B_0$ 分别是待比较的两个 4 位二进制数的输入端，其中 A_3、B_3 是最高位，A_0、B_0 是最低位。而 $O_{A>B}$、$O_{A=B}$ 和 $O_{A<B}$ 是三种不同比较结果的输出。

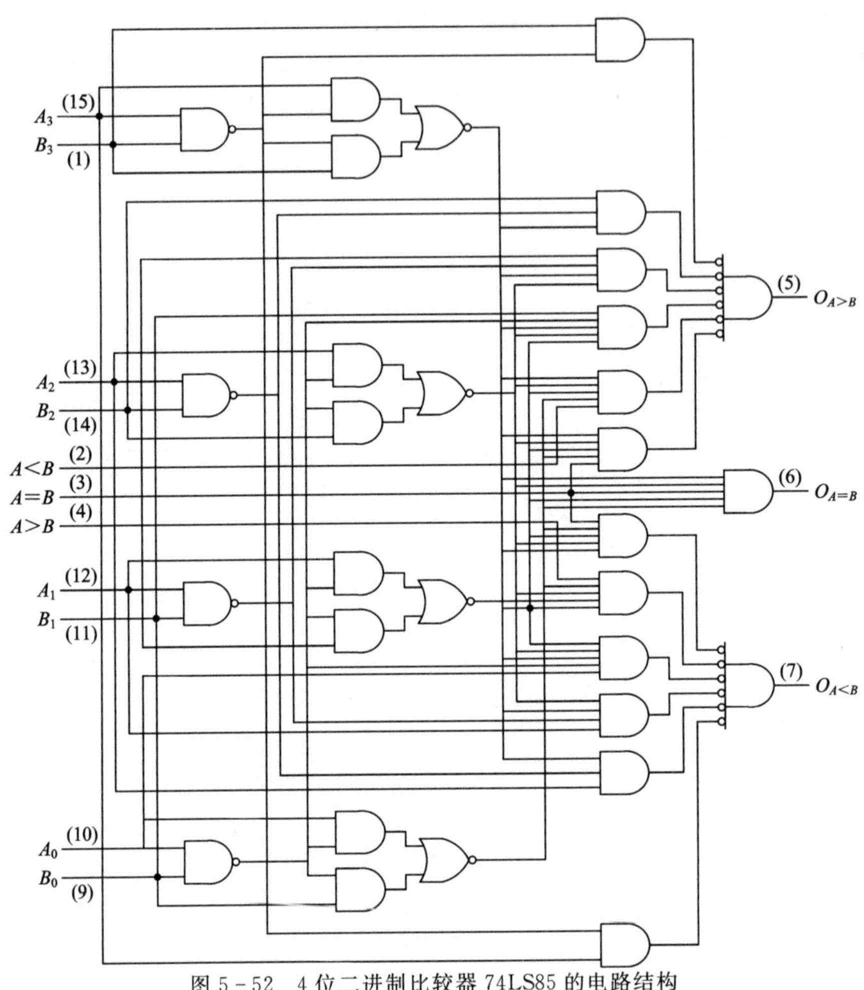

图 5-52　4 位二进制比较器 74LS85 的电路结构

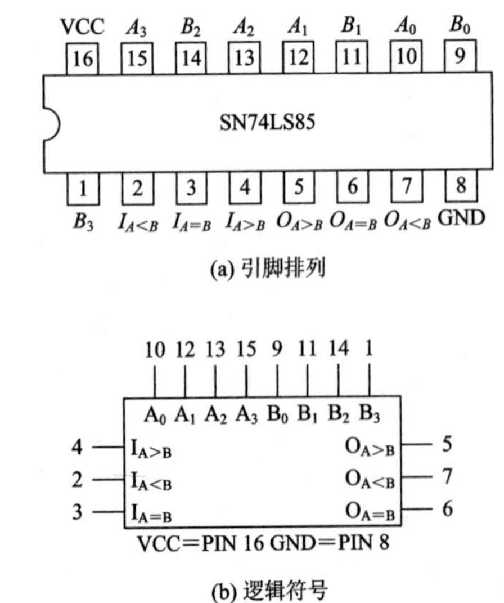

(a) 引脚排列

(b) 逻辑符号

比较输入				级联输入			输　出		
A_3, B_3	A_2, B_2	A_1, B_1	A_0, B_0	$I_{A>B}$	$I_{A<B}$	$I_{A=B}$	$O_{A>B}$	$O_{A<B}$	$O_{A=B}$
$A_3>B_3$	×	×	×	×	×	×	H	L	L
$A_3<B_3$	×	×	×	×	×	×	L	H	L
$A_3=B_3$	$A_2>B_2$	×	×	×	×	×	H	L	L
$A_3=B_3$	$A_2<B_2$	×	×	×	×	×	L	H	L
$A_3=B_3$	$A_2=B_2$	$A_1>B_1$	×	×	×	×	H	L	L
$A_3=B_3$	$A_2=B_2$	$A_1<B_1$	×	×	×	×	L	H	L
$A_3=B_3$	$A_2=B_2$	$A_1=B_1$	$A_0>B_0$	×	×	×	H	L	L
$A_3=B_3$	$A_2=B_2$	$A_1=B_1$	$A_0<B_0$	×	×	×	L	H	L
$A_3=B_3$	$A_2=B_2$	$A_1=B_1$	$A_0=B_0$	H	L	L	H	L	L
$A_3=B_3$	$A_2=B_2$	$A_1=B_1$	$A_0=B_0$	L	H	L	L	H	L
$A_3=B_3$	$A_2=B_2$	$A_1=B_1$	$A_0=B_0$	×	×	H	L	L	H
$A_3=B_3$	$A_2=B_2$	$A_1=B_1$	$A_0=B_0$	H	H	L	L	L	L
$A_3=B_3$	$A_2=B_2$	$A_1=B_1$	$A_0=B_0$	L	L	L	H	H	L

注：H代表高电平，L代表低电平，Z代表不存在。

(c) 真值表

图 5-53　4 位二进制比较器 74LS85 的引脚排列、逻辑符号和真值表

从 4 位比较器 74LS85 的功能表可知，只要两数的最高位不相等，就知道两数的大小，而不需要再考查低位的情况。当 $A_3>B_3$ 时，数值 A 大于数值 B；否则数值 A 小于数值 B。当最高位相等时，需要比较次高位的情况……以此类推，如果每个位都相等，则两个数值相等。在不考虑级联输入的情况下，从功能表可以得到逻辑函数表达式为

$$Y_{A=B}=(A_3\odot B_3)(A_2\odot B_2)(A_1\odot B_1)(A_0\odot B_0)$$

$$Y_{A<B}=\overline{A}_3B_3+(A_3\odot B_3)\overline{A}_2B_2+(A_3\odot B_3)(A_2\odot B_2)\overline{A}_1B_1+(A_3\odot B_3)(A_2\odot B_2)(A_1\odot B_1)\overline{A}_0B_0$$

$$Y_{A>B}=A_3\overline{B}_3+(A_3\odot B_3)A_2\overline{B}_2+(A_3\odot B_3)(A_2\odot B_2)A_1\overline{B}_1+(A_3\odot B_3)(A_2\odot B_2)(A_1\odot B_1)A_0\overline{B}_0$$

2）**加法器**

在计算机系统中，二进制的加、减、乘、除等算术运算都可以化为加法进行，所以加法器(Adder)是最重要的组合逻辑电路。

(1) 半加器(Half Adder)：两个 1 位的加数 A 和 B 相加得到 1 位本位和 S 与 1 位进行 C_i，或描述成 $A+B=C_iS$，该运算不考虑低位来的进位，称为半加。能够完成半加运算的电路称为半加器，其真值表如表 5－19 所示。

表 5－19　半加器真值表

输　入		输　出		描　述
A	B	S	C_i	$A+B=C_iS$
0	0	0	0	0+0=00
0	1	1	0	0+1=01
1	0	1	0	1+0=01
1	1	0	1	1+1=10

(2) 全加器(Full Adder)：两个同位的加数 A 和 B 及一个低位来的进位 C_{i-1} 相加得到 1 位本位和 S 与 1 位进位 C_i，或描述成 $A+B+C_{i-1}=C_iS$，称为全加。能够完成全加运算的电路称为全加器，其真值表如表 5－20 所示。

表 5－20　全加器真值表

输　入			输　出		描　述
A	B	C_{i-1}	S	C_i	$A+B+C_{i-1}=C_iS$
0	0	0	0	0	0+0+0=00
0	0	1	1	0	0+0+1=01
0	1	0	1	0	0+1+0=01
0	1	1	0	1	0+1+1=10
1	0	0	1	0	1+0+0=01
1	0	1	0	1	1+0+1=10
1	1	0	0	1	1+1+0=10
1	1	1	1	1	1+1+1=11

利用卡诺图化简逻辑函数，可得：

半加器的逻辑函数表达式为

$$S=A\oplus B,\ C_i=AB$$

全加器的逻辑函数表达式为

$$S=A\oplus B\oplus C_{i-1},\ C_i=AB+AC_{i-1}+BC_{i-1}$$

图 5-54 为 1 位二进制全加器 74LS183 的每个加法器的电路结构、功能表和逻辑符号。C_I为低位送来的进位，而 C_O为加法运算后产生的进位输出。

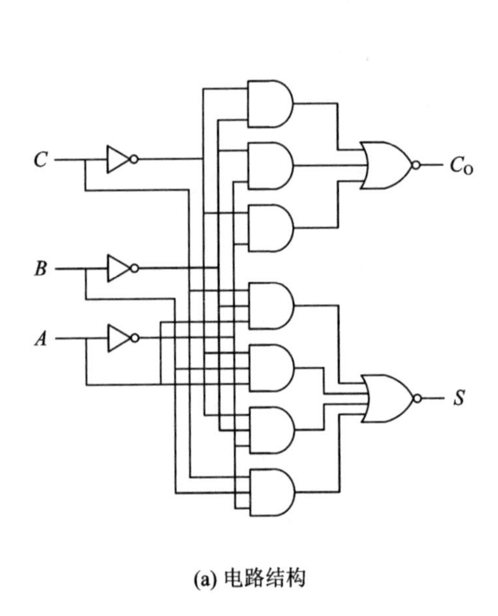

(a) 电路结构

输入			输出	
C_I	B	A	S	C_O
L	L	L	L	L
L	L	H	H	L
L	H	L	H	L
L	H	H	L	H
H	L	L	H	L
H	L	H	L	H
H	H	L	L	H
H	H	H	H	H

(b) 功能表

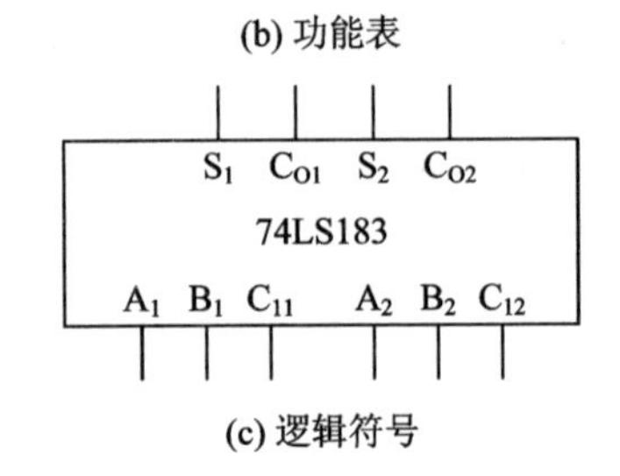

(c) 逻辑符号

图 5-54　二进制全加器 74LS183 的每个加法器的电路结构、功能表和逻辑符号

(3) 多位全加器(Multi-Bit Full Adder)。多位全加器有串行进位(Ripple Carry)和并行进位(Parallel Carry)两种。串行进位的特点是低位的进位输出 C_{Oi}依次加到下一个高位的进位输入 C_{Ii+1}，如图 5-55 所示。串行进位加法器的电路结构简单，但由于高位的加法运算要等到低位加法运算完成并得到结果后才可以进行，因此串行加法器的速度慢。

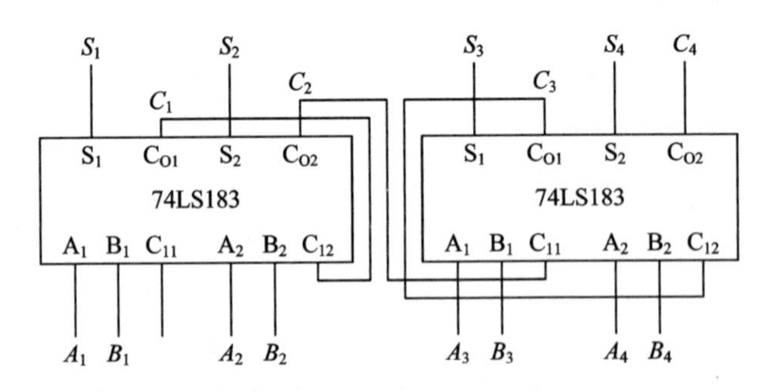

图 5-55　两片 74LS183 构建的 4 位串行加法器

并行进位加法器电路结构复杂，但速度快。并行进位加法器普遍采用超前进位法，超前进位并不是由前一级的进位输出来提供，而是由专门的进位电路(Carry Circuit)来提供，并且这个专门的进位电路的输入都是待加数据的直接输入。

(4) 乘法器(Multiplier)。乘法器是实现两数相乘的电路，图 5-56 是 4 位二进制乘以 4

位二进制的乘法器 74LS274 的电路符号。输入的两个数是 $A=A_3A_2A_1A_0$ 和 $B=B_3B_2B_1B_0$，输出的乘积是 $P_7 \sim P_0$，$\bar{E}_1$ 和 $\bar{E}_2$ 是使能信号，"▽"是三态输出标识符。

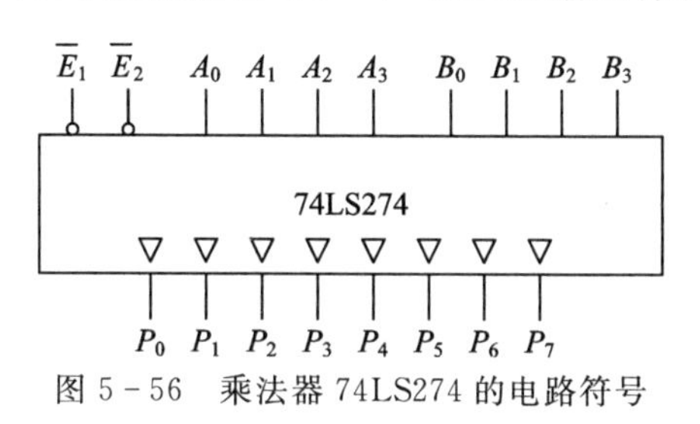

图 5－56　乘法器 74LS274 的电路符号

习　　题

5.1　列出图 5－57 所示的开关电路的真值表并写出灯泡 Y 与开关 A、B、C 的逻辑关系式。

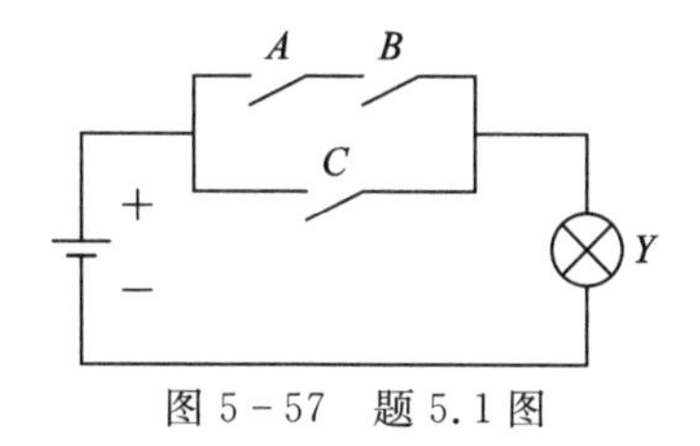

图 5－57　题 5.1 图

5.2　表 5－21 是某逻辑函数的真值表，试写出其逻辑函数表达式并画出其逻辑电路图。

表 5－21　题 5.2 表

A	B	C	Y	A	B	C	Y
0	0	0	1	1	0	0	1
0	0	1	1	1	0	1	0
0	1	0	0	1	1	0	0
0	1	1	0	1	1	1	0

5.3　已知输入 A、B 的波形和输入均为 A、B 的三个门电路，如图 5－58 所示，试画出三个门电路的输出波形。

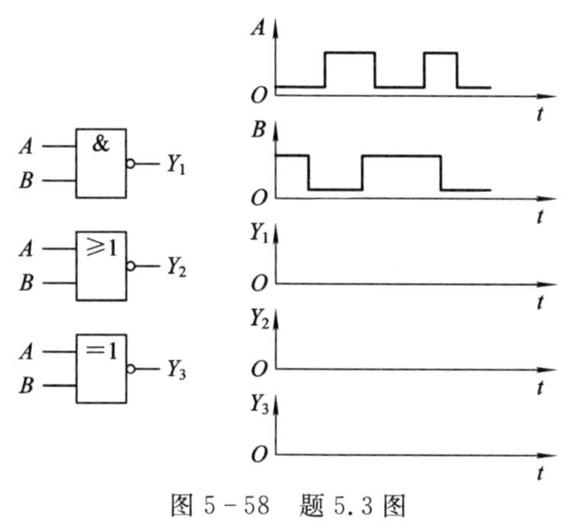

图 5－58　题 5.3 图

5.4　写出图 5-59 中(a)、(b)两种逻辑电路的输出端的逻辑函数表达式。

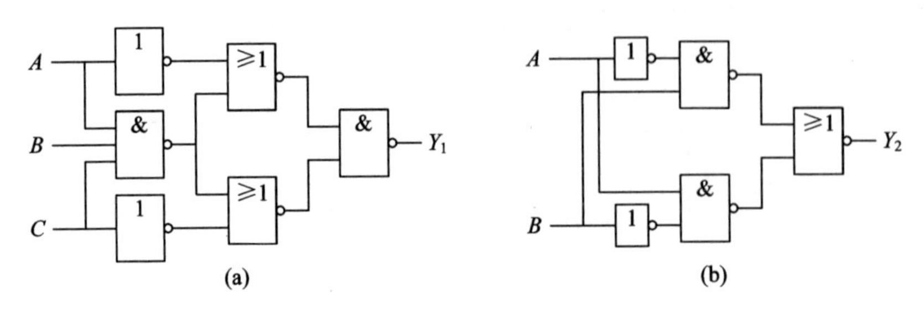

图 5-59　题 5.4 图

5.5　用反演定理、对偶定理分别写出下面逻辑函数的反演式和对偶式：

(1) $Y_1 = AB + C$；

(2) $Y_2 = (A + BC)\bar{C}D$；

(3) $Y_3 = \overline{A\bar{B}C + \bar{C}D}(AC + BD)$。

5.6　用逻辑代数的公理和定理化简下列各逻辑表达式：

(1) $Y_1 = A\bar{B} + B + \bar{A}B$；

(2) $Y_2 = A\bar{B}C + \bar{A} + B + \bar{C}$；

(3) $Y_3 = \overline{A\bar{B}} + \overline{\bar{A}BC}$。

5.7　写出下列逻辑函数的最小项表达式：

(1) $Y_1 = AB\bar{C} + A\,\bar{B}\bar{C}D + \bar{B}CD$；

(2) $Y_2 = A\bar{B} + B\bar{C}$；

(3) $Y_3 = (A \oplus C)B + BC$。

5.8　画出下列各逻辑函数化简后的逻辑电路图(用与非门实现)：

(1) $Y_1 = AB + BC + AC$；

(2) $Y_2 = \overline{AB\bar{C}} + \overline{\overline{A\bar{B}} + BC + \overline{AB}}$。

5.9　用卡诺图化简下列各逻辑表达式：

(1) $Y_1 = \overline{AB} + AB + \overline{BC} + BC$；(2) $Y_2 = \overline{A + B}(C + \bar{D}) + \bar{A}\bar{B}\bar{C}D + A\bar{B}$。

5.10　化简下列具有无关项的逻辑函数：

(1) $Y_1 = C\bar{D}(A \oplus B) + \bar{A}B\bar{C} + \bar{A}\bar{C}D$，约束条件为 $AB + CD = 0$；

(2) $Y_2 = ABC + ABC + ABCD$，约束条件为 $A \oplus B = 0$。

5.11　试回答下列问题：

(1) 74 系列门能否直接驱动 CC4000 系列门？为什么？

(2) CC4000 系列门能否直接驱动 74 系列门？为什么？

(3) 74 系列反相器能驱动多少个同类门？

(4) 74 系列反相器能驱动多少个 74LS 系列反相器？

5.12　试分析图 5-60 所示的组合逻辑电路的逻辑功能。

5.13　某组合逻辑电路的输入、输出波形如图 5-61 所示，试利用与非门设计该组合逻辑电路并说明其逻辑功能。

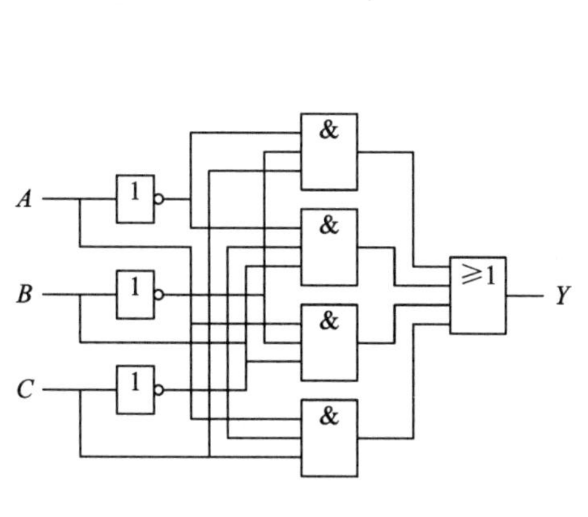

图 5-60　题 5.12 图

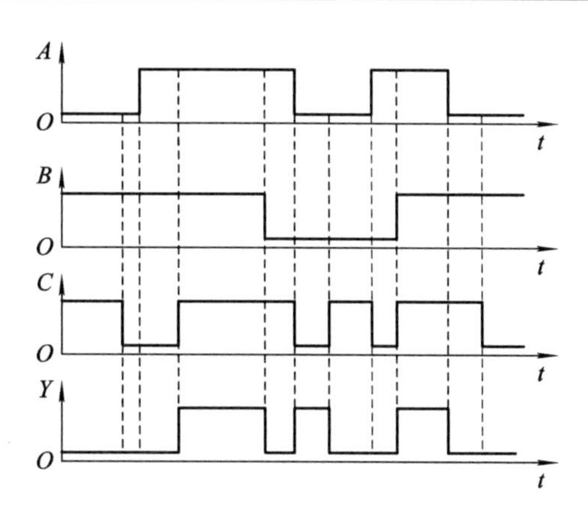

图 5-61　题 5.13 图

5.14　分析图 5-62 所示逻辑电路，其中 S_3、S_2、S_1、S_0 为输入控制端，试列出电路的真值表并说明输出 Y 与输入 A、B 的关系。

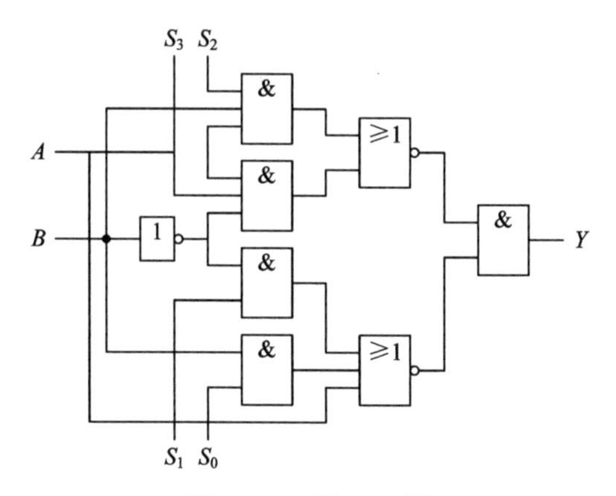

图 5-62　题 5.14 图

5.15　试用门电路实现 2 位二进制数 $A=A_1A_0$ 与 $B=B_1B_0$ 大小的比较。要求：当 $A>B$ 时，$Y_{A>B}$ 输出高电平；当 $A<B$ 时，$Y_{A<B}$ 输出高电平；当 $A=B$ 时，$Y_{A=B}$ 输出高电平。

5.16　试用两片 4 位集成比较器 74HC85 和门电路构成三个 4 位二进制数 $A=A_3A_2A_1A_0$、$B=B_3B_2B_1B_0$ 和 $C=C_3C_2C_1C_0$ 的比较电路，要求能判断 A 最大、A 最小和三个数相等。

5.17　由两片集成 4 位并行加法器 74HC283 组成的运算电路如图 5-63 所示，试分析电路的运算功能。

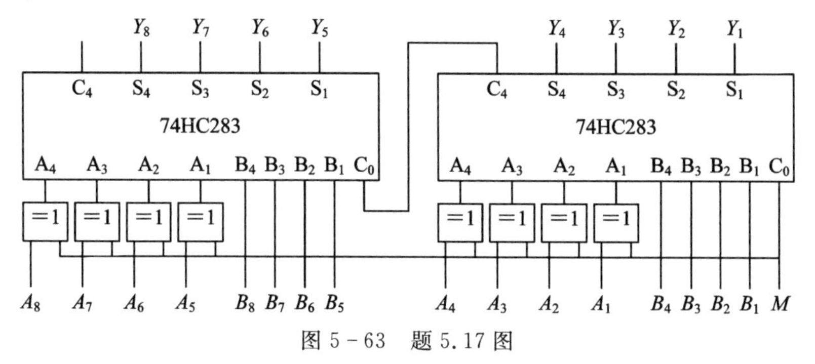

图 5-63　题 5.17 图

5.18　由两片8—3线优先编码器74HC148构成的电路如图5-64所示。

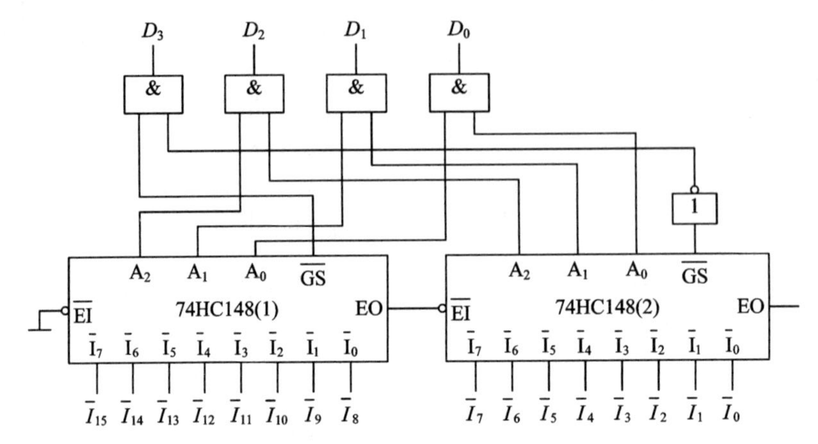

图5-64　题5.18图

(1) 试分析电路实现的逻辑功能。

(2) 说明当输入端有下列几种情况时，电路的输出代码是多少：① 当输入端$\overline{I}_4$为低电平，其余端均接高电平时；② 当输入端$\overline{I}_{10}$为低电平，其余端均接高电平时；③ 当输入端$\overline{I}_0$和$\overline{I}_8$为低电平，其余端均接高电平时。

(3) 当输入端$\overline{I}_0\sim\overline{I}_{15}$均接高电平时与$\overline{I}_0$为低电平，其余端均接高电平时输出状态有什么区别？

5.19　使用集成3—8线译码器74HC138及与非门实现下列逻辑函数：

$$F_1=\overline{A}B+A\overline{B}C+B\overline{C},\ F_2=A\overline{B}+BC$$

5.20　试利用四选一数据选择器及门电路实现下面逻辑函数：

$$F_1=A\oplus B\qquad F_2=A\oplus B\oplus C$$

5.21　试利用八选一数据选择器及门电路实现下列逻辑函数：

$$F_1(A,\ B,\ C)=\sum m_i(i=0,\ 2,\ 3,\ 5,\ 7)$$

$$F_2(A,\ B,\ C,\ D)=\sum m_i(i=0,\ 2,\ 5,\ 7,\ 8,\ 10,\ 13,\ 15)$$

5.22　由集成3—8线译码器4HC138及与非门构成的逻辑电路如图5-65所示，试分析该电路的逻辑功能。

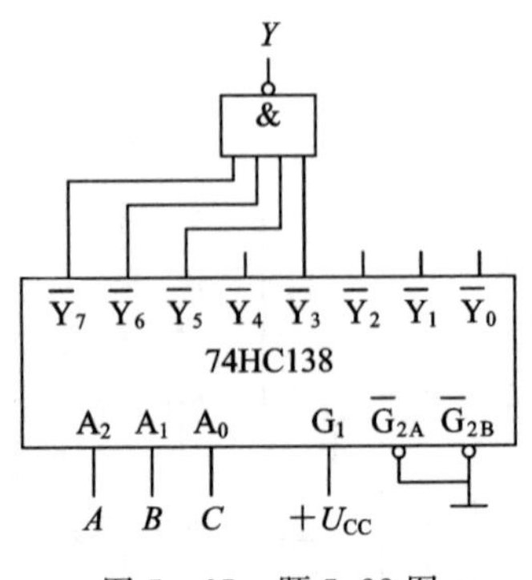

图5-65　题5.22图

5.23　驱动共阳极数码管的译码电路如图 5-66 所示，输入为 8421 码，试利用门电路设计译码驱动电路，并说明数码管的 COM 端接的是高电平还是低电平。

5.24　由八选一数据选择器 74HC151 构成的逻辑电路如图 5-67 所示，试写出输出端 Y_1 和 Y_2 的逻辑表达式，并说明它们的特点。

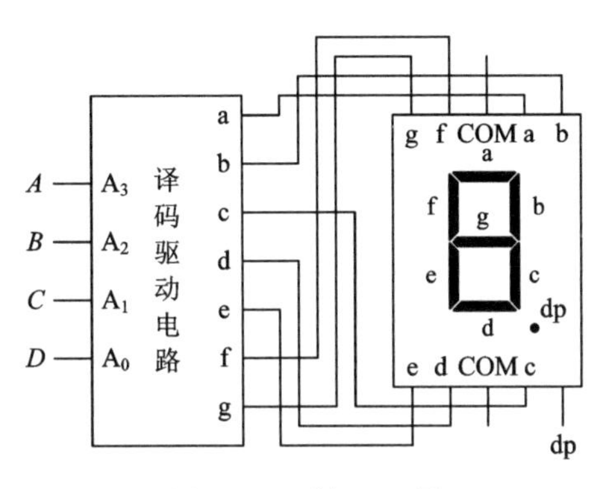

图 5-66　题 5.23 图

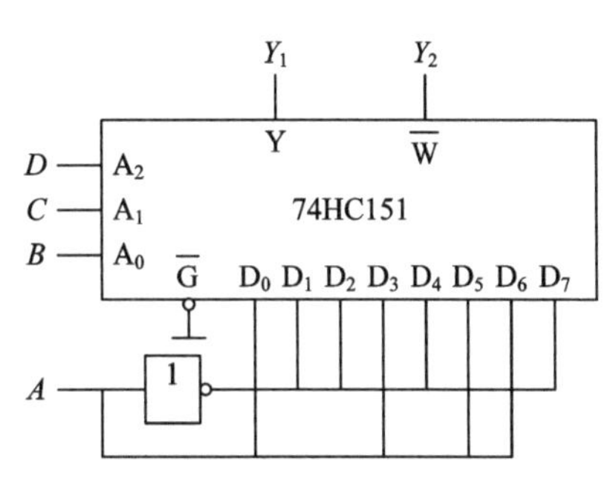

图 5-67　题 5.24 图

5.25　由 10—4 线优先编码器 74HC147、译码器 74HC48 及 LED 数码管实现的 0～9 键盘编码显示电路如图 5-68 所示。其中 74HC147 输入为 $\bar{I}_0 \sim \bar{I}_9$，低电平有效，优先权由高到低依次为 $\bar{I}_9$、$\bar{I}_8$、…、$\bar{I}_0$，输出为 8421BCD 反码。试问：

(1) 当按钮“5”被按下时，74HC147 的输出 $A_3A_2A_1A_0$ 是多少？

(2) 当所有的按钮都不动作时，数码管显示的是什么数字？

(3) 当同时按下“3”“4”“7”按钮时，数码管显示的是什么数字？

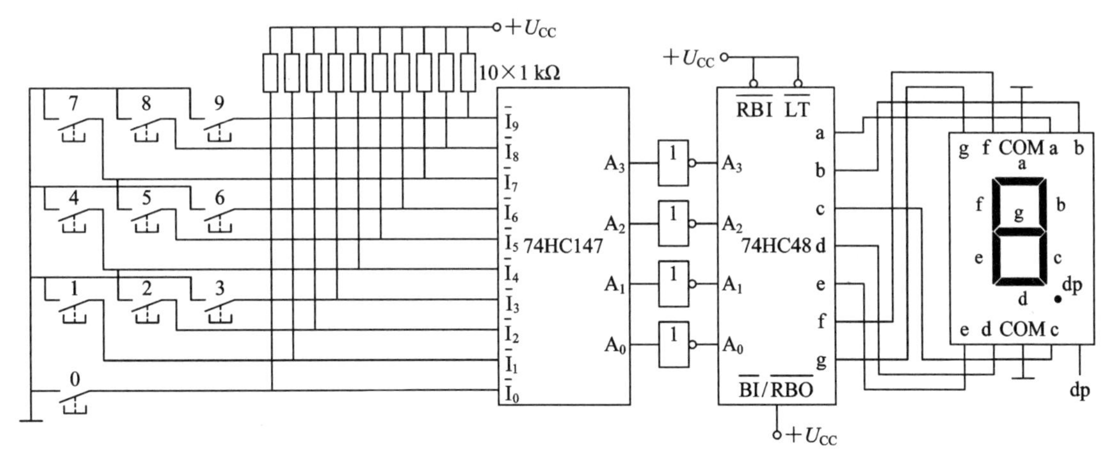

图 5-68　题 5.25 图

5.26　试设计一组合逻辑电路，当控制端 $M=0$ 时，实现两个 1 位二进制数全加的功能；当控制端 $M=1$ 时，实现两个 1 位二进制数全减的功能。要求：

(1) 用门电路实现；

(2) 用两片译码器 74HC138 及与非门实现；

(3) 用双四选一数据选择器 74HC153 及必要的门电路实现。

第6章　触发器和时序逻辑电路

6.1　概　　述

锁存器(Latch)和触发器(Flip-Flop)是大多数时序电路(Sequential Circuit)的基本构件。带有反馈的组合电路是构成锁存器和触发器的基础。锁存器一般由一级反馈环构成，其输出会随着输入信号的变化而同时发生变化，即新的输入信号在读入的同时，旧的存储信号即被取代。触发器一般由两级反馈环构成，其输出仅随控制输入或异步置位、复位输入信号的变化而发生改变，即在读入新的输入信号的同时读出旧的存储信号的状态。

存储电路(Memory Circuit)是一种具有记忆功能而且能够存储数字信号的基本单元电路。存储电路具备以下两个基本特点：

(1) 具有两个相对稳定的输出状态，称为双稳态(Bistable State)，用来表示逻辑状态0(Logic 0)和逻辑状态1(Logic 1)，即为0态和1态。

(2) 在没有外加触发信号之前，存储电路一直保持两个稳定状态中的一个(0态或1态)，在外加触发信号后，存储电路的输出状态才可能发生改变。

6.2　锁存器和触发器

6.2.1　基本R-S锁存器

1. 物理结构

基本R-S锁存器又称为复位置位锁存器，R代表复位(Reset)输入端，S代表置位(Set)输入端，是各种存储电路中结构最简单的一种，也是各种复杂存储电路结构的最基本组成单元。

基本R-S锁存器电路的物理结构可用与非门组成，也可用或非门组成，分别如图6-1(a)、图6-1(c)所示。由图可见，基本R-S锁存器可以由两个与非门构成的一级反馈回路交叉耦合组成，也可以由两个或非门构成的一级反馈回路交叉耦合组成。基本R-S锁存器的逻辑符号如图6-1(b)所示。图中输入端$\overline{R}$及$\overline{S}$前面的小圆圈表示低电平有效，不表示输入端求反。

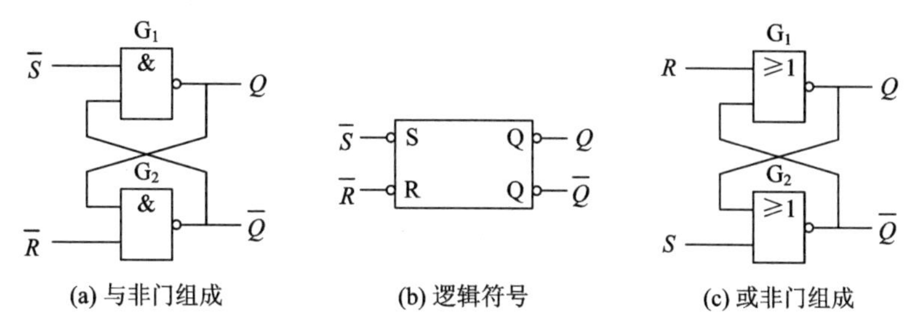

图 6-1 用与非门组成的 R-S 锁存器、逻辑符号和用或非门组成的 R-S 锁存器

2. 工作原理

这里以两个与非门组成的基本 R-S 锁存器为例来进行分析。在图 6-1(a)所示的电路中，G_1、G_2是两个与非门，它们可以是 TTL 门或 CMOS 门；$\overline{R}$ 及$\overline{S}$ 是基本 R-S 锁存器的输入端，低电平有效。$\overline{S}$ 进行置位或预置，使 Q 输出为 1；$\overline{R}$ 进行复位或清除，使 Q 输出为 0。Q 和 $\overline{Q}$ 是基本 R-S 锁存器的输出端。当 $Q=0$，$\overline{Q}=1$ 时，称基本 R-S 锁存器处于 0 态；当 $Q=1$，$\overline{Q}=0$ 时，称基本 R-S 锁存器处于 1 态。基本 R-S 锁存器未经输入信号 $\overline{R}$、$\overline{S}$ 作用之前的状态称为原态 Q 和 $\overline{Q}$，经 $\overline{R}$、$\overline{S}$ 作用之后的状态称为新态 Q^* 和 $\overline{Q}^*$。其新态方程为

$$Q^*=\overline{\overline{S}\cdot\overline{Q}},\ \overline{Q}^*=\overline{\overline{R}\cdot Q}$$

基本 R-S 锁存器的两个输入端 $\overline{R}$、$\overline{S}$ 输入组合有 00、01、10、11 四种情况，在这四种情况下，基本 R-S 锁存器的工作原理如下：

(1) $\overline{R}=1$、$\overline{S}=0$。由图 6-1(a)可知，当 $\overline{S}=0$ 时，无论 $\overline{Q}$ 为何种状态，都有 $Q^*=1$，而 $\overline{R}=1$ 不会影响 G_2的输出；紧接着由新态方程可得 $\overline{Q}^*=0$，即电路被强制性地置位在 1 态。需要注意的是，这种情况下新态变化顺序是先 $Q^*=1$，然后 $\overline{Q}^*=0$。或者说 Q^* 与 $\overline{Q}^*$ 并不是同时变化的，中间存在一个很短的时间间隔。

(2) $\overline{R}=0$、$\overline{S}=1$。由图 6-1(a)可知，当 $\overline{R}=0$ 时，无论 Q 为何种状态，都有 $\overline{Q}^*=1$，而 $\overline{S}=1$ 不会影响 G_1的输出；紧接着由新态方程可得 $Q^*=0$，即电路被强制性地置位在 0 态。在这种情况下新状态的变化顺序是先 $\overline{Q}^*=1$，然后 $Q^*=0$。

(3) $\overline{R}=\overline{S}=1$。由图 6-1(a)可知，当 $\overline{R}$、$\overline{S}$ 都为 1 时，它们不会影响与非门 G_1、G_2的输出，因而 R-S 锁存器维持原来的状态不变。

(4) $\overline{R}=\overline{S}=0$。由图 6-1(a)可知，$\overline{S}=0$ 会强行让 $Q^*=1$，而 $\overline{R}=0$ 会强行让 $\overline{Q}^*=1$，也就是说两个与非门 G_1、G_2的输出端 Q 和 $\overline{Q}$ 全为 1，这种情况是不允许出现的。如果两个输入信号 $\overline{R}$、$\overline{S}$ 同时发生由 0 到 1 的变化，则 R-S 锁存器是 1 态还是 0 态由两个与非门 G_1、G_2的延迟时间 T_{PD1}和 T_{PD2}决定。由于元件参数的离散性，一般事先不知道两个门的延迟时间的大小，不能确定 R-S 锁存器的状态，这是不希望的，因此将 $\overline{R}=\overline{S}=0$ 规定为禁止输入的一种输入组合。

同理可以分析出由两个或非门组成的基本 R-S 锁存器的工作原理。

3. 逻辑功能

锁存器的逻辑功能通常有以下两种描述方法：

(1) 状态转换真值表(State Transition Truth)及特征方程(Characteristic Equation)。

为了表明基本 R-S 锁存器在输入信号作用下，下一个稳定状态(新态)Q^* 与 R-S 锁存器

的原稳定状态(原态)Q、输入信号 $\bar{R}$ 及 $\bar{S}$ 之间的关系，可以将上述对基本 R-S 锁存器分析的结论用表格的形式来描述。表 6-1 为用与非门组成的基本 R-S 锁存器状态转换真值表及功能说明(表中的"ϕ"表示当 $\bar{R}$、$\bar{S}$ 从 0 同时回到 1 时，状态不能确定)。

表 6-1　用与非门组成的基本 R-S 锁存器状态转换真值表及功能说明

$\bar{R}$	$\bar{S}$	$Q \to Q^*$	功能说明
0	0	$0 \to \phi$	禁止
0	0	$1 \to \phi$	禁止
0	1	$0 \to 0$	置 0
0	1	$1 \to 0$	置 0
1	0	$0 \to 1$	置 1
1	0	$1 \to 1$	置 1
1	1	$0 \to 0$	保持
1	1	$1 \to 1$	保持

描述 R-S 锁存器逻辑功能的函数表达式称为特征方程。由状态转换真值表(即表 6-1)可以画出由与非门组成的基本 R-S 锁存器新态 Q^* 的卡诺图，如图 6-2 所示。由此推导出用与非门组成的基本 R-S 锁存器的特征方程为

$$Q^* = S + \bar{R} \cdot Q，约束条件\ \bar{S} + \bar{R} = 1$$

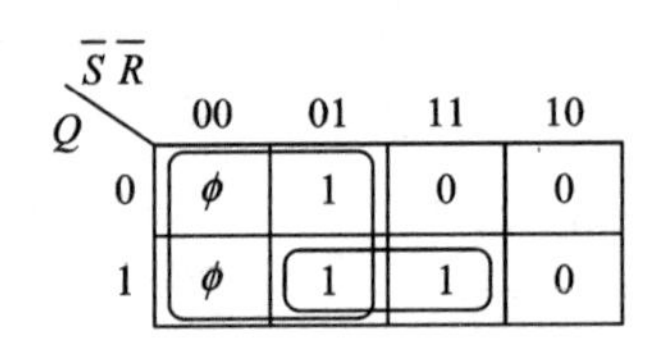

图 6-2　R-S 锁存器的卡诺图

(2) 状态转换图(State Transition Diagram)和激励表(Excitation Table)。

基本 R-S 锁存器的逻辑功能还可以采用图形的方法，即用状态转换图来描述。图6-3所示为用与非门组成的基本 R-S 锁存器的状态转换图。图中圆圈分别代表基本 R-S 锁存器的两个稳定状态，箭头表示在输入信号作用下状态转换的方向，箭头旁的标注表示状态转换时的条件。由图 6-3 可知，若基本 R-S 锁存器当前稳定状态是 $Q=0$，则在输入为 $\bar{R}=1$、$\bar{S}=0$ 的条件下，基本 R-S 锁存器转换至下一状态 $Q^*=1$；若输入信号为 $\bar{R}=0$(或 1)、$\bar{S}=1$，则R-S 锁存器维持在 0，其中"ϕ"表示 $\bar{R}$ 的取值既可以为 1，也可以为 0。如果基本 R-S 锁存器当前状态是 $Q=1$，则在输入条件为 $\bar{R}=0$、$\bar{S}=1$ 时，基本 R-S 锁存器转换至下一状态 $Q^*=0$；若输入信号为 $\bar{R}=1$、$\bar{S}=0$(或 1)，则基本 R-S 锁存器维持在 1。

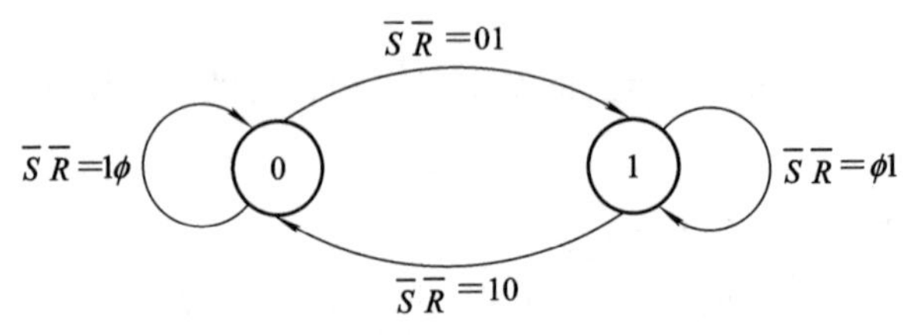

图 6-3　基本 R-S 锁存器的状态转换图

表 6－2 表示了基本 R-S 锁存器由当前状态 Q 转移至所要求的下一状态 Q^* 时对输入信号的要求，因而称该表为基本 R-S 锁存器的激励表或驱动表。

表 6－2　基本 R-S 锁存器的激励表

状态转移	激励输入	
$Q \to Q^*$	$\bar{R}$	$\bar{S}$
0→0	ϕ	1
0→1	1	0
1→0	0	1
1→1	1	ϕ

6.2.2　同步 R-S 锁存器

在数字逻辑系统的实际应用中，常常需要使各基本 R-S 锁存器的逻辑状态在同一时刻更新，为此引入同步信号(Synchronous Signal)来作为控制电路，这个同步信号称为时钟脉冲(Clock Pulse，CP)，简称时钟。当 CP＝1 时，该锁存器的功能与基本 R-S 锁存器相同；当 CP＝0 时，该锁存器的状态保持不变。这种受时钟控制的基本 R-S 锁存器称为同步 R-S 锁存器，又称为时钟 R-S 锁存器或具有使能端的 R-S 锁存器。

同步 R-S 锁存器电路的物理结构如图 6－4 所示。图中门 G_1、G_2 构成基本 R-S 锁存器，G_3、G_4 构成触发引导电路。在 CP＝1 时，同步 R-S 锁存器的特征方程为 $Q^*=S+\bar{R}Q$，约束条件为 $RS=0$，其状态转换真值表如表 6－3 所示。

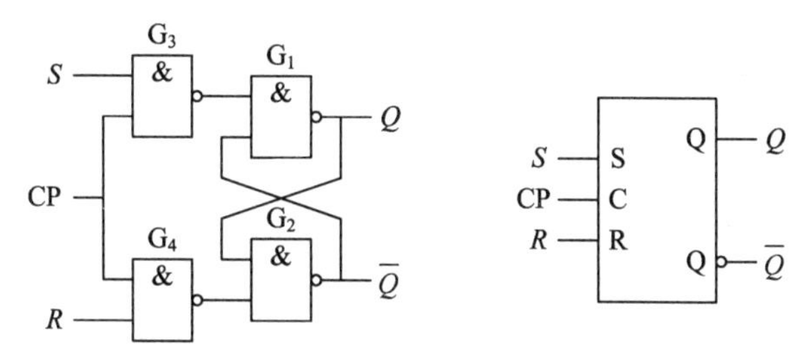

(a) 同步R-S锁存器的电路结构及逻辑符号

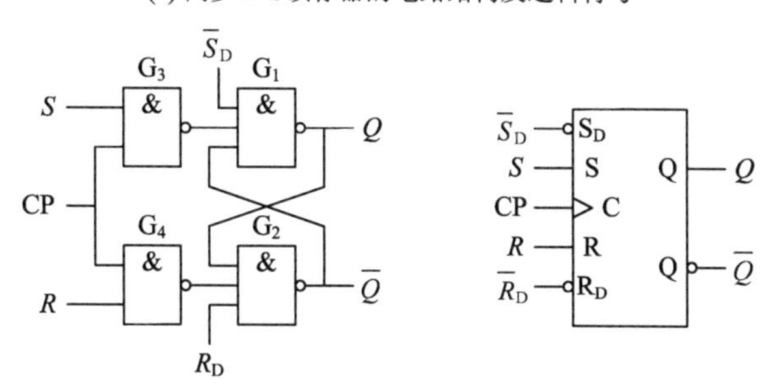

(b) 带异步置位、复位功能的同步R-S锁存器的电路结构及逻辑符号

图 6－4　同步 R-S 锁存器及带异步置位、复位功能的 R-S 锁存器的电路结构和逻辑符号

表 6-3 同步 R-S 锁存器的状态转换真值表

CP	R	S	$Q \to Q^*$	功能说明
0	ϕ	ϕ	0→0	保持原态
0	ϕ	ϕ	1→1	保持原态
1	0	0	0→0	保持原态
1	0	0	1→1	保持原态
1	1	0	0→0	置 0
1	1	0	1→0	置 0
1	0	1	0→1	置 1
1	0	1	1→1	置 1
1	1	1	0→ϕ	禁止
1	1	1	1→ϕ	禁止

6.2.3 D 锁存器

在一些数字系统中，数据只有一路信号，以高电平或低电平表示 1 或 0，因而只需要一个数据输入端。最简单的实现电路就是以同步 R-S 锁存器的 S 端作为数据输入端，用一个非门将输入信号反向后作为 R 端的输入信号，这种锁存器称为 D 锁存器。图 6-5 所示为 D 锁存器的电路结构和逻辑符号。

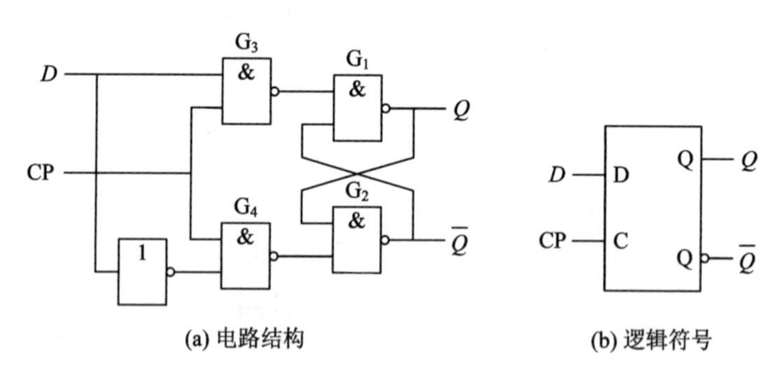

图 6-5 D 锁存器的电路结构和逻辑符号

由 D 锁存器的电路结构和同步 R-S 锁存器的特征方程，可以得到 D 锁存器的特征方程为 $Q^* = D$，可见，D 锁存器的输出信号就是 D 锁存器的输入值。对于同步 R-S 锁存器的约束条件 $RS = D \cdot \overline{D} = 0$，D 锁存器自然满足，所以 D 锁存器不存在约束条件。同时，D 锁存器仍然具有与同步 R-S 锁存器相同的特性。

6.2.4　主从 J-K 触发器

1. 电路结构

图 6－6 是主从 J-K 触发器的电路结构和逻辑符号。主从 J-K 触发器是在时钟信号 CP 的上升沿到来时开始接收数据，在紧接着到来的 CP 的下降沿 Q 的状态才会发生改变。

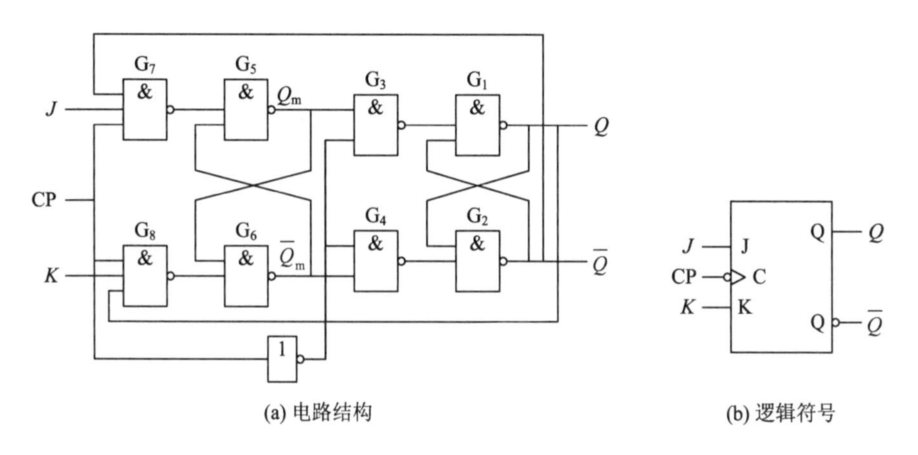

图 6－6　主从 J-K 触发器的电路结构和逻辑符号

2. 工作原理

下面根据图 6－6(a)所示主从 J-K 触发器的电路结构和输入端的四种不同组合，阐述其工作原理：

(1) $J=1$、$K=0$ 时的情况。若 $Q=1$，$\overline{Q}=0$($Q_m=1$，$\overline{Q}_m=0$)，$\overline{Q}$ 使门 G_7 封锁，门 G_7 输出为 1。门 G_8 在 K 的作用下输出为 1，则主锁存器保持原态，$Q_m^*=Q_m=1$。在 CP 由 1 变为 0 后，从锁存器接收主锁存器的信息，也保持原态，$Q^*=Q=1$。

若 $Q=0$、$\overline{Q}=1$ 并在 CP＝1 期间，Q 与 K 共同作用使门 G_8 输出为 1，门 G_7 输出为 0，主锁存器置 1。在 CP 变为 0 后，从锁存器接收主锁存器信息变为 1 态，$Q^*=Q=1$。

因此，当 $J=1$、$K=0$ 时，无论原态为 0 态或 1 态，在 CP 为 1 期间主锁存器置 1，当 CP 变为 0 后，从锁存器随着置 1。

(2) $J=0$、$K=1$ 时的情况。同理可得，在 CP 为 1 期间主锁存器置 0，在 CP 变为 0 后，从锁存器随着置 0。

(3) $J=K=0$ 时的情况。门 G_7、G_8 被封锁，门 G_7、G_8 输出均为 1，主锁存器在 CP 为 1 期间保持原态，在 CP 变为 0 后，从锁存器也保持原态。

以上主从 J-K 触发器与主从 R-S 触发器的状态变化是相同的。

(4) $J=K=1$ 时的情况。这在主从 R-S 触发器中是不允许的，在这种情况下，若 $Q=0$、$\overline{Q}=1$，门 G_8 在 Q 的作用下被封锁，其输出为 1，在 CP＝1 时，门 G_7 输出为 0，主锁存器置 1，在 CP 变为 0 后，从锁存器也跟着置 1，$Q^*=1$。

若 $Q=1$、$\overline{Q}=0$，门 G_7 被封锁，输出为 1，当 CP＝1 时，门 G_8 输出为 0，主锁存器被置 0。在 CP 变为 0 后，从锁存器也被置 0，$Q^*=0$。由此可以得出，当 $J=K=1$ 时，主从 J-K 触发

器的功能是将其原状态反相，即 $Q^{*}=\bar{Q}$。

3. 逻辑功能

主从 J-K 触发器的特性表如表 6－4 所示。

表 6－4 主从 J-K 触发器的特性表

CP	J	K	Q	Q^{*}
ϕ	ϕ	ϕ	ϕ	Q
$\downarrow$	0	0	0	0
$\downarrow$	0	0	1	1
$\downarrow$	0	1	0	0
$\downarrow$	0	1	1	0
$\downarrow$	1	0	0	1
$\downarrow$	1	0	1	1
$\downarrow$	1	1	0	1
$\downarrow$	1	1	1	0

表 6－4 中的第一行表示在时钟还没有到来时，触发器状态不发生改变，即保持原态。

主从 J-K 触发器的特征方程为

$$Q^{*}=J\bar{Q}+\bar{K}Q$$

主从 J-K 触发器的状态转换图如图 6－7 所示。

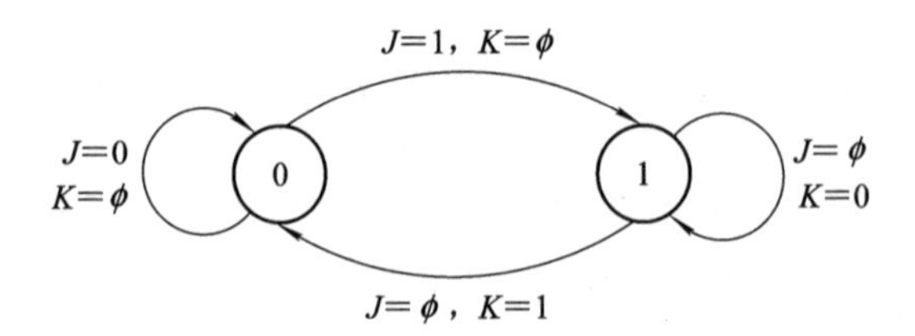

图 6－7 主从 J-K 触发器的状态转换图

6.2.5 T 触发器

T 触发器的真值表和逻辑符号如表 6－5 所示。其所实现的功能为：当 $T=0$ 时，触发器被封锁，保持原态；当 $T=1$ 时，在时钟作用之后状态翻转一次。

表 6－5　T 触发器的真值表和逻辑符号

真值表		逻辑符号
T	Q^*	
0	Q	
1	$\overline{Q}$	

我们将 J-K 触发器的 J、K 端连在一起作为 T 触发器的输入端，就得到了 T 触发器。将 $T=J=K$ 代入 J-K 触发器的特征方程，得到 T 触发器的特征方程为

$$Q^*=J\overline{Q}+\overline{K}Q=T\overline{Q}+\overline{T}Q=T\oplus Q$$

6.2.6　维持阻塞 D 触发器

主从 J-K 触发器存在一个问题，即 CP=1 期间，必须使输入信号保持不变。若 CP=1 期间出现干扰信号，触发器的实际输出状态就有可能与期望的输出状态有所不同，也就是说主从 J-K 触发器的抗干扰能力不够强。维持阻塞 D 触发器是一种典型的边沿型触发器，能解决这个问题。边沿型触发器的主要特点是触发器的状态只取决于上升沿(或下降沿)时刻的输入信号的状态，而与 CP=1 期间输入信号的变化情况无关。

1. 物理结构

维持阻塞 D 触发器的电路结构和逻辑符号如图 6－8 所示。

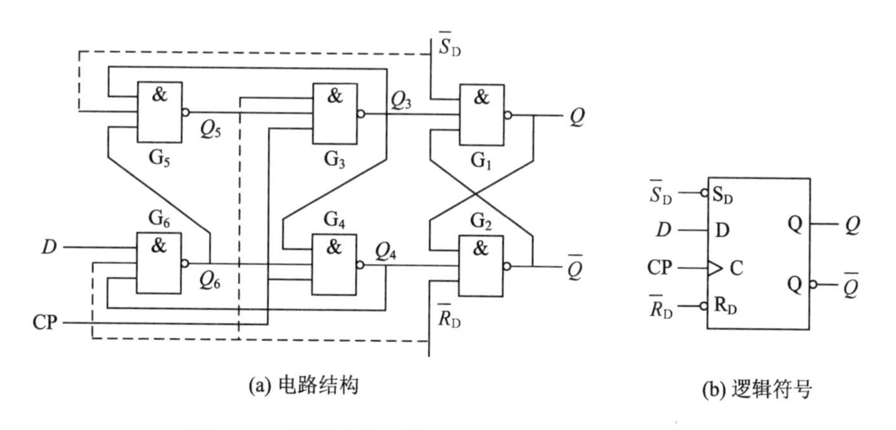

图 6－8　维持阻塞 D 触发器的电路结构和逻辑符号

在图 6－8(a)中，D 为信号输入端，Q、$\overline{Q}$ 为输出端，虚线为异步置 0、置 1 电路，$\overline{R}_D$ 为异步置 0 端，$\overline{S}_D$ 为异步置 1 端。在图 6－8(b)所示 D 触发器的逻辑符号中，CP 端没有小圆圈，而是有一个箭头，表示在 CP 上升沿的边沿触发，$\overline{R}_D$ 和$\overline{S}_D$ 端的小圆圈则表示低电平有效。

2. 工作原理

我们先看没有异步置 0、置 1 的情况，即暂且不看图 6－8(a)中虚线部分。情况如下：

当 CP=0 时，门 G_3、G_4被时钟信号封锁，其输出 $Q_3=Q_4=0$，则由门 G_1、G_2组成的基本

R-S 触发器保持原状态不变，也即整个触发器的状态保持不变。同时，在 Q_3、Q_4 的反馈作用下，门 G_5、G_6 被打开，输入信号被写入触发器，经门 G_6 反相后到达 G_4 输入端，经门 G_5 再次反相后到达 G_3 输入端。此时 $Q_5=D$，$Q_6=\overline{D}$，由于门 G_3、G_4 被封锁，Q_5、Q_6 不能被送入。

当 CP=1 时，门 G_3、G_4 的封锁状态被解除，$Q_5=D$ 经门 G_3 反相后输出，$Q_3=\overline{D}$；$Q_6=\overline{D}$ 经门 G_4 反相后输出，$Q_4=D$。若 $D=1$，则 $Q_4=1$，$Q_3=0$ 为门 G_1、G_2 组成的基本 R-S 触发器的输入信号，由前面学过的知识可得触发器新态为 $Q^*=1$，$\overline{Q}^*=0$。若 $D=0$，则 $Q_4=0$，$Q_3=1$，触发器新态为 $Q^*=0$，$\overline{Q}^*=1$。

由此可以得到维持阻塞 D 触发器的状态方程为

$$Q^*=D$$

那么维持阻塞 D 触发器是如何实现使触发器状态只取决于上升沿时刻的输入信号，而与输入信号在 CP=1 期间的变化无关的呢？我们先看 $D=1$ 时的情况，在 CP 由 0 变为 1 时，门 G_3 输出 $Q_3=\overline{D}=0$，此信号向右传输至门 G_1，使输出 $Q=1$；同时反馈至门 G_5，将门 G_5 封锁，使得输出 Q_5 为 1。此时，门 G_3 两个输入端都为 1，门 G_3 的输出 $Q_3=0$。这样就维持了CP=1 期间门 G_3 输出为 0 的状态，也就维持了触发器 Q 输出端为 1 的状态。因此从门 G_3 输出端到门 G_5 输入端的这根反馈线称为置 1 维持线。另外，$Q_3=0$ 的信号还通过从门 G_3 到 G_4 的直接反馈线使门 G_4 被封锁，阻塞了门 G_6 输入端 D 的变化对门 G_4 输出端的影响，保持门 G_4 的输出为 1，从而确保了 CP=1 期间 $\overline{Q}$ 输出端为 0，因此这根反馈线被称为置 0 阻塞线，这也就是维持阻塞 D 触发器名称的由来。

再看 $D=0$ 时的情况。在 CP 由 0 变为 1 时，门 G_4 的输出 $Q_4=D=0$，该信号向右传输至门 G_2，使输出 $\overline{Q}=1$；同时还反馈至门 G_6 输入端，将门 G_6 封锁，这不仅使得 CP=1 期间门 G_4 输出维持为 0，同时也阻塞了输入 D 的变化使得门 G_3 输出 Q_3 变为 0 的可能，从而使得触发器状态为 0 态。从门 G_4 到门 G_6 的反馈线因此被称为置 0 维持线。

由以上分析可知，维持阻塞 D 触发器的“维持—阻塞”结构，确保了在 CP=1 期间触发器所输出的 Q、$\overline{Q}$ 保持不变。

3. 逻辑功能

由维持阻塞 D 触发器的工作原理可得表 6－6 所示的真值表。D 触发器工作过程的波形图如图 6－9 所示。

表 6－6　维持阻塞 D 触发器的真值表

$\overline{R}_D$	$\overline{S}_D$	CP	D	Q	Q^*
0	1	ϕ	ϕ	0	1
1	0	ϕ	ϕ	1	0
1	1	↑	0	0	1
1	1	↑	1	1	0

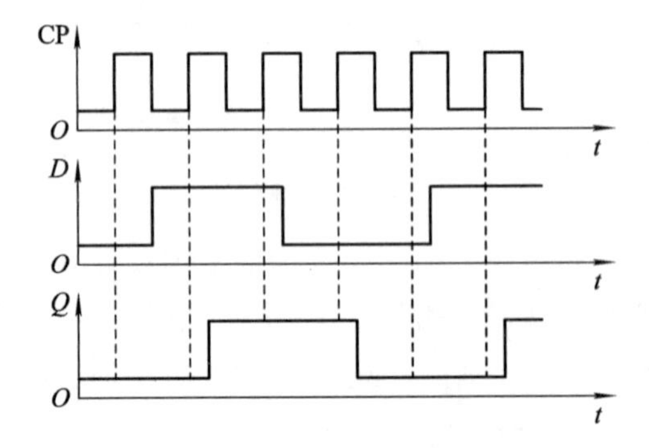

图 6－9　维持阻塞 D 触发器的波形

6.3　时序逻辑电路的分析与设计

6.3.1　概述

组合电路的输出仅与当前的输入有关，而与过去的输入无关。也就是说，在任一时刻组合电路的输出信号仅取决于当时的输入信号。时序逻辑电路简称时序电路，它的输出不仅与当前时刻的输入有关，而且与过去时刻的输入也有关系。

图 6-10(a)为一个简单的时序逻辑电路。由电路图可知，此电路包含两部分：一部分是由一个与非门和两个非门构成的组合电路；另一部分则是 T 触发器，称为存储电路。X、Q、CP 为组合电路的三个输入信号，其中，X 为外加输入信号，Q 为触发器的输出，CP 为时钟。Z、$\overline{X}$ 为组合电路的输出信号。其中，Z 为整个电路的输出，$\overline{X}$ 被反馈作为 T 触发器的输入，称之为内部输出。

由电路图可以得到 T 触发器状态方程为

$$Q^{*}=T\oplus Q=\overline{X}\oplus Q$$

电路输出 Z 的表达式为

$$Z=QX\cdot \mathrm{CP}$$

由 T 触发器状态方程和输出函数表达式可知，由于 Z 取决于 T 触发器的原状态，因此时序电路的输出不仅取决于当时的输入信号 X，还取决于上一时刻的内部存储电路(T 触发器)的原状态。

由以上分析可以看出：时序电路的输出不仅与当前输入有关，而且与电路原来的状态有关，或者说与电路以前的输入有关。这就要求时序电路应具备记忆能力，因此，在时序电路中存储电路必不可少。存储电路可以由锁存器、触发器构成，也可以由带有反馈的组合电路构成。时序电路的典型结构框图如图 6-10(b)所示。

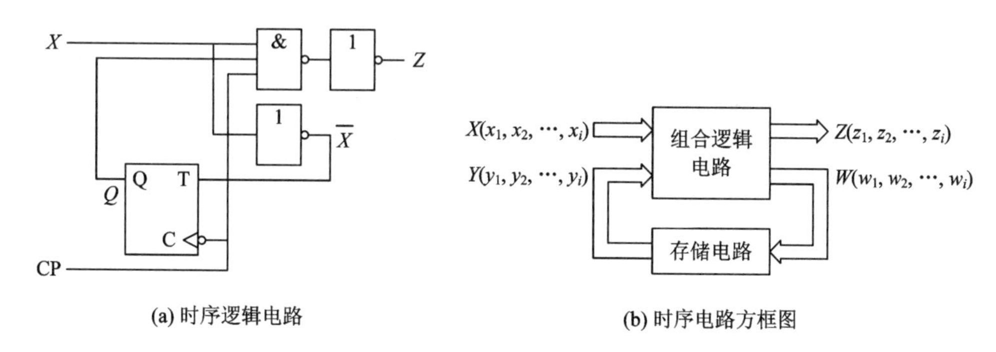

图 6-10　简单的时序逻辑电路和时序电路方框图

在图 6-10(b)中，$X(x_1, x_2, \cdots, x_i)$代表外部输入信号，$Z(z_1, z_2, \cdots, z_i)$代表电路输出信号，$W(w_1, w_2, \cdots, w_i)$代表存储电路的控制输入，$Y(y_1, y_2, \cdots, y_i)$代表存储电路的输出，也是组合电路的部分输入。如果用方程来描述时序电路的逻辑功能，则有

$$Z(t)=F[X(t), Y(t)] \tag{6-1}$$

$$W(t)=G[X(t), Y(t)] \tag{6-2}$$

$$Y(t+1)=H[W(t), Y(t)] \tag{6-3}$$

式(6-1)称为电路的输出方程，式(6-2)称为存储电路的驱动方程或激励方程，式(6-3)称为存储电路的状态方程。

由式(6-1)可见，电路的输出 Z 不仅与 t 时刻的输入 $X(t)$ 有关，而且与 t 时刻的电路状态 $Y(t)$ 有关。从式(6-3)可以看出，t 时刻存储电路的状态 $Y(t)$ 又由 $t-1$ 时刻存储电路控制输入 $W(t-1)$ 和存储电路的状态 $Y(t-1)$ 决定。由式(6-2)可见，$t-1$ 时刻的 $W(t-1)$ 取决于 $t-1$ 时刻的外部输入信号 $X(t-1)$ 和状态 $Y(t-1)$。这样沿着时间轴我们又要研究上一时刻的电路状态。

由此可以看出，时序电路的输出与电路的整个历史状态有关，这也充分反映了时序电路的特点。时序电路中的状态变量都是二进制值，对应着电路中的某些逻辑信号。具有 n 位二进制状态变量的电路有 2^n 种可能的状态。尽管 2^n 是一个很大的数，但它终归是有限的，因此，有时也称时序电路为有限状态机(Finite-State Machine，FSM)。

时序电路一般分为同步时序电路(Synchronous Sequential Circuit)和异步时序电路(Asynchronous Sequential Circuit)两类。在同步时序电路中，所有存储电路状态的改变由同一时钟脉冲控制，即当时钟脉冲上升沿或下降沿到来时，所有存储电路的状态同时更新；而在异步时序电路中，存储电路的状态不是由同一个时钟脉冲所控制，也许有的有时钟输入端，有的没有时钟输入端，因此所有的存储电路的状态并不是同时更新的，而是有先有后，是异步的。

此外，时序电路按输出和输入信号之间的关系，还可以分为米里(Mealy)型时序电路和摩尔(Moore)型时序电路。米里型时序电路的输出不仅与存储电路的状态有关，而且还与电路的外输出有关；而摩尔型时序电路的输出只取决于存储电路的状态，与外输入无关，或者根本就没有外输入。

6.3.2 时序逻辑电路分析

时序电路的分析就是分析时序电路的状态变化过程和输出与输入的关系，从而弄清楚电路的逻辑功能。描述时序电路的逻辑功能可以用状态转移/输出表，也可以用状态转移/输出图，或者用精练的文字叙述。时序电路的分析步骤可以大致归纳如下：

(1) 根据给定电路确定触发器的控制输入方程和所研究电路的外输出方程。

(2) 根据所求的控制输入方程和触发器特征方程，求触发器的新状态方程。

(3) 列状态转移/输出表。利用 n 时刻的已知输入和触发器 n 时刻状态，求 n 时刻输出和触发器 $n+1$ 时刻的新状态，然后将新状态和输出与外输入、激励输入、原状态一一对应列成状态转移/输出真值表(又称为激励/转移表)，再将状态转移/输出真值表进一步转换为不包含激励输入的状态转移/输出表(简称状态表)。

(4) 画出状态转移/输出图(简称状态图)。

(5) 画波形图，目的是分析时序电路逻辑功能，更重要的是在实验过程中观察电路是否正常工作。

(6) 用精练的语言阐明电路的逻辑功能。

1. 时钟同步状态机的分析

“状态机”是对所有时序电路的通称。“时钟”是指存储元件采用了一个时钟输入，而“同步”意味着所有触发器都是在同一个时钟信号操作下工作的，这样一种状态机只有在时钟信号的触发边沿(或触发沿)出现的时候，才改变状态。因此分析时钟同步状态机时一般不把时钟信号 CP 看作输入量，而仅仅看作时间基准，分析方法比较简单。只要写出给定电路的输出方程、触发器的控制输入方程和特征方程，就能够求得在任何给定输入变量状态和电路状态下电路的输出和新态。时钟同步状态机又称为同步时序电路。

【例 6－1】 分析如图 6－11 所示的时钟同步状态机。

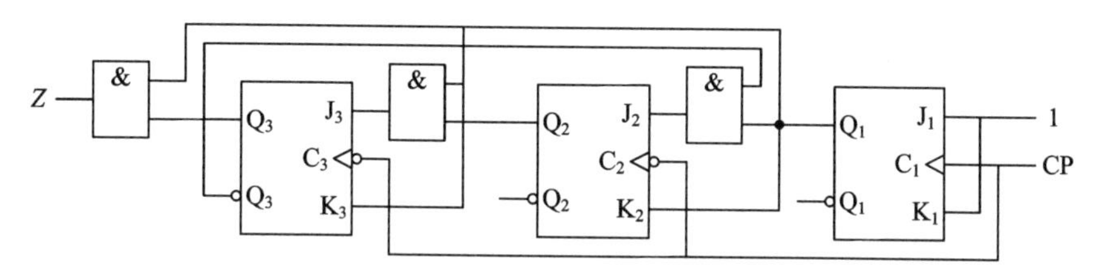

图 6－11　例 6－1 同步时序逻辑电路图

解　由图 6－11 可见，此电路除了时钟以外没有外输入，因此属于摩尔型时序电路。该图的 Q_3、Q_2、Q_1 对应一般时序电路方框图中的状态变量 Y_3、Y_2、Y_1，而 J_3 及 K_3、J_2 及 K_2、J_1 及 K_1 对应控制变量 W_3、W_2、W_1，Z 是外输出。

(1) 求触发器控制输入和电路输出：

$$J_3=Q_2Q_1,\ J_2=\bar{Q}_3Q_1,\ J_1=K_1=1$$

$$K_3=Q_1,\ K_2=Q_1,\ Z=Q_3Q_1$$

(2) 求触发器新状态方程：

$$Q_3^*=J_3\bar{Q}_3+\bar{K}_3Q_3=Q_2Q_1\bar{Q}_3+\bar{Q}_1Q_3=\bar{Q}_3Q_2Q_1+Q_3\bar{Q}_1$$

$$Q_2^*=\bar{Q}_3Q_1\bar{Q}_2+\bar{Q}_1Q_2=\bar{Q}_3\bar{Q}_2Q_1+Q_2\bar{Q}_1$$

$$Q_1^*=1\cdot\bar{Q}_1+\bar{1}\cdot Q_1=\bar{Q}_1$$

(3) 确定状态转移/输出真值表及状态转移/输出表。将触发器的输出原状态作为因变量，代入上式分别求出 J、K 和 Q^*。由于 3 个变量有 8 种组合，因此可以列出表 6－7 所示的状态转移/输出真值表。将状态转移/输出真值表进一步简化，可得表 6－8 所示的状态转移/输出表。若将状态用英文单词的第一个字母 S 表示，将状态变量的取值视为二进制数，且用它来表示 S 的下标，则状态转移/输出表可以表示为表 6－8 右边栏的形式。

表 6－7　例 6－1 状态转移/输出真值表

Q_3	Q_2	Q_1	J_3	K_3	J_2	K_2	J_1	K_1	Q_3^*	Q_2^*	Q_1^*	Z
0	0	0	0	0	0	0	1	1	0	0	1	0
0	0	1	0	1	1	1	1	1	0	1	0	0
0	1	0	0	0	0	0	1	1	0	1	1	0
0	1	1	1	1	1	1	1	1	1	0	0	0
1	0	0	0	0	0	0	1	1	1	0	1	0
1	0	1	0	1	0	1	1	1	0	0	0	1
1	1	0	0	0	0	0	1	1	1	1	1	0
1	1	1	1	1	0	1	1	1	0	0	0	1

表 6-8　例 6-1 状态转移/输出表

Q_3	Q_2	Q_1	原态 S	Q_3^*	Q_2^*	Q_1^*	新态 S^*	状态转换 $S \to S^*$	状态转换时的输出 Z
0	0	0	S_0	0	0	1	S_1	$S_0 \to S_1$	0
0	0	1	S_1	0	1	0	S_2	$S_1 \to S_2$	0
0	1	0	S_2	0	1	1	S_3	$S_2 \to S_3$	0
0	1	1	S_3	1	0	0	S_4	$S_3 \to S_4$	0
1	0	0	S_4	1	0	1	S_5	$S_4 \to S_5$	0
1	0	1	S_5	0	0	0	S_6	$S_5 \to S_6$	1
1	1	0	S_6	1	1	1	S_7	$S_6 \to S_7$	0
1	1	1	S_7	0	0	0	S_0	$S_7 \to S_0$	1

(4) 确定状态转移/输出图。时序电路的状态可以用触发器的输出组合来表示。本例有三级($Q_3Q_2Q_1$)触发器，输出有 8 种组合，即 000、001、010、011、100、101、110、111，因此该电路有 8 个状态，即 $S_0 \sim S_7$，这 8 个状态在状态转移/输出图中用 8 个小圆圈来表示。根据表 6-8 可以画出如图 6-16(a)所示的状态转移/输出图。图中：状态变化用箭头来表示；箭头起点表示原态；指向表示新态；箭头上方分式的分子表示外输入(本例无外输入，故为空)，分母表示电路的输出。

(5) 画波形图。设时序电路起始状态为 S_0，则在时钟作用下该电路的波形图如图 6-12(b)所示。

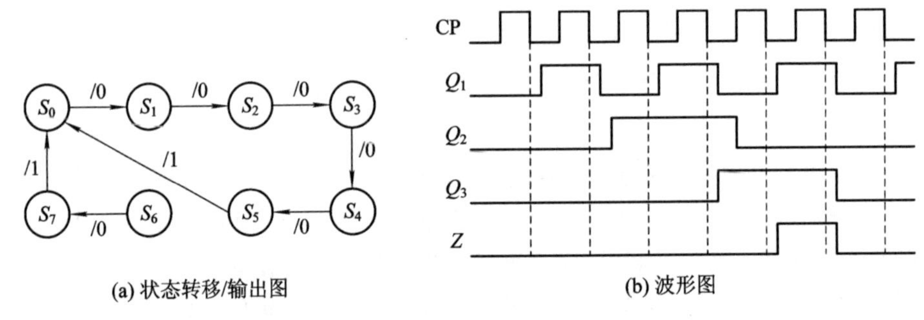

图 6-12　例 6-1 的状态转移/输出图和波形图

(6) 分析逻辑功能。若将触发器的输出端 $Q_3Q_2Q_1=000$ 译码为六进制数的 0，$Q_3Q_2Q_1=001$ 译码为六进制数的 1，以此类推，则 $Q_3Q_2Q_1=101$ 译码为六进制数的 5。Z 视为进位制脉冲(Carry Pulse)，则该电路每 6 个时钟循环一次，并且当第 6 个时钟作用后产生一个进位(Z 输出为 1，由图 6-16 所示的波形图可见，用 Z 的下降沿表示向高位的进位)。S_6、S_7 是无用状态。因此，该电路为六进制计数器，被计数的脉冲是时钟本身。

2. 时钟异步状态机的分析

时钟异步状态机又称为异步时序电路，其中的触发器不是由同一个时钟信号所控制，触发器的状态更新有先有后，因此分析时钟异步状态机时，关键是看不同触发器的时钟信号 CP 何时到达，从而确定触发器的状态是否更新。在具体分析时钟异步状态机时，首先要确定各个触发器的控制时钟 CP，然后写出给定电路的输出方程、触发器的控制输入方程和特征方程，最后根据控制时钟 CP 是否到达，求出在给定输入变量状态和电路状态下，状态机的新态和输出。

6.3.3 时钟同步状态机的设计

时序电路的设计就是已知命题，要求设计出完成该命题的电路，其过程恰好与时序电路分析相反。时钟同步状态机的设计过程大致可以分为下面几个步骤：

(1) 根据题目的逻辑要求，画出原始的状态转移/输出图，构造状态转移/输出表。这种逻辑要求通常是一段文字叙述，根据这些要求找出输入、输出和电路应具备的状态数目，然后画出满足这些要求的状态转移/输出图。根据状态转移/输出图，可以构造出状态转移/输出表。

(2) 状态化简。在第一步所得到的状态图中可能会有多余状态(有时也称为冗余状态)。设计过程中必须去掉这些多余状态，因为它直接关系到电路的繁简。若两个电路状态在相同的输入下有相同的输出，并且转换到同样的一个新态上，则称这两个状态为等价状态。显然，等价状态是可以重复的，可以合并为一个。电路的状态数越少，设计出来的电路也越简单。状态化简的目的就在于将等价状态合并，以求得最简的状态图。

(3) 进行状态分配，建立状态转移/输出表。根据得到的最简状态图中所需的电路状态，确定触发器的个数。时序电路的状态由触发器的状态确定。若设计时序电路时需要 r 个状态，则触发器个数 k 与 r 之间的关系为 $2^k=r$。

例如，设计一个十进制计数器，它需要 10 个状态，则至少 4 个触发器才能满足要求。

状态分配就是给每个状态进行二进制编码，故状态分配又叫状态编码。例如，八进制计数器应有 8 个状态 S_0，S_1，…，S_7，因此需要 3 个触发器。究竟是用 000 表示 S_0，还是用 001 表示 S_1，实际上取 8 个元素 000，001，010，…，111 来排列，共有 40 320 种排法。一般选用的状态编码和它们的排列顺序都遵循一定的规律。状态分配的原则是使逻辑图最简。

将分配的状态变量组合代入最简化的状态转移/输出表，建立状态转移/输出表，它表示在每一种状态输入组合下所需的下一状态的变量组合。

(4) 触发器选型，求出电路的状态方程、激励方程和输出方程。同一个状态转移/输出图若采用不同的触发器实现，往往需要的辅助器件是不一样的，原则上应使辅助器件最少。有时也应考虑使整个系统器件的种类最少，以减少备份。触发器选定之后，就可以根据激励表确定触发器的控制输入方程，根据转移/输出表推导出输出方程。

(5) 检查电路的自启动性。根据得出的方程式，检查电路能否自启动。如果不能自启动，则需要采取措施加以解决。一种解决方法是在电路开始工作时通过预置初态的方法，将电路的状态置成有效状态循环中的某一种；另一种解决方法是通过修改逻辑设计加以解决。

(6) 画逻辑电路图。根据前面求出的能够自启动的输出函数表达式和激励方程，画出逻辑电路图，必要时要画出工作波形图。

【例 6-2】 设计一个不可重复的 101 序列检测器，要求当输入连续出现 101 时输出为 1，否则为 0。

解 (1) 画状态转移/输出图。根据题目要求，本题只有一个输入和一个输出，当输入连续出现 101 时，对应的输出为 001，并且输入和输出都是在时钟脉冲作用下同步工作的。所谓状态可以理解为不同的情况，而状态转移/输出图就是各种情况随时间变化的规律。

设输入信号未到来之前电路的起始状态为 S_0(或称为等待状态)。电路工作之后，进来的第一位信号可能是0，也可能是1。若首先进来的是0，显然不是我们关心的，因此再等待。若第一位信号是1，收到第一个1以后的情况是截然不同的，因此设收到一个1以后的状态为S_1。又由于只收到一个1，不是我们要的检测对象101，所以输出为0。同理，设收到一个1之后再收到一个0的状态为S_2。到这个时刻为止，仅收到10，仍不是检测序列101，输出仍为0。若第二位输入为1，对检测序列而言，第二个1和第一个1没有什么区别，因为它等待的下一个输入信号是0，所以第二个1到来之后它的新态仍为S_1。根据以上原则就可以画出表6-9中的状态转移/输出图。根据状态转移/输出图可以画出表6-9中的状态转移/输出表。

表6-9　例6-2状态转移/输出图和状态转移/输出表

状态转移/输出图	状态转移/输出表	简化后的状态转移/输出图
S_0 0/0 (self); $S_0 \to S_1$ 1/0; S_1 1/0 (self); $S_1 \to S_2$ 0/0; $S_2 \to S_0$ 0/0; $S_2 \to S_3$ 1/1; $S_3 \to S_0$ 0/0; $S_3 \to S_1$ 1/0	(见下表)	S_0 0/0 (self); $S_0 \to S_1$ 1/0; S_1 1/0 (self); $S_1 \to S_3$ 0/0; $S_3 \to S_0$ 1/1 0/0

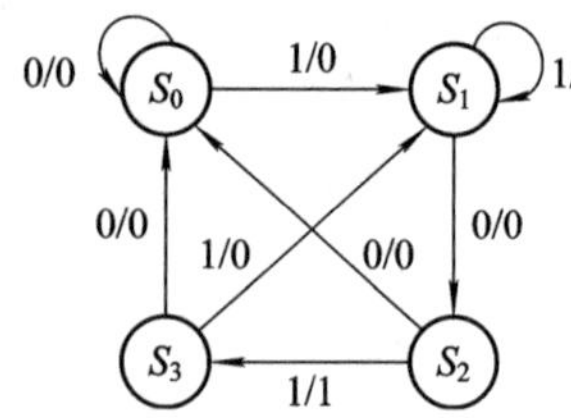

S \ X	0	1
S_0	S_0，0	S_1，0
S_1	S_2，0	S_1，0
S_2	S_0，0	S_3，0
S_3	S_0，0	S_1，0

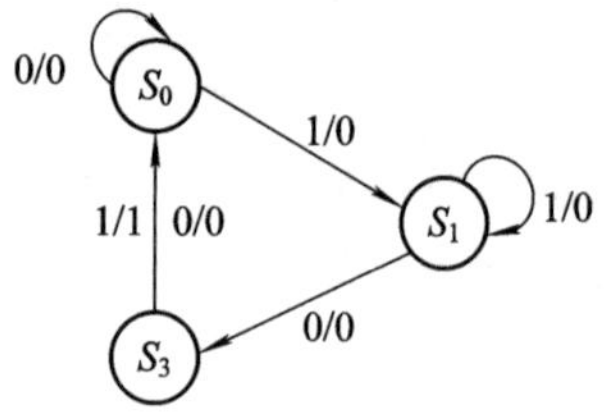

（2）状态化简。分析前面得到的状态转移/输出图是否有多余状态，若有两个状态，当输入相同时输出相同，并且新态也相同(或者新态就是这两个状态本身)，那么，当加入相同的输入序列时会产生相同的输出序列，从外电路看不能区分这两个状态，因此可将这两个状态合并成一个状态。

从表6-9中可知，S_0和S_1可以合并成一个状态，用S_0表示。在表6-9中还给出了合并后的状态转移/输出图。

（3）状态分配。本例有3个状态，至少需要用两个触发器。设触发器输出用Q_2Q_1表示，Q_2Q_1输出有4种情况：00、01、10、11。这里就采用S表示Q_2Q_1，即S_0表示00，S_1表示01，S_2表示10。

（4）触发器选型。用哪种触发器需要的辅助电路最简，必须先做出来，才能进行比较。为此由状态转移/输出表推出状态转移/输出真值表，如表6-10所示。

表6-10　例6-2状态转移/输出真值表

X	Q_2	Q_1	S	Q_2^*	Q_1^*	S^*	$S \to S^*$	Z	J_2	K_2	J_1	K_1	D_2	D_1	T_2	T_1
0	0	0	S_0	0	0	S_0	$S_0 \to S_1$	0	0	ϕ	0	ϕ	0	0	0	0
0	0	1	S_1	1	0	S_2	$S_1 \to S_2$	0	1	ϕ	ϕ	1	1	0	1	1
0	1	0	S_2	0	0	S_0	$S_2 \to S_0$	0	ϕ	1	0	ϕ	0	0	1	0
0	1	1	S_3	ϕ	ϕ	ϕ	$S_3 \to \phi$	ϕ	ϕ	ϕ	ϕ	ϕ	ϕ	ϕ	ϕ	ϕ
1	0	0	S_0	0	1	S_1	$S_0 \to S_1$	0	0	ϕ	1	ϕ	0	1	0	1
1	0	1	S_1	0	1	S_1	$S_1 \to S_1$	0	0	ϕ	ϕ	0	0	1	0	0
1	1	0	S_2	0	0	S_0	$S_2 \to S_0$	1	ϕ	1	0	ϕ	0	0	1	0
1	1	1	S_3	ϕ	ϕ	ϕ	$S_3 \to \phi$	ϕ	ϕ	ϕ	ϕ	ϕ	ϕ	ϕ	ϕ	ϕ

由状态转移/输出真值表可以画出相应的卡诺图，进而求出控制输出方程如下：

$$J_2=\overline{X}Q_1,\ J_1=X\overline{Q}_2$$

$$K_2=1,\ K_1=\overline{X}$$

$$D_2=\overline{X}Q_1,\ D_1=X\overline{Q}_2$$

$$T_2=\overline{X}Q_1+Q_2,\ T_1=X\overline{Q}_2+\overline{X}Q_1$$

$$Z=XQ_2$$

比较控制输入方程可知，D 触发器需要的辅助电路最简，因此选择 D 触发器。

(5) 检查电路的自启动性。本设计需要 3 个状态，而两级触发器有 4 个状态，$Q_2Q_1=11$ 这个状态未用，因此应检查它是不是孤立状态。若由于突然启动或外来因素出现了 $Q_2Q_1=11$，经输入和时钟作用之后，能自动回到有效循环，则该电路是自启动的，否则就是非自启动的，应修改设计。下面分别讨论 $X=0$ 和 $X=1$ 时的情况。

设 $X=0$，若 $Q_2Q_1=11$，根据 $D_2=\overline{X}Q_1$，$D_1=X\overline{Q}_2$，有 $Q_2^*=1$，$Q_1^*=0$，$Z=0$，电路可以回到 $Q_2Q_1=10$ 的状态。

设 $X=1$，若 $Q_2Q_1=11$，同理可求 $D_2=0$，$D_1=0$，进而有 $Q_2^*=0$，$Q_1^*=1$，$Z=1$，电路可以回到 $Q_2Q_1=00$ 的状态。

从以上分析可以看出，无论 X 为 0 或 1，只要经过一个时钟作用，电路就能回到有效循环，因此该电路是自启动的。

(6) 画出逻辑电路图。根据前面求出的能够自启动的输出函数表达式和控制输入方程，画出如图 6－13 所示的逻辑电路图。

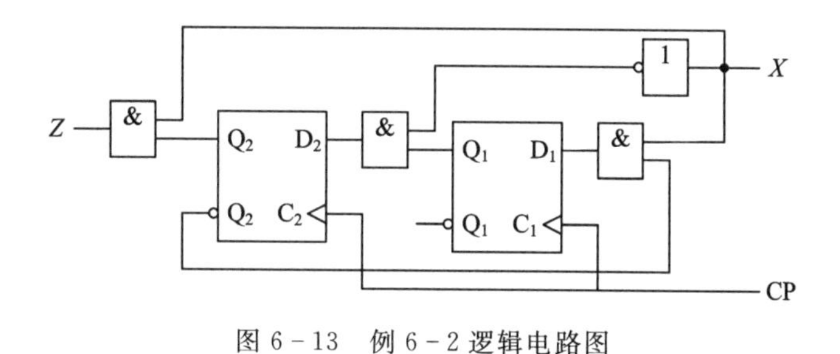

图 6－13　例 6－2 逻辑电路图

6.4　寄存器和移位寄存器

寄存器用于寄存一组二进制代码。因为一个锁存器或触发器能存储 1 位二进制代码，所以用 N 个锁存器或触发器组成的寄存器能存储一组二进制码。对寄存器中的锁存器或触发器只要求可以置 1 或置 0。

移位寄存器(Shift Register)除了具有存储代码的功能之外，还具有移位功能。所谓移位功能，是指寄存器里存储的代码能在移位脉冲的作用下依次左移或右移。它可以由若干个锁存器或触发器连接而成。除第一级外，其他各级的控制输入皆为前级的输出，所有触发器共用一个时钟源。因此，移位寄存器不但可以用来寄存代码，还可以用来实现数据的串行—并行转换、数值的运算以及数据处理等。

1. 由D触发器构成的移位寄存器

图6-14所示为4个D触发器构成的四级左移的移位寄存器。其第一级触发器的输出Q_1作为第二级触发器的控制输入D_2，以后各级照此连接而成。所有触发器共用时钟CP。根据D触发器的逻辑功能可知，D触发器的工作状态依赖于时钟到达之前D输入端所处的状态，而每级触发器的控制输入端D接在前级的输出端Q上，因此在移位脉冲(即时钟CP)到达后，触发器的状态取决于前级触发器在移位脉冲到达前的状态，从而实现移位功能。下面以串行输入二进制代码$ABCD$为例，以触发器作为存储器件，来分析移位寄存器的工作过程。为了分析方便起见，假设在时钟作用前，通过预置初态使图6-14中的所有触发器都处于0态。

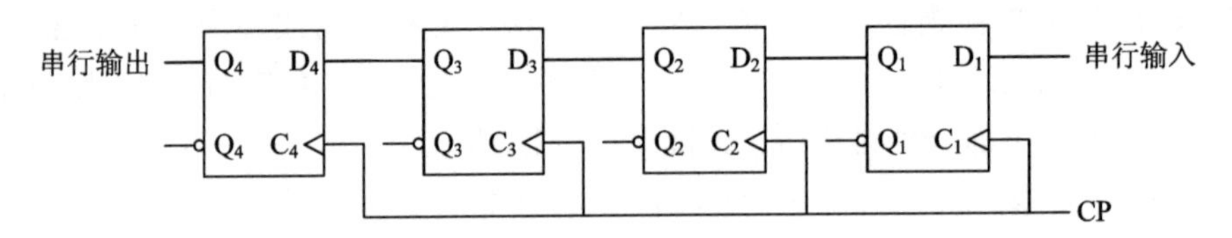

图6-14 由D触发器构成的移位寄存器

由图6-14可知，在第一个时钟到达前，有

$$D_1=A,\ D_2=Q_1=0,\ D_3=Q_2=0,\ D_4=Q_3=0$$

经第一个时钟上升沿作用后，有

$$Q_1^*=D_1=A,\ Q_2^*=D_2=0,\ Q_3^*=D_3=0,\ Q_4^*=D_4=0$$

第二个时钟作用前，有

$$D_1=B,\ D_2=Q_1=A,\ D_3=Q_2=0,\ D_4=Q_3=0$$

经第二个时钟上升沿作用后，有

$$Q_1^*=D_1=B,\ Q_2^*=D_2=A,\ Q_3^*=D_3=0,\ Q_4^*=D_4=0$$

以后以此类推，只要经4个时钟作用，信息$ABCD$全部移入触发器Q_1、Q_2、Q_3、Q_4中。四级移位寄存器工作过程也可以用表6-11来形象说明。这种移位寄存器称为串行输入、串行输出移位寄存器。由以上分析可见，n位串入串出移位寄存器可以使一个信号延迟n个时钟周期后再输出。

表6-11 由D触发器构成的移位寄存器的工作过程

时钟序号	Q_4	Q_3	Q_2	Q_1	串行输入				
0	0	0	0	0	A	B	C	D	ϕ
CP_1	0	0	0	A	B	C	D	ϕ	ϕ
CP_2	0	0	A	B	C	D	ϕ	ϕ	ϕ
CP_3	0	A	B	C	D	ϕ	ϕ	ϕ	ϕ
CP_4	A	B	C	D	ϕ	ϕ	ϕ	ϕ	ϕ

2. 由J-K触发器构成的移位寄存器

图6-15所示为由4个J-K触发器构成的移位寄存器。从逻辑图可知，各J-K触发器实际上完成D触发器的功能，其工作过程与由D触发器构成的移位寄存器的工作过程相似。

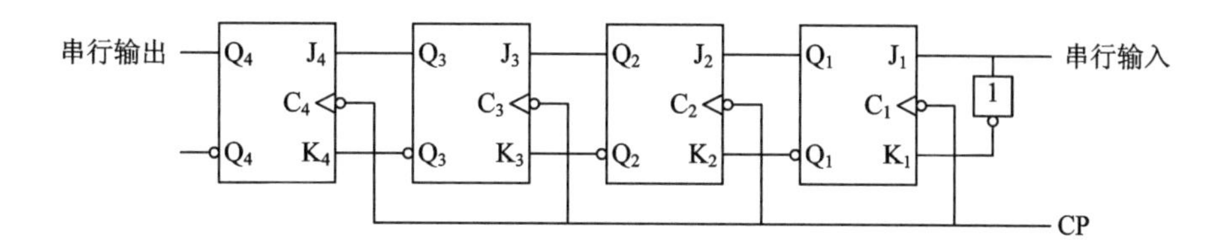

图 6-15　由 J-K 触发器构成的移位寄存器

3. 双向移位寄存器

在某些场合，不仅希望触发器中的信息能够左移，而且也希望可以完成右移功能。信息能够左右移动的移位寄存器叫做双向移位寄存器。当然，在给定的时刻触发器只能完成一种功能，因此必须加控制信号。设控制信号 $M=1$ 时完成左移功能，则

$$Q_i^* = M\,Q_{i-1}$$

$M=0$ 时完成右移功能，则

$$Q_i^* = \overline{M}Q_{i+1}$$

在指定时刻利用控制信号 M 来达到所要求的移位功能，因此

$$Q_i^* = MQ_{i-1} + \overline{M}Q_{i+1}$$

因为 D 触发器 $Q_i^* = D_i$，所以

$$D_i = MQ_{i-1} + \overline{M}Q_{i+1}$$

4. 移位寄存器的应用

移位寄存器最常见的应用就是把并行数据变为串行格式，以便发送或者存储，并且把串行数据变回并行格式，以便处理或显示。

1) 串行至并行变换

串行至并行变换的原理电路如图 6-16 所示。4 个 D 触发器构成左移移位寄存器，其工作过程是：串行信息加在第一级触发器的 D_1 端，经 4 个移位脉冲作用后，串行数据恰好移入 4 个触发器，然后在并行控制输入端加逻辑 1，4 个与门同时输出被存入的信息。这种结构的移位寄存器称为串入并出移位寄存器，这些输出可以用于其他电路。

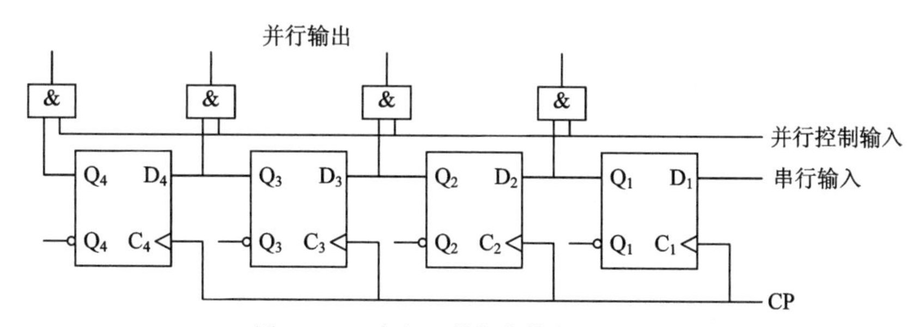

图 6-16　串行至并行变换的原理电路

2) 并行至串行变换

并行至串行变换的原理电路如图 6-17 所示。触发器首先置 0(R_D和并行控制输入端均加逻辑 0)，然后并行数据加在并行输入端，在并行控制输入端加逻辑 1，则并行信息同时存入 4 个 D 触发器中。需要串行移出时，只需在 CP 输入端加上移位脉冲，经 4 个时钟作用后，

串行数据就在 Q_4 端依次移出。这种结构的移位寄存器称为并入串出移位寄存器。如果给并行输入移位寄存器的每一个存储位都设置一个输出，就构成了并入并出移位寄存器。

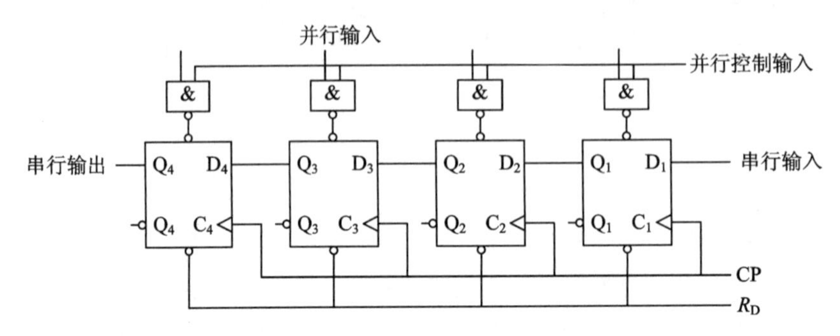

图 6-17 并行至串行变换的原理电路

6.5 计 数 器

在数字系统中使用最多的时序电路要算是计数器了。通常，在状态图中包含有一个循环的任何时钟状态机都可以称为计数器。计数器的模是指在循环中的状态个数。一个有 m 个状态的计数器称为模 m 计数器，有时也称为 m 分频计数器(Divide-by-m Counter)。计数器不仅能用于对时钟脉冲计数，还可以用于分频、定时、产生节拍脉冲和脉冲序列以及进行数字运算等。

计数器的种类繁多，分类方法也不同。如果按计数器中的锁存器/触发器是否同时翻转分类，可以把计数器分为同步计数器(又称为并行计数器)和异步计数器(又称为串行计数器)两种。在同步计数器中，每当时钟脉冲输入时，触发器的翻转是同时发生的。而在异步计数器中，触发器的翻转有先有后，不是同时发生的。如果按计数过程中的数字增减分类，可以把计数器分为加法计数器、减法计数器和可逆计数器(或称为加/减计数器)。随着计数脉冲的不断输入而做递增计数的称为加法计数器，做递减计数的称为减法计数器，可增可减的称为可逆计数器。如果按计数器中数字的编号方式分类，还可以分成二进制计数器、二—十进制计数器、循环码计数器和任意进制计数器等。此外，有时也用计数器的计数容量来区分各种不同的计数器，如十进制计数器、十六进制计数器等。构成计数器的核心电路是存储电路。

6.5.1 同步计数器

同步计数器是将计数脉冲同时引入各级触发器，当输入时钟脉冲触发时，各级触发器的状态同时发生变化。

【例 6-3】 设计一个模等于 8 的二进码同步加法计数器。

解 计数器所能记忆脉冲的最大数目称为该计数器的模，用字母 m 来表示。模即进制的意思，模等于 8 即八进制计数器。二进码指计数器状态按二进制数分配。加法计数是指对被计数的脉冲进行累加。若计数器起始状态为 000，则收到一个计数脉冲后其状态为 001，收到两个计数脉冲后状态变为 010。同步指计数器中各触发器共用时钟。按照时序电路的设计步骤进行如下设计：

(1) 画出状态转移/输出图。八进制计数器共有 8 个状态，且逢八进一，因此可画出如图 6-18 所示的八进制计数器的状态转移/输出图。

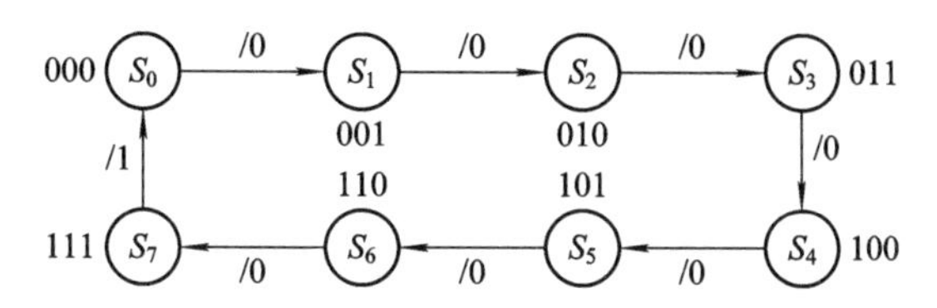

图 6-18　模等于 8 的二进码同步加法计数器状态转移/输出图

(2) 列状态转移/输出真值表。此计数器有 8 个状态，因此需要 3 个触发器。其状态转移/输出表如表 6-12 所示。表中 J_n、K_n、D_n、T_n 的值是由 $Q_n \to Q_n^*$ 的变化要求推导出来的，Z 为进位输出。

表 6-12　模等于 8 的二进码同步加法计数器状态转移/输出真值表

$Q_2Q_1Q_0 \to Q_2^*Q_1^*Q_0^*$	Z	J_2	K_2	J_1	K_1	J_0	K_0	D_2	D_1	D_0	T_2	T_1	T_0
000→001	0	0	ϕ	0	ϕ	1	ϕ	0	0	1	0	0	1
001→010	0	0	ϕ	1	ϕ	ϕ	1	0	1	0	0	1	1
010→011	0	0	ϕ	ϕ	0	1	ϕ	0	1	1	0	0	1
011→100	0	1	ϕ	ϕ	1	ϕ	1	1	0	0	1	1	1
100→101	0	ϕ	0	0	ϕ	1	ϕ	1	0	1	0	0	1
101→110	0	ϕ	0	1	ϕ	ϕ	1	1	1	0	0	1	1
110→111	0	ϕ	0	ϕ	0	1	ϕ	1	1	1	0	0	1
111→000	1	ϕ	1	ϕ	1	ϕ	1	0	0	0	1	1	1

(3) 触发器选型。由状态转移/输出真值表可以画出表示 J_n、K_n、D_n、T_n 分别与 $Q_2Q_1Q_0$ 逻辑关系的卡诺图，进而求出控制输入方程。比较各控制输入方程，可知采用 T 触发器比较简单，因此可以求出

$$T_2 = Q_1Q_0,\ T_1 = Q_0,\ T_0 = 1$$
$$Z = Q_2Q_1Q_0$$

(4) 画逻辑图。根据控制输入方程和外输出方程可以画出八进制计数器的逻辑图，如图 6-19 所示。

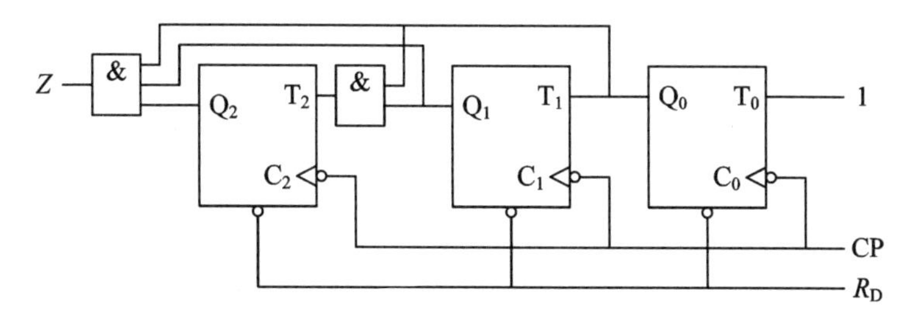

图 6-19　模等于 8 的二进码同步加法计数器的逻辑图

(5) 画波形图。设计出计数器的逻辑电路之后，为了更好地理解计数器的工作过程，以及观察电路是否能达到预期效果，往往需要作出计数器的波形图。本例中八进制计数器的波形如图 6-20 所示。

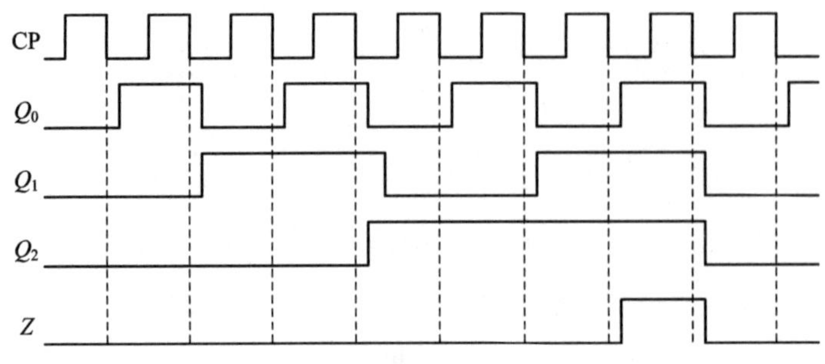

图 6-20　模等于 8 的二进码同步加法计数器的波形图

6.5.2　异步二进制计数器

异步计数器不同于同步计数器，在异步计数器中，各级触发器的状态不是在同一时钟作用下同时发生转移。因此，在分析异步计数器时，必须注意各级触发器的时钟信号。

异步计数器在做加法计数即"加 1"计数时，是采取从低位到高位逐步进位的方式工作的，因此其中的各个触发器不是同步翻转的。

图 6-21 为一个最简单的 4 位二进制异步计数器。该计数器由四级 T 触发器构成，T 触发器在时钟输入的每一个下降沿都会改变状态（即翻转），于是当且仅当前一位由 1 变到 0 后，下一位就会马上翻转。这种结构的计数器称为行波计数器(Ripple Counter)，因为进位信息像波浪一样由低位到高位，每次传送一位。

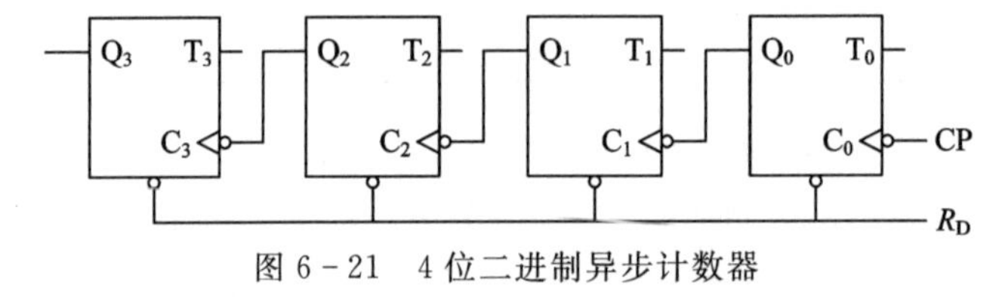

图 6-21　4 位二进制异步计数器

由图 6-21 可见，四级触发器的时钟依次分别为输入脉冲 CP、Q_0、Q_1 和 Q_2。各级触发器的激励输入 T 均为 1。由此，可推出各级触发器的状态转移方程为

$$Q_0^* = T_0\,\overline{Q}_0 + \overline{T}_0 Q_0 = \overline{Q}_0,\quad Q_1^* = T_1\,\overline{Q}_1 + \overline{T}_1 Q_1 = \overline{Q}_1$$

$$Q_2^* = T_2\,\overline{Q}_2 + \overline{T}_2 Q_2 = \overline{Q}_2,\quad Q_3^* = T_3\,\overline{Q}_3 + \overline{T}_3 Q_3 = \overline{Q}_3$$

由该方程组可得状态转移表，如表 6-13 所示。

表 6-13　异步二进制计数器的状态转移表

$Q_3Q_2Q_1Q_0 \to Q_3^*Q_2^*Q_1^*Q_0^*$	Z	$Q_3Q_2Q_1Q_0 \to Q_3^*Q_2^*Q_1^*Q_0^*$	Z
0000→0001	0	1000→1001	0
0001→0010	0	1001→1010	0
0010→0011	0	1010→1011	0
0011→0100	0	1011→1100	0
0100→0101	0	1100→1101	0
0101→0110	0	1101→1110	0
0110→0111	0	1110→1111	0
0111→0000	0	1111→0000	1

由图 6-22 可以清楚地看到，从初态 0000 开始，每输入一个计数脉冲，计数器的状态按二进制递增(加 1)，输入第 16 个计数脉冲后，计数器又回到 0000 状态，因此它是 2^4 进制的加法计数器，也称为模 16 加法计数器。

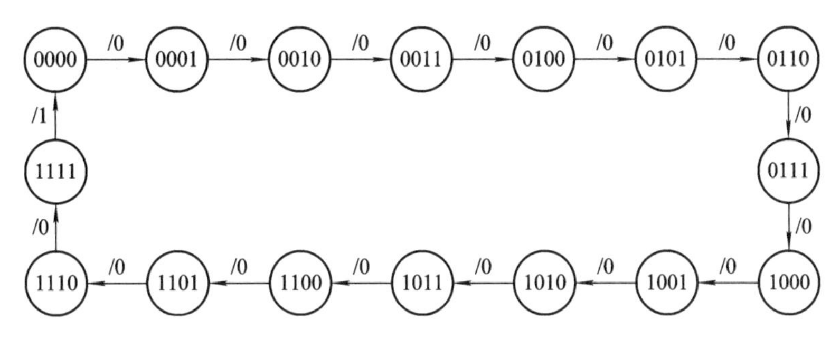

图 6-22　4 位异步二进制计数器状态转移/输出图

6.5.3　异步 N 进制计数器

非 2^n 进制异步计数器一般都称为异步任意进制计数器，或称为异步 N 进制计数器。由于异步计数器中各触发器不是共用时钟，在设计时必须先选定时钟，所以异步计数器的设计比同步计数器复杂。下面通过实例说明异步 N 进制计数器的设计方法。

【例 6-4】 设计一个模 10 的 8421BCD 码异步加法计数器。

解　(1) 画状态转移/输出图和波形图，如图 6-23 所示。

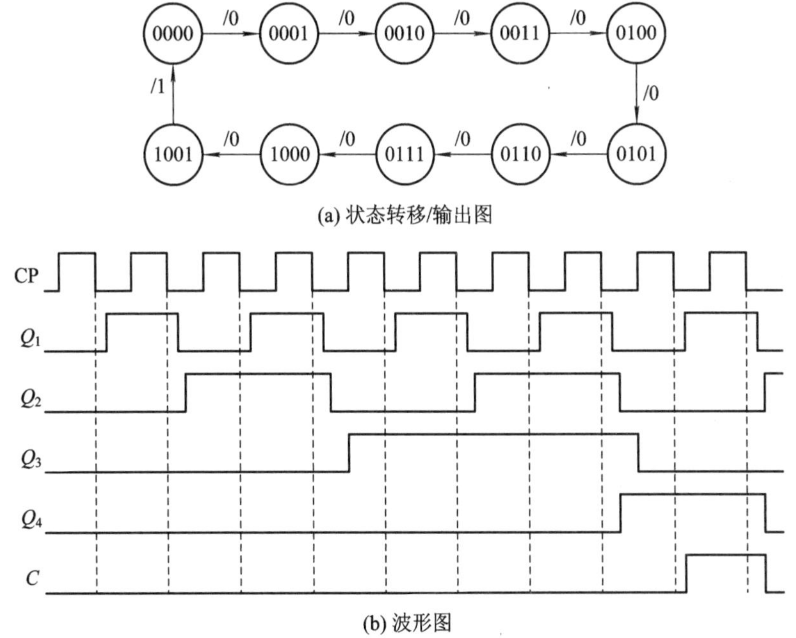

图 6-23　例 6-4 模 10 异步加法计数器的设计

(2) 求 CP。从图 6-23(b)中可以看出，每输入一个被计数的脉冲(CP)，第 1 级触发器即翻转一次，因此第 1 级时钟 $CP_1=CP$。第 2 级状态更新时，第 1 级都可提供时钟条件，因此 $CP_2=Q_1$。同理 $CP_3=Q_2$。但 CP_4 不能用 Q_3，因为状态从 1001→0000 时，Q_3 不能提供时钟条件，所以 CP_4 只能用 Q_1，即 $CP_4=Q_1$。

（3）列状态转移/输出真值表。由状态转移/输出图和时钟条件，可列出如表 6－14 所示的状态转移/输出真值表，“ * ”表示有触发器发生翻转，存在时钟条件。若选择 J-K 触发器，则在有时钟条件的地方，触发器状态更新，触发器激励输入端有效，J、K 端按同步状态转移/输出真值表填写；在没有时钟条件的地方，触发器状态保持不变，触发器激励输入端无效，J、K 端填写随意 ϕ。

表 6－14　例 6－4 的 8421BCD 十进制码异步加法计数器的状态转移/输出真值表

CP	$S \to S^*$	Q_4	Q_3	Q_2	Q_1	Q_4^*	Q_3^*	Q_2^*	Q_1^*	J_4	K_4	J_3	K_3	J_2	K_2	J_1	K_1
1	$S_0 \to S_1$	0	0	0	0	0	0	0	1	ϕ	ϕ	ϕ	ϕ	ϕ	ϕ	1	ϕ
2	$S_1 \to S_2$	0	0	0	1	0	0	1	0	0	ϕ	ϕ	ϕ	ϕ	1	ϕ	1
3	$S_2 \to S_3$	0	0	1	0	0	0	1	1	ϕ	ϕ	ϕ	ϕ	ϕ	ϕ	1	ϕ
4	$S_3 \to S_4$	0	0	1	1	0	1	0	0	0	ϕ	1	ϕ	ϕ	1	ϕ	1
5	$S_4 \to S_5$	0	1	0	0	0	1	0	1	ϕ	ϕ	ϕ	ϕ	ϕ	ϕ	1	ϕ
6	$S_5 \to S_6$	0	1	0	1	0	1	1	0	0	ϕ	ϕ	ϕ	1	ϕ	ϕ	1
7	$S_6 \to S_7$	0	1	1	0	0	1	1	1	ϕ	ϕ	ϕ	ϕ	ϕ	ϕ	1	ϕ
8	$S_7 \to S_8$	0	1	1	1	1	0	0	0	1	ϕ	ϕ	1	ϕ	1	ϕ	1
9	$S_8 \to S_9$	1	0	0	0	1	0	0	1	ϕ	ϕ	ϕ	ϕ	ϕ	ϕ	1	ϕ
10	$S_9 \to S_0$	1	0	0	1	0	0	0	0	ϕ	1	ϕ	ϕ	0	ϕ	ϕ	1

（4）求控制输入方程。由状态转移/输出真值表可以画出表示 J_n、K_n 和 C_n 分别与 $Q_4Q_3Q_2Q_1$ 逻辑关系的卡诺图，进而求得

$$J_4 = Q_3Q_2,\quad K_4=1,\quad J_3=K_3=1,\quad J_2=\bar{Q}_4,\quad K_2=1,\quad J_1=K_1=1,\quad C = Q_4Q_1$$

（5）检查电路自启动性。本电路设计用到了 4 个触发器，仅使用了 15 个状态中的 10 个状态，还有 6 个状态没有使用。

根据上面已求出的控制输入方程，可以得到如表 6－15 所示的无效状态转移/输出表。

表 6－15　例 6－4 的 8421BCD 十进制码异步加法计数器无效状态转移/输出表

Q_4	Q_3	Q_2	Q_1	Q_4^*	Q_3^*	Q_2^*	Q_1^*
1	0	1	0	1	0	1	1
1	0	1	1	0	1	0	0
1	1	0	0	1	1	0	1
1	1	0	1	0	1	0	0
1	1	1	0	1	1	1	1
1	1	1	1	0	0	0	0

由此可以画出图 6－24 所示该计数器的全状态图。

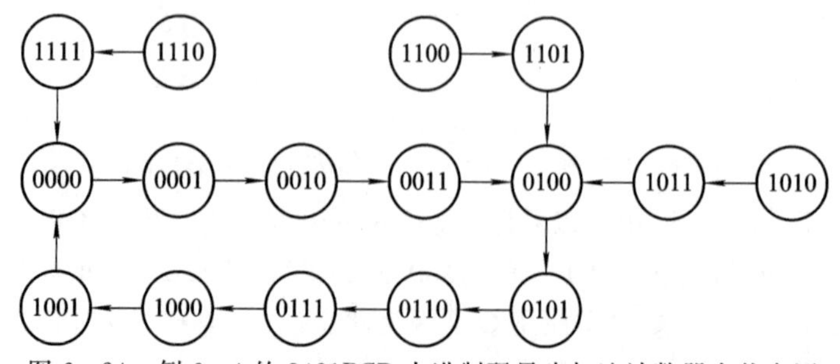

图 6－24　例 6－4 的 8421BCD 十进制码异步加法计数器全状态图

由图 6-24 可以看出，该状态转移/输出图只有一个圈，其余都是枝，因此所设计的电路为自启动的。

(6) 画逻辑电路图，如图 6-25 所示。

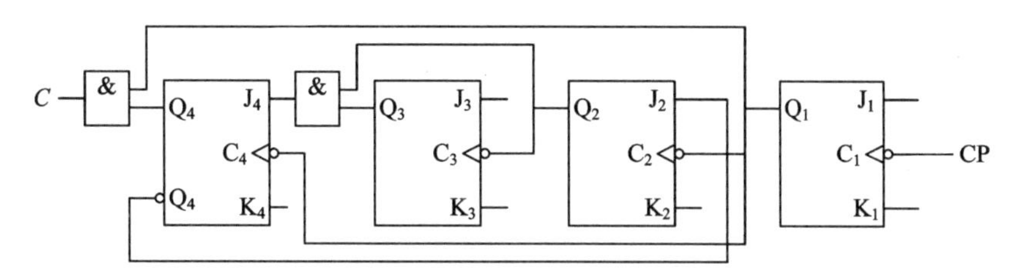

图 6-25 例 6-4 的 8421BCD 十进制码异步加法计数器逻辑电路图

6.6 555 定时器及其应用

555 定时器是一种将模拟和数字电路集成于同一硅片的混合中规模集成电路，只需要添加有限的外围元器件，就可以极其方便地构成许多实用的电子电路，如施密特触发器、单稳态触发器和多谐振荡器等。由于 555 定时器使用灵活方便，加上性能优良，因而在波形的产生与变换、信号的测量与控制、家用电器和电子玩具等许多领域中得到了广泛应用。

国外该集成电路的典型产品型号有 NE555、LM555、XR555、CA555、RC555、LC555 等，国内产品型号有 CB555、SL555、FX555、FD555 等。它们的内部功能结构和引脚排列序号都相同，因此可以在使用时相互替换。

6.6.1 555 定时器的电路结构

图 6-26 所示的是国产双极型定时器 CB555 的电路结构，图中虚线内的阿拉伯数字为器件外部引出端的编号。

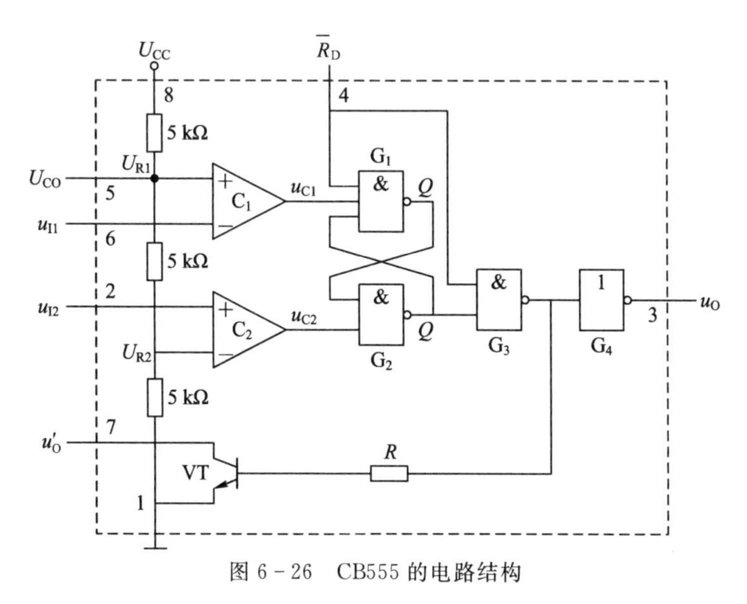

图 6-26 CB555 的电路结构

由图 6-26 可以看出，555 定时器主要由以下几个部分组成：

(1) 电压比较器。C_1和C_2是两个结构完全相同的高精度电压比较器。当比较器的同相输入端U_+大于它的反相输入端U_-时，其输出为高电平；反之，当$U_+ < U_-$时，其输出为低电平。

(2) 分压器。由 3 个阻值为 5 kΩ 的电阻串联构成分压器，从而为两个电压比较器C_1和C_2提供参考电压U_{R1}和U_{R2}。当引脚 5 外接固定电压U_{CO}时，$U_{R1}=U_{CO}$，$U_{R2}=(1/2)U_{CO}$。当引脚 5 不加控制电压时，C_1和C_2的参考电压分别为$U_{R1}=(2/3)U_{CC}$，$U_{R2}=(1/3)U_{CC}$。当引脚 5 不加控制电压时，一般不可悬空，可通过一个小电容(如 0.01～0.1 μF)接地，以防止旁路高频干扰。

(3) R-S 锁存器。由与非门G_1和G_2构成 R-S 锁存器，它的状态由两个电压比较器的输出来控制。其中，$\bar{R}_D$是专门设置的可从外部直接异步置 0 复位端，低电平有效。

(4) 泄放三极管。三极管 VT 是集电极开路输出三极管，为外接电容提供充、放电回路，称为泄放三极管。门G_3输出 1 时，VT 导通；反之，VT 截止。

(5) 反相器。反相器G_4为输出缓冲反相器，它的设计考虑了有较大的驱动电流能力，同时，还可隔离负载对定时器的影响，起整形作用。

6.6.2 555 定时器的引脚用途及工作原理

在图 6-26 中，555 定时器的各引脚功能如下：

(1) 4 脚为复位输入端($\bar{R}_D$)。当$\bar{R}_D$为低电平时，不管其他输入端的状态如何，输出u_O为低电平。正常工作时，应将$\bar{R}_D$接高电平。

(2) 5 脚为电压控制端。当不加控制电压时，比较器C_1和C_2的参考电压分别为$U_{R1}=(2/3)U_{CC}$，$U_{R2}=(1/3)U_{CC}$。

(3) 2 脚为触发器输入端，6 脚为阈值输入端，两端的电位高低控制比较器C_1和C_2的输出，从而控制 R-S 锁存器，决定u_O输出状态，如表 6-16 所示。

表 6-16 555 定时器的功能表

输入			输出	
$\bar{R}_D$	u_{I1}	u_{I2}	u_O	VT
0	×	×	低	导通
1	$>\frac{2}{3}U_{OC}$	$>\frac{1}{3}U_{OC}$	低	导通
1	$<\frac{2}{3}U_{OC}$	$>\frac{1}{3}U_{OC}$	不变	不变
1	$<\frac{2}{3}U_{OC}$	$<\frac{1}{3}U_{OC}$	高	截止
1	$>\frac{2}{3}U_{OC}$	$<\frac{1}{3}U_{OC}$	高	截止

由图 6-26 可知，当$\bar{R}_D$为高电平时：

(1) 当$u_{I1}>U_{R1}$且$u_{I2}>U_{R2}$时，比较器C_1的输出$u_{C1}=0$，比较器C_2的输出$u_{C2}=1$，R-S 锁存器被置为 0，VT 导通，同时u_O为低电平。

(2) 当$u_{I1}<U_{R1}$且$u_{I2}>U_{R2}$时，比较器C_1的输出$u_{C1}=10$，比较器C_2的输出$u_{C2}=1$，

R-S锁存器状态保持不变，从而 VT 的状态保持不变，同时 u_O的状态也保持不变。

(3) 当 $u_{I1}<U_{R1}$且 $u_{I2}<U_{R2}$时，比较器 C_1的输出 $u_{C1}=1$，比较器 C_2的输出 $u_{C2}=0$，R-S锁存器设置为 1，VT 截止，同时 u_O为高电平。

(4) 当 $u_{I1}>U_{R1}$且 $u_{I2}<U_{R2}$时，比较器 C_1的输出 $u_{C1}=0$，比较器 C_2的输出 $u_{C2}=0$，R-S锁存器 $Q=\bar{Q}=1$，VT 截止，同时 u_O为高电平。

555 定时器能在很宽的电源电压范围内工作，并可承受较大的负载电流。双极型 555 定时器的电源电压范围为 4.5～18 V，最大负载电流可达到 200 mA，可直接驱动继电器、发光二极管、扬声器、指示灯等，但其静态功耗较大。555 定时器的各种应用十分广泛，由它可构成施密特触发器、单稳态触发器和多谐振荡器等脉冲单元电路。

6.6.3　施密特触发器及由 555 定时器构成的施密特触发器

施密特触发器是具有回差特性的数字传输门，它具有以下特点：

(1) 施密特触发器输出有两种稳定状态——0 态和 1 态。

(2) 施密特触发器采用电平触发，也就是说，它输出是高电平还是低电平取决于输入信号的电平。

(3) 对于正向和负向增长的输入信号，电路有不同的阈值电平 U_{T+} 和 U_{T-}。当输入信号电压 u_I上升时，与 U_{T+} 比较，大于 U_{T+}，输出状态翻转；当输入信号电压 u_I下降时，与 U_{T-} 比较，小于 U_{T-}，输出状态翻转。这是施密特触发器最主要的特点，是与普通电压比较器的区别所在。

施密特触发器分为同相施密特触发器和反相施密特触发器两种。同相施密特触发器和反相施密特触发器的电压传输特性如图 6－27 所示。

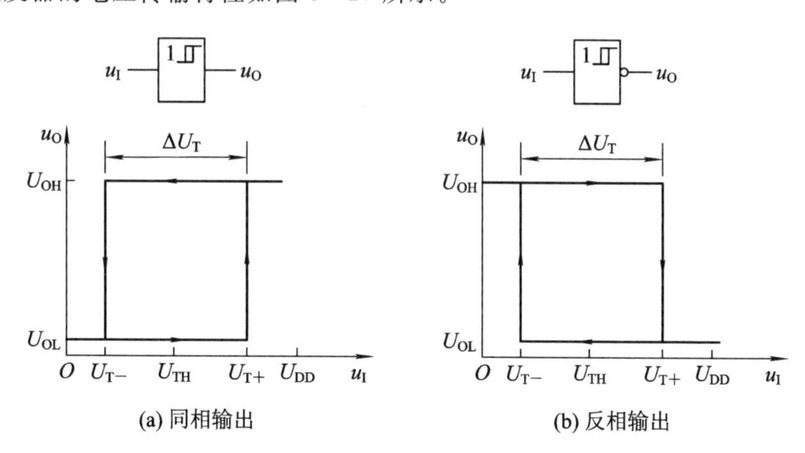

图 6－27　施密特触发器的电压传输特性

施密特触发器的主要参数如下：

(1) 上限阈值电压 U_{T+}：输入信号电压 u_I上升过程中，输出电压 u_O状态翻转时，所对应的输入电压值。

(2) 下限阈值电压 U_{T-}：输入信号电压 u_I下降过程中，输出电压 u_O状态翻转时，所对应的输入电压值。

(3) 回差电压 ΔU_T：U_{T+} 和 U_{T-}之间的差值，用 ΔU_T 表示，即 $\Delta U_T=U_{T+}-U_{T-}$。

两次触发电平的不一致性称为施密特触发器的回差特性，又称为滞迟特性，这正是施密特触发器最重要的电气特性。正是由于施密特触发器具有回差特性，所以与电压比较器相比，施密特触发器具有较强的抗干扰能力。施密特触发器的回差电压越大，电路的抗干扰能力也越强，但灵敏度会相应降低。

555 定时器可以很方便地构成施密特触发器。由 555 定时器构成的施密特触发器电路如图 6-28 所示。图中，555 定时器的两个电压比较器输入端 u_{I1}(6)和 u_{I2}(2) 连在一起作为信号输入端；清 0 端$\overline{R}_D$(4)接高电平 U_{CC}；U_{CO}(5)端对地接 0.01 μF 电容，起滤波作用，为的是提高比较器参考电压 U_{R1}和 U_{R2}的稳定性。这样，输入信号 u_I的大小将直接影响 555 定时器两个电压比较器 C_1和 C_2的输出，进而影响电路的输出状态。

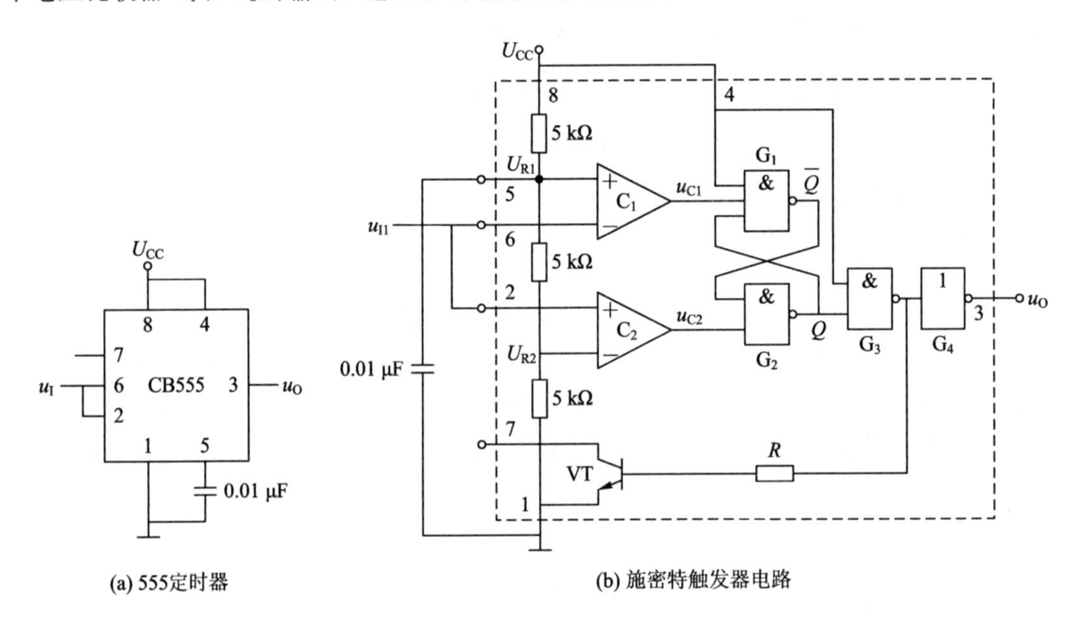

图 6-28　由 555 定时器构成的施密特触发器电路

由 555 定时器构成的施密特触发器的工作原理如下(图 6-29 为相应的电压波形图)：

(1) 输入信号 u_I从 0 逐渐升高的过程：

当 $u_I<\frac{1}{3}U_{CC}$时，$u_{C1}=1$，$u_{C2}=0$，$Q=1$，故 u_O输出高电平。

当$\frac{1}{3}U_{CC}<u_I<\frac{2}{3}U_{CC}$，$u_{C1}=1$，$u_{C2}=0$，$Q=1$，故 u_O保持不变，输出仍然为高电平。

当 $u_I>\frac{2}{3}U_{CC}$时，$u_{C1}=0$，$u_{C2}=1$，$Q=0$，故 u_O输出低电平。

因此 $U_{T+}=\frac{2}{3}U_{CC}$。

(2) 输入信号 u_I从 $u_I>\frac{2}{3}U_{CC}$逐渐下降的过程：

当 $u_I>\frac{2}{3}U_{CC}$时，$u_{C1}=0$，$u_{C2}=1$，$Q=0$，故 u_O输出低电平。

当$\frac{1}{3}U_{CC}<u_I<\frac{2}{3}U_{CC}$时，$u_{C1}=1$，$u_{C2}=1$，故 u_O保持不变，仍然输出低电平。

当 $u_I < \frac{1}{3}U_{CC}$ 时，$u_{C1}=1$，$u_{C1}=0$，$Q=1$，故 u_O 输出高电平。

因此，$U_{T-}=\frac{1}{3}U_{CC}$。

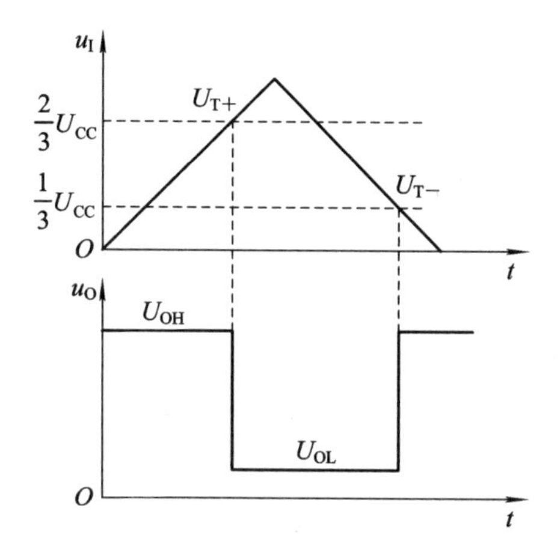

图 6-29　由 555 定时器构成的施密特触发器的电压波形图

由此可以得到电路的回差电压为

$$\Delta U_T = U_{T+} - U_{T-} = \frac{2}{3}U_{CC} - \frac{1}{3}U_{CC} = \frac{1}{3}U_{CC}$$

利用施密特触发器的回差特性，可以将输入三角波、正弦波、锯齿波等缓慢变化的周期信号变换成矩形脉冲输出。

图 6-30 是把正弦波变成矩形波的例子，即将一个正弦信号加到施密特触发器的输入端，可得到频率相同的方波信号，而方波的脉冲宽度可通过控制回差值来改变。

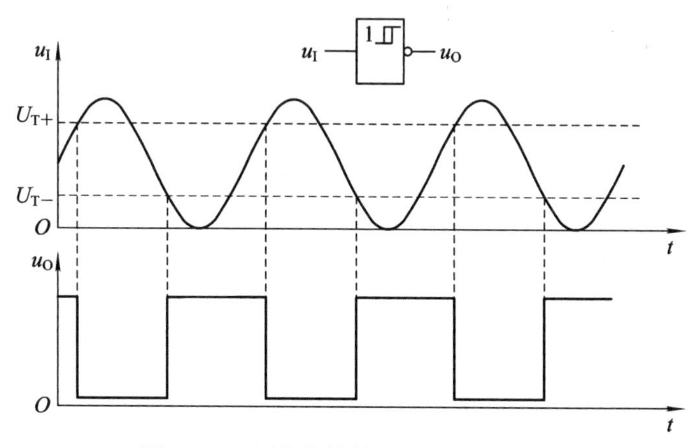

图 6-30　用施密特触发器实现波形变换

图 6-31 是用施密特触发器实现脉冲鉴幅的例子。由于施密特触发器的状态取决于输入信号电平的高低，因此可通过调整电路的 U_{T+} 和 U_{T-} 来鉴别输入脉冲的幅度。在图 6-31 中，施密特触发器被用作幅度鉴别器，电路的输入信号是一系列幅度各异的脉冲信号，只有那些幅度大于 U_{T-} 的脉冲才在输出端产生输出信号。

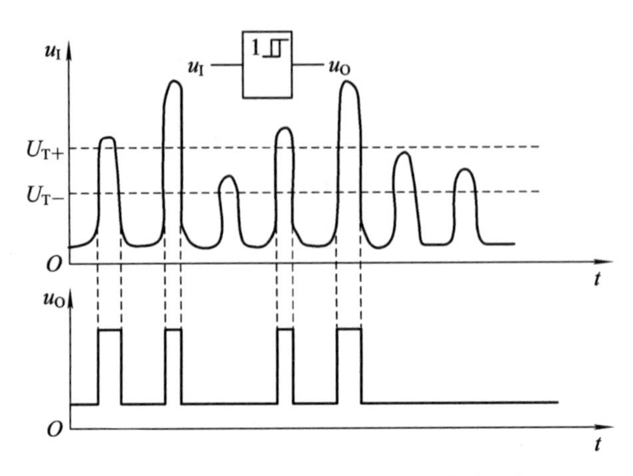

图 6-31 用施密特触发器实现脉冲鉴幅

图 6-32 是用施密特触发器实现脉冲整形的例子。在数字系统中，当矩形脉冲在传输过程中发生畸变或受到干扰而变得不规则时，可利用施密特触发器的回差特性将其整形，进而获得比较理想的矩形脉冲波。在图 6-32 中，只要施密特触发器的 U_{T+} 和 U_{T-} 设置得合适，均能得到满意的整形效果。

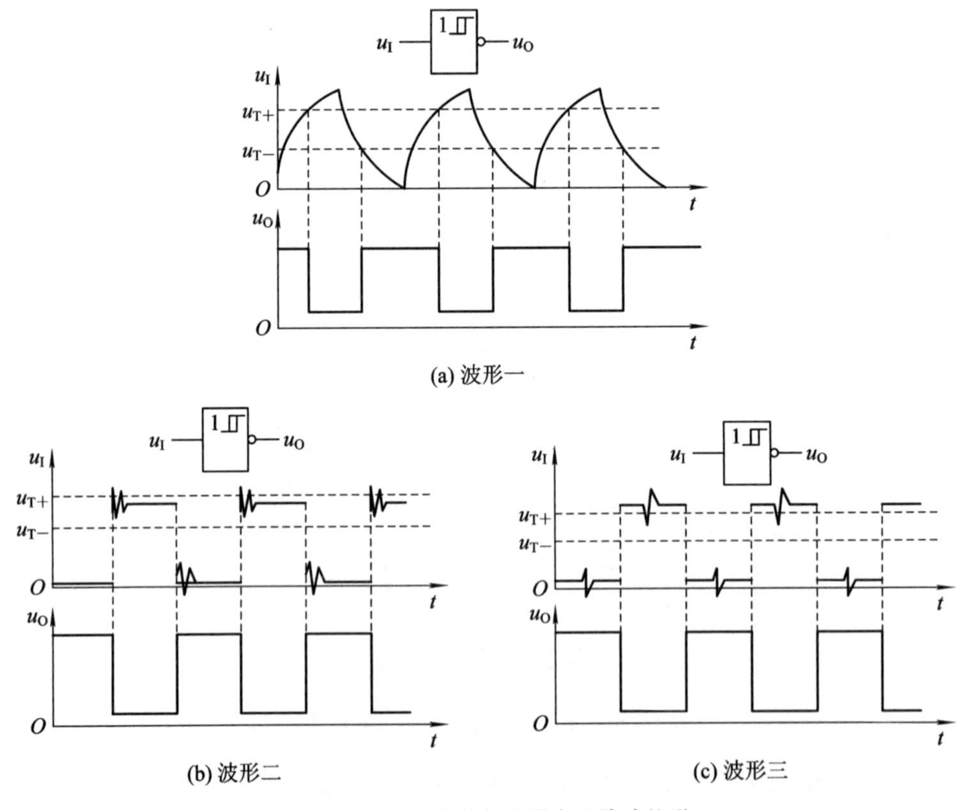

图 6-32 用施密特触发器实现脉冲整形

图 6-33 是自动光控照明灯电路。图中的 555 定时器构成了施密特触发器。当白天外界的光线较强时，光敏电阻器 R_L 呈低电阻，555 定时器 2 脚、6 脚为高电平，$u_I>(2/3)U_{CC}$，故

555 定时器 3 脚输出低电平，继电器 K 不动作，路灯 EL 不亮。当夜晚来临时，光敏电阻器 R_L 呈高电阻，555 定时器 2 脚、6 脚为低电平，$u_I<(1/3)U_{CC}$，故 555 定时器 3 脚输出变为高电平，继电器 K 通电吸合，其常开触点 K_1 闭合，路灯 EL 通电发光。图中的 R_1 与 C_1 组成干扰脉冲吸收电路，可防止短暂强光(如雷电闪光等)干扰电路的正常工作。由于 555 定时器构成的施密特触发器具有 $(1/3)U_{CC}$ 的回差电压，从而可避免继电器在光控临界点处频繁跳动而造成路灯 EL 不断闪亮。

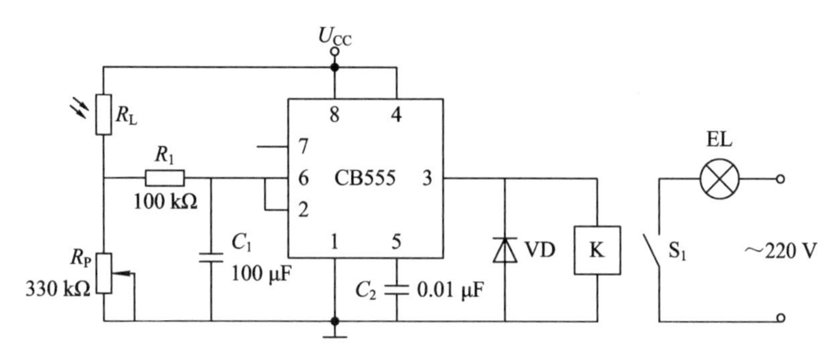

图 6-33　施密特触发器用于自动光控照明灯电路

6.6.4　单稳态触发器及由 555 定时器构成的单稳态触发器

单稳态触发器(One-shot Monostable Multivibrator)又称为单稳态振荡器(Monostable Multivibrator)，是广泛应用于脉冲整形、延时和定时的常用电路。它具有以下特点：

(1) 有稳态和暂稳态两个不同的工作状态。

(2) 在外界触发脉冲的作用下，能从稳态翻转到暂稳态，在暂稳态维持一段时间以后，再自动返回稳态。

(3) 暂稳态维持时间的长短取决于电路本身的参数，与触发脉冲的宽度和幅度无关。

单稳态触发器在实际生活中有许多应用的例子。例如，楼道灯控制系统，平时楼道灯不亮，当人走过(相当于外部加了一个触发信号)时，楼道灯点亮，过了一定时间后自动熄灭。显然，楼道灯有两种状态，灭的状态为稳态，亮的状态为暂稳态。

图 6-34 为单稳态触发器电路的输入、输出电压波形。

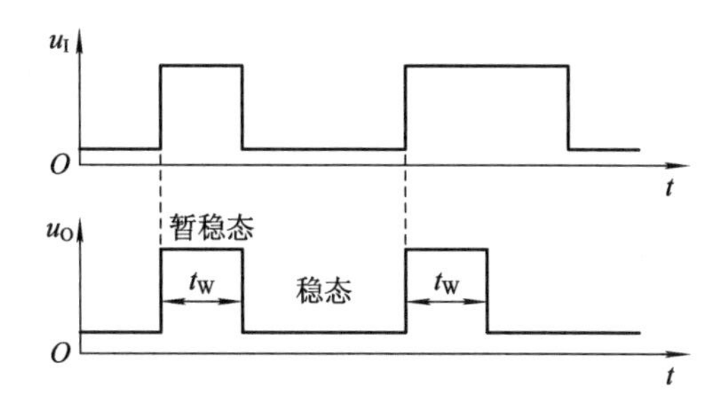

图 6-34　单稳态触发器电路的输入、输出电压波形

单稳态触发器有下列主要参数：

(1) 输出脉冲宽度 t_W：输出端维持暂稳态的时间，由电路本身的参数决定，与触发脉冲的宽度和幅度无关。

(2) 最小工作周期 T_{min}：在暂稳态期间，电路不响应触发信号，因此，两个触发信号之间的最小时间间隔 $T_{min}>t_W$。

图 6-35 为由 555 定时器构成的单稳态触发器电路。其工作原理如下：

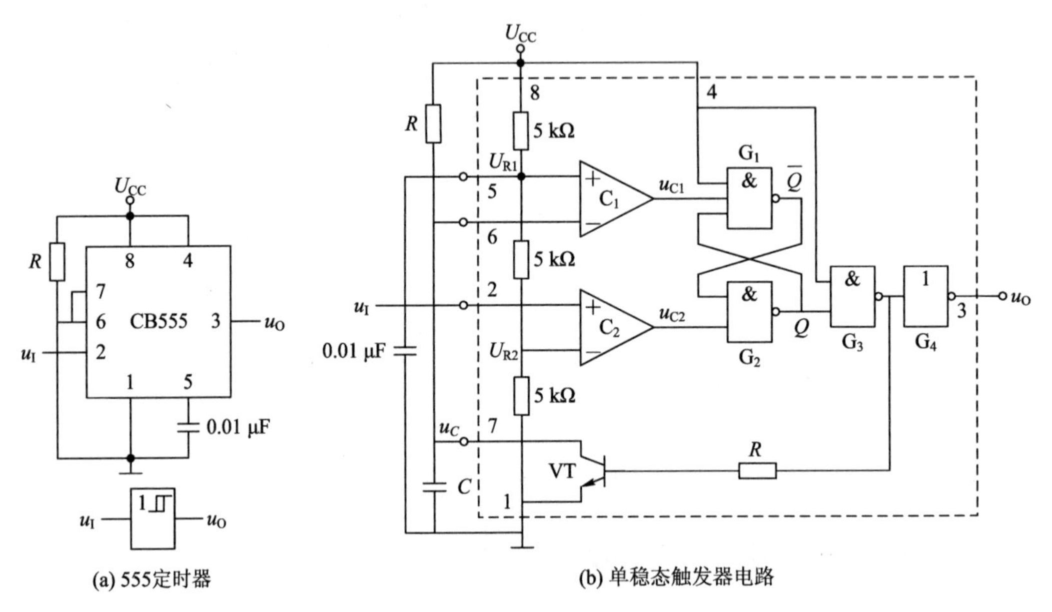

图 6-35　由 555 定时器构成的单稳态触发器电路

(1) 无触发信号输入(u_I为高电平)时电路工作在稳定状态。假定接通电源时，R-S 锁存器处于$Q=0$ 的状态，输出高电平，则 VT 导通，电容 C 经 VT 迅速放电，$u_C\approx0$。同时 u_I 为高电平，则 $u_{C1}=u_{C2}=1$，$Q=0$，故电路维持在稳定状态，即 $u_O=0$。假定接通电源时，R-S 锁存器处于 $Q=1$ 的状态，则 VT 截止，U_{CC}经 R 向电容 C 充电，当 $u_C=(2/3)U_{CC}$时，$u_{C1}=0$，于是 $Q=0$，接着 VT 导通，电容 C 经 VT 迅速放电，$u_C\approx0$。此后，由于 $u_{C1}=u_{C2}=1$，$Q=0$，电路维持在稳定状态，即 $u_O=0$。

(2) u_I 下降沿触发，电路由稳态转入暂稳态。u_I 下降沿到达时，使 $u_{C1}=1$，$u_{C2}=0$，R-S 锁存器被置 1，即 $Q=1$，故 u_O跳变为高电平，电路进入暂态。同时，VT 截止，U_{CC}经 R 向电容 C 充电。

(3) 暂稳态的维持时间。u_C由 0 V 开始充电，当充到 $u_C=(2/3)U_{CC}$时，$u_{C1}=0$。如果此时 u_I 已回到高电平，则 $Q=0$，电路输出回到稳定状态，即 $u_O=0$。同时，VT 导通，电容 C 经 VT 迅速放电，$u_C\approx0$。输出脉冲的宽度 t_W等于暂态的持续时间，而暂稳态的持续时间取决于外接的电阻 R 和电容 C 的大小。t_W等于电容电压在充电过程中从 0 上升到$(2/3)U_{CC}$所需要的时间。根据暂态过程的三要素法可得

$$t_W=R\ln\frac{U_{CC}-0}{U_{CC}-(2/3)U_{CC}}=R\ln3\approx1.1RC$$

通常 R 的取值在几百欧到几兆欧之间，电容的取值在几百皮法到几百微法之间。

单稳态触发器能够把不规则的输入信号 u_I 整形成为幅度和宽度都相同的标准矩形脉冲 u_O，u_O的幅度取决于单稳态电路输出的高、低电平，宽度取决于暂稳态时间 t_W。用单稳态触发器实现脉冲整形如图 6-36 所示。

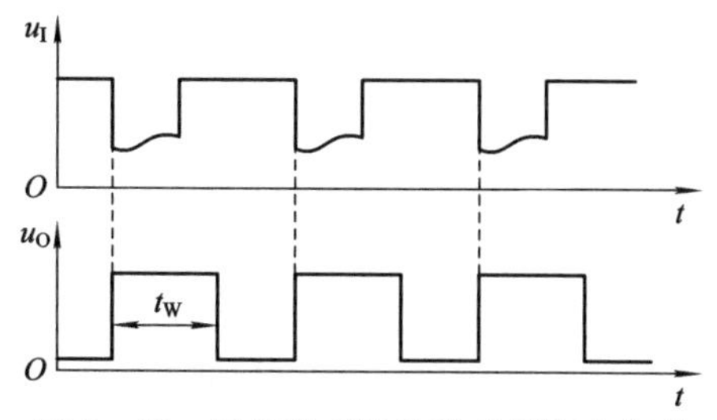

图 6-36 用单稳态触发器实现脉冲整形

由于单稳态触发器一经触发，电路进入暂稳态，暂稳态的时间由外接元件 R、C 决定，而调节 R、C 可产生比触发脉冲宽度长得多的暂稳态维持时间，因此单稳态触发器常用于延时或定时。光控照明灯电路如图 6-37 所示。当楼道无人走过时，VL 发出的红外光使 VTL_1 导通，则 555 定时器的 2 脚为高电平，3 脚输出低电平，电路为稳定状态。继电器 K 不动作，路灯 EL 不亮。当楼道有人走过时，VL 发出的红外光被遮挡，VTL_1 截止，则 555 定时器的 2 脚变为低电平，3 脚输出高电平，电路进入暂稳态。继电器 K 通电吸合，常开触点 K_1 闭合，路灯 EL 通电发光。光照延时时间等于单稳态触发器输出脉冲宽度 t_W，即光照延时时间为

$$t_W \approx 1.1RC = 1.1 \times 2 \times 10^{-6} \times 4.7 \times 10^{6} = 10.34\ \text{s}$$

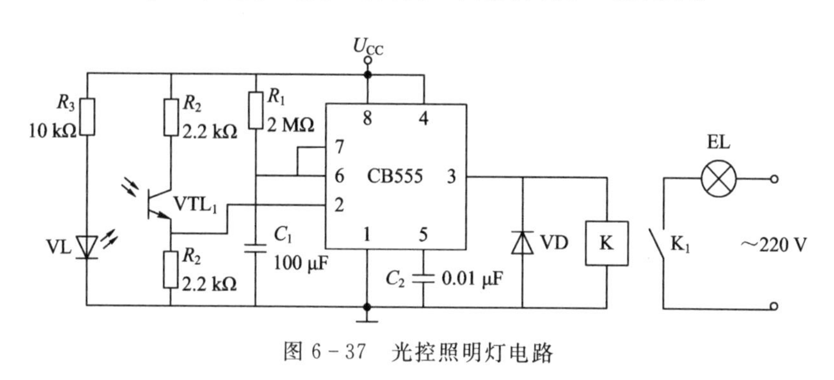

图 6-37 光控照明灯电路

6.6.5 多谐振荡器及由 555 定时器构成的多谐振荡器

多谐振荡器是一种自激振荡器。在接通电源后，不需要外加触发信号，便能自动产生矩形波形。由于矩形波中含有高次谐波，故把矩形波振荡器称为多谐振荡器。它具有以下特点：

(1) 电路的输出高电平和低电平的切换是自动进行的，不需要外界的触发信号。

(2) 多谐振荡器工作时没有一个稳定状态，属于无稳态电路。

多谐振荡器的主要参数如下：

(1) 电路振荡器周期 T 和频率 f。电路振荡周期 T 由电路充电时间 T_1 和放电时间 T_2 共同决定。电路振荡周期为 $T=T_1+T_2$。电路振荡频率为 $f=1/T$。

(2) 输出信号的占空比 q。占空比 q 等于脉冲宽度与脉冲周期的比值，即 $q=t_W/T$。

图 6-38 为由 555 定时器构成的多谐振荡器电路，其工作原理如下：

(1) 首次充电过程。刚接通电源时，设 $u_C \approx 0$，则 $u_{C1}=0$，$u_{C2}=1$，R-S 锁存器被置 1，即 $Q=1$，故 u_O 跳变为高电平。同时，VT 截止，U_{CC} 经 R_1 和 R_2 向 C 充电。

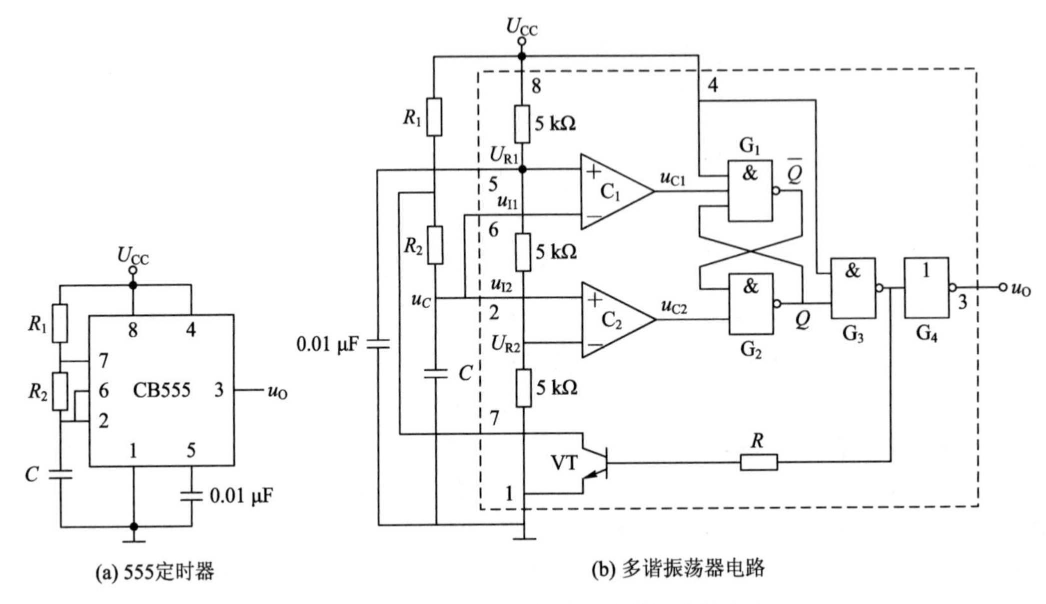

图 6-38　由 555 定时器构成的多谐振荡器电路

(2) 放电过程。u_C由 0 V 开始充电，当充到 $u_C=(2/3)U_{CC}$时，$u_{C1}=0$，$u_{C2}=1$，R-S 锁存器被置 0，即 $Q=0$，故 u_O跳变为低电平。同时，VT 截止，U_{CC}经 R_2通过 VT 迅速放电，u_C开始下降。

(3) 再充电过程。u_C 由 $u_C=(2/3)U_{CC}$ 开始放电，当放电到 $u_C=(1/3)U_{CC}$ 时，$u_{C1}=1$，$u_{C2}=0$，R-S 锁存器被置 1，即 $Q=1$，故 u_O跳变为高电平。同时，VT 截止，U_{CC}经 R_1和 R_2向 C 再次进行充电。

因此，在电路 $u_C=(1/3)U_{CC}$和 $u_C=(2/3)U_{CC}$之间不停地进行充电和放电，在输出端产生周期性的矩形波。主要参数的估算如下：

(1) 从图 6-38 中可以看出，充电时间 T_1取决于外接的电阻 R_1、R_2和电容 C 的大小。图 6-39为图 6-38 所示电路的电压波形图。由图 6-39 可知，T_1等于电容电压在充电过程中从$(1/3)U_{CC}$上升到$(2/3)U_{CC}$所需要的时间。由暂态过程三要素法可得

$$T_1=(R_1+R_2)C\ln\frac{U_{CC}-(1/3)U_{CC}}{U_{CC}-(2/3)U_{CC}}=(R_1+R_2)C\ln 2$$

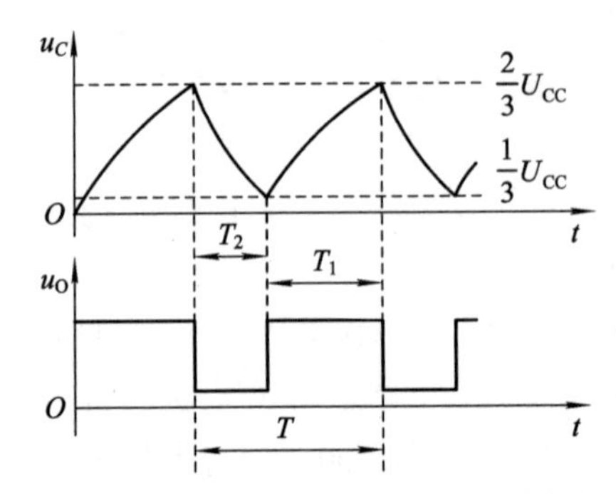

图 6-39　图 6-38 所示电路的电压波形图

(2) 放电时间 T_2取决于外接的电阻 R_2和电容 C 的大小。由图 6-39 可知，T_2等于电容电压在放电过程中从$(2/3)U_{CC}$下降到$(1/3)U_{CC}$所需要的时间，即

$$T_2 = R_2 C\ln\frac{U_{CC}-(1/3)U_{CC}}{U_{CC}-(2/3)U_{CC}} = R_2 C\ln 2$$

故电路的振荡周期为

$$T = T_1 + T_2 = (R_1 + R_2)C\ln 2 + R_2 C\ln 2 = (R_1 + 2R_2)C\ln 2 \approx 0.69(R_1 + 2R_2)C$$

振荡频率为

$$f = \frac{1}{T} = \frac{1}{(R_1 + 2R_2)C\ln 2}$$

显然，通过改变电阻 R_1、R_2 和电容 C 的大小可以改变振荡器的频率。用 555 定时器组成的多谐振荡器最高振荡频率约为 500 kHz。输出脉冲的占空比为

$$q = \frac{T_1}{T} = \frac{R_1 + R_2}{R_1 + 2R_2}$$

习　　题

6.1　对于图 6－40(a)所示的由与非门构成的基本 R-S 触发器，若输入端 $\overline{R}_D$ 和 $\overline{S}_D$ 的波形如图 6－46(b)所示，试画出输出端 Q 和 $\overline{Q}$ 的波形，并总结基本 R-S 触发器的动作特点。

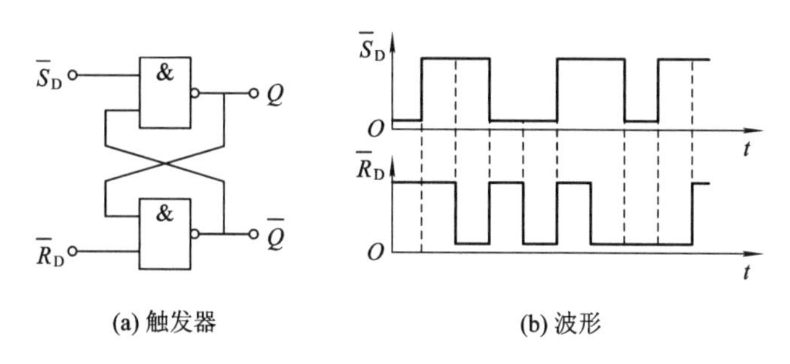

图 6－40　题 6.1 图

6.2　图 6－41(a)为同步 R-S 触发器，若时钟脉冲 CLK 及 R、S 端的波形如图 6－41(b)所示，触发器的初始状态为 $Q=0$，试画出在时钟脉冲的作用下输出端 Q 和 $\overline{Q}$ 的波形，并总结基本 R-S 触发器的动作特点。

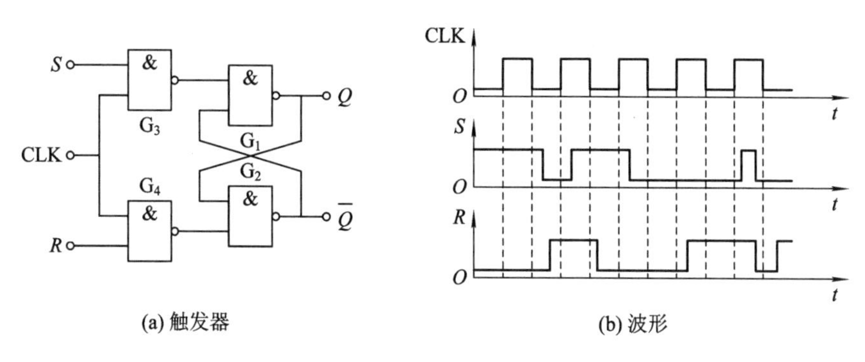

图 6－41　题 6.2 图

6.3　电路如图 6－42(a)所示，试写出触发器的特性方程。若各输入端的波形如图 6－42

(b)所示，且动态为 0，试画出输出端 Q 的波形。

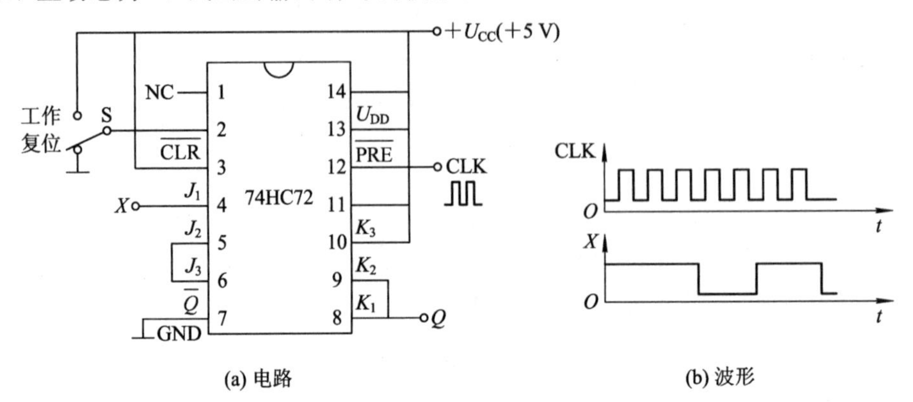

图 6-42　题 6.3 图

6.4　电路如图 6-43(a)所示，试画出两个触发器的输出 Q_1、Q_2 随时钟变化的波形。

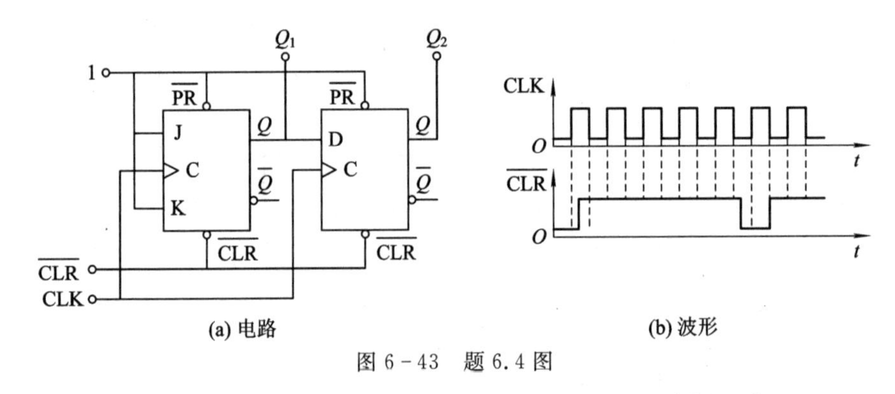

图 6-43　题 6.4 图

6.5　试利用集成双边沿 D 触发器 74HC74 构成两分频和四分频电路。

6.6　电路如图 6-44 所示，写出输出端 Q 的特性方程。若时钟脉冲 CLK 和输入端 A、B 的波形如图 6-44(b)所示，试画出输出端 Q 的波形。

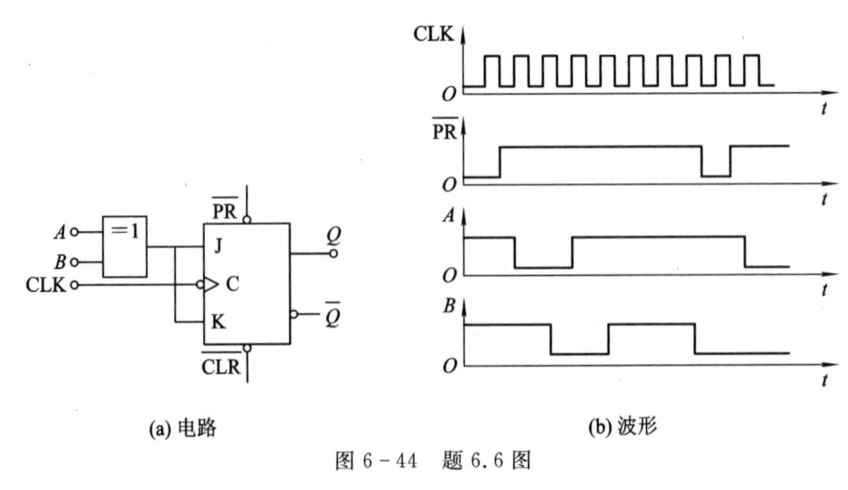

图 6-44　题 6.6 图

6.7　时序逻辑电路如图 6-45 所示，试写出其驱动方程、状态方程，画出状态转移图，并确定电路的功能，判断能否自启动。

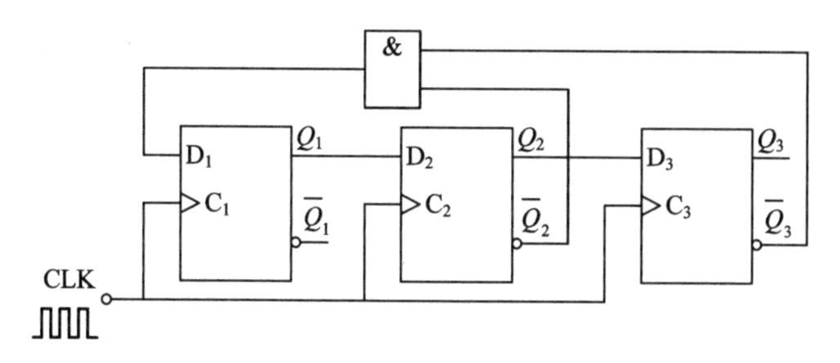

图 6-45　题 6.7 图

6.8　对于图 6-46 所示的时序逻辑电路，写出其驱动方程、状态方程和输出方程，画出电路转移图和在时钟 CLK 作用下的时序图，说明电路的功能，并判断能否自启动。

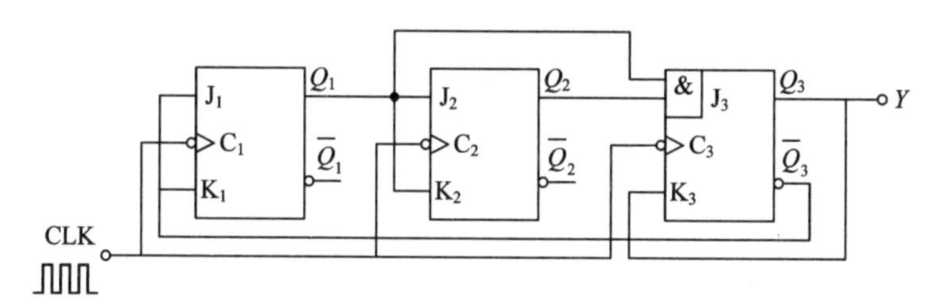

图 6-46　题 6.8 图

6.9　在图 6-47 所示的电路中，画出电路状态转移图，并分析其逻辑功能，说明该电路是米里型电路还是摩尔型电路。其中 X 为输入变量。

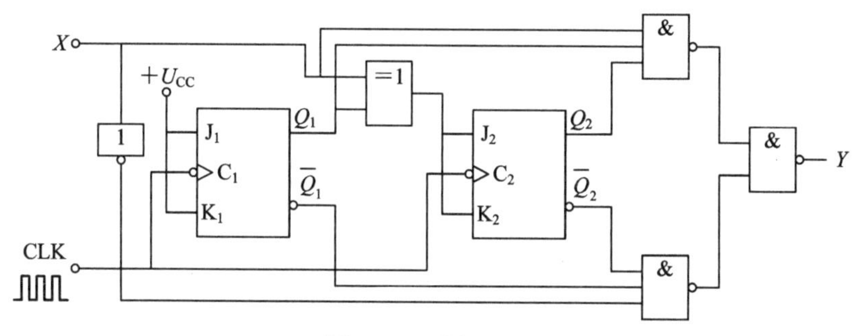

图 6-47　题 6.9 图

6.10　分析图 6-48 所示的异步时序逻辑电路，画出电路的状态转换图及时序图，说明其逻辑功能，能否自启动。

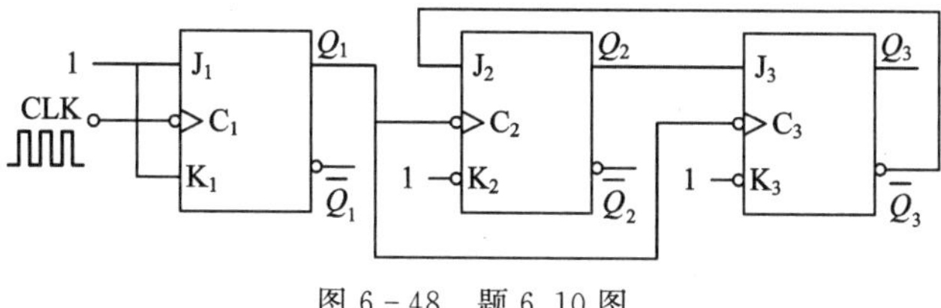

图 6-48　题 6.10 图

6.11　时序逻辑电路如图 6-49 所示，试画出其状态转换图，并分析其逻辑功能，说明能否自启动。

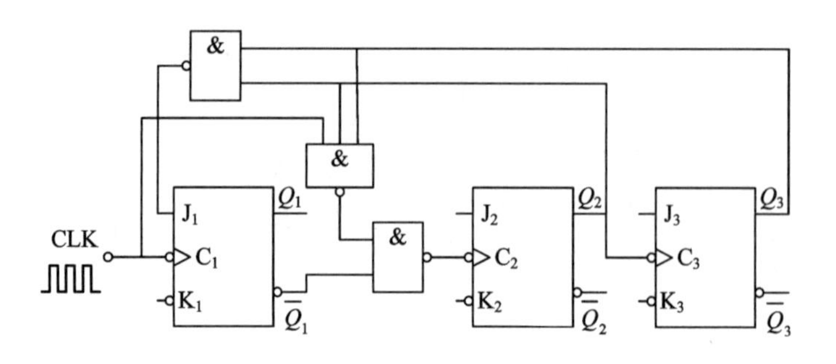

图 6-49 题 6.11 图

6.12 设计一时序逻辑电路。该电路能顺次产生 3 个节拍信号 P_1、P_2、P_3 和控制信号 Y，其输入、输出信号之间的时间关系如图 6-50 所示。试用上升沿触发的边沿 D 触发器和少量的逻辑门来实现该逻辑电路，并要求能自启动。

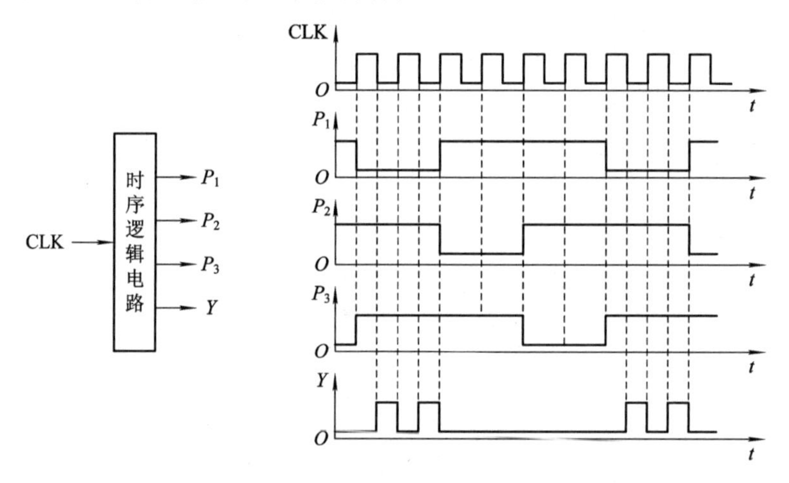

图 6-50 题 6.12 图

6.13 试用下降沿触发的边沿 J-K 触发器构成模 11 的同步加法计数器，写出电路状态方程和驱动方程，画出实现的电路，并且能自启动。

6.14 试用上升沿触发的边沿 D 触发器按循环码(000→001→011→111→101→100→000)和门电路构成六进制同步计数器，并要求能自启动。

6.15 用集成定时器 555 所构成的施密特触发器电路及其波形 u_I 如图 6-51 所示，试画出对应输出波形 u_O。

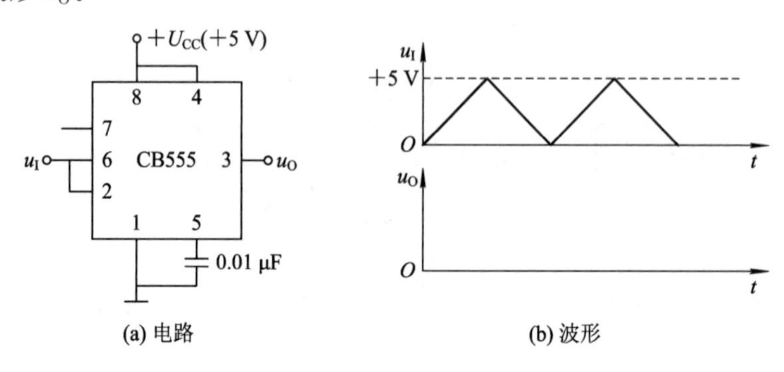

图 6-51 题 6.15 图

6.16 电路如图 6-52 所示，要使输出脉冲宽度为 1.1 s，求电容 C，画出输出电压的波形。

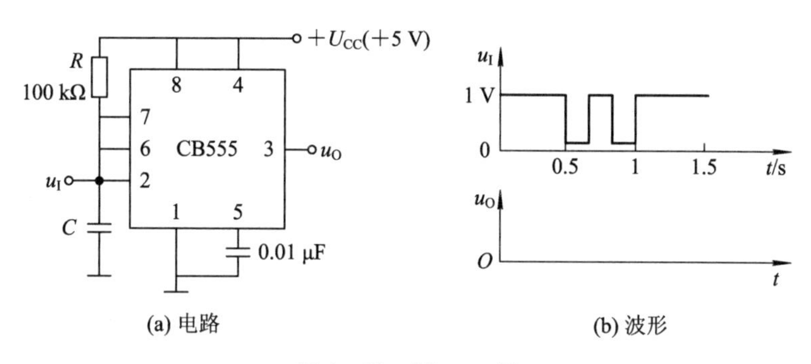

图 6-52 题 6.16 图

6.17 由 555 定时器构成的多谐振荡器如图 6-53(a)所示，要求产生如图 6-53(b)所示的方波(占空比不做要求)，确定元器件参数，写出调试步骤和所需测试仪器。

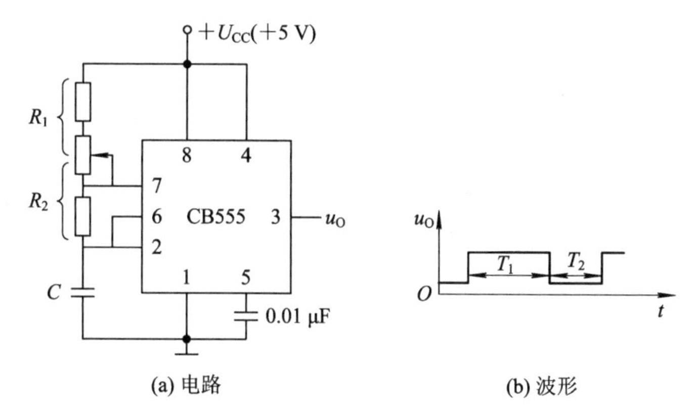

图 6-53 题 6.17 图

6.18 由两片 555 定时器构成图 6-54 所示的电路。

(1) 在图 6-60 所示的元件参数下，估算 u_{O1}、u_{O2} 的振荡周期。

(2) 定性地画出 u_{O1}、u_{O2} 的工作波形，说明电路具备的功能。

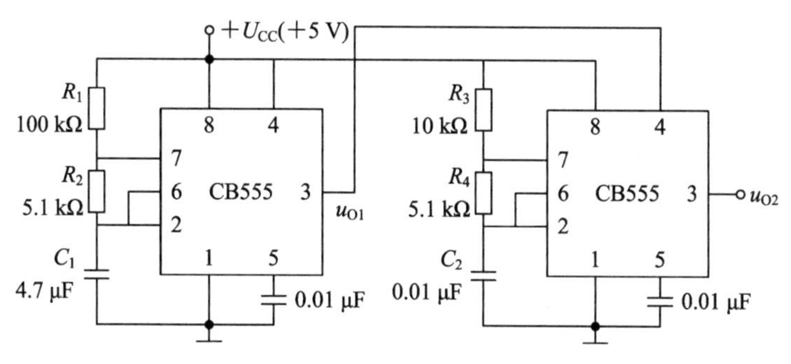

图 6-54 题 6.18 图

6.19 图 6-55(a)为由 555 定时器构成的声控报警电路。声音经接收放大后的信号如图 6-55(b)所示，u_I的峰值为 4 V。

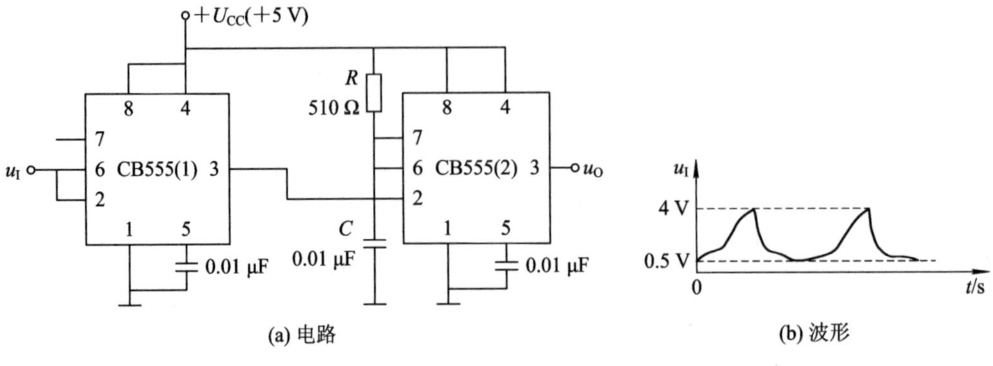

图 6-55　题 6.19 图

（1）分别说出 555 定时器 1 和 555 定时器 2 所构成单元电路的名称。

（2）计算报警时间。

（3）说明声控报警的工作原理。

6.20　图 6-56 所示的电路为由 NE555 定时器、J-K 触发器及门电路构成的两相时钟发生器。

（1）计算 NE555 定时器构成的多谐振荡器输出 u_O 的周期 T 及脉宽 T_W。

（2）对应画出 u_O 及 Y_1、Y_2 的波形。

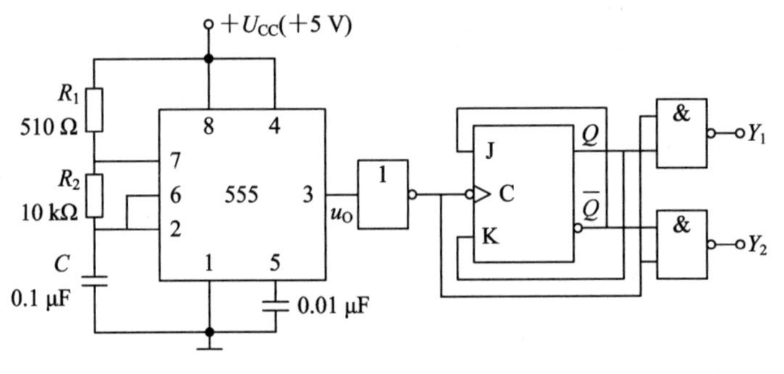

图 6-56　题 6.20 图

6.21　试用 555 定时器设计一个单稳态触发器，要求输出脉冲宽度在 1～5 s 内连续可调，假设定时电容 C=10 μF。

6.22　试用 555 定时器设计一个多谐振荡器，要求输出脉冲的振荡频率为 10 kHz，占空比为 80%。

第 7 章　半导体存储器和可编程逻辑器件

7.1　半导体存储器

半导体存储器是一种能存储大量二值信息(或数据)的半导体器件。半导体存储器种类很多，从存、取功能上可以分为只读存储器(Read Only Memory，ROM)和随机存取存储器(Rand Access Memory，RAM)两大类。只读存储器在正常工作时，存储的数据是固定不变的，只能读出，不能随时写入；随机存取存储器可以随时读出或写入数据，但断电后，数据将会丢失。根据数据的写入方式，只读存储器分为固定 ROM(又称为有掩模 ROM)、可编程 ROM (Programmable Read-Only Memory，PROM) 和可擦除可编程 ROM (Erasable Programmable Read-Only Memory，EPROM)几种不同类型。掩模(Mask)ROM 中的数据在制作时已经确定，无法更改。PROM 中的数据可以由用户根据自己的需要写入，但一经写入以后就不能再修改了。EPROM 里的数据则不但可以由用户根据自己的需要写入，而且还能擦除重写，具有更大的使用灵活性。

随机存取存储器根据存储单元工作原理的不同，可分为静态存储器(Static Random Access Memory，SRAM)和动态存储器(Dynamic Random Access Memory，DRAM)。由于动态存储器存储单元的结构非常简单，因此它所能达到的集成度远高于静态存储器。但是动态存储器的存取速度不如静态存储器快。另外，从制造工艺上又可以把存储器分为双极型(Bipolar)和 MOS 型，由于 MOS 电路具有功耗低、集成度高的优点，因此目前大容量的存储器都是采用 MOS 工艺制作的。从应用上存储器又可以分为专用型和通用型。专用型是为专门设备或用途而设计的，通用型则可以用在不同的数字设备中。

7.2　只读存储器

7.2.1　掩模只读存储器(ROM)

固定 ROM 也称为掩模 ROM，它是在生产过程最后一道掩模工艺中按照用户的要求写入信息，一旦生产完毕，就不可能再改变。ROM 的电路结构包含存储矩阵(Storage Matrix)、地址译码器(Address Decoder)和输出缓冲器(Output Buffer)三个组成部分，如图7-1(a)所示。存储矩阵由许多存储单元排列而成。存储单元可以由二极管构成，也可以由双极型三极管或 MOS 管构成。每个单元能存放一位二值代码(0 或 1)。每一个或一组存储单元有一个对应的地址代码。地址译码器的作用是将输入的地址代码译成相应的控制信号，利用这个控制信号从存储矩阵中把指定的单元选出，并把其中的数据送到输出缓冲器。输出缓冲器的作用有两个：一是提高存储器的带负载能力；二是实现对输出状态的三态控制，以便与系统的总线连接。

图 7-1(b)是具有 2 位地址输入码和 4 位数据输出的 ROM 电路。它的存储单元是由二极管构成的，地址译码器由 4 个二极管与门电路组成，两位地址代码 A_1A_0能给出 4 个不同的地址(00、01、10、11)。地址译码器将这 4 个地址代码(00、01、10、11)分别译成 $W_0 \sim W_3$四根线上的高电平信号。存储矩阵实际上是由 4 个二极管或门电路组成的编码器，当 $W_0 \sim W_3$每根线上给出高电平信号时，都会在 $D_3 \sim D_0$四根线上输出一个 4 位二值代码。通常将每个输出代码称为一个“字”，并把 $W_0 \sim W_3$称为字线(Word Line)，把 $D_0 \sim D_3$称为位线(Bit Line)(或数据线)，把 A_1、A_0称为地址线。输出端的缓冲器用来提高带负载能力，并将输出的高、低电平变换为标准的逻辑电平。同时，通过给定$\overline{EN}$信号实现对输出的三态控制。

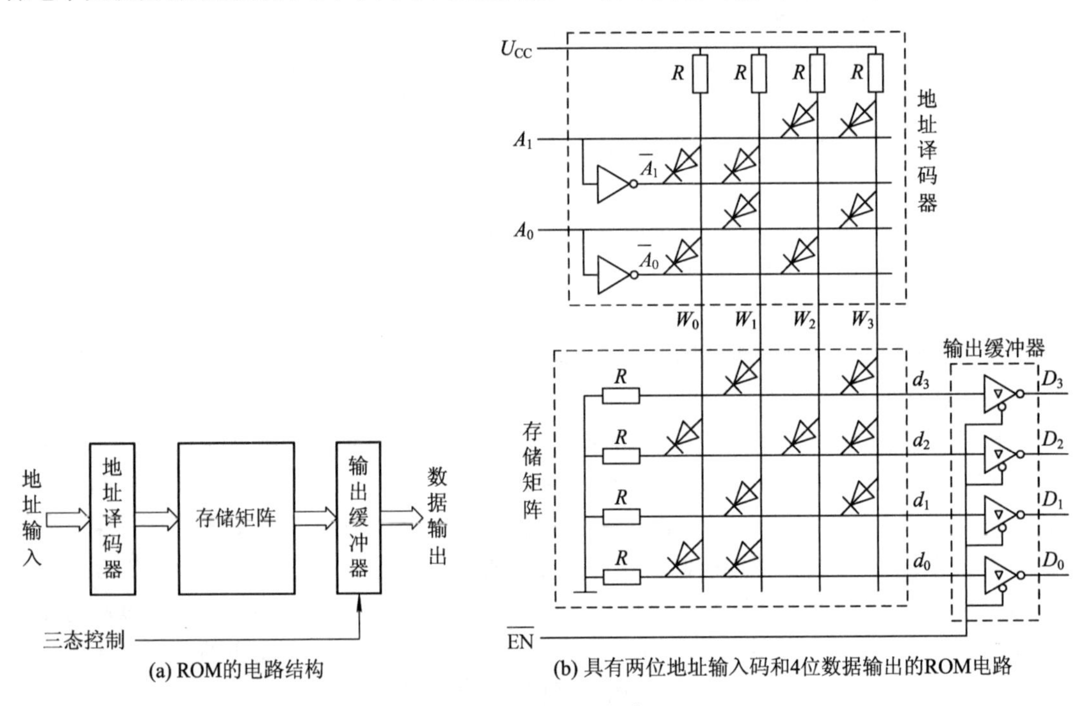

图 7-1 ROM 电路

在读取数据时，只要输入指定的地址码并令$\overline{EN}=0$，则指定地址内各存储单元所存的数据便会出现在输出数据线上。例如，当 $A_1A_0=10$ 时，$W_2=1$，而其他字线均为低电平。由于只有 D_2一根线与 W_2之间接有二极管，因此这个二极管导通后使 D_2为高电平，而 D_0、D_1和 D_3为低电平。如果这时$\overline{EN}=0$，即可在数据输出端得到 $D_3D_2D_1D_0=0100$。全部 4 个地址内的存储内容列于表 7-1 中。

表 7-1 图 7-1(b)ROM 中的数据

地　址		数　据			
A_1	A_0	D_3	D_2	D_1	D_0
0	0	0	1	0	1
0	1	1	0	1	1
1	0	0	1	0	0
1	1	1	1	1	0

由此看出，字线和位线的每个交叉点都是一个存储单元。交点处接有二极管时相当于存1，没有接二极管时相当于存0。图中以接入存储器件表示存1，以不接存储器件表示存0。为了简化作图，在接入存储器件的矩阵交叉点上画一个圆点，如图7-2(a)所示，以代替存储器件。交叉点的数目也就是存储单元数。习惯上用存储单元的数目表示存储器的存储量，或称为容量(Size)并写成“(字数)×(位数)”的形式。图7-2(b)给出了MOS管存储矩阵的原理图。例如，图7-1(b)中ROM的存储量应表示成“4×4位”，从图中还可以看到，ROM的电路结构很简单，所以集成度可以做得很高，而且一般都是批量生产，价格便宜。

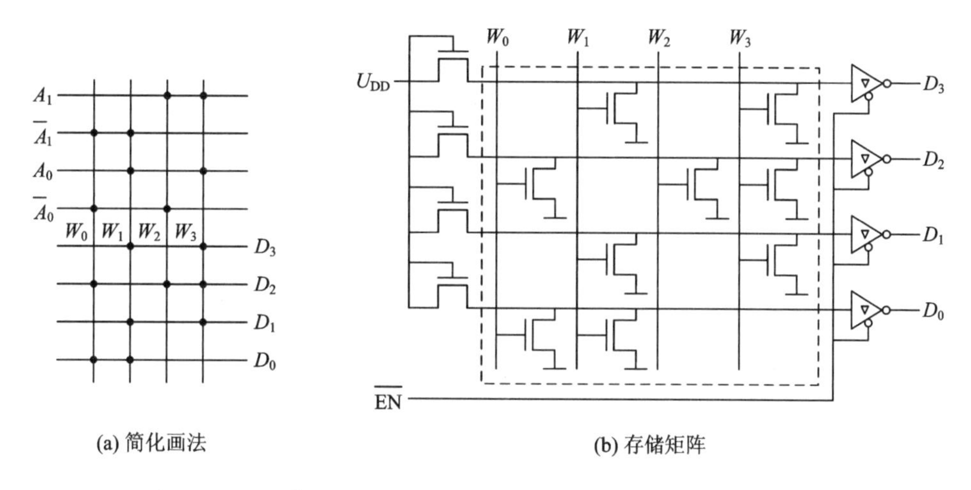

(a) 简化画法　　(b) 存储矩阵

图7-2　二极管掩模ROM的简化画法和用MOS管构成的存储矩阵

采用MOS工艺制作ROM时，译码器、存储矩阵和输出缓冲器全由MOS管组成。在大规模集成电路中MOS管多做成对称结构，同时也为了画图的方便，一般都采用图中所用的简化画法。图7-2(b)中以N沟道增强型MOS管代替了图7-1(b)中的二极管。字线与位线的交叉点上接有MOS管时相当于存1，没有接MOS管时相当于存0。

当给定地址代码后，经译码器译为$W_0 \sim W_3$中某一根字线上的高电平，使接在这根字线上的MOS管导通，并使与这些MOS管漏极相连的位线为低电平，经输出缓冲器反相后，在数据输出端得到高电平，输出为1，图7-2(b)所示存储矩阵中所存的数据与表7-1中的数据相同。

7.2.2　可编程只读存储器(PROM)

与固定ROM不同，PROM出厂时没有写入信息，是由开发设计人员根据自己的需要，用电的方法写入的，一旦写入后信息不再改变，这类PROM只能写入一次。

PROM的总体结构与掩模ROM类似，同样由存储矩阵、地址译码器和输出电路组成。不过在出厂时已经在存储矩阵的所有交叉点上全部制作了存储元件，即相当于在所有存储单元中都存入了1。

图7-3(a)是熔丝型(Fuse)PROM的原理图。它由一个三极管和串在发射极的快速熔丝组成，三极管的BE结相当于接在字线与位线之间的二极管，熔丝用很细的低熔点合金丝或多晶硅导线制成。在写入数据时只要设法将需要存入0的那些存储单元上的熔丝烧断就行了。

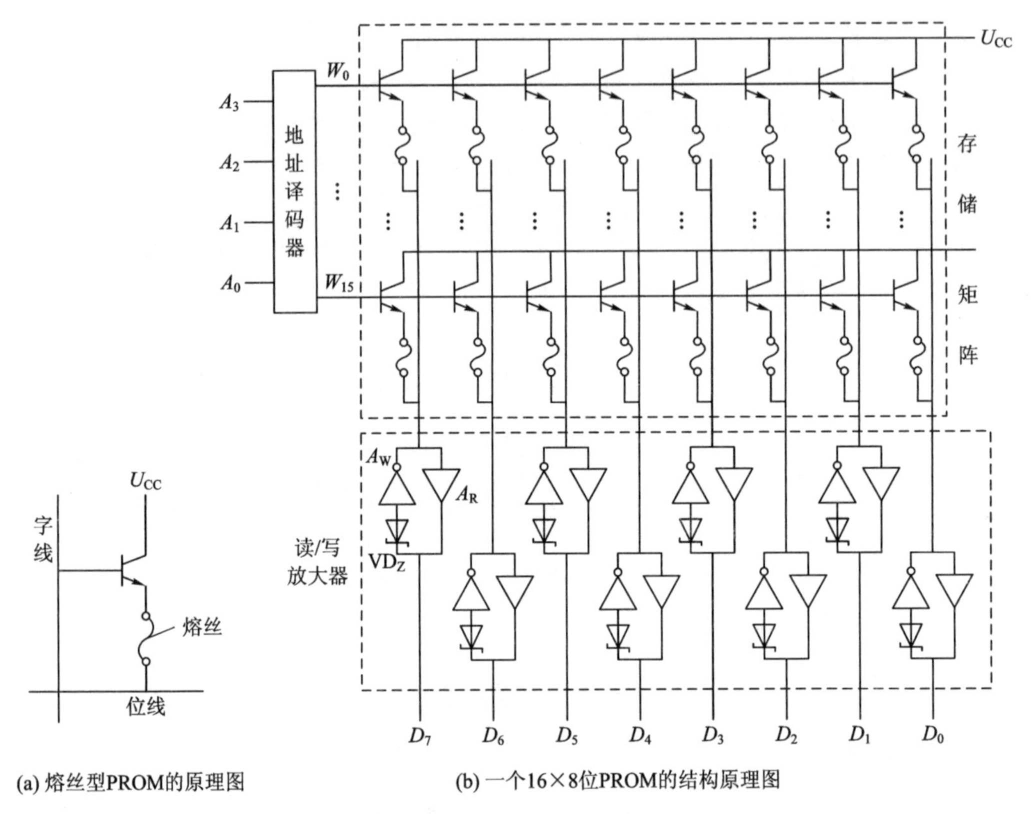

(a) 熔丝型PROM的原理图　　(b) 一个16×8位PROM的结构原理图

图 7-3　PROM 的原理图

图 7-3(b)是一个 16×8 位 PROM 的结构原理图。编程时首先应输入地址代码，找出要写入 0 的单元地址。然后使 U_{CC}和选中的字线提高到编程所要求的高电平，同时在编程单元的位线上加入编程脉冲(幅度约为 20 V，持续时间约为十几微秒)。这时写入放大器 A_W的输出为低电平，低内阻状态，有较大的脉冲电流流过熔丝，将其熔断。正常工作的读出放大器 A_R输出的高电平不足以使 VD_Z导通，A_W不工作。

可见，PROM 的内容一经写入，就不可能修改了，所以它只能写入一次。因此，PROM 仍不能满足研制过程中经常修改存储内容的需要。这就要求生产一种可以擦除重写的 ROM。

7.2.3　可擦除可编程只读存储器(EPROM)

可擦除可编程 ROM 中存储的数据不仅可以由设计人员写入信息，而且可以擦除重写，因而在需要经常修改 ROM 中内容的场合便成为一种比较理想的器件。

最早研究成功并投入使用的 EPROM 是用紫外线照射进行擦除的。EPROM 与前面已经讲过的 PROM 在总体结构形式上没有多大区别，只是采用了不同的存储单元，早期 EPROM 的存储单元中使用了浮栅雪崩注入 MOS 管(FAMOS 管)，后来多改用叠栅注入 MOS 管(SIMOS 管)制作 EPROM 的存储单元。它们都是利用雪崩击穿的原理写入信息的，其特点是擦除操作复杂，速度较慢，正常工作时不能随意改写。

接着又出现了电可擦除可编程 ROM(E^2PROM)。在 E^2PROM 的存储单元中采用了一种称为浮栅隧道氧化层 MOS 管(Flotox 管)。E^2PROM 允许改写 100～10 000 次，利用隧道效

应写入信息。它的特点是擦除操作简单、速度快，但正常工作时最好不要随意改写。

20 世纪 80 年代末期研制成功的闪存(Flash Memory)也是一种电可擦除可编程 ROM。E^2PROM 典型的清除单位是字节，而闪存一般以固定的、大小为 256 KB～20 MB 的区块为单位删除和重写数据，而不是对整个芯片进行擦写，这样闪存就比 E^2PROM 的更新速度快。闪存不像 RAM 那样以字节为单位改写数据，因此还不能取代 RAM。

内存卡(Flash Card)是利用闪存技术达到存储电子信息的存储器，因为样子小巧，如一张卡片，所以称之为闪存卡。根据不同的生产厂商和不同的应用，闪存卡有 SM 卡、CF 卡、MMC 卡、SD 卡、记忆棒、XD 卡和微硬盘等形式，这些闪存卡虽然外观、规格不同，但是技术原理都是相同的。

NOR(或非门)和 NAND(与非门)是两种主要的非易失闪存技术。NOR 的特点是在芯片内执行(XIP)，这样应用程序可以直接在闪存内运行，不必再把代码读到系统 RAM 中。NAND 结构能提供极高的单元密度，可以达到高存储密度，并且写入和擦除的速度也很快。NOR 闪存单元构造与结构框图如图 7－4 所示。NAND 闪存单元构造与结构框图如图 7－5 所示。

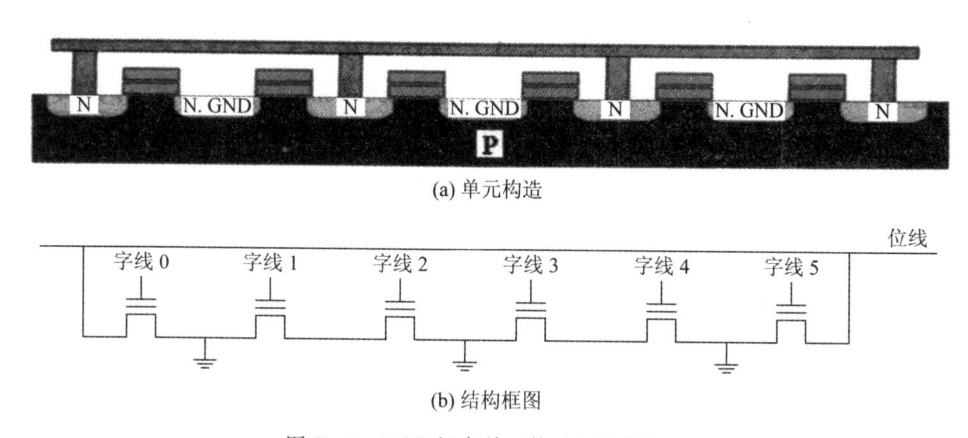

(a) 单元构造

(b) 结构框图

图 7－4　NOR 闪存单元构造与结构框图

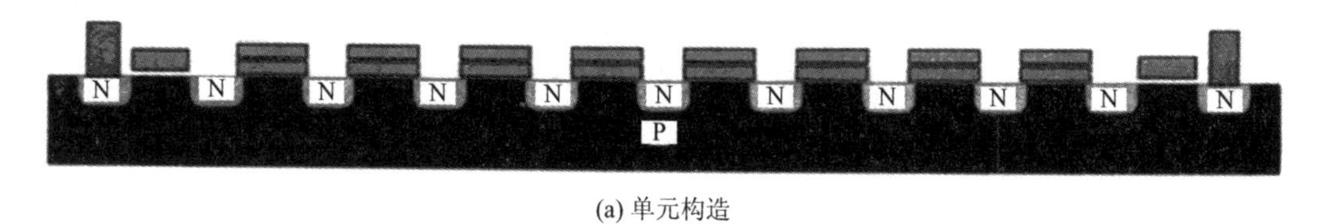

(a) 单元构造

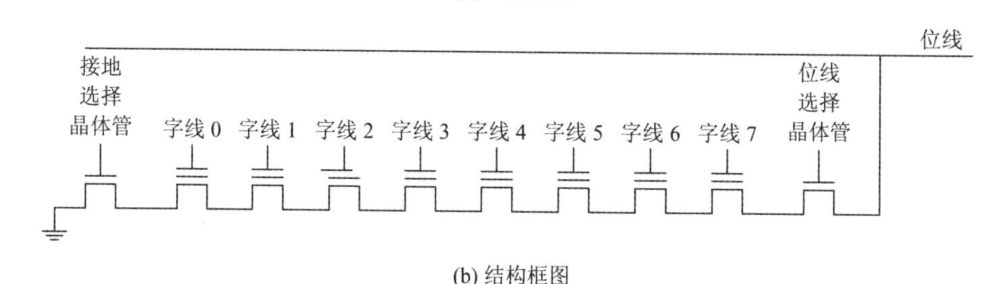

(b) 结构框图

图 7－5　NAND 闪存单元构造与结构框图

7.3 随机存取存储器

随机存取存储器是一种既可以随时将数据写入任何一个指定的存储单元，也可以随时将信息从任何一个指定地址读出的功能完善的电路，因此也称为随机读/写存储器，简称RAM。它的最大优点是读/写方便，使用灵活。但是它也存在数据易失的缺点(即一旦停电，所存储的数据将随之丢失)，不利于数据的长期保存。按存储单元的特性，RAM又分为静态随机存储器和动态随机存储器两大类。

7.3.1 静态随机存储器(SRAM)

SRAM电路通常由存储矩阵、地址译码器和读/写控制电路(也称为输入/输出电路)三部分组成，如图7-6所示。

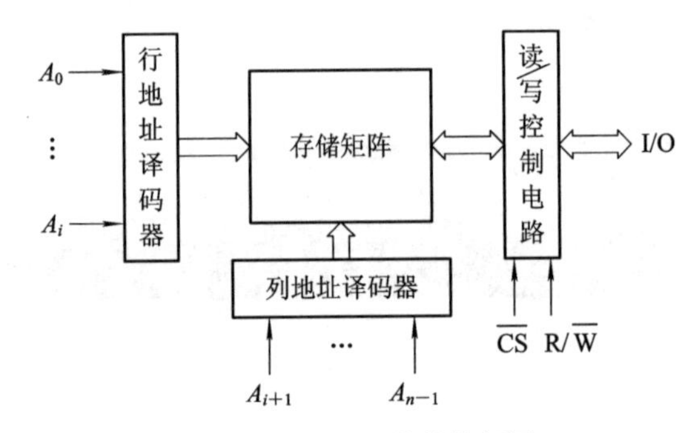

图7-6 SRAM的结构框图

存储矩阵由许多存储单元排列而成，每个存储单元能存储1位二值数据(1或0)，在译码器和读/写电路的控制下，既可以写入1或0，又可以将存储的数据读出。存储矩阵中存储单元的个数即存储容量(Memory Capability)。

地址译码器一般都分成行地址译码器和列地址译码器两部分。行地址译码器将输入地址代码的若干位译成某一条字线的输出高、低电平信号，从存储矩阵中选中一列存储单元。列地址译码器将输入地址代码的其余几位译成某一根输出线上的高、低电平信号，从字线中选中的一行存储单元中再选1位(或几位)，使这些被选中的单元与读/写控制电路及输入/输出端接通，以便对这些单元进行读/写操作。

读/写控制电路对电路的工作状态进行控制。当读/写控制信号R/$\overline{W}$=1时，执行读操作，将存储单元里的数据送到输入/输出端上。当R/$\overline{W}$=0时，执行写操作，加到输入/输出端上的数据被写入存储单元中。图7-6中的双向箭头表示一组可双向传输数据的导线，它所包含的导线数目等于并行输入/输出数据的位数。多数RAM集成电路是用一根读/写控制线控制读/写操作的，但也有少数的RAM集成电路是用两个输入端分别进行读和写控制的。

在读/写控制电路上都另设有片选输入端$\overline{CS}$。当$\overline{CS}$=0时，RAM为正常工作状态；当$\overline{CS}$=1时，所有的输入/输出端均为高阻态，不能对RAM进行读/写操作。

图7-7是一个1024×4位RAM(2114)的结构框图。其中共有1024×4=4096个存储单元排列成64行×64列的矩阵。10位($1024=2^{10}$)地址代码输入端A_0～A_9分成两组译码。A_4～A_9这6位地址码加到行地址译码器上，用它的输出信号从64行存储单元中选出指定的

一行。另外 4 位地址码加到列地址译码器上，利用它的输出信号再从已选中的一行里挑出要进行读/写的 4 个存储单元。

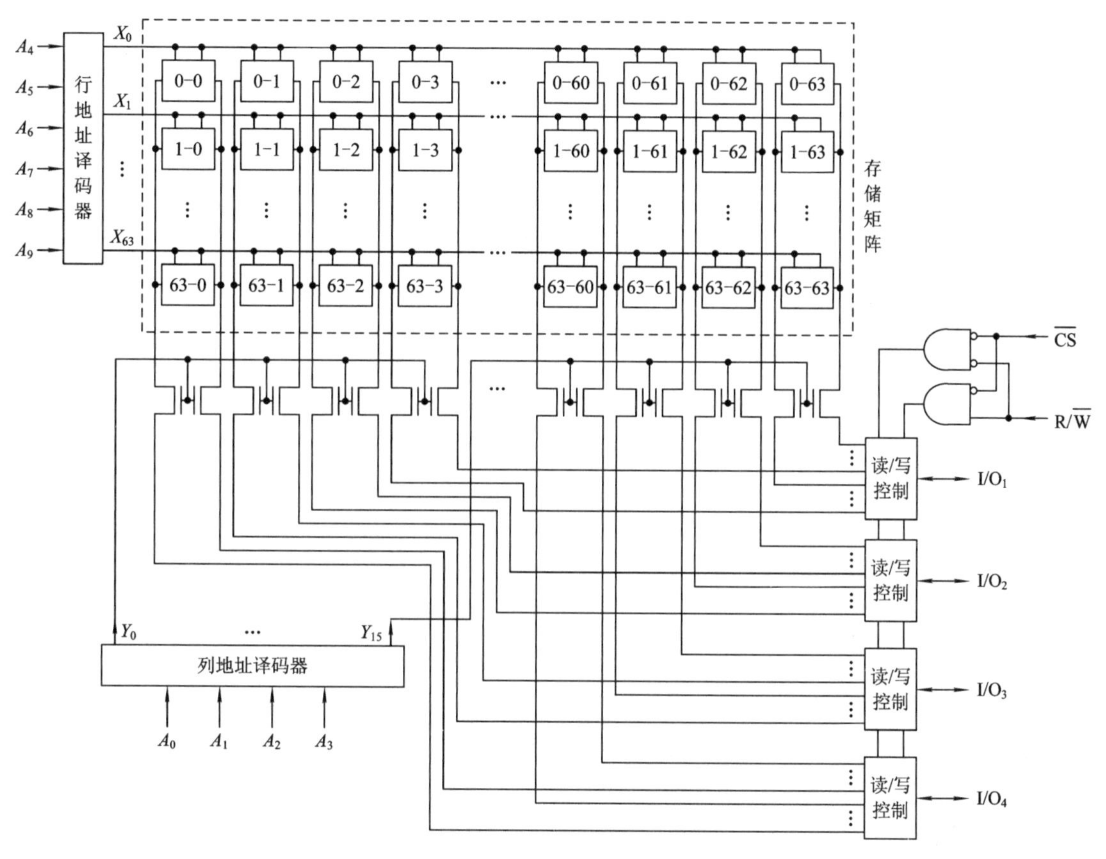

图 7-7　1024×4 位 RAM(2114)的结构框图

$I/O_1 \sim I/O_4$既是数据输入端又是数据输出端。读/写操作在 $R/\overline{W}$ 和$\overline{CS}$信号的控制下进行。当$\overline{CS}=0$ 且 $R/\overline{W}=1$ 时，这时由地址译码器指定的 4 个存储单元中的数据被送到 $I/O_1 \sim I/O_4$。

当$\overline{CS}=0$ 且 $R/\overline{W}=0$ 时，执行写入操作，这时读/写控制电路工作在写入工作状态，加到 $I/O_1 \sim I/O_4$上的输入数据被写入指定的 4 个存储单元。

2114 采用高速 NMOS 工艺制作，使用单一的+5 V 电源，全部输入、输出逻辑电平均与 TTL 电路兼容，完成一次读或写操作的时间为 100～200 ns。

若令$\overline{CS}=1$，则所有的 I/O 端均处于禁止态，将存储器内部电路与外部连线隔离。因此，可以直接把 $I/O_1 \sim I/O_4$与系统总线相连，或将多片 2114 的输入/输出端并联运用。

7.3.2　动态随机存储器(DRAM)

1. DRAM 的动态存储单元

图 7-8 为 DRAM 的典型存储单元——单管动态 MOS 存储单元的电路结构图。存储单元由一只 N 沟道增强型 MOS 管和一个电容 C_S组成。在进行读/写操作时，字线给出高电平，使 VT 导通，位线上的数据经过 VT 可以写入 C_S中；同时，C_S经 VT 向位线上的电容 C_B提供

电荷，使位线获得读出的信号电平。这类电路的优点是电路简单，集成度可以做得很高，缺点是读出的电压信号很小，通常只有 0.1 V，同时需要对电容不断地进行刷新，以保存所存储的内容。

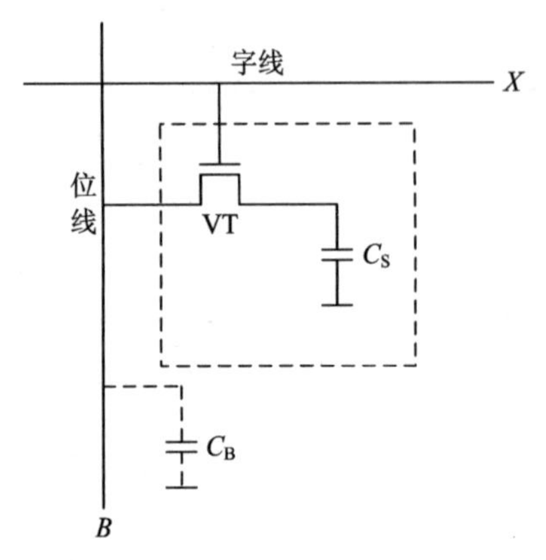

图 7-8　单管动态 MOS 存储单元的电路结构

RAM 的动态存储单元是利用 MOS 管栅极电容可以存储电荷的原理制成的。由于 DRAM 存储单元的结构能做得非常简单，因此在大容量、高集成度 RAM 中得到了普遍的应用。但由于栅极电容的容量很小(通常仅为几皮法)，而漏电流又不可能绝对等于零，因此电荷保存的时间有限，为了及时补充漏掉的电荷以避免存储的信号丢失，必须定时地给栅极电容补充电荷，通常把这种操作称为刷新或再生。因此，DRAM 工作时必须辅以必要的刷新控制电路(有的控制电路是设计在 DRAM 芯片内部)，同时也使操作复杂化了，尽管如此，DRAM 仍然是目前大容量 RAM 的主流产品。

2. DRAM 的总体结构

为了提高集成度的同时减少器件引脚的数目，目前的大容量 DRAM 多半都采用 1 位输入、1 位输出和地址分时输出的方式。

图 7-9 是一个 64K×1 位 DRAM 的总体结构框图。从总体上讲，它仍然包含存储矩阵、地址译码器和输入/输出电路三个组成部分。

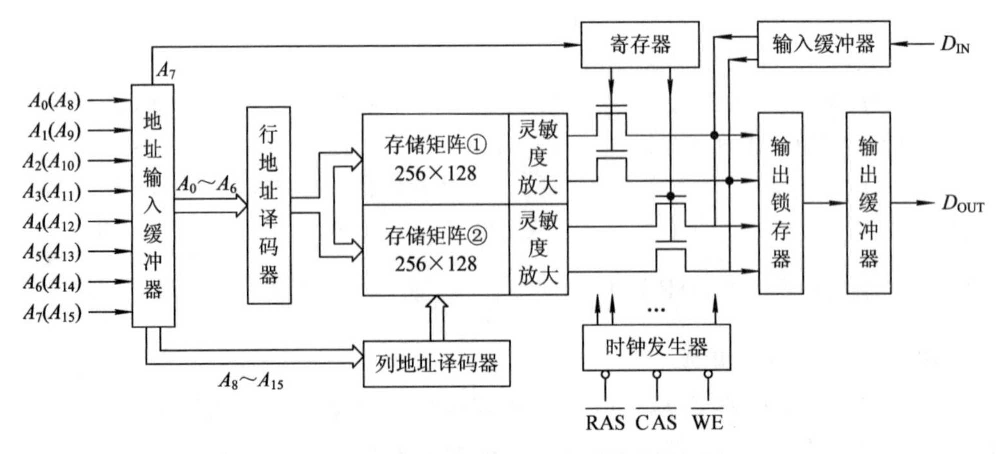

图 7-9　64K×1 位 DRAM 的总体结构框图

存储矩阵中的单元仍按行、列排列。为了压缩地址译码器的规模，经常将存储矩阵划分为若干块。例如，图 7－9 的例子中是把存储矩阵划分为①、②两个 128 行、256 列的矩阵。

在采用地址分时输入的 DRAM 中，地址代码是分两次从同一组引脚输入的。分时操作由$\overline{RAS}$和$\overline{CAS}$两个时钟信号来控制。首先令$\overline{RAS}=0$，输入地址代码的 $A_0 \sim A_7$ 位，然后令$\overline{RAS}=0$，再输入地址代码的 $A_8 \sim A_{15}$ 位。$A_0 \sim A_6$ 被送到行地址译码器并被锁存，A_7 送入对应的寄存器。行地址译码器的输出同时从存储矩阵 ① 和存储矩阵 ② 中各选中一行存储单元，然后由 A_7 通过输入 / 输出电路从两行中选出一行。$A_8 \sim A_{15}$ 被送往列地址译码器，列地址译码器的输出从 256 列中选中一列。

当$\overline{WE}=1$ 时进行读操作，被输入地址代码选中的单元中的数据经过输出锁存器、输出三态缓冲器到达数据输出端 D_{OUT}。当$\overline{WE}=0$ 时进行写操作，加到数据输入端 D_{IN} 的数据经过输入缓冲器写入由输入地址指定的单元中。

当使用一片 RAM 器件不能满足存储量的需要时，可以将若干片 RAM 组合到一起，接成一个容量更大的 RAM。扩展存储器容量的方式有两种：一种称为位扩展；另一种称为字扩展。

如果每一片 RAM 中的字数已够用而每个字的位数不够用，则应采用位扩展的连接方式，将多片 RAM 组合成位数更多的存储器。位扩展的连接方式很简单，即将所有地址线、R/$\overline{W}$、$\overline{CS}$等输入端并联起来，每一片的 I/O 输出端分别接出，作为整个 RAM 的 I/O 输出。例如，用 1024×1 位 RAM 接成 1024×8 位 RAM 的连接方法如图 7－10 所示。

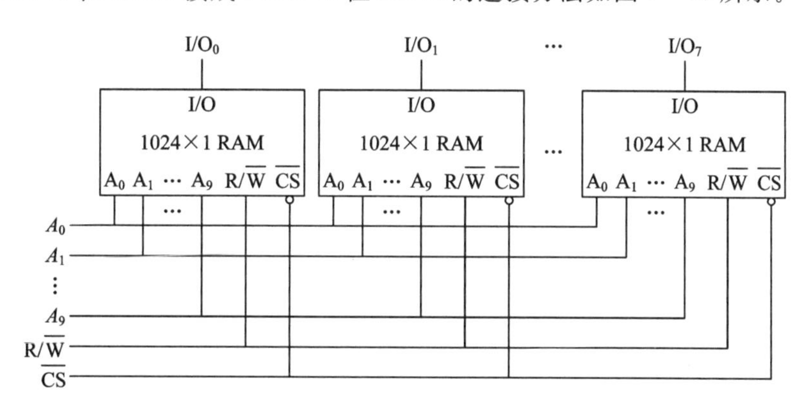

图 7－10　RAM 位扩展的连接方式

如果每一片 RAM 中的位数已够用而字数不够用，则应采用字扩展的连接方式(也称为地址扩展方式)。字扩展的连接方式为：将输入低位和 R/$\overline{W}$并接，输出全部并接，输入高位通过译码控制片选信号。

【例 7－1】 用字扩展的连接方式将 4 片 256×8 位 RAM 接成一个 1024×8 位 RAM。

解　共需要 4 片给定的 RAM，每一片给定的 RAM 只有 8 位地址输入端($256=2^8$)，而需要新生成的 RAM 的地址输入端为 10 位($1024=2^{10}$)，故需增加两位地址码 A_9、A_8。用 2 线 —4 线译码器可以实现对两位地址码 A_9、A_8 的译码，并分配到 4 个 RAM 的片选输入端。

由于每一片 RAM 的数据端 $I/O_0 \sim I/O_7$ 都有三态缓冲器，而它们又不会同时出现低电平，故可将它们的数据端并联起来，作为整个 RAM 的 8 位数据输入/输出端。字扩展以后的连接图如图 7－11 所示。扩展以后 4 片 RAM 的地址分配如表 7－2 所示。

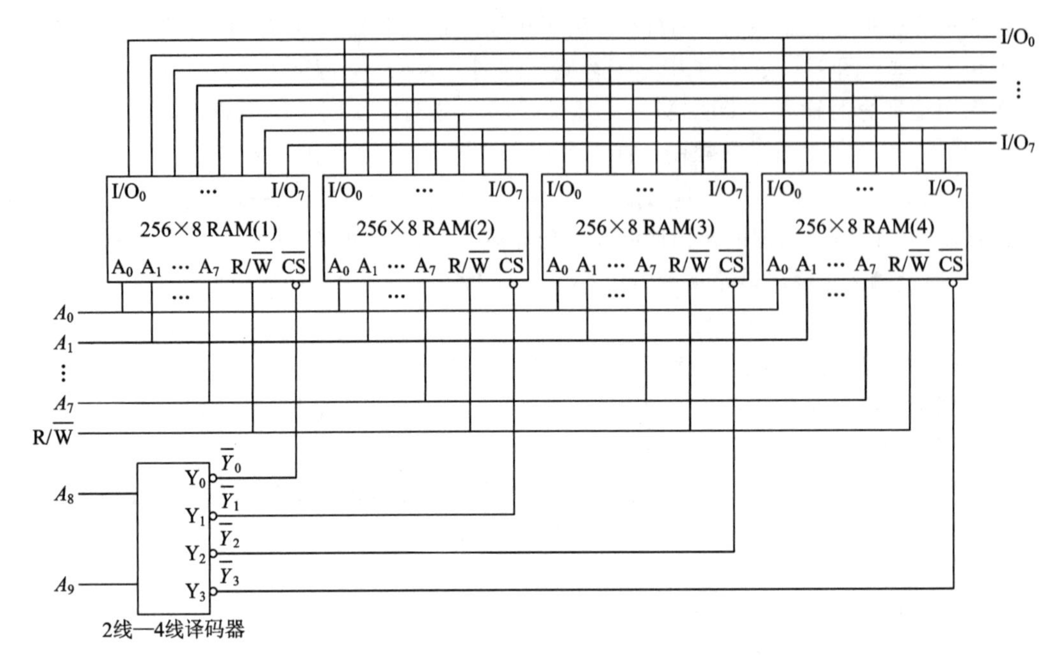

图 7-11　RAM 字扩展的连接方式

表 7-2　图 7-11 中各片 RAM 的地址分配

器件编号	A_9A_8	$\overline{Y}_0$	$\overline{Y}_1$	$\overline{Y}_2$	$\overline{Y}_3$	地址范围 $A_9A_8A_7A_6A_5A_4A_3A_2A_1A_0$
RAM(1)	00	0	1	1	1	0000000000～0011111111(0～255)
RAM(2)	01	1	0	1	1	0100000000～0111111111(256～511)
RAM(3)	10	1	1	0	1	1000000000～1011111111(512～767)
RAM(4)	11	1	1	1	0	1100000000～1111111111(768～1023)

7.4　可编程逻辑器件

可编程逻辑器件(PLD)是作为一种通用型器件生产的，然而它的逻辑功能又是由用户通过器件编程来自行设定的。它可以把一个数字系统集成在 PLD 上，而不必由芯片制造厂去设计和制作专用集成芯片。PLD 具有通用型器件批量大、成本低和专用型器件构成系统体积小、电路可靠等优点。

自 20 世纪 80 年代以来，PLD 发展非常迅速，可编程器件主要有 PAL、GAL、CPLD 和 FPGA 等。由于生产工艺的发展，可编程逻辑集成电路的线宽已达到深亚微米，在一块硅片上可集成几十万甚至百万个逻辑门。同时，器件的速度指标也在飞速提高，FPGA 的门延时已小于 3 ns，CPLD 器件的系统工作速度已达到 400 MHz 以上。CMOS 工艺在速度上超过双极型工艺，成为可编程逻辑集成电路的普遍工艺手段。

可编程逻辑器件的出现，改变了传统的数字系统设计方法。传统的数字系统采用固定功能器件(通用型器件)，通过设计电路来实现系统功能。采用可编程逻辑器件，通过定义器件

内部逻辑输入/输出引出端，将原来由电路板设计完成的大部分工作放在芯片设计中进行。这样不仅可通过芯片设计实现各种数字逻辑系统的功能，而且由于引出端定义的灵活性，大大减轻了电路图设计和电路板设计的工作量与难度，从而有效地增强了设计的灵活性，提高了工作效率。可编程逻辑器件是实现数字系统的理想器件。

在采用 PLD 器件设计逻辑电路时，设计者需要利用 PLD 器件开发软件和硬件。PLD 器件开发软件根据系统设计的要求，可自动进行逻辑电路设计输入、编译、逻辑划分、优化和模拟，得到满足设计要求的 PLD 编程数据下载到编程器，编程器可将该编程数据写入 PLD 器件中，使 PLD 器件具有设计所要求的逻辑功能。

7.4.1　可编程阵列逻辑器件(PAL)

可编程阵列逻辑器件是 20 世纪 70 年代末出现的一种低密度、一次性可编程逻辑器件。最简单的 PAL 电路结构形式包含一个可编程的与逻辑阵列和一个固定的或逻辑阵列，这是 PAL 的基本电路结构，如图 7-12 所示。

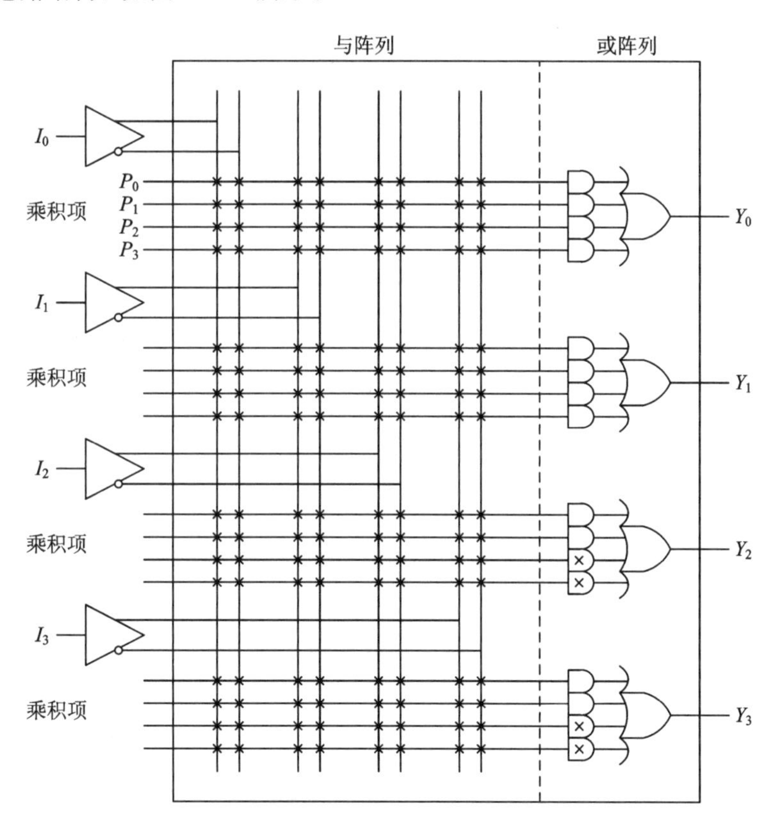

图 7-12　PAL 的基本电路结构

由图 7-12 可见，在没有编程以前，与逻辑阵列的所有交叉点上均有熔丝接通。编程是将有用的熔丝保留，将无用的熔丝熔断，从而得到所需要的电路。

图 7-13 是一个经过编程以后得到的 PAL 器件的结构图。它所产生的逻辑函数为

$$Y_0 = I_0 I_1 I_2 + I_1 I_2 I_3 + I_0 I_2 I_3 + I_0 I_1 I_3$$

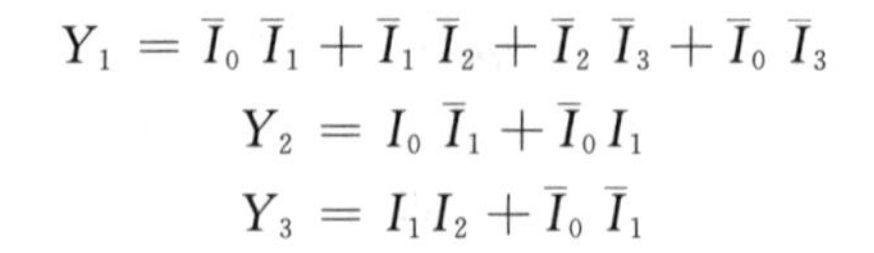

$$Y_1 = \bar{I}_0\,\bar{I}_1 + \bar{I}_1\,\bar{I}_2 + \bar{I}_2\,\bar{I}_3 + \bar{I}_0\,\bar{I}_3$$

$$Y_2 = I_0\,\bar{I}_1 + \bar{I}_0 I_1$$

$$Y_3 = I_1 I_2 + \bar{I}_0\,\bar{I}_1$$

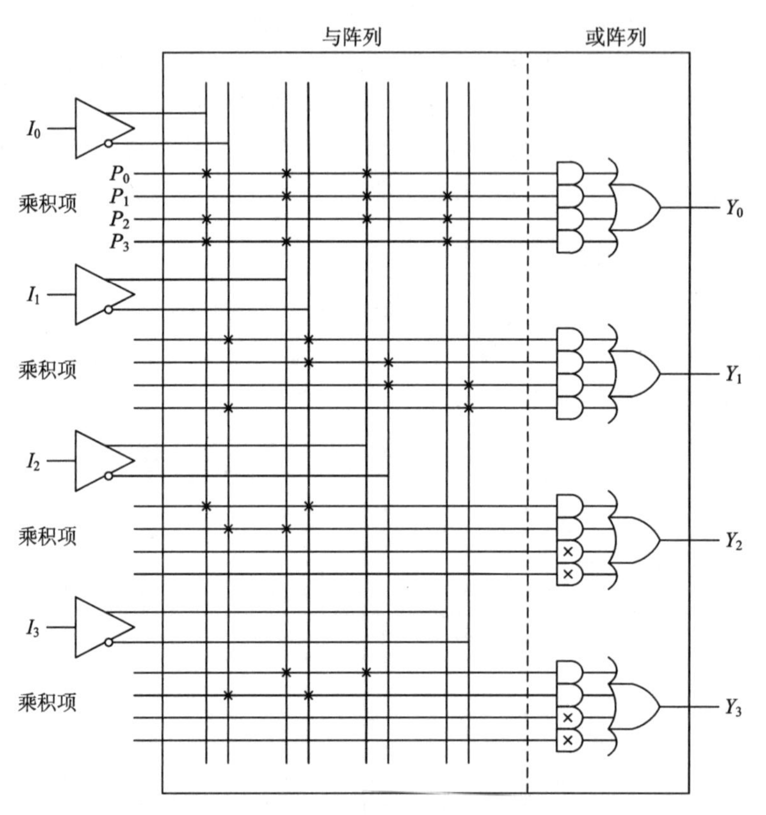

图 7 - 13 编程以后得到的 PAL 器件的结构图

7.4.2 通用阵列逻辑器件(GAL)

通用阵列逻辑器件是继 PAL 器件之后，在 20 世纪 80 年代中期推出的一种低密度可编程逻辑器件。它在结构上采用了输出逻辑宏单元(OLMC)的结构形式，在工艺上吸收了 E^2PROM 的浮栅技术，从而使 GAL 器件具有可擦除、可重新编程、数据可长期保存和可重新组合结构的特点。因此 GAL 器件比 PAL 器件功能更加全面，结构更加灵活，它可取代大部分中小规模的数字成电路和 PAL 器件，增加了数字系统设计的灵活性。

GAL 器件的基本结构类型分为三种，即 PAL 型 GAL 器件、在系统编程型 GAL 器件和 FPLA 型 GAL 器件。

7.4.3 复杂可编程逻辑器件(CPLD)与现场可编程门阵列(FPGA)

复杂可编程逻辑器件采用 CMOS EPROM、E^2PROM、Flash 存储器和 SRAM 等编程技术，从而构成了高密度、高速度和低功耗的可编程逻辑器件。CPLD 的 I/O 端数和内含触发器多达数百个，其集成度远远高于可编程逻辑器件 PAL 和 GAL。因此，采用 CPLD 设计数字系统，体积小、功耗低、可靠性高，且有更大的灵活性。CPLD 大致可分为两类：一类是由

GAL 器件发展而来的，其主体仍是与阵列和宏单元结构，称为 CPLD 的基本结构；另一类是分区阵列结构的 CPLD。CPLD 的生产厂商主要有 Xilinx、Altera、Lattice、Cypress、Actel 等公司。

几乎在 CPLD 产生的同时，一些 IC 制造商采用了不同的方法来扩展可编程逻辑芯片的规模。与 CPLD 相比，现场可编程门阵列包含数量更多的单个逻辑构件，并提供更大的、支配整个芯片的分布式互连结构。

现场可编程门阵列器件与前面提到的 PLD 器件所采用的与—或逻辑阵列加输出逻辑单元的结构形式不同。FPGA 的电路结构是由若干独立的可编程逻辑模块组成的，用户可以通过编程将这些模块连接成所需设计的数字系统。因为这些模块的排列形式和门阵列中单元的排列形式相似，所以沿用了门阵列的名称。FPGA 也属于高密度 PLD。FPGA 一般由可配置逻辑模块(CLB)、输入/输出模块(IOB)和互连资源(ICR)三个可编程逻辑模块阵列组成。

习　　题

7.1　如果存储器的容量为 128K×8 位，则地址代码应取几位？

7.2　试用 64K×8 位的 RAM 组成 128K×8 位的存储器。

7.3　试用 16K×4 位的 RAM 组成 16K×8 位的存储器。

7.4　试用 64K×8 位的 RAM 组成 512K×16 位的存储器。

7.5　存储器额定容量为 8M×8 位，需要多少条地址线与其相连？需要多少条数据线与其相连？

7.6　如果一个存储器的地址线有 32 根，数据线有 32 根，那么这个存储器的容量是多少？

第8章　数/模与模/数转换器

8.1　概　　述

在数字计算机已经普及的今天，计算机控制技术已经应用到各行各业。在计算机控制系统中，为了实现生产过程的控制，要将生产现场测得的信息(如温度、压力、流量等)传递给计算机。计算机经过计算、处理后，将结果以数字量的形式输出，并转换为适合于对生产过程进行控制的量。温度、压力、流量等都是随着时间连续变化的模拟量，而计算机处理的是数字信号，这样就需要模/数(A/D)转换器(Analog to Digital Converter，ADC)将模拟量转换为数字量。而计算机输出的数字信号去控制被控对象又需要将数字量转换为模拟量，所以也需要经数/模(D/A)转换器(Digital to Analog Converter，DAC)将数字量转换为模拟量。

为了保证数据处理结果的准确性，A/D转换器和D/A转换器必须有足够高的转换精度。同时，为了适应快速过程的控制和检测的需要，A/D转换器和D/A转换器还必须有足够快的转换速度。因此，转换精度和转换速度是衡量A/D转换器和D/A转换器性能优劣的主要标志。

目前常见的D/A转换器中，有权电阻网络D/A转换器、倒T形电阻网络D/A转换器和权电流型D/A转换器等。

A/D转换器的类型也有多种，可以分为直接A/D转换器和间接A/D转换器两大类。在直接A/D转换器中，输入的模拟电压信号直接被转换成相应的数字信号；而在间接A/D转换器中，输入的模拟信号首先被转换成某种中间变量(如时间、频率等)，然后再将这个中间变量转换为数字信号。

8.2　数/模转换器

8.2.1　权电阻网络数/模转换器

一个多位二进制数中每一位的1所代表的数值大小称为这一位的权(Weight)。如果一个n位二进制数用$D_N=d_{n-1}d_{n-2}\cdots d_1d_0$表示，那么最高位(Most Significant Bit，MSB)到最低位(Least Significant Bit，LSB)的权将依次为$2^{n-1}2^{n-2}\cdots 2^1 2^0$。

图8-1(a)是4位权电阻网络数/模转换器的原理图。它由权电阻求和网络、4个电子模拟开关$S_0\sim S_3$和1个求和运算放大器组成。

电子模拟开关($S_0\sim S_3$)由电子器件构成，其动作受二进制数$d_0\sim d_3$控制。当$d_i=1$时，则相应的开关S_i接到参考电压U_{REF}上，有支路电流I_i流向求和运算放大器；当$d_i=0$时，开

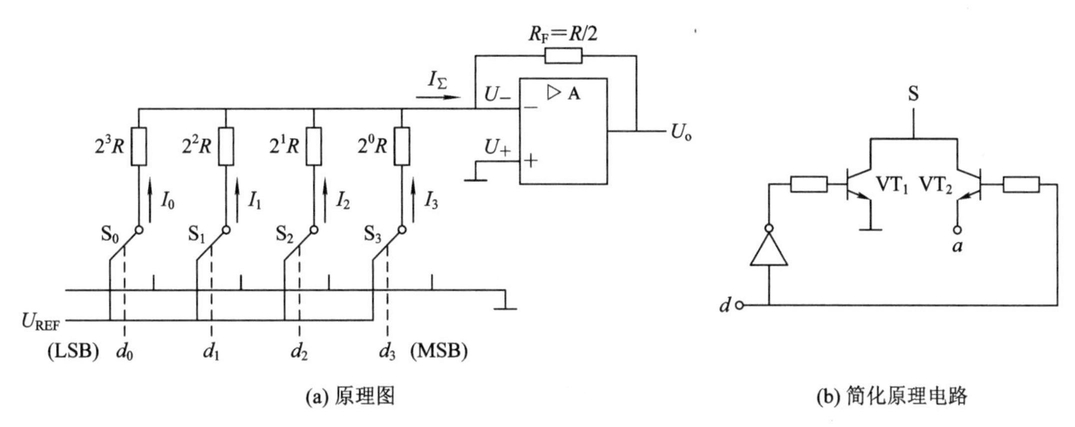

图 8-1　权电阻网络数/模转换器的原理图和电子模拟开关的简化原理电路

关 S_i 接到位置 0，将相应电流直接接地而不进入集成运算放大器。

电子模拟开关的简化原理电路如图 8-1(b)所示。当 $d=1$ 时，VT_2 管饱和导通，VT_1 管截止，则 S 与 a 点通；当 $d=0$ 时，VT_1 管饱和导通，VT_2 管截止，则 S 被接地。前者相当于开关 S 接到了“1”端，后者则相当于开关 S 接到了“0”端。

求和运算放大器是一个接成负反馈的运算放大器。为了简化分析计算，可以把运算放大器近似地看成理想放大器，即它的开环放大倍数为无穷大，输入电流为零(输入电阻为无穷大)，输出电阻为零。当同相输入端 U_+ 的电位高于反相输入端 U_- 的电位时，输出端对地的电压 U_o 为正；当 U_- 高于 U_+ 时，U_o 为负。

当参考电压经电阻网络到 U_- 时，只要 U_- 稍高于 U_+，便在 U_o 产生很负的输出电压。U_o 经 R_F 反馈到 U_- 端使 U_- 降低，其结果必然使 $U_-\approx 0$。

在认为运算放大器输入电流为零的条件下可以得到

$$U_o=-R_F(I_3+I_2+I_1+I_0) \tag{8-1}$$

由于 $U_+\approx 0$，因而各支路电流分别为

$$I_3=\frac{U_{REF}}{R}d_3,\ I_2=\frac{U_{REF}}{2R}d_2,\ I_1=\frac{U_{REF}}{2^2R}d_1,\ I_0=\frac{U_{REF}}{2^3R}d_0$$

显然，$d_3=d_2=d_1=d_0=1$ 时，有

$$I_3=\frac{U_{REF}}{R},\ I_2=\frac{U_{REF}}{2R},\ I_1=\frac{U_{REF}}{2^2R},\ I_0=\frac{U_{REF}}{2^3R}$$

当 $d_3=d_2=d_1=d_0=0$ 时，有

$$I_3=I_2=I_1=I_0=0$$

将它们代入式(8-1)并取 $R_F=\dfrac{R}{2}$，则得到

$$U_o=-\frac{U_{REF}}{2^4}(2^3d_3+2^2d_2+2^1d_1+2^0d_0)$$

对于 n 位的权电阻网络数/模转换器，当反馈电阻取为 $R/2$ 时，输出电压的计算公式可写成

$$U_o=-\frac{U_{REF}}{2^n}(2^{n-1}d_{n-1}+2^{n-2}d_{n-2}+\cdots+2^1d_1+2^0d_0)=-\frac{U_{REF}}{2^n}D_N \tag{8-2}$$

式(8-2)表明，输出的模拟电压正比于输入的数字量 D_N，从而实现了从数字量到模拟量

的转换。当$\overline{D}_N=0$时，$U_o=0$，当$D_N=11\cdots11$时，$U_o=-(2^{n-1}/2^n)U_{REF}$，故$U_o$的最大变化范围是$0\sim U_o=-(2^{n-1}/2^n)U_{REF}$。从式(8-2)中还可以看到，在$U_{REF}$为正电压时输出电压$U_o$始终为负值，要想得到正的输出电压，可以将$U_{REF}$取为负值。

8.2.2 倒T形电阻网络数/模转换器

倒T形电阻网络数/模转换器电路如图8-2所示。电阻网络中只有R、$2R$两种阻值的电阻。由图8-2中可知，因为求和放大器反相输入端U_-的电位始终接近于零，所以无论开关S_3、S_2、S_1、S_0合到哪一边，都相当于接到了“地”电位上，流过每个支路的电流也始终不变。但应注意，U_-并没有接地，只是电位与“地”相等，因此这时又把U_-端称为“虚地”点。从参考电源流入倒T形电阻网络的总电流为$I=U_{REF}/R$，而每个支路的电流依次为$I/2$、$I/4$、$I/8$和$I/16$。

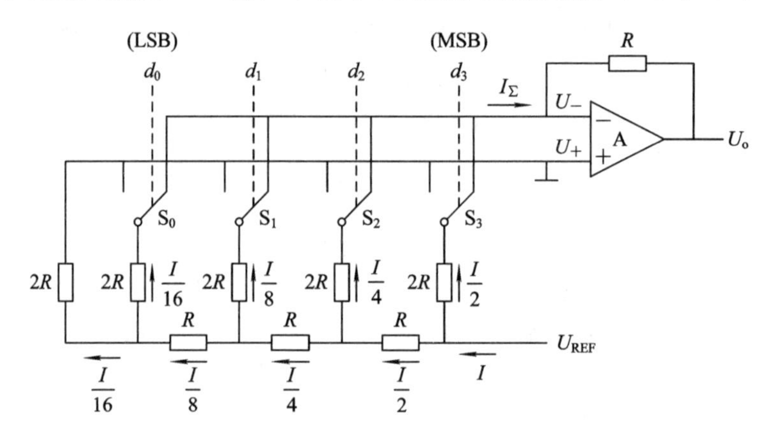

图8-2 倒T形电阻网络数/模转换器

如果当$d_i=0$时开关S_i接地(接放大器的U_+)，而$d_i=1$的S_i接至放大器的输入端U_-，则由图8-2可知，$i_\Sigma=\frac{1}{2}d_3+\frac{1}{4}d_2+\frac{1}{8}d_1+\frac{1}{16}d_0$，在求和放大器的反馈电阻阻值等于$R$的条件下，输出电压为

$$U_o=-Ri_\Sigma=-\frac{U_{REF}}{2^4}(2^3d_3+2^2d_2+2^1d_1+2^0d_0)$$

对于n位输入的倒T形电阻网络数/模转换器，在求和放大器的反馈电阻阻值为R的条件下，输出模拟电压的计算公式为

$$U_o=-\frac{U_{REF}}{2^n}(2^{n-1}d_{n-1}+2^{n-2}d_{n-2}+\cdots+2^1d_1+2^0d_0)=-\frac{U_{REF}}{2^n}D_N \tag{8-3}$$

上式说明输出的模拟电压与输入的数字量成正比。

单片集成数/模转换器CB7520(AD7520)采用的是倒T形电阻网络，如图8-3所示。表8-1为AD7520的数/模转换代码表。它的输入为10位二进制数$d_9d_8d_7d_6d_5d_4d_3d_2d_1d_0$，采用CMOS电路构成的模拟开关，如图8-4所示。使用CB7520时需要外加运算放大器，运算放大器的反馈电阻可以使用CB7520内设的反馈电阻R，也可以另选反馈电阻接到I_{REF}以保证有足够的稳定度，才能确保应有的转换精度。一个典型的数/模转换的应用电路如图8-5所示。

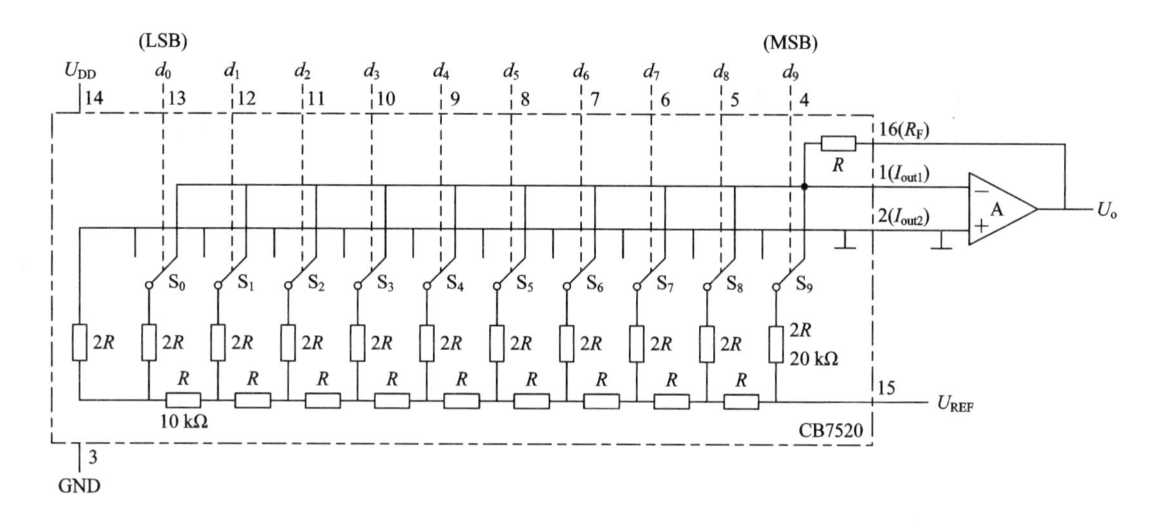

图 8-3 单片集成倒 T 形电阻网络数/模转换器

表 8-1 AD7520 的数/模转换代码表

单 极 性		双 极 性	
数字量输入	模拟量输出	数字量输入	模拟量输出
1111111111	$-U_{REF}(1-2^{-n})$	1111111111	$-U_{REF}(1-2^{-(n-1)})$
1000000001	$-U_{REF}(1/2+2^{-n})$	1000000001	$-U_{REF}(2^{-(n-1)})$
1000000000	$-U_{REF}/2$	1000000000	0
0111111111	$-U_{REF}(1/2-2^{-n})$	0111111111	$U_{REF}(2^{-(n-D)})$
0000000001	$-U_{REF}(2^{-n})$	0000000001	$U_{REF}(1-2^{-(n-D)})$
0000000000	0	0000000000	U_{REF}

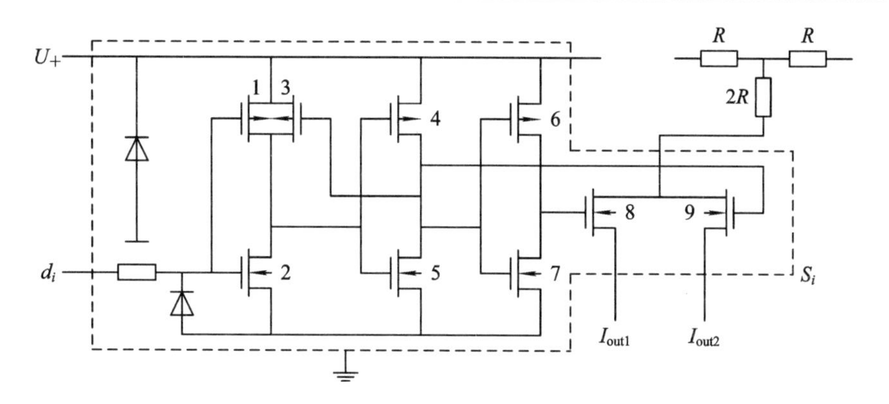

图 8-4 CB7520 中的 CMOS 模拟开关电路

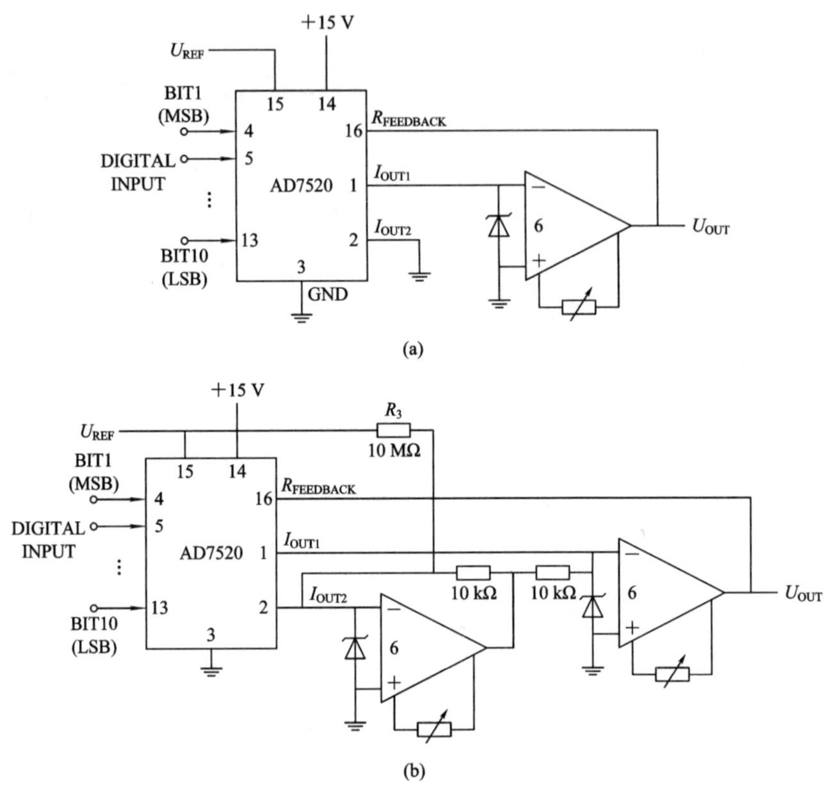

图 8-5　由 AD7520 构建的单极性和双极性数/模转换电路

8.2.3 权电流型数/模转换器

在前面分析权电阻网络数/模转换器和倒 T 形电阻网络数/模转换器的过程中，都把模拟开关作为理想开关处理，没有考虑它们的导通电阻和导通压降。而实际上这些开关总有一定的导通电阻和导通压降，而且每个开关的情况也不完全相同。因此它们的存在无疑将引起转换误差，影响转换精度。

解决这个问题的一种方法就是采用如图 8-6(a)所示的权电流型数/模转换器。在权电流型模/数转换器上，有一组恒流源，每个恒流源电流的大小依次为前一个的 1/2，和输入二进制数对应位的“权”成正比。由于采用了恒流源，每个支路电流的大小不再受开关内阻和开关压降的影响，从而降低了对开关电路的要求。

恒流源电路经常采用如图 8-6(b)所示的电路结构形式。只要在电路工作时保证 U_B 和 U_{EE} 不变，则三极管的集电极电流即可保持恒定，不受开关内阻的影响。电流的大小近似为

$$I_i \approx \frac{U_B - U_{EE} - U_{BE}}{R_{Ei}}$$

当输入数字量的某位代码为 1 时，对应的开关将恒流源接至运算放大器的输入端；当输入代码为 0 时，对应的开关接地，故输出电压为

$$u_o = i_\Sigma R_F = R_F\left(\frac{I}{2}d_3 + \frac{I}{2^2}d_2 + \frac{I}{2^3}d_1 + \frac{I}{2^4}d_0\right) = \frac{R_F I}{2^4}(2^3 d_3 + 2^2 d_2 + 2^1 d_1 + 2^0 d_0)$$

可见，u_o 正比于输入的数字量。

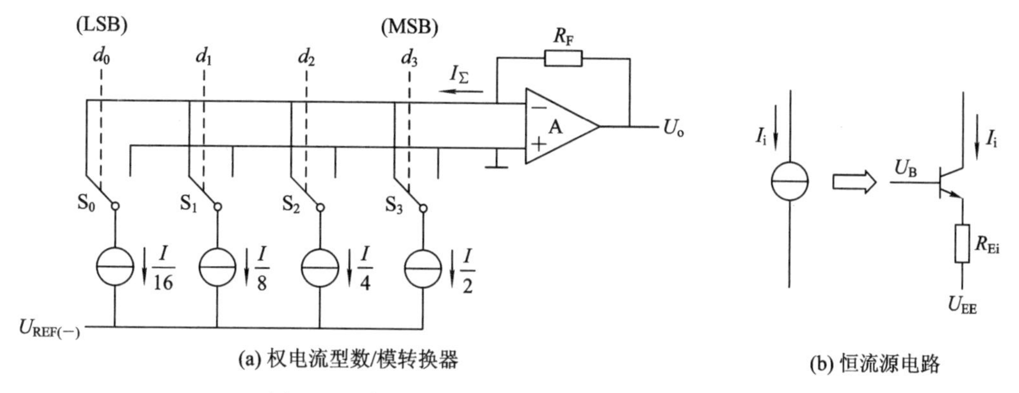

图 8-6　权电流型数/模转换器及其恒流源电路

采用权电流型数/模转换电路生产的单片集成数/模转换器有 DAC0806、DAC0807、DAC0808 等。这些器件都采用双极型工艺制作，工作速度较高。

图 8-7(a)是 DAC0808 的电路结构框图，图中 $A_1 \sim A_8$ 是 8 位数字量的输入端，I_o是求和电流的输出端。$U_{REF(-)}$ 和 $U_{REF(+)}$ 接基准电流发生电路中运算放大器的反相输入端和同相输入端。COMP 供外接补偿电容之用。U_{CC}和 U_{EE}为正、负电源输入端。

用 DAC0808 这类器件构成数/模转换器时需要外接运算放大器和产生基准电流用的 R_R，如图 8-7(b)所示。在 $U_{REF}=10$ V、$R_R=R_F=5$ kΩ 的情况下，可知输出电压为

$$U_o=\frac{R_F}{2^8 R_R}U_{REF}D_N=\frac{10}{2^8}D_N=10\left(\frac{A_1}{2}+\frac{A_2}{4}+\cdots+\frac{A_8}{256}\right)$$

当输入的数字量在全 0 和全 1 之间变化时，输出模拟电压的变化范围为 0～9.96 V。

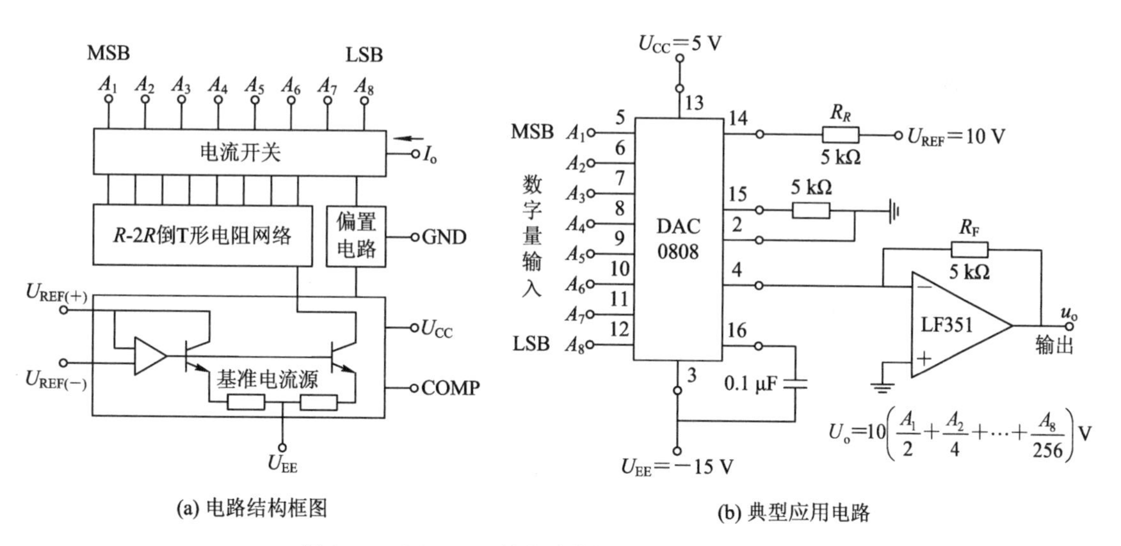

图 8-7　DAC0808 的电路结构框图及典型应用电路

8.2.4　数/模转换器的转换精度与转换速度

1. 数/模转换器的转换精度

在数/模转换器中通常用分辨率和转化误差来描述转换精度。

分辨率用输入二进制数码的位数给出。在分辨率为 n 的数/模转换器中，从输出模拟电压的大小应能区分出输入代码从 00…00 到 11…11 全部 2^n 个不同的状态，给出 2^n 个不同等级的输出电压。因此，分辨率表示数/模转换器在理论上可以达到的精度。有时也用数/模转换器能够分辨出来的最小电压(此时输入的数字代码只有最低有效位(LSB)为 1，其余各位都是 0)与最大输出电压(此时输入数字代码所有各位全是 1)之比给出分辨率。例如，10 位数/模转换器的分辨率为 $1/(2^{10}-1)=1/1023\approx 0.001$。

由于数/模转换器的各个环节在参数和性能上与理论值之间不可避免地存在差异，所以实际能达到的转换精度要由转换误差来决定。表示由各种因素引起的转换误差的一个综合性指标称为线性误差，有时也把它称为转换误差。线性误差表示实际的数/模转换特性和理想转换特性之间的最大偏差。线性误差一般用最低有效位的倍数表示。例如，给出线性误差为 1LSB，就表示输出模拟电压与理论值之间的绝对误差小于或等于当输入为 00…01 时对应的输出电压。

此外，有时也用输出电压满刻度(FSR)的百分数表示输出电压误差绝对值的大小。

2. 数/模转换器的转换速度

通常用建立时间 t_{set} 来定量描述数/模转换器的转换速度。

建立时间 t_{set} 是这样定义的：从输入的数字量发生突变开始，直到输出电压时与稳态值相差±1/2LSB 范围以内的这段时间，因为输入数字量的变化越大，建立时间越长，所以一般产品说明中给出的都是输入从全 0 跳变为全 1(或从全 1 跳变为全 0)时的建立时间。目前在不包含运算放大器的单片集成数/模转换器中，建立时间最短的可达到 0.1 μs 以内。在包括运算放大器的集成数/模转换器中，建立时间最短的也可达 0.5 μs 以内。

在外加运算放大器组成完整的数/模转换器时，完成一次转换的全部时间应包括建立时间和运算放大器的上升时间(或下降时间)这两部分。若运算放大器输出电压的转换速率为 SR(输出电压的变化速度)，则完成一次数/模转换的最大转换时间为

$$T_{TR(max)}=t_{set}+\frac{U_{o(max)}}{SR} \tag{8-4}$$

其中，$U_{o(max)}$ 为输出模拟电压的最大值。

3. 温度系数

温度系数是指在输入不变的情况下，输出模拟电压随温度变化产生的变化量。一般用满刻度输出条件下温度每升高 1℃，输出电压变化的百分数作为温度系数。

8.3 模/数转换器

8.3.1 模/数转换的基本原理

在模/数转换器中，因为输入的模拟信号在时间上是连续的而输出的数字信号是离散的，所以转换只能在一系列选定的瞬间对输入的模拟信号采样，然后再把这些采样值转换成输出的数字量。模/数转换的过程如图 8-8(a)所示。图 8-8(b)为模拟信号、采样信号、还原滤波器的频率特性。

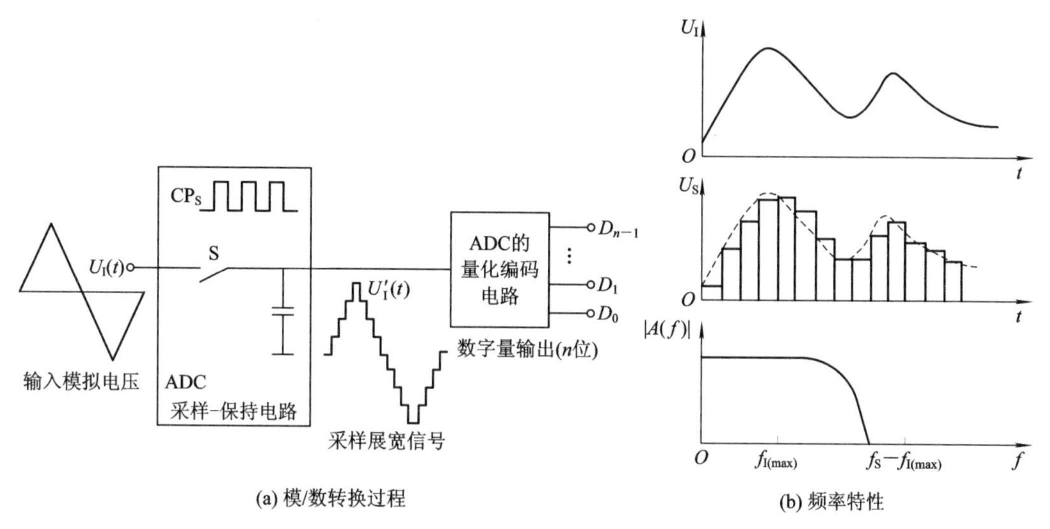

(a) 模/数转换过程　　(b) 频率特性

图 8-8　模/数转换过程以及模拟信号、采样信号、还原滤波器的频率特性

模/数转换的过程是首先对输入的模拟电压信号采样，采样结束后进入保持阶段，在保持时间内将采样的电压量化为数字量，并按一定的编码形式给出转换结果。然后，开始下一次采样。

1. 采样定理

由图 8-8(b)可见，为了能正确无误地用采样信号 U_S 表示模拟信号 U_I，采样信号必须有足够高的频率。可以证明，为了保证能从采样信号将原来的被采样信号恢复，必须满足

$$f_S \geqslant 2f_{I(max)} \tag{8-5}$$

式中，f_S 为采样频率，$f_{I(max)}$ 为输入模拟信号的最高频率分量的频率。

在满足 $f_S \geqslant 2f_{I(max)}$ 的条件下，可以用低通滤波器将 U_S 还原为 U_I。这个低通滤波器的电压传输系数在低于 $f_{I(max)}$ 的范围内应保持不变，而在 $f_S - f_{I(max)}$ 以前应迅速下降为 0，如图 8-8(b)所示。

2. 量化和编码

由于数字信号不仅在时间上是离散的，而且数值大小的变化也是不连续的。也就是说，任何一个数字量的大小只能是某个规定的最小数量单位的整数倍。在进行模/数转换时，必须把采样电压表示为这个最小单位的整数倍。这个转化过程称为量化，所取的最小数量单位称为量化单位，用 Δ 表示。显然，数字信号最低有效位的 1 所代表的数量大小就等于 Δ。

把量化的结果用代码(可以是二进制，也可以是其他进制)表示出来，称为编码。这些代码就是模/数转换的输出结果。

既然模拟电压是连续的，那么它就不一定能被 Δ 整除，因而量化过程不可避免地会引入误差。这种误差称为量化误差。将模拟电压信号划分为不同的量化等级时通常有图 8-9 所示的两种方法，它们的量化误差相差较大。

例如，要求把 0～1 V 的模拟电压信号转换成 3 位二进制代码，则最简单的方法是取 Δ=1/8 V，并规定凡数值在 0～1/8 V 的模拟电压都当作 0 对待，用二进制数 000 表示；凡数值在 1/8～2/8 V 的模拟电压都当作 1Δ 对待，用二进制数 001 表示，等等，如图8-9(a)所示。由此可以看出，这种量化方法可能带来的最大量化误差可达 Δ，即 1/8 V。

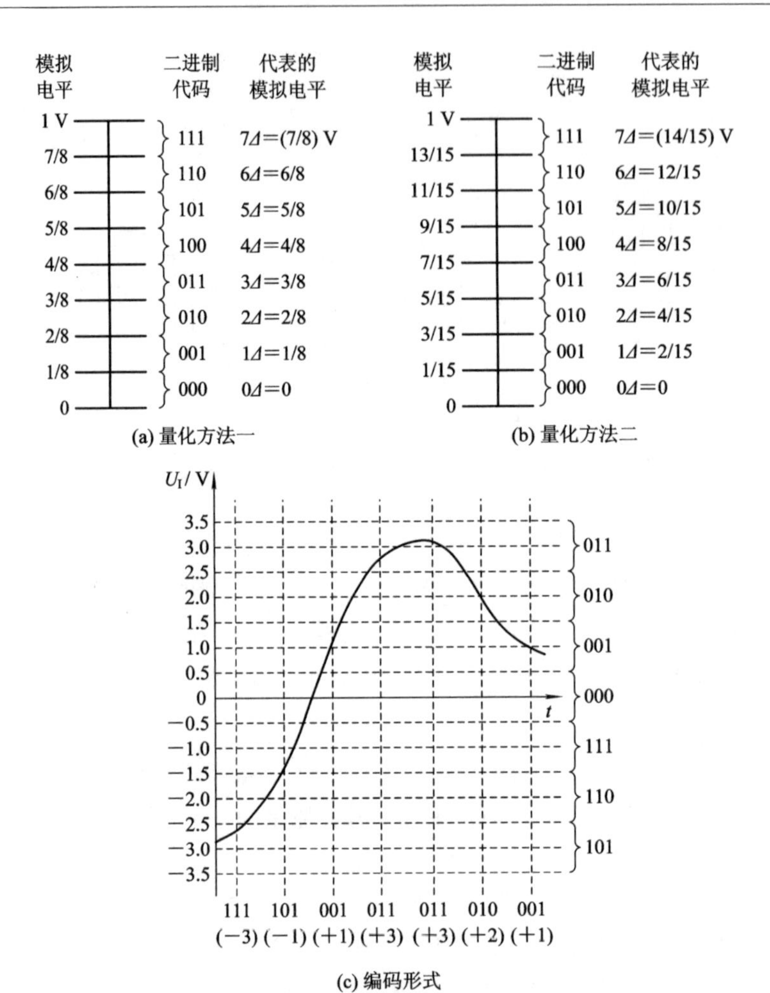

图 8-9 对单极性模拟电平和双极性模拟电压的量化与编码

为了减小量化误差，通常采用如图 8-9(b)所示的改进方法划分量化电平。在这种划分量化电平的方法中，取量化电平 $\Delta=2/15$ V，并将输出代码 000 对应的模拟电压范围规定为 0～1/15 V，即 0～(1/2)Δ，这样可以将最大量化误差减小到(1/2)Δ，即 1/15 V。这个道理不难理解，因为现在将每个输出二进制代码所表示的模拟电压值规定为它所对应的模拟电压范围的中间值，所以最大量化误差自然不会超过(1/2)Δ。

当输入的模拟电压在正、负范围内变化时，一般要求采用二进制补码(Binary Complement)的编码形式，如图 8-9(c)所示。在这个例子中取 $\Delta=1$ V，输出为 3 位二进制补码，最高位为符号位。

3. 采样-保持电路

采样-保持电路的基本形式如图 8-10(a)所示。图中 VT 为 N 沟道增强型 MOS 管，作模拟开关使用。当采样控制信号 U_I为高电平时 VT 导通，输入信号 U_I经电阻 R_I和 VT 向电容 C_H充电。若取 $R_I=R_F$，并忽略运算放大器的输入电流，则充电结束后 $U_O=U_C=-U_I$。这里 U_C为电容 C_H上的电压。当 U_L返回低电平以后，MOS 管 VT 截止。由于 C_H上的电压在一段时间内基本保持不变，所以 U_O也保持不变，采样结果被保存下来。C_H的漏电流越小，运算放大器的输入阻抗越高，U_O保持的时间也越长。

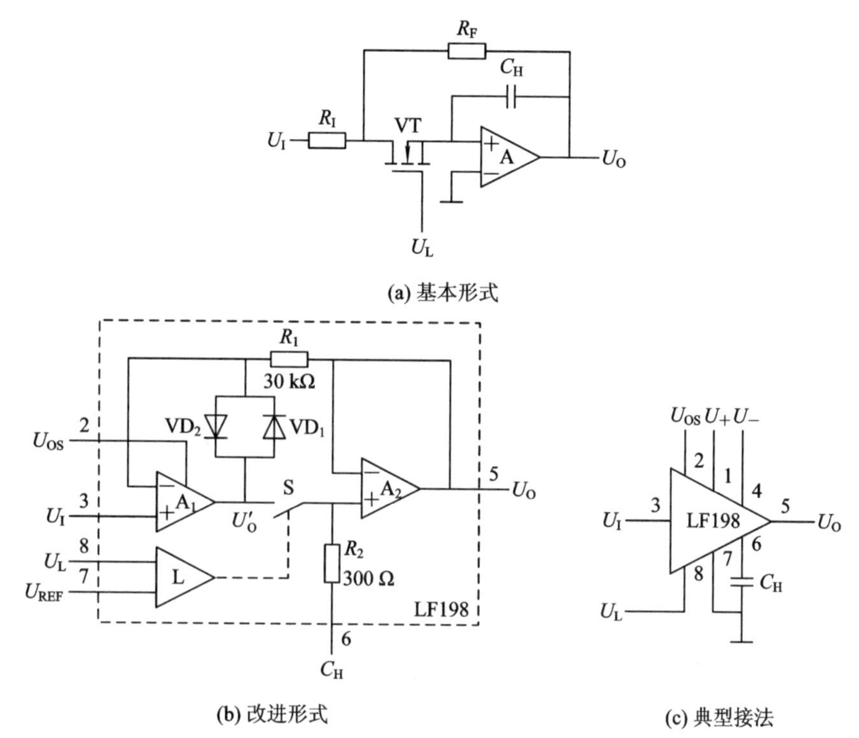

图 8－10　采样-保持电路的基本形式、集成采样-保持电路 LF198 的电路结构及其典型接法

图 8－10(b)是一种改进了的由 LF198 构建的单片集成采样-保持电路。图中的 A_1、A_2 是两个运算放大器，S 是模拟开关，L 是控制 S 状态的逻辑单元。U_L和 U_{REF}是逻辑单元的两个输入电压信号，当 $U_L > U_{REF}+U_{TH}$时，S 接通，而当 $U_L < U_{REF}+U_{TH}$时，S 断开。U_{TH}称为阈值电压，约为 1.4 V。

图 8－10(c)给出了 LF198 的典型接法。由于图中取 $U_{REF}=0$，而且 U_L设为 TTL 逻辑电平，则 $U_L=1$ 时 S 接通，$U_L=0$ 时 S 断开。当 $U_L=1$ 时电路处于采样工作状态，这时 S 闭合，A_1 和 A_2 均工作在单位增益的电压跟随器状态，所以有 $U_O=U'_O=U_I$。如果在 R_2的引出端与地之间接入电容 C_H，那么电容电压的稳态值也是 U_L。采样结束时 U_L回到低电平，电路进入保持状态。这时 S 断开，C_H上的电压基本保持不变，因而输出电压 U_O也得以维持原来的数值。

在图 8－10(b)电路中还有一个由二极管 VD_1、VD_2 组成的保护电路。在没有 VD_1 和 VD_2 的情况下，如果 S 再次接通以前 U_I变化了，则 U_O的变化可能很大，以至于使 A_1 的输出进入饱和状态并使开关电路承受过高的电压。接入 VD_1 和 VD_2 以后，当 U'_O 比 U_O所保持的电压高出一个二极管的压降时，VD_1 将导通，U'_O被钳位于 U_I+U_{D1}。这里的 U_{D1}表示二极管 VD_1 的正向导通压降。当 U'_O比 U_O低一个二极管的压降时，VD_2 导通，将 U'_O钳位于 U_I-U_{D2}。U_{D2}为 VD_2 的正向导通压降。在 S 接通的情况下，因为 $U'_O \approx U_O$，所以 VD_1 和 VD_2 都不导通，保护电路不起作用。

采样过程中电容 C_H上的电压达到稳态值所需要的时间(称为获取时间)和保持阶段输出电压的下降率 $\Delta U_O/\Delta T$ 是衡量采样-保持电路性能的两个最重要的指标。在 LF198 中，采用了双极型与 MOS 型混合工艺。为了提高电路工作速度并降低输入失调电压，输入端运算放大器的输入级采用双极型三极管电路，而在输出端的运算放大器中，输入级采用了场效应三极管，这就有效地提高了放大器的输入阻抗，减小了保持时间内 C_H上的电荷的损失，使输出电压的下降率达到 10^{-3} mV/s 以下（当外接电容 C_H为 0.01 μF 时）。

输出电压下降率与外界电容 C_H电容量大小和漏电情况有关。C_H的电容量越大、漏电越小，输出电压下降率越低。然而加大 C_H的电容量会使获取时间变长，所以在选择 C_H的电容量大小时应兼顾输出电压下降率和获取时间两方面的要求。

逻辑输入端(U_L)和参考输入端(U_{REF})都具有较高的输入电阻，可以直接用 TTL 的电路或 CMOS 电路驱动。通过失调调整输入端 U_{OS}可以调整输出电压的零点，使 $U_I=0$ 时 $U_O=0$。U_{OS}的数值可以用电位器的可动端调节，电位器的一个顶端接电源 U_+，另一个顶端通过电阻接地。

8.3.2 直接模/数转换器

模/数转换器的种类很多，按其工作原理不同分为直接模/数转换器和间接模/数转换器两类。直接模/数转换器可将模拟信号直接转换为数字信号，这类模/数转换器具有较快的转换速度，其典型电路有并联比较型 ADC 和反馈比较型 ADC。而间接模/数转换器则是先将模拟信号转换成某一中间电量（时间或频率），然后将中间电量转换为数字量输出。此类模/数转换器的速度较慢，典型电路是双积分型 ADC 和电压频率转换型 ADC。

1. 并联比较型模/数转换器

图 8－11 为并联比较型模/数转换器电路结构图，它由电压比较器、寄存器和代码转换器

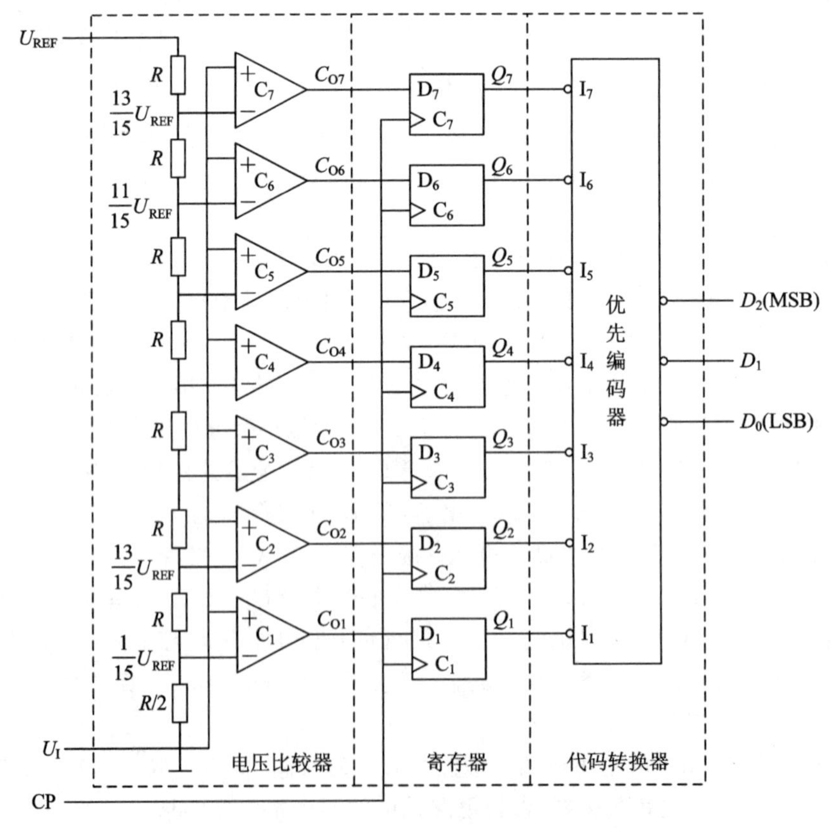

图 8－11 并联比较型模/数转换器

三部分组成。输入为 $0 \sim U_{REF}$ 之间的模拟电压，输出为 3 位二进制数码 $D_2D_1D_0$，这里略去了采样-保持电路，假定输入的模拟电压 U_I 已经是采样-保持电路的输出电压了。电压比较器中量化电平的划分采用如图 8-10(b)所示的方式，用电阻链把参考电压 U_{REF} 分压，得到从 $U_{REF}/15$ 到 $13U_{REF}/15$ 之间 7 个比较电平，量化电位为 $\Delta = 2U_{REF}/15$。然后，把这 7 个比较电平分别接到 7 个电压比较器 $C_1 \sim C_7$ 的输入端，作为比较基准。最后继续将输入的模拟电压同时加到每个比较器的另一个输入端上，与这 7 个比较基准进行比较。

若 $U_I < U_{REF}/15$，则只有 C_1 输出为高电平，CP 上升沿到达后，$Q_7Q_6Q_5Q_4Q_3Q_2Q_1 =$ 0000001。以此类推，便可列出 U_I 为不同电压时寄存器的状态，如表 8-2 所示。不过寄存器输出的是一组 7 位的二值代码，还不是所要求的二进制数，因此必须进行代码转换。

表 8-2　电路的代码转换表

输入模拟电压	寄存器状态(代码转换器输入)							数字量输出(代码转换器输出)		
U_I	Q_7	Q_6	Q_5	Q_4	Q_3	Q_2	Q_1	D_2	D_1	D_0
$(0 \sim 1)U_{REF}/15$	0	0	0	0	0	0	0	0	0	0
$(1 \sim 3)U_{REF}/15$	0	0	0	0	0	0	1	0	0	1
$(3 \sim 5)U_{REF}/15$	0	0	0	0	0	1	1	0	1	0
$(5 \sim 7)U_{REF}/15$	0	0	0	0	1	1	1	0	1	1
U_I	Q_7	Q_6	Q_5	Q_4	Q_3	Q_2	Q_1	D_2	D_1	D_0
$(7 \sim 9)U_{REF}/15$	0	0	0	1	1	1	1	1	0	0
$(9 \sim 11)U_{REF}/15$	0	0	1	1	1	1	1	1	0	1
$(11 \sim 13)U_{REF}/15$	0	1	1	1	1	1	1	1	1	0
$(13 \sim 15)U_{REF}/15$	1	1	1	1	1	1	1	1	1	1

代码转换器是一个组合逻辑电路，根据表 8-2 可以写出代码转换电路输出与输入间的逻辑函数式为

$$d_2 = Q_4,\ d_1 = Q_6 + \bar{Q}_4 Q_2,\ d_0 = Q_7 + \bar{Q}_6 Q_5 + \bar{Q}_4 Q_3 + Q_6 + \bar{Q}_2 Q_1$$

并联比较型模/数转换器的转换精度主要取决于量化电平的划分，分得越细(即 Δ 取得越小)，精度越高。不过分得越细，使用的比较器和触发器数目越大，电路也越复杂。此外，转换精度还受参考电压的稳定度和分析电阻相对精度以及电压比较器灵敏度的影响。

这种模/数转换器的最大优点是转换速度快。如果从 CP 信号的上升沿算起，图 8-11 所示电路完成一次转换所需要的时间只包括一级触发器的翻转时间和三级门电路的传输延迟时间。另外，使用图 8-11 这种含有寄存器的模/数转换器时，可以不用附加采样-保持电路，因为比较器和寄存器这两部分也兼有采样-保持功能。

并联比较型模/数转换器的缺点是需要用很多的电压比较器和触发器。由图 8-11 所示电路可知，输出为 n 位二进制代码的转换器中应当有 2^n-1 个电压比较器和 2^n-1 个触发器。电路的规模随着输出代码位数的增加而急剧膨胀。如果输出为 10 位二进制代码，则需要用 $2^{10}-1=1023$ 个比较器和 1023 个触发器以及一个规模相当庞大的代码转换电路。

2. 反馈比较型ADC

计数型ADC与逐次渐近型ADC属于反馈比较型ADC，其电路结构框图如图8-12所示。

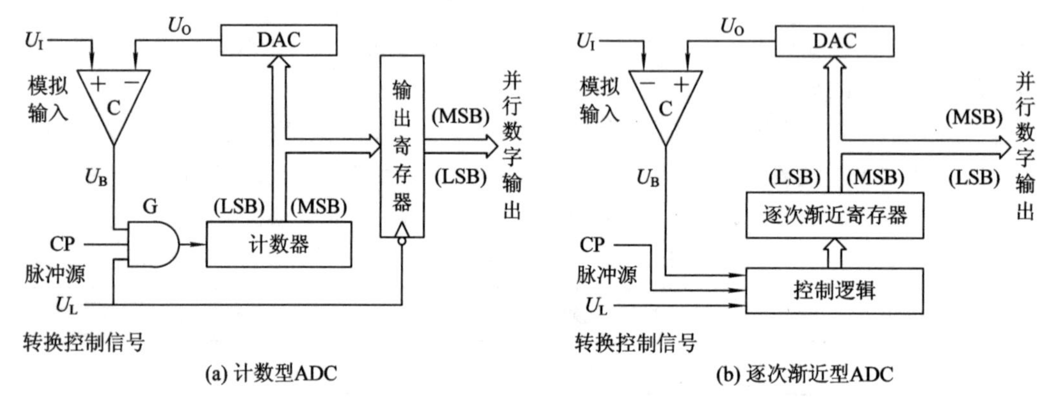

图8-12　计数型ADC和逐次渐近型ADC的结构框图

(1) 计数型ADC原理。先将一数字量加到DAC，再把DAC输出的模拟电压与输入模拟电压相比较。如$U_O \neq U_I$，则采用加法计数原理修改数字量后再加到DAC，直到$U_O \geqslant U_I$，此时对应的数字量就是转换结果。计数型ADC电路简单，速度慢，最长转换时间可达2^{n-1}个时钟信号周期。

(2) 逐次渐近型ADC原理。转化开始前先将寄存器清零，所以加给DAC的数字量也是全0。转换控制信号U_L变为高电平时开始转换，时钟信号首先将寄存器的最高位(MSB)置成1，使寄存器的输出为100…00。这个数字量被DAC转换成相应的模拟电压U_O，并送到比较器与输入信号U_I进行比较。如果$U_O > U_I$说明数字过大，则这个1应去掉；如果$U_O < U_I$，说明数字还不够大，这个1应予保留。然后，按同样的方法将次高位置1，并比较U_O与U_I的大小以确定这一位的1是否应当保留。这样逐位比较下去，直到最低位比较完为止。这时寄存器里所存的数码就是所求的输出数字量。这一比较过程正如用天平去称量一个未知质量的物体时所进行的操作一样，所使用的砝码一个比一个质量少一半。逐次渐近型ADC只要比较n次即可。

图8-13是一个输出为3位二进制数码的逐次渐近型ADC的电路原理图。

图8-13中的C为电压比较器，当$U_I \geqslant U_O$时，比较器的输出$U_B = 0$；当$U_I < U_O$时，比较器的输出$U_B = 1$。FF_A、FF_B、FF_C三个触发器组成了3位数码寄存器，触发器$FF_1 \sim FF_5$和门电路$G_1 \sim G_9$组成控制逻辑电路。其转化过程为：

转换开始前先将FF_A、FF_B、FF_C置0，同时将$FF_1 \sim FF_5$组成的环形移位寄存器置成$Q_1Q_2Q_3Q_4Q_5 = 10000$状态。转换控制信号U_L变成高电平以后，转换开始。

第一个CP脉冲到达后，FF_A被置1而FF_B、FF_C被置0。这时寄存器的状态$Q_AQ_BQ_C = 100$加到数/模转换器的输入端上，并在数/模转换器的输出端得到相应的模拟电压U_O。U_O和U_I在比较器中比较，其结果不外乎两种：若$U_I \geqslant U_O$，则$U_B = 0$；若$U_I < U_O$，则$U_B = 1$。同时，移位移寄存器右移一位，是$Q_1Q_2Q_3Q_4Q_5 = 01000$。

第二个CP脉冲到达FF_B被置成1。若原来的$U_B = 1$，FF_A被置0；若原来的$U_B = 0$，则FF_A的1状态保留。同时位移寄存器右移一位，使$Q_1Q_2Q_3Q_4Q_5 = 00100$。

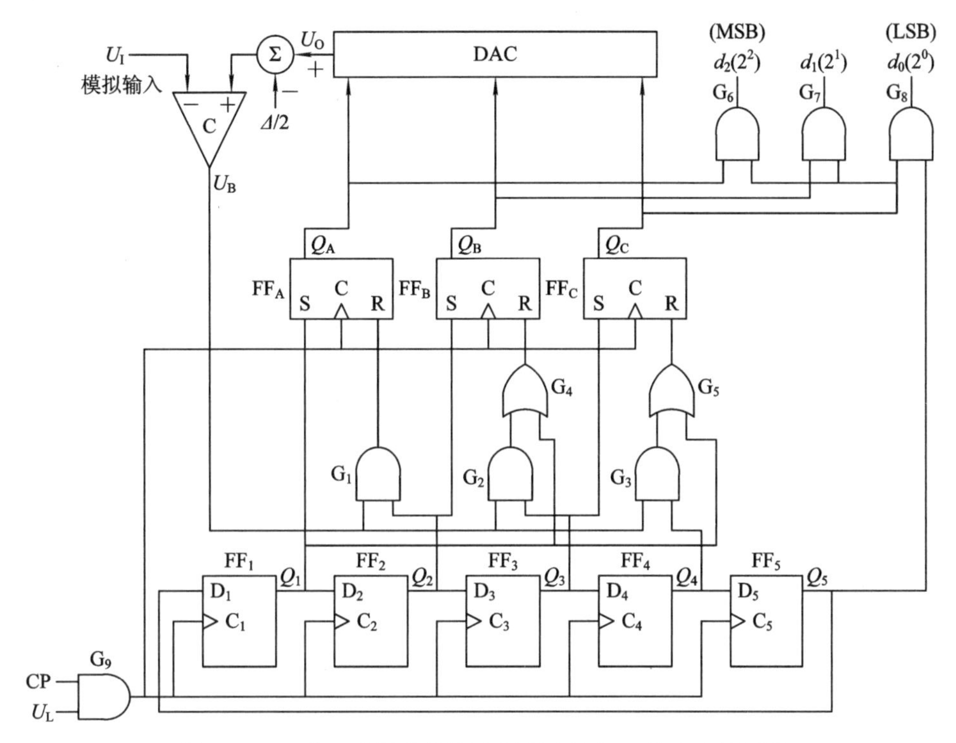

图 8-13　3 位二进制数码的逐次渐近型 ADC 的电路原理图

第三个 CP 脉冲到达 FF_C被置成 1。若原来的 $U_B=1$，则 FF_B被置 0；若原来的 $U_B=0$，则 FF_B的 1 状态保留。同时位移寄存器右移一位，使 $Q_1Q_2Q_3Q_4Q_5=00010$。

第四个 CP 脉冲到达时，同样根据这时 U_B的状态决定 FF_C的 1 是否应当保留。这时 FF_A、FF_B、FF_C的状态就是所要的转换结果。同时，移位寄存器右移一位，$Q_1Q_2Q_3Q_4Q_5=00001$。由于 $Q_5=1$，于是 FF_A、FF_B、FF_C的状态便通过门 G_6、G_7、G_8送到了输出端。

第五个 CP 脉冲到达后，移位寄存器右移一位，使得 $Q_1Q_2Q_3Q_4Q_5=10000$，返回初始状态。同时，由于 $Q_5=0$，门 G_6、G_7、G_8被封锁，转换输出信号随之消失。

为了减小量化误差，令数/模转换器的输出产生 $-\Delta/2$ 的偏移量，这里的 Δ 表示数/模转换器最低有效位输入 1 所产生的输出模拟电压大小，它也就是模拟电压的量化单位。由图 8-9(b)可知，为使量化误差不大于 $\Delta/2$，在划分量化电平等级时应使第一个量化电平为 $\Delta/2$，而不是 Δ。现在与 U_I比较的量化电平每次由数/模转换器的输出给出，所以应将数/模转换器输出的所有比较电平同时向负的方向偏移 $\Delta/2$。

从这个例子可以看出，3 位输出的模/数转换器完成一次转换需要 5 个时钟信号周期的时间。如果是以位输出的模/数转换器，则完成一次转换所需的时间将为 $n+2$ 个时钟信号周期的时间。因此，它的转换速度比并联比较型模/数转换器低，但比计数型模/数转换器的转换速度要高得多。例如，一个输出为 10 位的计数型模/数转换器完成一次转换的最长时间可达 (2^n-1)倍的时钟周期的时间，而一个输出为 10 位的逐次渐近型模/数转换器完成一次转换仅需要 12 个时钟周期的时间，而且，在输出位数较多时，逐次渐近型模/数转换器的电路规模要比并联比较型小得多。因此，逐次渐近型模/数转换器是目前集成模/数转换器产品中用得较多的一种电路。

8.3.3 间接模/数转换器

间接模/数转换器主要有电压-时间变换型(V-T)和电压-频率变换型(V-F)两类。在V-T变换型模/数转换器中，首先把输入的模拟电压信号转换成与之成正比的时间宽度信号，然后在这个时间宽度里对固定频率的时钟脉冲计数，计数的结果就是正比于输入模拟电压的数字信号。在V-F变换型模/数转换器中，首先把输入的模拟电压信号转换成与之成正比的频率信号，然后在一个固定的时间间隔里对得到的频率信号计数，所得到的计数结果就是正比于输入模拟电压的数字量。

1. 双积分型模/数转换器

在V-T变换型模/数转换器当中用得最多的是双积分型模/数转换器。图8-14(a)是双积分型模/数转换器的原理框图，它包含积分器、比较器、计数器、控制逻辑和时钟脉冲源几个部分。图8-14(b)是这个电路的电压波形图。

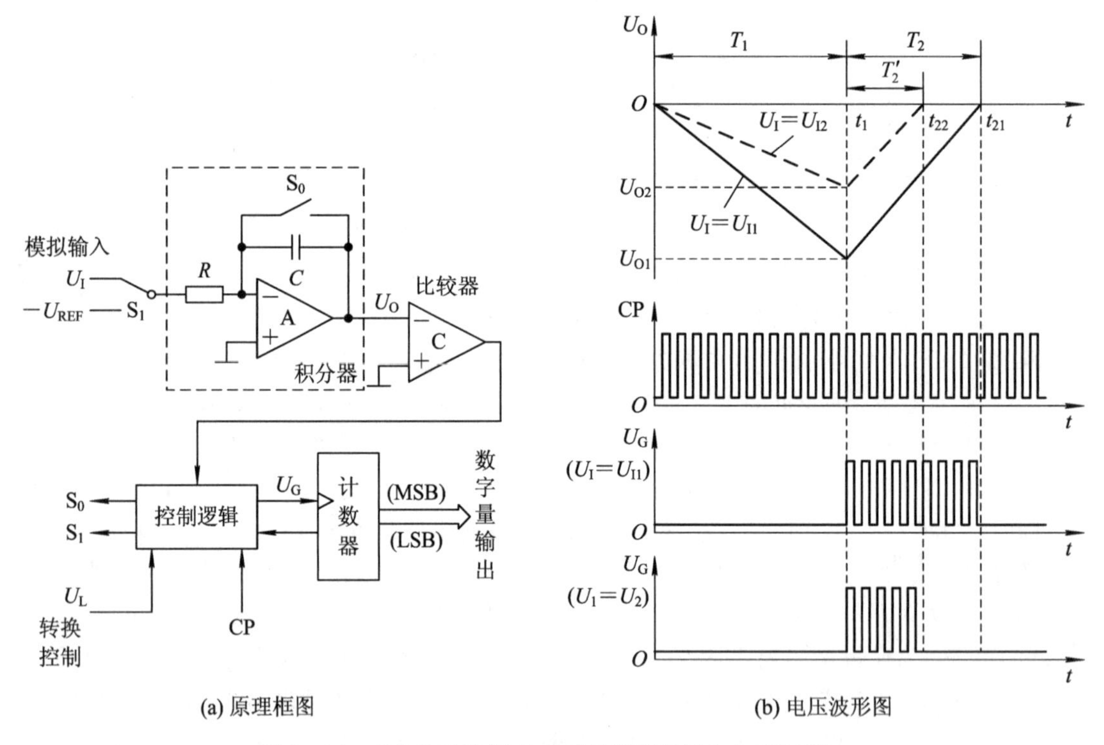

(a) 原理框图　　(b) 电压波形图

图8-14　双积分型模/数转换器的原理框图和电压波形图

下面讨论双积分型模/数转换器的工作过程及其特点。

转换开始前(转换控制信号$U_L=0$)先将计数器清零，并接通开关S_0，使积分电容C完全放电。

当$U_L=1$时，开始转换，转换操作分两步进行：

(1) 令开关S_1合到输入信号电压U_I一侧，积分器对U_I进行固定时间T_1的积分。积分结束时积分器的输出电压为

$$U_O=\frac{1}{C}\int_0^{T_1}\left(-\frac{U_I}{R}\right)dt=-\frac{T_1}{RC}U_I$$

上式说明，在 T_1 固定的条件下积分器的输出电压 U_O 与输入电压 U_I 成正比。

(2) 令开关 S_1 转接至参考电压(或称为基准电压)$-U_{REF}$ 一侧，积分器向相反方向积分。如果积分器的输出电压上升到 0 时所经过的积分时间为 T_2，则可得

$$U_O=\frac{1}{C}\int_0^{T_2}\frac{U_{REF}}{R}\mathrm{d}t-\frac{T_1}{RC}U_I=0,\quad \frac{T_2}{RC}U_{REF}=\frac{T_1}{RC}U_I$$

故得到

$$T_2=\frac{T_1}{U_{REF}}U_I$$

可见，反向积分到 $U_O=0$ 的这段时间 T_2 与输入信号 U_I 成正比。令计数器在 T_2 这段时间里对固定频率为 $f_C(f_C=1/T_C)$ 的时钟脉冲计数，则计数结果也一定与 U_I 成正比，即

$$D=\frac{T_2}{T_C}=\frac{T_1}{T_C U_{REF}}U_I$$

式中，D 为表示计数结果的数字量。

若取 T_1 为 T_C 的整数倍，即 $T_1=NT_C$，则有

$$D=\frac{N}{U_{REF}}U_I$$

从图 8－14(b)所示的电压波形图中可以直观地看到这个结论的正确性。当 U_I 取为两个不同的数值 U_{I1} 和 U_{I2} 时，反向积分时间 T_2 和 T_2' 也不相同，而且时间的长短与 U_I 的大小成正比。由于 CP 是固定频率的脉冲，所以在 T_2 和 T_2' 期间送给计数器的计数脉冲数目也必然与 U_I 成正比。

为了实现对上述双积分过程的控制，可以用图 8－15 所示的逻辑电路来完成。由图可见，控制逻辑电路由一个 n 位计数器、附加触发器 FF_A、模拟开关 S_0 和 S_1 及其驱动电路 L_0 和 L_1、控制门 G 所组成。

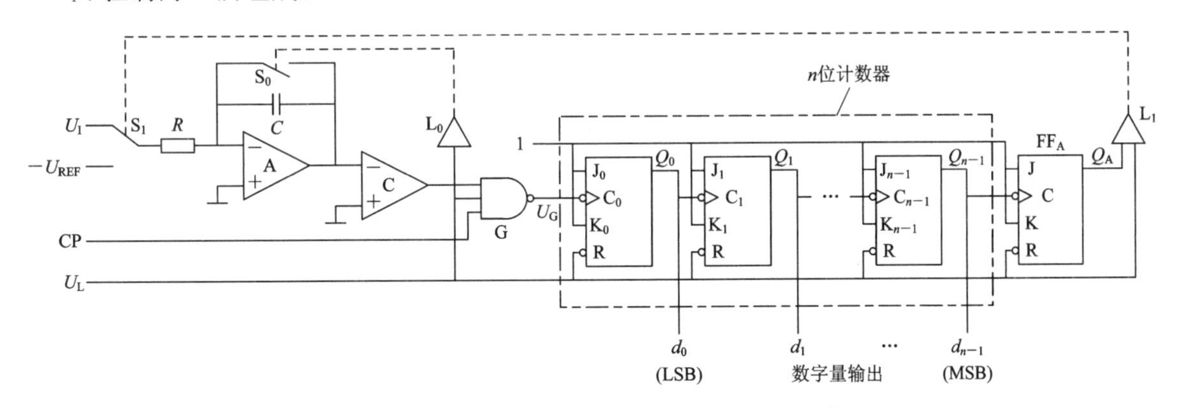

图 8－15　双积分型模/数转换器的控制逻辑电路

转换开始前，由于转换控制信号 $U_L=0$，因而计数器和附加触发器均被置 0，同时开关 S_0 闭合，使积分电容 C 充分放电。

当 $U_L=1$ 以后，转换开始，S_0 断开，S_1 接到输入信号 U_I 一侧，积分器开始对 U_I 积分。因为积分过程中积分器的输出为负电压，所以比较器输出为高电平，将门 G 打开，计数器对 U_G 端的脉冲计数。

当计数器计满 2^n 个脉冲以后，自动返回全 0 状态，同时给 FF_A 一个进位信号，使 FF_A 置

1。于是 S_1 转接到 $-U_{REF}$ 一侧，开始进行反向积分。待积分器的输出回到 0 以后，比较器的输出变为低电平，将门 G 封锁，至此转换结束。这时计数器中所存的数字就是转换结果。

因为 $T_1=2^nT_C$，即 $N=2^n$，所以有

$$D=\frac{2^n}{U_{REF2}}U_I$$

双积分型模/数转换器最突出的优点是工作性能比较稳定。尽管转换过程中先后进行了两次积分，但是，只要在这两次积分期间 R、C 的参数相同，则转换结果与 R、C 的参数无关，因此，R、C 参数的缓慢变化不影响电路的转换精度，而且也不要求 R、C 的数值十分精确。另外，在 $T_1=NT_C$ 的情况下的转换结果与时钟信号周期无关。因此，我们完全可能用精度比较低的元器件制成精度很高的双积分型模/数转换器。

双积分型模/数转换器的另一个优点是抗干扰能力比较强。因为转换器的输入端使用了积分器，所以对平均值为零的各种噪声有很强的抑制能力。在积分时间等于交流电网电压周期的整数倍时，双积分型模/数转换器能有效抑制来自电网的工频干扰。

双积分型模/数转换器的主要缺点是工作速度低。如果采用图 8－15 所示的控制方案，那么每完成一次转换的时间应取在 $2T_1$ 以上，即不应小于 $2^{n+1}T_C$。如果再加上转换前的准备时间(积分电容放完电及计数器复位所需要的时间)和输出转换结果的时间，则完成一次转换所需的时间还要长一些。双积分型模/数转换器的转换速度一般都在几十次每秒以内。

尽管如此，由于它的优点十分突出，所以在对转换速度要求不高的场合(如数字式电压表等)，双积分型模/数转换器用得非常广泛。

2. V-F 变换型模/数转换器

电压-频率变换型模/数转换器是通过间接转换方式实现模/数转换的，如图 8－16 所示。其原理是首先将输入的模拟信号 U_I(电压或电流)转换成与 U_I 成比例的脉冲串 f_{out} 输出，然后用计数器将一定时间 f_{out} 脉冲串个数转换成数字量。其优点是分辨率高、功耗低、价格低，但是需要外部计数电路共同完成模/数转换。

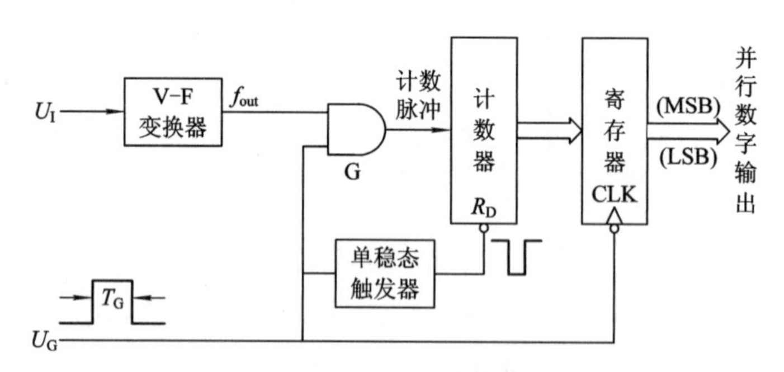

图 8－16　V-F 变换器模/数转换器电路结构图

习　　题

8.1　什么是 A/D 转换？

8.2　常见的 ADC 有哪几种？其特点分别是什么？

8.3　常用的 DAC 有哪几种？其特点分别是什么？

8.4　在图 8-17 所示的电路中，若输入 D_0、D_1、D_2、D_3的值为 1 时相当于开关动触点接通运放反相输入端，为 0 时相当于连接运放同相输入端。试计算输出电压 U_o在 $D_0D_1D_2D_3=1010$ 时的值。图中 $R=1\ \text{k}\Omega$，参考电压为 5 V。计算各个电流与输入数字量之间的关系。

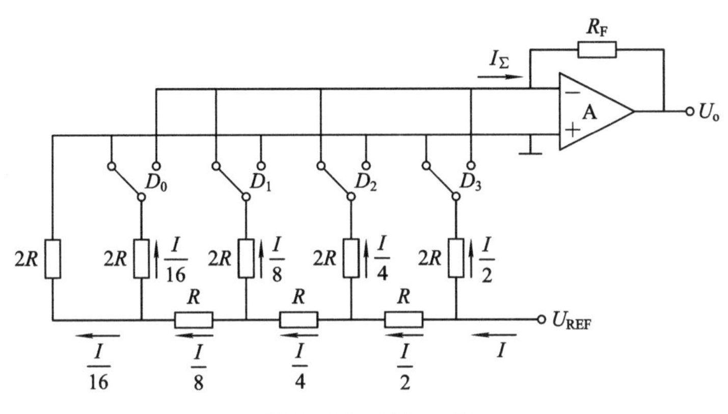

图 8-17　题 8.4 图

参考文献

[1] 康华光. 电子技术基础：模拟部分[M]. 北京：高等教育出版社，2011
[2] 康华光. 电子技术基础：数字部分[M]. 5 版. 北京：高等教育出版社，2011
[3] 李雪飞. 电子技术基础[M]. 北京：清华大学出版社，2014
[4] 王志军. 电子技术基础[M]. 2 版. 北京：北京大学出版社，2021
[5] 李洁. 电子技术基础[M]. 2 版 北京：清华大学出版社，2012
[6] 吉培荣，李海军. 电子技术基础[M]. 西安：西安电子科技大学出版社，2017
[7] 张瑞华. 电子技术基础[M]. 北京：高等教育出版社，2014
[8] 苏莉萍. 电子技术[M]. 北京：科学出版社，2021
[9] 童诗白，华成英. 模拟电子技术基础[M]. 4 版. 北京：高等教育出版社，2006
[10] 赵进全，杨拴科. 模拟电子技术基础[M]. 3 版. 北京：高等教育出版社，2019
[11] 王黎明，毕满清，高文华. 模拟电子技术基础[M]. 3 版. 北京：电子工业出版社，2022
[12] 翟丽芳. 模拟电子技术[M]. 北京：机械工业出版社，2011
[13] 黄丽亚. 模拟电子技术[M]. 3 版. 北京：机械工业出版社，2016
[14] 王成安. 模拟电子技术(实训篇)[M]. 3 版. 大连：大连理工大学出版社，2006
[15] 李承，徐安静. 模拟电子技术[M]. 2 版. 北京：清华大学出版社，2020
[16] 宋学君，华成英. 模拟电子技术[M]. 2 版. 北京：科学出版社，2006
[17] 侯建军. 数字电子技术基础[M]. 3 版. 北京：高等教育出版社，2015
[18] 林涛，林彬，杨照辉. 数字电子技术基础[M]. 3 版. 北京：清华大学出版社，2018
[19] 田培成. 数字电子技术基础[M]. 北京：机械工业出版社，2015
[20] 李庆常. 数字电子技术基础[M]. 北京：机械工业出版社，2008
[21] 夏路易. 数字电子技术基础[M]. 北京：科学出版社，2018
[22] 韩炎. 数字电子技术基础[M]. 北京：电子工业出版社，2014
[23] 沈任元. 数字电子技术基础[M]. 2 版. 北京：机械工业出版社，2019
[24] 王磊，曾令琴. 数字电子技术[M]. 北京：人民邮电出版社，2022